国家级物理实验教学示范中心系列教材

近代物理实验

主　编　黄志高
副主编　赖发春　陈水源

科学出版社
北　京

内 容 简 介

本书是在福建师范大学国家级物理实验教学示范中心和大学物理实验国家级教学团队10多年教学经验的基础上编写而成的.全书以大纲为依据,以"阶段化、单元化、现代化"的教学模式为指导,主要内容包括原子物理实验、核物理实验、磁共振实验、现代光电技术实验、材料制备技术、材料测试实验和先进材料计算机设计等.本书注重把传统的教学内容与现代科学技术的新成果相结合,把科研成果融入教学内容,同时借助重点学科的科研项目和人才优势不断更新实验项目.

本书可用作高等院校理工类专业的近代物理实验课教材,也可供社会读者阅读.

图书在版编目(CIP)数据

近代物理实验/黄志高主编.—北京:科学出版社,2012

ISBN 978-7-03-032943-1

Ⅰ.①近… Ⅱ.①黄… Ⅲ.①物理学-实验-高等学校-教材 Ⅳ.①O41-33

中国版本图书馆CIP数据核字(2011)第250590号

责任编辑:窦京涛 / 责任校对:刘亚琦

责任印制:赵 博 / 封面设计:迷底书装

科学出版社出版

北京东黄城根北街16号

邮政编码:100717

http://www.sciencep.com

北京九州迅驰传媒文化有限公司印刷

科学出版社发行 各地新华书店经销

*

2012年1月第 一 版 开本:787×1092 1/16

2025年7月第十次印刷 印张:16 3/4

字数:410 000

定价:45.00元

(如有印装质量问题,我社负责调换)

序

物理学是一门以实验为基础的科学，理论和实验二者相互协调、相互促进，带动了科学向前迈进. 19 世纪末、20 世纪初，电子、X 射线、放射性的三大发现彻底动摇了经典物理学大厦，引起了物理学又一次重大革命，从而导致了量子力学、相对论的建立，标志着近代物理学的诞生. 翻开物理学的百年画卷，几乎每一个年代都有激动人心的物理学新发现，从 100 多年来诺贝尔物理学奖获得者的工作中可以发现，几乎每一项都与物理实验息息相关.

不同学科间相互交叉和相互渗透已经成为当今科学研究的热点，现代科学技术的突破往往产生于学科交叉的前沿领域，如物理学与化学的交叉形成了物理化学和化学物理学；化学与生物学的交叉形成了生物化学；物理学与生物学交叉形成了生物物理学等. 纳米技术是材料科学、电子学、物理学、化学、微电子学、生命科学等学科的交叉；计算科学是物理学、数学、计算机科学等学科的交叉；生物信息学是生物学、数学、物理学、化学、信息科学、计算机科学等学科的交叉；自旋电子学是固体物理、微电子学与精细加工技术的交叉. 此外，由物理学原理发展起来的光学、电学、磁学、力学、热学测量技术已经成为自然科学所有学科的必备技术，一个十分典型的例子是 1895 年德国物理学家伦琴发现 X 射线，至今这一技术已经广泛应用于物理学、化学、材料科学、生物医学等众多领域，仅与 X 射线研究有关的诺贝尔物理学奖、化学奖、生理学或医学奖就有 15 项. 应该说，学习物理学的基本理论和基本实验技术对于理工科学生来说是非常必要的.

福建师范大学物理系历来重视教学改革和教学研究，有很好的工作基础。10 多年来，物理实验全体教师依托国家级物理实验教学示范中心，以“规范性、先进性、创新性和应用性”为培养目标，探索出一个特色鲜明的新教学模式，主要实验教学改革思路及规划为：①坚持“阶段化、单元化、现代化”的新型教学模式；②进一步提高“三性”（综合性、研究性与设计性）实验的比例；③坚持把“物理实验的设计与研究”、“物理实验方法”、“物理实验思想”贯穿于实验教学内容，全面提高学生的物理实验素养；④以网络化的物理实验室、大学生物理创新实验室及报告会和实验技能竞赛等为平台营造创新人才培养的多元化教学环境；⑤坚持师范性，服务基础教育，建立了中学物理多媒体课件开发室、中学物理实验室、教具设计和制作实验室，全面提高师范生的实验技能和教学技能。经过 10 多年的教学改革与实践，该物理实验教学团队取得了丰硕的成果：“面向 21 世纪高师物理实验新教学模式的实践与研究”获 2001 年福建省优秀教学成果二等奖；“大学物理实验教学改革与实践”获 2005 年福建省优秀教学成果一等奖；“以队伍、课程和创新平台建设为核心，全面提升大学物理实验教学质量”获 2009 年国家级高等学校教学成果二等奖；“大学物理实验”评为 2007 年国家精品课程；大学物理实验教学团队评为 2010 年国家级教学团队.

由国家教学名师黄志高教授主编的物理实验系列教材是一套特色鲜明的教材. 10 多位参编人员都在教学科研第一线工作多年，具有较丰富的教学和科研经验. 新教材融进了他们多年教学、科研积累的科学思想、科学方法、教学思想、教学经验和成果，能反映时代特点和科研转化的实验内容、实验方法和实验技术，是一套渗透着时代气息的教材. 该套教材在福建师范大学经过多年使用并几经完善，是在实践的基础上形成的，当然教材也难免存在不足之处，还有待于今后在实践中不断改进，但我相信该系列教材的出版将对大学物理实验教学改革起到很好的推动作用，具有很高的参考价值.

我衷心地祝贺该系列教材的出版.

南京大学物理系教授，中科院院士

2010 年 9 月 28 日

前　言

物理学是一门以实验为基础的科学，大学物理实验是理工科专业独立开设的主干课程．物理实验不仅对于加深物理概念的认识与理解及培养学生发现问题、解决问题的能力及动手能力有十分重要的意义，而且它更是一项充满探索和创新的实践活动．所以，物理实验的教育对于培养高层次、高素质的创新人才和其他管理人才都十分必要．

10 多年来，我校（福建师范大学）物理实验教学示范中心开展了物理实验教学内容及课程体系改革的实践与研究，提出并实施了“阶段化、单元化、现代化”的教学模式．所谓“阶段化”，即把大学物理实验视为一个整体，有目标地把四年的物理实验分为三个“大阶段”，而把每门课分为三个“小阶段”进行教学和考核．大阶段：与中学物理实验教育的衔接阶段—规范阶段—提高阶段．小阶段：基础实验阶段—选做实验阶段—设计性、研究性实验阶段．“单元化”有两种含义，一是物理实验教材的编写是以某一物理量或某一实验技术为主线，组成一个由易到难、由经典到现代的知识单元；二是以某一物理量或某一实验技术为单元组织教学．在每个单元的引言中，评述了物理量（如电阻）测量的最经典方法，最新的测量方法（纳米结构材料的电阻、磁电阻测量），给学生打开一个个新知识的“天窗”．“现代化”，即注重把传统的教学内容与现代科学技术的新成果相结合，把科研成果融入教学内容，注重把实验教学与工程和社会应用实践相结合．借助重点实验室和重点学科的科研项目和人才优势不断更新实验项目，把多年来的教学和科研成果融入教学内容，并特别注意把新技术、新材料、新方法编入新教材．例如，开发传感器技术及应用，自制了波传播实质演示仪、太阳能光热测量系统、变温电导特性和磁电阻测量仪等．同时还购置了多功能物性测量系统、磁控溅射仪、X 射线衍射仪、PLD 脉冲激光镀膜系统、分光光度计、荧光光谱仪、振动样品磁强计、高温超导测试仪、原子力显微镜、扫描隧穿显微镜、表面磁光仪、法拉第效应测试仪等适合做科学研究的较高级的仪器，开设了瞄准前沿研究的创新性、研究性实验．这些项目对于学生创新能力培养和自主训练起了重要的作用．最近，又结合福建产业发展及海峡西岸经济区建设对人才要求的需要，建设中央与地方共建高校特色优势学科实验室——“纳米材料和纳米结构设计”及“新能源材料与工程”两个实验平台．

本书是物理实验系列教材之一，涉及近代物理方面的实验．教材以大纲为依据，主要内容包括原子物理实验、核物理实验、磁共振实验、现代光电技术实验、材料制备技术、材料测试实验和先进材料计算机设计等．本书重视科研与教学相结合，合理安排了综合性、设计性和研究性实验；注重把传统的教学内容与现代科学技术的新成果相结合，把科研成果融入教学内容．物理实验教学示范中心的骨干来自福建省重点学科，因此，我们借助重点学科的科研项目和人才优势不断更新实验项目．

本书是集体合作编写而成的．编写组成员为：黄志高、赖发春、陈水源、赖恒、林应斌、李山东、郑志强、贾翠红、林林、郑卫峰、冯倩、吴青云和林丽梅等．黄志高任主编，赖发春、陈水源任副主编．

物理实验教材的编写离不开实验室的建设，更离不开实验物理教研室的老前辈，他们给我们留下了许多宝贵的经验和丰富的资料（包括讲义）．在本系列教材付梓之际，我们首先衷心感谢在实验室建设和讲义编写等方面付出辛勤劳动的教师和实验人员.在本书编写过程中参考了兄弟院校的有关教材和资料,在此向编者们表示诚挚的谢意.

本系列教材的出版,得到了福建省“凝聚态物理”重点学科、国家级物理实验教学示范中心、国家精品课程“大学物理实验”、国家级物理学特色专业、国家级大学物理实验教学团队和福建师范大学重点教改课题等专项经费的资助;得到了科学出版社的鼎力支持.在此表示衷心的感谢!还要特别感谢福建师范大学吕团孙教授和方良栋副教授对本书进行了认真审阅.

由于编者水平有限,加上时间仓促,书中难免有不妥之处,敬请读者批评指正.

黄志高

2011年9月27日于福建师范大学

目　录

第1章 原子物理实验

原子物理学以微观世界为研究对象，很多现象和原理在宏观世界没有对应物，学生在初次接触时难免会觉得抽象、不好理解. 如果学生在学理论的同时做一些经典的原子物理实验，那将会事半功倍. 本章包括光谱定性分析、光谱定量分析、氢与氘原子光谱和塞曼效应四个典型的原子物理实验.

光谱分析的发现是近代物理学最重要的发现之一，光谱线系的规律与原子结构有内在联系，因此光谱分析是研究原子结构的重要方法. 光谱定性分析的原理，就是根据各种元素所发出的原子光谱都有自己独特的结构和不同的波长，而没有两种元素发出的原子光谱的结构和波长是相同的. 因此，如果有可能确定被分析试样的光谱组成，就能确定其所包含的元素，这也就是光谱定性分析的任务. 理论上，宇宙中存在的元素，都可能利用其光谱作定性分析，但实际上，一些气体元素的原子很难激发，有些元素的光谱组成很相似，所以实际能分析的元素只有六七十种. 光谱定性分析只能告诉我们被分析试样中包含哪些元素，而不能告诉我们这些元素以何种化合物状态或结晶状态存在，另外，有机物的定性分析亦不属于发射光谱分析的范围.

由谱线强度来判断元素浓度的方法就是光谱定量分析，光谱定量分析是一种精确的分析方法，其分析结果具有较高的准确度，样品中各种元素谱线的强度和被激发所形成的蒸气云中原子浓度间的固定关系是光谱定量分析的基础，被分析杂质元素在样品中的浓度越大，则辐射谱线的强度也越大. 这种方法既快又准，在科学、医药、工业生产等领域广泛应用. 人们往往用三标准试样法来分析物质中某元素的含量，并用测微黑度计测量谱线黑度值.

氢原子是所有原子结构中最简单的原子. 100 多年来，无数科学工作者对氢原子进行了理论上和实验上的充分研究，取得许多重大成果. 1885 年，瑞士物理学家巴耳末根据实验结果总结人们对氢光谱测量的结果，发现了氢光谱的规律，提出了著名的巴耳末公式，为玻尔理论的建立提供了坚实的基础. 实验表明，氢光谱具有明显的规律，各种原子光谱线规律性的研究首先是在氢原子上得到突破. 通过测量氢光谱可见谱线的波长，能较准确测定氢的里德伯常量，可使人们对近代物理测量有初步了解. 氢原子的光谱可说是近代物理发展史上最重要的一环，人们是由氢光谱开始去了解其他光谱及其意义，而最重要的是为了解释氢原子的光谱，从而引出量子力学的许多定律，这些定律不但可运用到氢原子，而且可运用到其他的原子、分子或固体，这些定律更成为近代化学、固体物理甚至如电子等应用科学的基础.

塞曼效应实验在物理学史上是一个著名的实验，1896 年荷兰物理学家塞曼发现，把光源置于足够强的磁场中时，光源发出的每一条谱线都分裂为若干条偏振化谱线，分裂的条数随能级类别不同而不同，这种现象就是塞曼效应. 塞曼效应是继法拉第效应和克尔效应之后被发现的第三个磁光效应，是物理学的重要发现之一，为此，塞曼于 1902 年荣获诺贝尔物理学奖. 塞曼效应实验的重要性，在于可得到有关原子能级的数据，从而可计算原子总角动量量子数和朗德因子的数值，因此它至今仍是研究能级结构的重要方法之一.

上述四个实验仅起到抛砖引玉的作用，希望同学们通过经典原子物理实验的学习可以得到一些有益的启发.

实验1 光谱定性分析

光谱分析的发现是近代物理学最重要的发现之一，自从基尔霍夫(G. R. Kirchhoff)和本生(R. W. Bunsen)发明光谱分析方法以来，由于光谱分析简单、灵敏、迅速、准确，因而在很多方面已代替化学分析而成为主要的分析方法，目前在工业及科研等各部门都获得了广泛的应用. 常用的光谱分析方法有光谱定性分析、光谱半定量分析、光谱定量分析. 本实验采用光谱定性分析方法来研究给定的样本，光谱定性分析是采用光谱方法求出物质化学组分的一种分析方法，其目的就是确定试样中"有"或"无"某种元素.

[实验目的]

(1)掌握光谱定性分析的基本方法.

(2)学会使用几种基本光谱仪器和光谱图册.

[实验原理]

每种元素产生的特征谱线是由其原子结构决定的，这一系列光谱线的波长和强度分布是由每种元素的原子各自特有的能级结构和能级跃迁概率决定的. 因此，某种样品经激发而摄取它的光谱，根据某种元素特有谱线的出现与否来确定该元素是否存在于该样品中. 在进行定性分析时一般用电弧发生器作激发光源，用此方法大约可对元素周期表中 70 多种元素作定性分析. 光谱定性分析一般分为两类:检查样品中是否含有某几种指定元素的指定分析法和检查全部组成部分的全分析法. 根据特征谱线的波长确定样品中元素是否存在的过程称为译谱，译谱方法主要有如下两种.

1. 铁谱线图比较法

铁谱线图又称元素标准光谱图片，是光谱分析中非常有用的工具，图上有标明波长的铁谱线，同时并排标出数十种常见元素灵敏的位置. 摄谱时用哈特曼光栏将分析样品和铁样品并列摄取光谱，并将摄得的谱片放在光谱投影仪上比较，即可确定分析样品中含有什么元素.

2. 波长测定法

把摄得的谱片放在光谱投影仪上，用线性内插法求出分析样品未知谱线的波长 λ_x. 如图 1-1 所示.

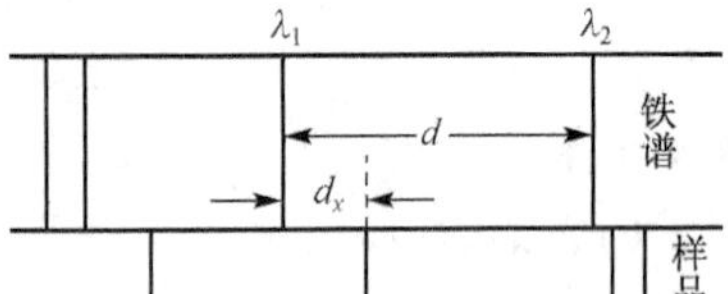

图 1-1 线性内插法测波长示意图

在未知谱线 λ_x 左右选定两条铁谱线 λ_1 与 λ_2，由于两条谱线很靠近，在这很小波长范围内，仪器的色散率可以认为是常数，则有

$$\lambda_x = \lambda_1 + (\lambda_2 - \lambda_1) d_x / d \tag{1-1}$$

式中 d_x，d 用阿贝比长仪测得；λ_1，λ_2 在铁谱线图上查出. 波长测定后再查谱线表，从而确定该谱线属于哪种元素. 但是，由于样品中成分往往很复杂以及光谱仪分辨率有限等原因，可能出现几种元素波长相近的光谱线发生重叠的情况，在重叠区域内出现的其他元素即干扰元素. 要排除干扰元素，必须分析元素在摄谱范围是否还有其他灵敏线出现. 一般有两条以上灵敏线出现，才可确认该分析元素的存在. 将谱线宽度乘以该谱线所在处的线色散率，就是谱线的干扰范围. 确定干扰范围内有哪些干扰元素，可以通过谱线表查出. 如果某种干扰元素的灵敏线并未出现，则可认为样品中没有这种元素干扰. 如果有干扰元素的灵敏线，在谱片中出现而又找不到分析元素的其他灵敏线可供判断时，则可在该线附近再找一条与原干扰线强度相同或

稍强一些的谱线进行比较.只要该分析元素灵敏线的黑度大于或等于所找出的这条干扰元素谱线的黑度,就可认定该分析元素的存在.

一般情况下使用光谱比较法,但如果光谱比较法不能直接确定未知谱线属于何种元素时,就必须精确地测量未知谱线的波长,再由谱线波长表查出为哪种元素.在进行光谱比较时,一般要查出两条以上的分析线才能确定分析元素的存在.光谱分析要有合适的光源将分析样品加以蒸发并激发它的蒸气使其发光,对于大多数金属来说,定性分析最常用的光源是直流电弧和交流电弧,分析金属或者合金时,就用样品作电极.如果样品是粉状的,就可以用纯碳作电极,样品就装在碳极的小孔中.分析电离电势低的元素如碱土元素,选择用火焰光源激发,若用电弧,能量比较大、容易激发成离子,原子光谱反而减弱,而且伴随样品中基质元素原子激发使谱线增多,增加了分析工作量.要分析难激发元素则需要用火花,但灵敏度较低.将样品所发出的光分成光谱.要依据分析的对象选用合适的摄谱仪.对于大部分有复杂电子外壳的元素,其最灵敏光谱线主要分布在紫外光区,因此要选用石英棱镜摄谱仪或光栅摄谱仪;对于碱金属元素和大多数碱土元素,它们的灵敏线大部分在可见光区,因此要选用玻璃棱镜摄谱仪或光栅摄谱仪.有些元素如铜、锌、钴等,光谱线较少,分析这些元素的合金时,摄谱仪的色散率不必选太大;而对于那些谱线很丰富的元素,如铁、钼、钨等,则需选用色散率很大的摄谱仪.

[实验装置]

电弧发生器,棱镜摄谱仪,光谱投影仪,阿贝比长仪,光谱图册,冲片用具等.

1.电弧发生器

电弧是光谱分析最常用的光源,另外,光谱分析通常还使用火焰、火花等光源,由于各种类型的光源都有其特点和应用范围,因此,对不同类型的光谱分析,需要选用合适的光源.电弧光源能使大量的试样蒸发进入放电间隙,灵敏度高,但电弧温度相对较低(4000～7000℃),只能激发那些电势较低的物质光谱,并且要使每半周内引燃的次数恒定以及每次引燃相位恒定才能保证光源的稳定性.本实验使用国产 WPF-2 型交流电弧发生器,这里只简要介绍其使用方法,其具体使用方法需认真阅读使用说明书.

WPF-2 交流电弧发生器采用交流电弧工作状态,按下低压开关钮即接通电源,选择电弧火花Ⅱ工作状态.为获得电弧稳定起见,电流选择 6A 以上.按下放在桌上的摇控开关绿色按钮,电弧发生器面板上的红灯亮,分析样品间隙即点燃电弧.仪器面板右上方电表是测量电弧电流,检查是否处在 6A 以上.如果超过 15A 应立即按下遥控开关上的红色按钮,熄灭电弧.实验结束关闭交流电弧发生器时,应先按下面板上的“停止”按钮,然后再按下“低压开关”上的红色按钮即可.

2.棱镜摄谱仪

棱镜摄谱仪可以把试样发出的光分解成按波长长短次序排列的光谱.本实验使用玻璃棱镜摄谱仪.

(1)棱镜摄谱仪的构造原理.

棱镜摄谱仪的光路如图 1-2 所示.

被分析物质所发出的光束 S 经聚光镜 L 会聚在入射狭缝 S_1 上,照射到物镜 L_1 上后变成平行光束,棱镜 P 把投射在它上面的光束分解成单色,照相物镜 L_2、L_3 在底片 F 上拍摄光谱.

(2)棱镜摄谱仪的重要参量有分光范围、色散率、分辨本领、集光本领等,下面分别简单介绍.

①分光范围.

制造棱镜所用的材料通常是玻璃或石英,前者用于可见光范围,后者用于紫外光,在红外光范围则用 NaCl、KBr 等单晶材料.本实验使用的是玻璃棱镜摄谱仪,其分光范围在可见光部分.

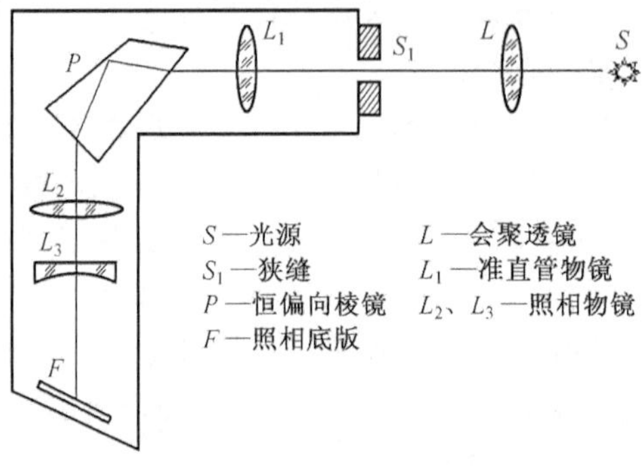

图 1-2　棱镜摄谱仪光路图

②色散率.

色散率用来描述仪器分光的本领,可用角色散或线色散表示.实际中常使用线色散,它表示两束相邻波长的光线在底板上形成的两条谱线间距离 Δl 与波长差 $\Delta\lambda$ 之比即 $\Delta l/\Delta\lambda$,要想增大线色散率,可通过增大角色散率及增大物镜的焦距来完成,但物镜的焦距过大,谱线的强度就要减弱.习惯上,把 $\Delta l/\Delta\lambda$ 的倒数 $\Delta\lambda/\Delta l$ 定义为线色散,它表示底片的单位距离上波长间隔的大小,这样线色散数值愈小,不同波长的谱线分得愈远仪器性能愈好.棱镜摄谱仪的线色散率,在整个光谱上不是一个常数,可用一色散曲线表示.

③分辨本领.

设刚好能分辨开的两条谱线的波长差为 $\Delta\lambda$,则分辨本领为 $R=\lambda/\Delta\lambda$,根据瑞利条件,可计算 $R=b(\mathrm{d}n/\mathrm{d}\lambda)$,$b$ 为棱镜底片的长度,n 为棱镜的折射率,$\mathrm{d}n/\mathrm{d}\lambda$ 越大,分辨本领越大,实际上,摄谱仪的实际分辨本领比公式计算值要小.

④集光本领.

谱线的照度与 $(D/f)^2$ 成正比,D 与 f 分别为照相物镜的直径和焦距.D/f 即为仪器的集光本领,其倒数为相对孔径.

3. 光谱投影仪(映谱仪)

映谱仪实际上是一个放大的投影仪,它和铁光谱图配合起来辨认谱片寻找谱线,其使用方法详见使用说明书.

[实验内容]

拍摄给定样品黄铜的谱线,通过与拍摄的铁谱线、紫铜谱线对比,验证黄铜中是否含有杂质元素锌(Zn)或镉(Cd).

[实验步骤]

1. 仪器调节

打开 6V 照明灯,照明灯通过会聚透镜的光斑均匀成像在摄谱仪狭缝上,光斑大小需覆盖哈特曼的三个窗口,然后将磨净的试样夹在电极架上,使哈特曼光栏中央开孔对准狭缝.调节样品间隙大小为 3mm 左右,使样品成像在光栏中央开孔的上、下方.然后开启电弧发生器,观察电弧光斑是否正好打在光栏孔内.然后用放大镜观察毛玻璃上的光谱线是否沿同一高度分布均匀,如果光强分布不均匀可沿导轨移动会聚透镜或调节样品位置至谱线均匀为止.最后检查狭缝宽度是否适宜.

2. 拍摄光谱

本实验要求拍摄两组分析样品黄铜、紫铜、铁、标尺的谱线.拍摄内容如表 1-1 所示.

表 1-1 光谱定性分析实验拍摄内容

暗盒位置/mm	光栏孔	曝光时间	光源
15		15″	标尺
25	上	3″	铁
	中	2″	黄铜
	下	3″	紫铜
35	上	3″	铁
	中	2″	黄铜
	下	3″	紫铜
45		15″	标尺

3. 冲洗底片

拍摄完毕在暗室内把底片按一般冲洗底片要求进行冲洗，将感光板显影、定影、冲洗、吹干，再放在光谱投影仪(即映谱仪)上放大，用指定杂质元素分析法认证要分析的光谱线. 电弧的电流大小、汇聚到狭缝的亮度、狭缝宽度、暗箱位置、曝光时间、显影时间均应按实验规定的工作条件进行.

分析黄铜试样中是否含有锌(Zn)和镉(Cd)元素.

(1)根据波长表选择锌、镉元素分析线(至少 3 条).

(2)将自己拍摄的谱片置光谱投影仪上放大、观察，通过谱片波长尺找到分析线所在区域，对分析线是否存在加以认证.

4. 得出结论，分析结果

[思考题]

(1)光谱定性分析是用什么谱线进行分析的？如何认证分析线的存在？

(2)何谓干扰元素？什么情况下需要排除干扰元素？如何排除？如果干扰元素与分析元素同时存在应如何判断？

(3)哈特曼光栏的作用是什么？

[参考文献]

《发射光谱分析》编写组. 1977. 发射光谱分析. 北京：冶金工业出版社

吴国安. 1978. 光谱仪器设计. 北京：科学出版社

WPF-2 交流电弧发生器使用说明书

实验 2 光谱定量分析

光谱分析方法，一般有定性分析、半定量分析和定量分析三种，其主要区别在于分析结果准确度的要求不同. 对准确度的要求，随具体分析对象而异. 一般测高含量组分时，准确度要求不是固定的，所以定性、半定量、定量分析之间并无严格界限. 光谱定量分析是用光谱的方法分析物质中某些元素含量的一种精确方法，它既快又准，在科学、医药与工业生产等领域广泛应用. 本实验用三标准试样法来分析物质中某元素的含量. 光谱定量分析是一种精确的分析方法，其分析结果必然具有较高的准确度. 样品中各种元素谱线的强度和被激发所形成的蒸气云中原子浓度间的固定关系是光谱定量分析的基础，被分析元素在样品中的浓度越大，则辐射谱线的强度也越大. 由谱线强度来判断元素浓度的方法叫光谱定量分析，本文论述了用三标准试样法来分析物质中某元素的含量，并介绍用测微黑度计测量谱线黑度值.

[实验目的]

(1)掌握三标准试样法分析物质的含量.

(2)学会使用测微光度计测量谱线黑度值.

[实验原理]

光谱定量分析的基础是元素谱线的强度和被激发原子浓度间存在着确定的关系:被分析元素在试样中的浓度越大,谱线的强度也越大;反之亦然.这种由谱线强度来判断元素浓度的方法就叫光谱定量分析.实验证明,谱线的强度不仅与试样中杂质元素的浓度有关,而且和激发条件、曝光时间、电极间距、感光板的特征、光谱仪器的参数等相关.因此,在激发条件和摄谱条件完全相同时,可以用谱线的绝对强度来测定试样中各元素的浓度.但由于绝对强度受多个因素的制约,实际上,常用的方法并非测量谱线的绝对强度,而是测量被分析元素谱线和比较线(称内标线)的相对强度,即通过比较感光板记录的谱线黑度值来测得.下面我们来推导谱线黑度与谱线强度的关系式.

在电火花激发中,原子电离数目和电离电势 V 有如下关系:

$$I = a\mathrm{e}^{-V/k_B T}\mathrm{e}^{-E_K/k_B T}c^b \text{(一次电离谱线强度)} \tag{2-1}$$

式中 c 为元素的浓度,k_B 为玻尔兹曼常量,V 为电离电势,a 为与激发光源的类型、电学参数、样品的状况及成分、光源温度等有关的常数.常数 $b(\leqslant 1)$ 值取决于电弧中蒸气云辐射吸收情况.样品中元素浓度高时,蒸气云中该元素浓度增大,自吸也强,$b<1$;无自吸时 $b=1$,因此 b 是浓度的函数.另外,对同一元素的不同谱线,自吸情况也不一样,谱线中最强的线产生自吸最强.在光谱分析中,为了降低分析线的自吸必须选择适当的谱线和激发条件,对高浓度元素的分析,不宜选用灵敏线或自吸的谱线作分析线.因此,只有在固定的工作条件下 a,b 才为常数,可见保持工作条件的稳定性是保证准确度的关键.

测量相对强度时通常选择杂质线和内标线组成的分析线对,设分析线对中杂质线的强度为 I_1,内标线的强度为 I_0,则分析线对的相对强度为

$$I_1/\ I_0 = A\mathrm{e}^{-(E_1-E_0)/KT}c^b \tag{2-2}$$

式中 $A = a_1/a_0$,$b = b_1 - b_0$,令 $a = A\mathrm{e}^{-(E_1-E_0)/KT}$,则对上式取对数后有

$$\ln(I_1/I_0) = b\ln c + \ln a \tag{2-3}$$

式中 I_1/I_0 表示杂质线与内标线的强度比.

已知感光板黑度与曝光量之间的关系为

$$S = \gamma\ln I - i \text{ (曝光时间不变)} \tag{2-4}$$

式中 i 为常数.则波长为 λ_1,λ_0 的分析线谱线黑度即

$$S_1 = \gamma_1\ln I_1 - i_1 \tag{2-5}$$

$$S_0 = \gamma_0\ln I_0 - i_0 \tag{2-6}$$

如果线对相隔很近,则 $\gamma_1 = \gamma_0$,$i_1 = i_0$,因此谱线黑度和浓度的关系为

$$\Delta S = \gamma\ln(I_1/I_0) \tag{2-7}$$

由上式可以绘制 ΔS-$\ln c$ 工作曲线,然后利用未知试样和内标线的黑度差就可以查出试样的浓度.图 2-1 即为定量分析工作曲线图.

顺序地用已知化学成分的样品组的黑度和浓度对数值绘入方格纸中(也可用对数坐标纸)即得工作曲线(通常用三标准试样法),然后利用未知试样和内标线的黑度差,即可查出试样的浓度.内标元素一般是外加的,内标线也可以直接从分析样品的基体元素(如钢的基体元素是铁)的谱线中选出.

选择内标元素和内标线时，必须满足下列原则：

(1)当内标元素是外加的时候，分析试样中原有的内标元素必须少得觉察不出来，否则影响强度比，使分析结果偏低.

(2)内标线与分析线应具有相近的激发电位.

(3)分析线对的波长应尽量靠近.

(4)内标元素和分析元素在激发时挥发率必须非常接近.

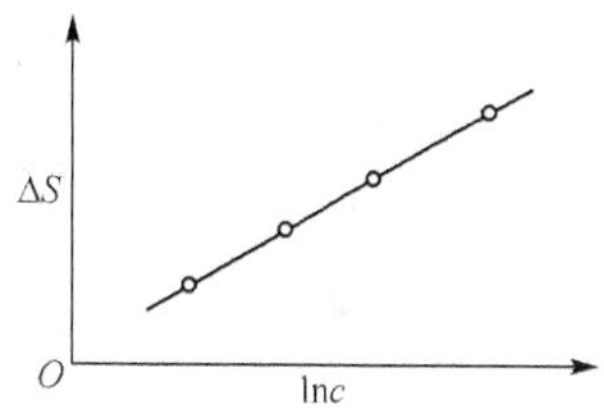

图 2-1　定量分析工作曲线图

［实验步骤］

1. 拍摄样品火花光谱

拍摄时要自始至终保持工作条件的稳定.

①火花激发条件. 光谱定量分析最适用的光源为高压电容火花，因为它比较稳定. 这里不用交流电弧作定量分析光源，虽然它的激发灵敏度比电容火花高，但稳定性比高压电容火花低. 火花电源的电路参数对光谱激发有很大影响，电容、电压要经过仔细搭配使光源稳定为止.

②摄谱仪狭缝宽度. 狭缝宽度一般应比定性分析宽，使谱线黑度均匀，通常以 $10\mu m$ 为宜.

③照明. 定量分析要求谱线有均匀的照度. 一般将光源成一放大像聚焦在摄谱仪的准直透镜上.

④预燃时间. 在摄谱之前，将光源预燃一段时间，以使电极表面汽化达到平衡，一般 3～4 分钟为宜.

⑤适当的曝光时间. 曝光时间应随测定元素的浓度、所选取的分析线以及放电条件而定，应使所分析的光谱线的黑度落在光谱板感光特性曲线的直接部分，一般为 1 分钟左右.

⑥波段及谱线高度. 分析线对一旦选定，就应把这个波长范围移到光谱板的中间部分. 为节省感光板，可以用一块板的 1/2 或 1/3，狭缝高度 2～3mm 即可.

以上条件选定后先拍摄一组铁谱，然后在相同条件下对每一样品分别拍谱三次.

2. 测量黑度

①将光谱板放在光谱投影仪上与标准铁谱图对照，找出需要测量的线对.

②用测微光度计测量分析线对的黑度值. 测量时，要使测微光度计的照明狭缝、谱线和测量狭缝三者平行，并通过调节使所有待测谱线和照明都很好的聚焦. 测量狭缝的宽度和长度，一般前者为后者的 2/3.

③读数屏上有三条标尺：D（千分尺）、S(黑度标尺 $\infty\rightarrow 0$)、P(黑度换算尺 $\infty\rightarrow-\infty$). 用中间一条读数时，应使谱线完全对正狭缝，这时透过谱线投到光电池上的光最少，因此检流计指示偏转也最小，而相应的黑度读数则最大.

④以 1,2,3,4,5 号样品作标准试样，以浓度 c 的对数 $\ln c$ 为横坐标，以黑度差 ΔS 为纵坐标绘制工作曲线，再由曲线查找待测样品中某元素的浓度.

［实验装置］

摄谱仪(棱镜摄谱仪或平面光栅摄谱仪均可)、光谱投影仪、测微光度计(黑度计)、电弧/火花发生器、标准钢样、铁棒、黄铜棒等.

摄谱仪. 棱镜摄谱仪的基本光路如图 2-2，其工作原理为：来自被分析物质所发出的光束经聚光镜 1 会聚在入射狭缝 2 上并以发射光束射到物镜 3 上，通过物镜后变成平行光束，棱镜 4 把投射在它上面的光束分解成单色光，照相物镜 5 把光束的每种单色光会聚到它的焦点上，结果在底片 6 上形成对应于某种物质的光谱.

光谱投影仪. 光谱投影仪是一个放大的投影仪. 当将谱片放在谱片台时，即可在白色屏幕上

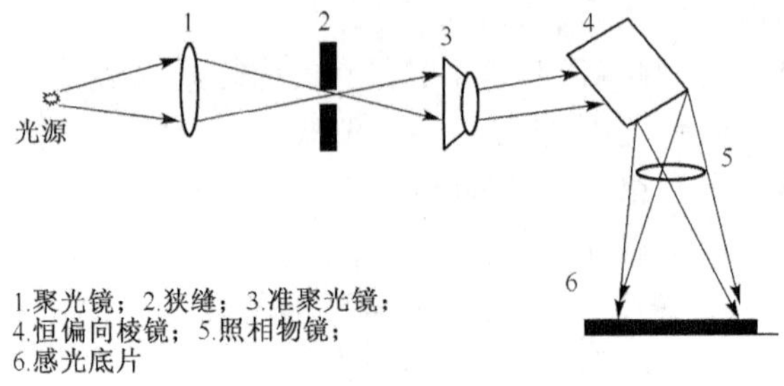

图 2-2　棱镜摄谱仪基本光路图

看到放大的谱线像.它和铁光谱图配合起来辨认谱片,用作寻找谱线,是光谱分析工作的主要辅助仪器.

观察谱片时,先放下顶部反射镜盖子,然后开启底座右侧上的电源开关.此时白色屏幕上直径为 300 毫米面积被均匀照明.将谱片固定在谱片台上,转动底座左侧靠里一个调焦转轮,将屏幕上放大的谱线像调至最清晰.转动底座左侧靠外面一个位移转轮,可以分别在纵向和横向移动谱片台,以观察谱片上的任何区域.

实验完毕,关掉电源,合上反射镜盖子.

测微光度计(黑度计). 黑度计又称测微光度计,用于测量谱片上光谱图像的黑度.实验室提供的黑度计为 9W 型,其光学系统如图 2-3 所示.

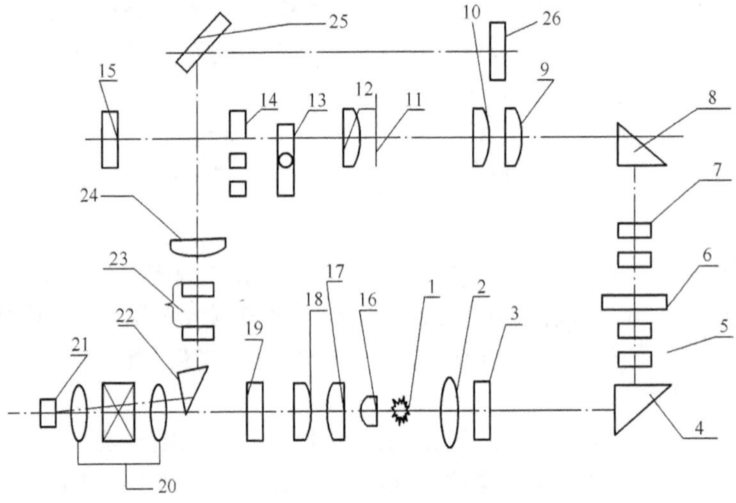

图 2-3　9W 型测微光度计光路系统

光源 1 分别进入投影系统和测量系统.进入投影系统的光经过聚光镜 2、绿色光缝 3、转向棱镜 4、聚光物镜组 5 后均匀照明谱片面 6,谱片上的光谱图像经投影物镜组 7、转向棱镜 8、辅助透镜头 9、10 成像在测量狭缝 11 前的投影屏上,进入狭缝的光经中间透镜 12 投射在连续减光器 13、断续减光器 14,最后照在硒光电池 15 上,其电流由测量系统的标尺读出.进入测量系统的光经聚光镜组成 16、17、18 照在标尺刻度板 19 上,标尺像经物镜组 20 照在检流计反射镜 21 上,反射光经物镜组再由直角棱镜 22 转向,将标尺成像于物镜组 23,后经零位校正透镜 24、平面反射镜 25,最后到达毛玻璃屏 26 上.

电弧/火花发生器. 火花发生器的最基本工作原理是使高压电对电容器充电,在达到一定电压后放电,这一过程重复不断达到维持火花放电的目的.

本实验使用国产 WPF-2 型交流电弧发生器，它兼有低压交流电弧、低压火花、高频火花三种工作方法. 本实验采用电弧工作状态，其操作方法如下.

(1)准备工作.

将仪器面板上“电流调节Ⅰ”置于“400”挡(该旋钮是调节高压变压器初级线圈电流，此电流值应小于 0.25A).

(2)接通电源.

按下“低压开关”黑色按钮，黄灯亮，即本机接上电源. 选择交流电弧工作状态. 按下“工作状态选择Ⅱ”的“电弧火花Ⅰ按钮”，本仪器便选为电弧工作状态.

(3)选择电弧电流范围.

本实验电弧选在 5A 左右，为获得电弧稳定起见，可按下“6A 以上”按钮.

(4)检查机内放电盘间隙读数.

按着“照明”按钮，即照亮放电盘读数，转动本机右侧手轮，将放电盘间隙调至 0.8 附近.

(5)点弧和灭弧.

按下放在桌上的摇控开关“绿色按钮”，红灯亮. 分析样品间隙即点燃电弧. 仪器面板右上方电表是测量电弧电流. 检查是否处在 6A 左右，如果超过 15A 应立即按下遥控开关上的红色按钮，熄灭电弧.

本机左侧手轮系调节电弧电流，往顺时针方向转动，电流减小；反之增大.

(6)关机.

实验完毕欲关闭电源时，应先按下面板上的“停止”按钮，然后再按下“低压开关”上的红色按钮.

注意：本仪器面板上按钮较多且有高压！操作时应特别小心.

[实验内容]

本实验用三标准试样分析 38CrMoA 钢样中元素铬 Cr 的浓度.

[实验步骤]

1. 拍摄钢样火花光谱

拍摄要在工作条件标准下进行，即在实验过程中自始至终保持工作条件的稳定.

(1)火花的激发条件. 光谱定量分析最适用的光源是高压电容火花，因为它比较稳定，但激发的灵敏度较差. 有时也用交流电弧作定量分析光源，它的激发灵敏度比电容火花高，但稳定性比电容低. 火花电源的电路参数对光谱激发有很大影响，电容、电感要经过仔细搭配使光源稳定为止. 检查火花稳定性的简易方法是手持一玻璃片(如载波片)于火花电极附近，使从玻璃片中能看到火花的反射像. 在激发时，手均匀摆动便可以看到一串火花反射像，火花像的间距越均匀火花就越稳定. 对高压电容火花电源进行任何调节时，必须切断电源.

(2)摄谱仪的狭缝宽度. 狭缝宽度一般应比定性分析宽，使谱线黑度均匀，通常以 10μm 为宜. 宽度调节好后一般不要再动，以免损坏狭缝.

(3)照明. 定量分析要求谱线有均匀的照度. 一般是将光源成一放大像聚焦在摄谱仪的准直透镜上.

(4)预燃时间. 在摄谱之前，将光源预燃一段时间，以使电极表面汽化达到平衡，一般 3～4 分钟为宜.

(5)选择适当的曝光时间. 曝光时间随测定元素的浓度、所选取的分析线以及放电条而定. 所选的曝光时间应使所分析的光线的黑度落在光谱板感光特性曲线的直线部分，一般为 1 分钟左右.

(6)波段及谱线高度. 分析线对一旦选定，就把这个波长范围移放在光谱板的中间部分. 为节省感光板，可只用 1/2 或 1/3 干板，狭缝高度 2～3mm 即可.

以上条件选定后，先拍摄一组铁光谱，然后用银电极作上电极，在相同的条件下对每一试样分别摄谱三次.

2. 测量黑度

(1)将光谱板放在光谱投影仪上，与标准铁谱图对照，找出需要测量的分析线对.

(2)用测微光度计测量分析线对的黑度值. 测量时，要使测微光度计的照明狭缝、谱线和测量狭缝三者平行，并通过调节使所有待测谱线和照明都很好地聚焦. 测量狭缝的宽度和长度均需小于谱线的宽度和长度，一般前者为后者的 2/3.

(3)读数屏上有三条标尺：D(千分尺)、S(黑度标尺∞→0)、P(黑度换算尺∞→∞). 用中间一条读数时，应使谱线完全正对狭缝，这时透过谱线投到光电池的光最少，因此检流计指示偏转也最小，而相应的黑度读数则最大.

(4)以 1,2,3,4,5 号样品作标准试样，以浓度 c 的对数 $\ln c$ 为横坐标，以黑度差 ΔS 为纵坐标绘制工作曲线，再由曲线查试样中铬的浓度.

［思考题］

(1)光谱定量分析的依据是什么？为什么要采用内标法？

(2)内标元素和分析线对应具备哪些条件？为什么？

附表 2-1　几种常用合金钢的分析线对

被测元素	分析线对	含量范围/%	干扰元素
硅	Si2516.1—Fe2518.10	1.0～4.0	Ti2516.0
锰	Mn2939.3—Fe2926.50 Mn2939.3—Fe2984.39 Mn2576.1—Fe2574.37	0.2～2.0 0.2～2.0 0.2～2.0	T2938.7
铬	Cr2677.7—Fe2689.20 Cr2860.9—Fe2823.28	0.1～5.0 15.0～20.0	Cd2677.6　V2677.8 V2688.8　Cu2689.5 Ti2688.8　Cr2688.4
镍	Ni3413.90—Fe3443.88 Ni2316.04—Fe2327.39	1.0～10.0 1.0～10.0	
钼	Mo3170.30—Fe3205.40 Mo2816.20—Fe2828.6 Mo2816.20—Fe2724.89 Mo2684.13—Fe2823.20	0.7～2.0 0.5～2.0 0.5～2.0 2.0～5.0	Ti2828.1 Mo2827.8 Al2816.2
钒	V3110.70—Fe3083.70 V3110.70—Fe3040.67 V2882.50—Fe2827.20	0.1～2.0 0.1～1.0 1.0～3.0	Ti3110.7
铝	Al3082.16—Fe3083.7	0.5～1.5	
钨	W4008.20—Fe4005.20 W2397.11—Fe2396.73 W2397.11—Fe2400.34	1.6～3.0 3.0～8.0 8.0～20.0	Fe4005.2

附表 2-2　铁特征谱线组

No	波长/Å	说　明
1	2084.2～2093.8	五条线组

No	波长/Å	说　明
2	2158.5～2160.0	六条靠得近的特征谱线组
3	2259.3～2260.9	七条靠近特征谱线组
4	2343.4～2348.2	强背景上的四条强线组
5	2486.0～2487.4	五条距离彼此相等的弱线组
6	2598.4～2599.6	两条强线
7	2866.5～2869.5	四条等距离线组
8	3057.5～3100.7	七强线特征组
9	3264.5～3274.4	右线和铜的灵敏线重合的线组
10	3366.8～3384.0	两个三中等强度线组
11	3763.8～3767.2	三中等强度线组，在组的右边到 3786Å 有非常弱的线

[参考文献]

高学颜. 1989. 近代物理实验. 济南：山东大学出版社

李允中，潘维济. 1986. 基础光学实验. 天津：南开大学出版社

王梓坤. 1976. 概率论基础及其应用. 北京：科学出版社

张孔时，丁慎训. 1991. 物理实验教程(近代物理实验部分). 北京：清华大学出版社

实验 3　氢与氘原子光谱

光谱线系的规律与原子结构有内在的联系，因此，光谱分析是研究原子结构的重要方法. 氢原子是所有原子结构中最简单的，100 多年来，无数科学工作者对其进行理论上和实验上充分研究，取得许多重大成果. 1885 年，瑞士物理学家巴耳末根据实验结果总结人们对氢光谱测量的结果，发现了氢光谱的规律，提出了著名的巴耳末公式，氢光谱规律的发现为玻尔理论的建立提供了坚实的基础. 对原子物理学和量子力学的发展起着重要作用. 1992 年尤里(H. C. Urey)根据里德伯常量随原子核质量不同而变化的规律，对重氢莱曼线系进行摄谱分析，发现氢的同位素——氘的存在. 通过巴耳末公式求得的里德伯常量是物理学中少数几个最精确的常数之一，成为检验原子理论可靠性的标准和测量其他基本物理常数的依据. 本实验通过对氢与氘原子光谱巴耳末系的测量，验证了巴耳末公式的正确性，测定了氢与氘的里德伯常量(Rydberg constant)，并通过测量氢与氘原子光谱线的波长求出质子与电子的质量比.

[实验目的]

(1)掌握测定里德伯常量及氢、氘原子核质量比的方法.

(2)验证氢光谱巴耳末公式并加深对光谱规律和“同位素位移”的理解.

[实验原理]

氢原子是最简单的一种原子，它发出的光谱有明显的规律，瑞士物理学家巴耳末根据结果给出氢原子光谱在可见光区域的经验公式

$$\lambda_H = \frac{\lambda_0 n^2}{n^2 - 2^2} \tag{3-1}$$

式中 λ_H 为氢原子谱线波长，$\lambda_0 = 364.57\text{nm}$ 是经验常数，n 是连续整数 3，4，5，…，上式用波数 $\tilde{v}$ 表示，则有

$$\tilde{v}_H = R_H\left(\frac{1}{2^2} - \frac{1}{n^2}\right) \tag{3-2}$$

式 R_H 称为氢的里德伯常量.

与此类似，对于氘原子光谱有

$$\tilde{v}_{\mathrm{D}} = R_{\mathrm{D}}\left(\frac{1}{2^2} - \frac{1}{n^2}\right) \tag{3-3}$$

由于氢、氘核外都只有一个电子，所以光谱极为相似，但对应谱线的波长却稍有差别，这种差别即“同位素位移”. 显然，氢和氘光谱之间的差别在于它们的里德伯常量不同，这是由于二者的原子核质量的不同而引起的.

根据玻尔理论，对氢和类氢原子的里德伯常量的计算应为

$$R_X = \frac{2\pi^2 me^4 Z^2}{(4\pi\varepsilon_0)^2 n^3 c} \cdot \frac{1}{\left(1 + \frac{m}{M}\right)} \tag{3-4}$$

式中 M 为原子核质量，m 为电子质量，e 为电子电荷，h 为普朗克常量，ε_0 为真空介电常量，c 为光速，Z 为原子序数，当 $M\to\infty$ 时，由上式可得出相当于原子核不动时的里德伯常量，记作

$$R_\infty = \frac{2\pi^2 me^4 Z^2}{(4\pi\varepsilon_0)^2 n^3 c} \tag{3-5}$$

于是(3-4)式可写为

$$R_Z = \frac{R_\infty}{\left(1 + \frac{m}{M}\right)} \tag{3-6}$$

按上式，对氢和氘的里德伯常量分别写为

$$R_H = \frac{R_\infty}{1 + \frac{m_e}{m_{\mathrm{H}}}} \tag{3-7}$$

$$R_D = \frac{R_\infty}{1 + \frac{m_e}{m_{2\mathrm{H}}}} \tag{3-8}$$

则氢与氘原子的光谱巴耳末系分别为

$$\tilde{v}_{\mathrm{H}} = R_\infty \frac{1}{1 + \frac{m_e}{m_{\mathrm{H}}}}\left(\frac{1}{2^2} - \frac{1}{n^2}\right) \tag{3-9}$$

$$\tilde{v}_{\mathrm{D}} = R_\infty \frac{1}{1 + \frac{m_e}{m_{2\mathrm{H}}}}\left(\frac{1}{2^2} - \frac{1}{n^2}\right) \tag{3-10}$$

由此可知，只要通过实验测得氢与氘的巴耳末线系的前几条谱线的波长，就可由(3-2)式、(3-3)式、(3-9)式、(3-10)式求得氢与氘的里德伯常量，以及氢和氘核质量比.

氢与氘的巴耳末系前 10 条谱线的波长如表 3-1 所示.

表 3-1　氢与氘的巴耳末系波长表

氢(H)		氘(D)	
符号	波长/Å	符号	波长/Å
H_α	6562.80	D_α	6561.00
H_β	4861.33	D_β	4859.99
H_γ	4340.47	D_γ	4339.28
H_δ	4101.74	D_δ	4100.62
H_ε	3970.07	D_ε	3968.99
H_ζ	3889.06	D_ζ	3887.99
H_η	3835.40	D_η	3834.35
H_θ	3797.91	D_θ	3796.87
H_ι	3770.63	D_ι	3769.62
H_κ	3750.15	D_κ	3749.15

[实验装置]

精密光栅单色仪、导轨、聚光镜、汞灯、氢灯和氘灯、计算机等.

1. 精密光栅单色仪的光学系统采用的光学原理

如图 3-1 所示,本系统采用平面全息离子刻蚀光栅作色散元件,由光源发出的复合光通过入射狭缝 S1 照射到准直镜 M1 后,变成平行光束,再投射到光栅 G 上. 由光栅 G 色散后,经聚焦镜 M2 成像在出射狭缝 S2 处. 当精密机械转动系统按一定方向转动光栅时,就可以在 S2 处得到不同波长的单色光束. 光被光电倍增管接收,得到光强度信号.

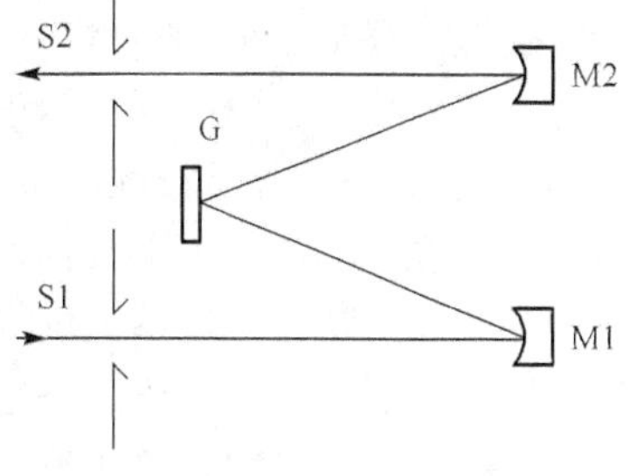

图 3-1 精密光栅单色仪光学原理图

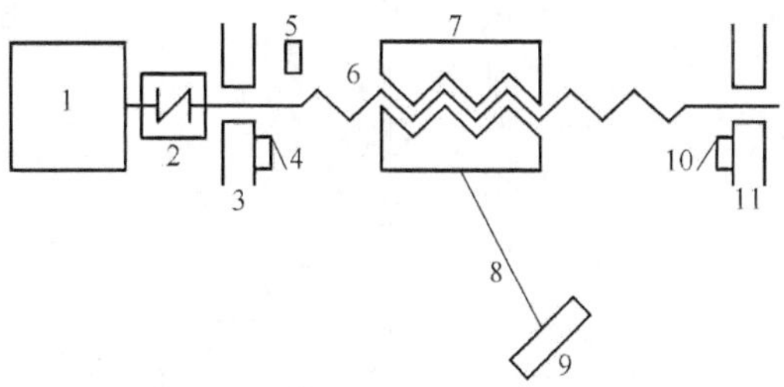

图 3-2 光栅单色仪转动系统

1. 步进电机; 2. 连轴节; 3. 轴承; 4. 微动开关; 5. 光电开关; 6. 丝杠;
7. 丝母; 8. 正弦杆; 9. 光栅; 10. 微动开关; 11. 轴承

2. 光栅单色仪转动系统

如图 3-2 所示,光栅转动由正弦机构在步进电机 1 的驱动下实现. 接口电路控制步进电机驱动器,使步进电机驱动精密丝杠 6 转动,丝母 7 通过摆杆 8 转动光栅 9,把直线位移变成光栅的转角位移,实现波长的自动扫描和精确控制. 带窗口的光电耦合器 5 向接口电路提供光学机械零点,微动开关 4 和 10 向接口电路发送保护信号. 正弦机构的关键部件是丝杠和丝母,丝杠和丝母配合形成丝杠副. 它们的加工精度对保证波长重复性至关重要. 在保证丝杠和丝母加工精度的前提下,为了进一步消除丝杠副的回差,对丝杠副要进行对研,然后再涂专用耐磨油脂. 另外,在单色仪的驱动程序中,规定波长扫描一律从短波长向长波长方向扫描,并且实际的波长扫描起始位置要小于设定的波长起始位置.

3. 氢、氘光谱灯

氢、氘光谱灯管内充有纯净的氢、氘气体,当两极加上高压时,其分子在放电过程中分解成原子,然后进入激发状态产生光辐射,但由于氢、氘灯光强很弱,所以实验过程中应将其毛细管中部靠近单色仪的狭缝.

[实验内容]

用精密光栅单色仪获取氢、氘原子光谱谱线,分别计算氢、氘各谱线波长与里德伯常量,并计算氢、氘原子质量比,绘制波数与 $1/n^2$ 的关系曲线,验证巴耳末公式的正确性.

[实验步骤]

1. 精密光栅单色仪系统定位

安装精密光栅单色仪系统程序 Monochromator Controller. 打开电源和 WDG 型精密光栅单色

仪控制单元按钮，调节光电倍增管处的狭缝处于适当位置，打开汞灯，再调节入射光处的狭缝处于适当的宽度，移动透镜，使汞灯发出的光聚焦在狭缝上. 开机，点击桌面的 Monochromator Controller，进入工作模式，选择发射谱，进入 Monochromator Controller 的界面，在“资源”上单击鼠标，选择“高压校准”，点击“开始校准”，系统将自动进行高压校准，直至完成，取下一段斜线并保存. 再进行系统定位，在“任务”上单击鼠标选择“系统定位”，设定光电倍增管的高压值(界于 200～900V)，然后“开始定位”，精密光栅单色仪将进行第一次倒车，再进行第二次倒车，最终完成查找零级光，走到默认波长 160.000nm，系统定位完成. 再次点击“任务”选择“波长—强度扫描”，根据所要测的光谱波长范围选择起始波长、终止波长，汞灯主要光谱波长如表 3-2 所示.

表 3-2　汞灯主要光谱波长

颜色	波长/nm	强度	颜色	波长/nm	强度
紫色	404.66Δ	强	黄色	576.96Δ	强
	407.78Δ	中		579.07Δ	强
	410.81	弱		585.92	弱
	433.92	弱		589.02	弱
	434.75	中	橙色	607.26Δ	弱
	435.84Δ	强		612.33Δ	弱
蓝绿色	491.60Δ	强	红色	623.44Δ	中
	496.03Δ	中	深红色	671.62Δ	中
绿色	535.41	弱		690.72Δ	中
	536.51	弱		708.19	弱
	546.07Δ	强			
	567.59	弱			

2. 氢、氘谱线波长的测量

将汞灯依次换为氢灯、氘灯，保持光电倍增管的位置不变，调节光源与透镜的位置，使光重新聚焦在狭缝上，增大狭缝的宽度，进行“波长—强度扫描”，具体操作方式同步骤 1，氢光谱主要谱线的波长如表 3-3 所示，氘光谱主要波长请查阅相关资料.

表 3-3　氢的巴耳末系波长

符号	H_α	H_β	H_γ	H_δ	H_ε
波长/nm	656.280	486.133	434.047	410.174	397.007
符号	H_ζ	H_η	H_θ	H_ι	H_τ
波长/nm	388.906	383.540	379.791	377.063	375.015

3. 计算里德伯常量

先将测得波长值换算为波数，然后再计算 R 值，并求其平均值，计算百分误差. 在计算 $R_H R_D$ 时，应该用氢氘谱线在真空中的波长，因此要对在空气中测量的数值进行修正，修正各值如下：

$$\lambda_{真空} = \lambda_{空气} + \Delta\lambda_{修} \tag{3-11}$$

$\Delta\lambda_{修}$的各值如下：

氢和氘谱线	α	β	γ	δ	ε	ζ	η	θ	ι	κ
$\Delta\lambda_{修}$/nm	0.181	0.136	0.121	0.116	0.112	0.110	0.108	0.107	0.106	0.106

4. 计算氢、氘原子质量比 M_D/M_H 值，并作波数与 $1/n^2$ 的关系曲线，以验证巴耳末公式的正确性

[思考题]

(1) 由测量氢、氘原子波长差定出氢、氘原子的里德伯常量的误差，讨论实验误差的来源.

(2)氢、氘原子光谱具有什么规律？在所摄得氢、氘光谱片上如何辨认氢、氘巴耳末线系各谱线？

(3)画出氢的巴耳末系能级图.

[参考文献]

长春时代光学仪器有限公司.精密光栅单色仪使用说明书

褚圣麟.1979.原子物理学.北京：人民教育出版社

杨述武.2000.普通物理实验(光学部分).北京：高等教育出版社

实验 4 塞曼效应

塞曼效应实验是荷兰物理学家塞曼于 1896 年发现的，是近代物理学史上一个著名的实验.该实验证实了原子具有磁矩与空间量子化，迄今仍是研究原子能级结构的重要手段之一.塞曼也因此而获得 1902 年诺贝尔物理学奖.从塞曼效应的实验中可以得到有关原子能级分裂的数据，即由能级分裂的个数可以得到角量子数 J，由能级的裂距可得到朗德因子 g.因此，它是研究能级结构的重要方法.近年来这一方法也被用于吸收光谱方面.本实验通过原子发光的磁分裂效应，说明原子能级的磁相互作用能的存在，由于分裂的波长(对应于能级)差很小，故不能用一般的分光仪器去分析测量.实验中用分辨率为 $10^5 \sim 10^7$ 的法布里-珀罗标准具观察汞(Hg)546.1nm 谱线的磁场分裂情况.并通过测量对应分裂谱线的磁场，计算电子荷质比 e/m.

[实验目的]

(1)利用法布里-珀罗标准具观察汞谱线的塞曼分裂.

(2)测量电子的荷质比并观察光谱线的偏振性.

[实验原理]

1896 年荷兰物理学家塞曼在研究中发现光源在磁场作用下所发射的光谱线分裂为三条.后来洛伦兹用电磁学理论解释了这种现象，并发现磁场对光源的作用也可以使谱线分裂为三条以上.一条光谱线分裂为三条的称为正常塞曼效应，多于三条为反常塞曼效应.

塞曼效应的产生是由于原子磁矩受磁场作用的结果，在忽略核磁矩的情况下，原子的总磁矩等于电子的轨道磁矩和自旋磁矩之和.塞曼效应进一步证实了原子具有磁矩和空间量子化，在磁场中电子轨道磁矩和自旋磁矩合成原子的总磁矩，使得每一具有能量为 E 的定态原子获得一附加能量 ΔE，ΔE 使原子能级分裂，实验证明

$$\Delta E = Mg\mu_B B \tag{4-1}$$

式中 M 为磁量子数，g 为朗德因子，B 为外磁场.对 L-S 耦合

$$g = 1 + \frac{J(J+1) - L(L+1) + S(S+1)}{2J(J+1)} \tag{4-2}$$

J 一定时，M 取值为：$-J, -J+1, \cdots, J-1, J$，共 $2J+1$ 个数值.因此，在外磁场中每一能级都分裂为 $2J+1$ 个等间距的磁能级.

设一频率为 ν 的光谱线，能级由 $E_1 \to E_2$，则有

$$h\nu = E_2 - E_1$$

新谱线 ν' 与能级的关系为

$$h\nu' = (E_2 + \Delta E_2) - (E_1 - \Delta E_1) = h\nu + (M_2 g_2 - M_1 g_1)\mu_B B$$

因此，分裂前后的频率差为

$$\Delta\nu = \nu - \nu' = (M_2 g_2 - M_1 g_1)\frac{\mu_B B}{h}$$

将玻尔磁子 $\mu_B = \dfrac{eh}{4\pi m}$ 代入，得

$$\Delta\nu = \nu - \nu' = (M_2 g_2 - M_1 g_1)\frac{eB}{4\pi m} \tag{4-3}$$

上述用波数差 $\Delta\tilde{\nu}$ 表示为

$$\Delta\tilde{\nu} = (M_2 g_2 - M_1 g_1)\frac{eB}{4\pi mc}$$

引入洛伦兹单位 $L = \dfrac{eB}{4\pi mc}$ 则

$$\Delta\tilde{\nu} = (M_2 g_2 - M_1 g_1)L \tag{4-4}$$

其中 M 的选择定则与偏振定则如下：

(1) $\Delta M=0$ 时，谱线为平面偏振光，电矢量平行磁场方向. 如果沿着平行方向观察见不到谱线，垂直于磁场观察，为振动平行于磁场的线偏振光，则此谱线称为 π 成分.

(2) $\Delta M=\pm1$ 时，垂直于磁场观察时为振动垂直于磁场的线偏振光；沿着磁场方向正向观察，$\Delta M=+1$ 为右旋圆偏振光，$\Delta M=-1$ 为左旋圆偏振光，这两者称为 σ 成分.

本实验以汞的放电管为光源，研究汞绿光谱线波长为 546.1nm 的塞曼分裂，汞光谱中该谱线是从 $\{6s7s\}^3S_1$ 到 $\{6s6p\}^3P_2$ 跃迁的结果，现将其对应于各能级的量子数和 g、M、Mg 值列表如下：

	L	J	S	g	M	Mg
初态 $^3S_1$	0	1	1	2	1,0,−1	2,0,−2
末态 $^3P_2$	1	2	1	3/2	2,1,0,−1,−2	3,3/2,0,−3/2

在外磁场作用下能级的分裂如图 4-1 所示.

由图可见，汞的 546.1nm 谱线分裂为九条等间距的谱线，相距间隔为 1/2 个洛伦兹单位. 当垂直于磁场方向观察时，将看到 σ 或 π 分量；沿磁场方向观察时，将只看到左旋或右旋偏振光.

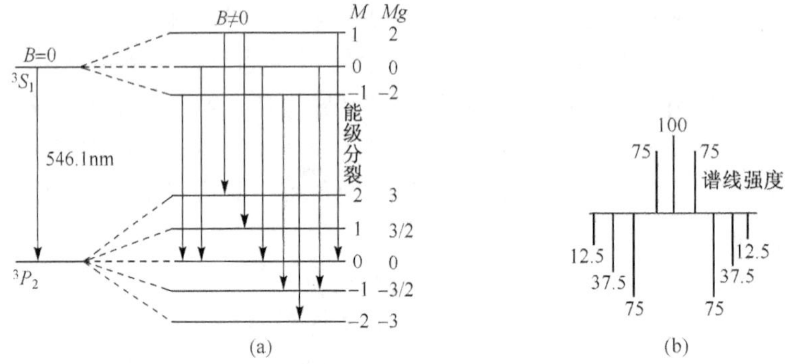

图 4-1 汞绿光谱线在磁场中的能级分裂

[实验装置]

法布里-珀罗（记为 F-P）标准具、汞放电管与电源、电磁铁与电源、滤色片、偏振片、透镜、CCD 摄像系统、电脑、特斯拉计等. 法布里-珀罗标准具的调节是本实验的关键，其原理和使用非常重要，下面就详细介绍一下.

F-P 标准具的主要部分是两块互相平行的光学平玻璃板. 两板内表面研磨得非常光平，并镀有多层介质膜，反射系数达 92%以上，在其间放有一定厚度且材料线胀系数极小的间隔圈，使两内表面间的距离固定不变. 当波长为 λ 的单色光进入标准具后，经两镀膜表面的多次反射和透射，形成一系列相互平行的反射光束和透射光束，如图 4-2 所示. 在透射光束中，相邻两光束的光

程差 $\Delta=2nh\cos\theta$. 空气的折射率 $n=1$,有一定光程差的平行光束在无穷远处发生等倾干涉,形成亮条纹的条件是

$$2h\cos\theta = k\lambda \tag{4-5}$$

式中 k 为干涉级次.同一级次对应着一个入射角,形成一个亮圆环.不同级次形成一套同心的干涉圆环,且由内向外级次 k 逐渐变小.

1. 自由光谱范围

假设有微小波长差的单色光 λ_1 和 λ_2 射到标准具上,它们各自产生一组干涉圆环.若 $\lambda_1>\lambda_2$,由(4-5)式可知,同一级次的圆环,λ_2 在外,λ_1 在里,如图 4-3 所示.波长差 $\Delta\lambda=\lambda_1-\lambda_2$ 越大时,同级次两圆环离开越远.当波长差增大到 λ_2 的 k 级与 λ_1 的 $(k-1)$ 级重合时,即满足

$$k\lambda_2 = (k-1)\lambda_1 \tag{4-6}$$

这时的波长差称为自由光谱范围,用 $\Delta\lambda_R$ 表示为

$$\Delta\lambda_R = \lambda_1 - \lambda_2 = \lambda_1/k$$

由于 k 是一个很大的数,可用中心花纹的片数来代替,即取 $\cos\theta=1$,有 $2h=k\lambda$. 代入上式,并用 λ 代替 λ_1,得

$$\Delta\lambda_E = \frac{\lambda^2}{2h} \tag{4-7}$$

它表示在给定 h 的标准具中,两入射光在 λ 和 $\lambda+\Delta\lambda_R$ 范围内,其干涉花纹才不重叠.

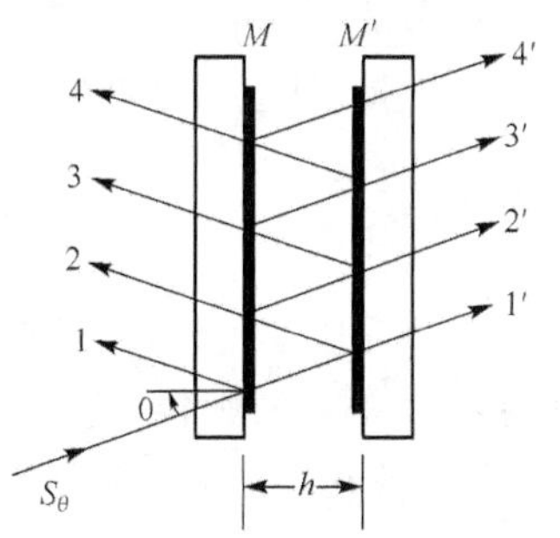

图 4-2　F-P 标准具干涉

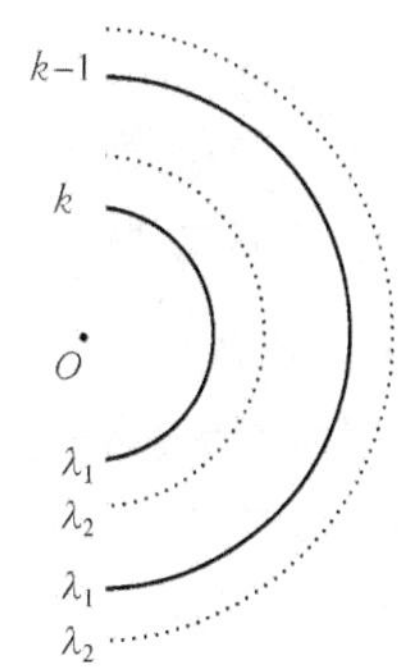

图 4-3　干涉圆环(一半)

2. 用标准具测量微小波长差的公式

用透镜把 F-P 标准具所形成的干涉花纹成像在焦平面,花纹的入射角 θ 与花纹的直径 D 有如下的关系:

$$\cos\theta = \frac{f}{\sqrt{f^2+(D/2)^2}} \approx 1-\frac{D^2}{8f^2}$$

式中 f 为透镜的焦距.将上式代入(4-5)式中,有

$$2h\left(1-\frac{D^2}{8f^2}\right) = k\lambda \tag{4-8}$$

由上式可见,干涉级次 k 与圆环直径 D 的平方成正比,且随着圆环直径的增大花纹越来越密.对于同一波长 λ 相邻两级次 k 和 $(k-1)$,圆环直径的平方差 ΔD^2,由上式可求得为

$$\Delta D^2 = D_{k-1}^2 - D_k^2 = \frac{4f^2\lambda}{h} \tag{4-9}$$

对同一干涉级次不同波长 λ_1 和 λ_2 的波长差为

$$\lambda_1 - \lambda_2 = \frac{h}{4f^2k}(D_2^2 - D_1^2) = \frac{\lambda}{k}\,\frac{D_2^2 - D_1^2}{D_{k-1}^2 - D_k^2}$$

若只考虑中心花纹附近的几个圆环，由于级次很高，可用中心处的级次代替上式中 k，即取 $\cos\theta=1, k=2h/\lambda$，于是上式变为

$$\lambda_1-\lambda_2=\frac{\lambda^2}{2h}\frac{D_2^2-D_1^2}{D_{k-1}^2-D_k^2} \tag{4-10}$$

用波数差表示为

$$\widetilde{\nu}_1-\widetilde{\nu}_2=\frac{1}{\lambda_1}-\frac{1}{\lambda_2}=\frac{\lambda_2-\lambda_1}{\lambda_2\lambda_1}=-\frac{\lambda_1-\lambda_2}{\lambda_2\lambda_1}$$

则

$$\Delta\widetilde{\nu}=\widetilde{\nu}_1-\widetilde{\nu}_2=\frac{1}{2h}\frac{D_2^2-D_1^2}{D_{k-1}^2-D_k^2} \tag{4-11}$$

由此可见，波数差与相应干涉环的直径平方差成正比. 由(4-4)式和(4-11)式可得

$$\frac{e}{m}=\frac{2\pi c}{hB(M_2g_2-M_1g_1)}\quad\frac{D_2^2-D_1^2}{D_{k-1}^2-D_k^2} \tag{4-12}$$

[实验内容]

掌握塞曼效应实验原理及法布里-珀罗标准具的结构和测量原理，观察汞绿光 546.1nm 的横向、纵向塞曼效应，并用计算机测量和处理实验数据，从而测定荷质比的值，并计算出荷质比的误差.

[实验步骤]

1. 调整装置

置笔形汞放电管于磁极中央，并接通电源使其发光，调整各光学部件，使 F-P 标准具获得最大光通量，调节好 CCD 摄像头就可以看到干涉环，进一步调节标准具上三个调节螺丝，使干涉环细锐、明亮、均匀，并使各干涉环的中心位于视场中央.

2. 观察横向塞曼效应谱线分裂的情况

接通稳压电源，缓慢增大激磁电流，从望远镜中可看到干涉环逐渐变粗，然后发生分裂，随着激磁电流的逐渐增大，分裂的谱线间距也不断加宽，且又逐渐变得清晰细锐，这时旋转偏振片可观察到偏振状态不同的 π 成分和 σ 成分. 观察纵向塞曼效应时转动电磁铁，插入 1/4 波片，利用 1/4 波片与偏振片的组合，观察波数增加和减少的右旋和左旋圆偏振光.

3. 进行测量和计算

利用随机配备的数据处理软件进行图形的采集，并进行图形分析处理，获取相关的数据，然后熄灭汞放电管，从磁极间取下. 再用特斯拉计测出此时的磁感应强度 B 值.

根据记录的数据，代入(4-11)式和(4-12)式，从而可求得裂距与荷质比.

4. 分析结果

与此同时检验光谱线的偏振性质并进行合理解释. 将所观察到的现象加以解释并分析所得结果是否和理论符合.

注意：测量完毕后，务必先将励磁电流降到 0 A，再切断电磁铁的电源！

[思考题]

(1)如何由塞曼效应来确定原子能级量子数与 g 值？

(2)实验中的主要误差是什么？如何减小该误差？

[参考文献]

褚圣麟. 1979. 原子物理学. 北京：人民教育出版社

林木欣. 1994. 近代物理实验. 广州：广东教育出版社

第 2 章
核物理实验

20 世纪初，英国物理学家卢瑟福(E. Rutherford)和化学家索迪(F. Soddy)等人，研究原子衰变的性质，发现放出的射线分三种，并分别命名为 α，β 和 γ. 1919 年，卢瑟福等又发现用 α 粒子轰击氮核会放出质子，这是首次用人工实现的核蜕变(核反应). 在初期的核反应研究中，最主要的成果是 1932 年中子的发现和 1934 年人工放射性核素的合成. 中子不带电荷，不受核电荷的排斥，容易进入原子核而引起核反应. 因此，中子核反应成为研究原子核的重要手段. 在 20 世纪 30 年代，人们还通过对宇宙线的研究发现了正电子和介子，这些发现开创了粒子物理学的先河.

贝克勒尔发现天然放射性后的 40 多年，人们主要从事放射性衰变规律和射线性质的研究，并且利用射线对原子核做了初步的探讨，这是核物理发展的初期阶段. 在这一时期，人们为了探测各种射线，鉴别其种类并测定其能量，初步创建了一系列探测方法和测量仪器. 大多数的探测原理和方法在以后得到了发展和应用，有些基本设备沿用至今，如计数器、电离室等.

20 世纪 40 年代前后，核物理进入一个大发展的阶段. 1939 年，德国化学家哈恩(O. Hahn)和他的助手斯特拉斯曼(F. Strassmann)发现了核裂变现象. 1942 年，意大利物理学家费米(E. Fermi)建立了第一个链式裂变反应堆，这是人类掌握核能源的开端. 半导体探测器的应用大大提高了测定射线能量的分辨率. 核电子学和计算技术的飞速发展从根本上改善了获取和处理实验数据的能力，同时也大大扩展了理论计算的范围.

20 世纪 70 年代是核物理完善和提高的阶段，由于粒子物理逐渐成为一门独立的学科，核物理已不再是研究物质结构的最前沿. 核能利用方面也不像过去那样迫切，核物理进入了一个纵深发展和广泛应用的新的更成熟的阶段.

在现阶段，由于重离子加速技术的发展，人们已能有效地加速从氢到铀所有元素的离子，其能量可达到每核子 10^9 eV. 这就大大扩充了人们变革原子核的手段，使重离子核物理的研究得到全面发展. 随着高能物理的发展，人们已能建造强束流的中高能加速器. 这类加速器不仅能提供直接加速的离子流，还可以提供次级粒子束. 这些高能粒子流从另一方面扩充了人们研究原子核的手段，使高能核物理成为富有生气的研究方面.

核技术应用主要为核能源的开发服务，如提供更精确的核数据和探索更有效地利用核能的途径等；另外，同位素的应用是核技术应用最广泛的领域. 同位素示踪已应用于各个科学技术领域；同位素药剂应用于某些疾病的诊断或治疗；同位素仪表在各工业部门用作生产自动在线监测或质量控制装置. 加速器及同位素辐射源已应用于工业的辐照加工、食品的保藏和医药的消毒、辐照育种、辐照探伤以及放射医疗等方面. 由于中子束在物质结构、固体物理、高分子物理等方面的广泛应用，人们建立了专用的高中子通量的反应堆来提供强中子束. 中子束也应用于辐照、分析、测井及探矿等方面. 中子的生物效应是一个重要的研究方向，快中子治癌已取得一定的疗效. 离子束的应用是越来越受到注意的一个核技术部门. 离子注入技术是研究半导体物理和制备半导体器件的重要手段. 离子束已经广泛地应用于材料科学和固体物理的研究工作. 离子束也是用来进行无损、快速、痕量分析的重要手段，特别是质子微米束，可用来对表面进行扫描分析，其精度是其他方法难以达到的.

因此，开设核物理基础实验技术课程，学习探测、记录射线并测定其性质的方法，对核物理研究和核技术应用研究具有重要意义. 本章中主要介绍盖革-米勒计数管实验、γ射线能谱实验、相对论效应实验和穆斯堡尔效应实验等.

实验5　盖革-米勒计数管的研究

[实验目的]

(1)了解盖革-米勒计数管的结构、原理及特性.

(2)测量盖革-米勒计数管坪曲线，并正确选择其工作电压.

(3)测量盖革-米勒计数管的死时间、恢复时间和分辨时间.

[实验原理]

1. 盖革-米勒计数管的构造及其工作原理

盖革-米勒计数管简称G-M计数管，是核辐射探测器的一种类型. 它可以测定核辐射粒子的数目，而不能探测粒子的能量. 它具有价格低廉、设备简单、使用方便等优点，被广泛用于放射测量中.

G-M计数管有各种不同的结构，最常见的有钟罩形β计数管(如图5-1(a))和圆柱形γ计数管(见图5-1(b))两种，这两种计数管都是由圆柱状的阴极和装在轴线上的阳极丝密封在玻璃管内而构成的，玻璃管内充一定量的某种气体，例如，惰性气体氩、氖等，充气的气压比大气压低. 由于β射线容易被物质所吸收，所以β计数管在制造上安装了一层薄的云母做成的窗，以减少β射线通过时引起的吸收，而γ射线的贯穿能力强，可以不设此窗.

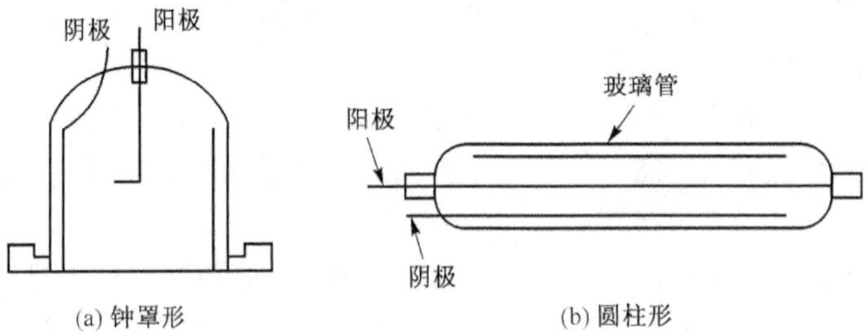

图5-1　两种形状的G-M计数管

G-M计数器由G-M计数管、高压电源、前置放大器和定标器等组成. 用G-M计数器测量放射性粒子数的系统示意图如图5-2所示.

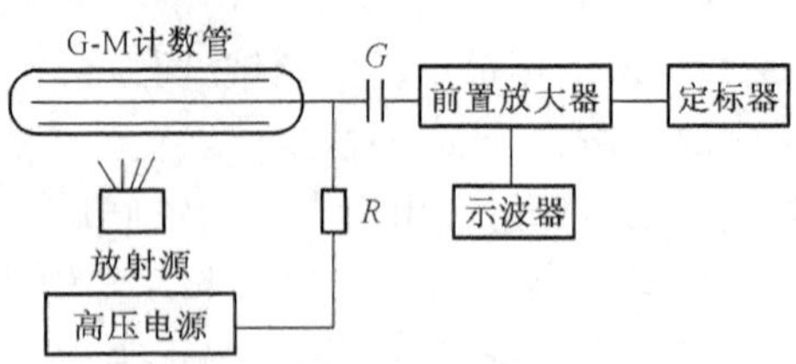

图5-2　计数器系统示意图

其工作原理是，放射源放射出的粒子进入计数管，使计数管的气体产生电离，由气体电离产生的负脉冲经电容器C及前置放大器，然后由定标器所记录，或用示波器观察.

G-M计数管负脉冲形成原理是，当射线进入计数管后引起管内气体电离，电离所产生的负离子(实际上是电子)在电场加速下向阳极运动,在它到达阳极之前与气体分子发生多次碰撞,结果产生了很多次级电子,这些次级电子在电场作用下加速向阳极运动,在运动的过程中再与气体分子相碰撞,以致产生更多的次级电子,这样就引起了所谓“雪崩”放电. 在雪崩的过程中,由于受激原子的退激发以及正负离子的复合也将发射出大量的光子. 但在充有淬灭气体的计数管内,这些光子将主要为淬灭气体分子所吸收,同时雪崩将沿着阳极向它的两端扩展,而导致全管放电,因此最后就有大量的电子达到阳极. 由于计数管内电场是柱状对称的,所以在阳极附近电场最强,就是说绝大多数的次级电子都是在阳极附近产生的. 由于电子的质量小,因此电子很快就到达阳极. 而正离子的质量较大,它运动的速度小,在电子消失以后它还慢慢地移向阴极,最后到达阴极而中和. 如果可以把计数管看作一个电容器,在放电前加了高压,于是两极就带有一定量电荷,放电后电子和离子中和掉电极上的一部分电荷,使阳极电位降低,于是电源电压就通过电阻 R 向计数管充电使阳极电压逐渐恢复,这样就在阳极上得到一个负脉冲电压,其波形如图 5-3 所示. 它的幅度和宽度均与电源电压和电阻 R 有关. 电压高则脉冲幅度高;电阻大则幅度高,脉冲宽度也较大.

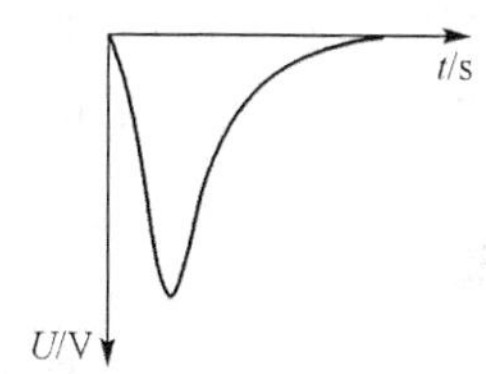

图 5-3　负电压脉冲波形

由于正离子到达阴极时,和阴极碰撞有可能打出电子来,此电子被电场加速,又会引起整个计数管放电. 这样只要有一个粒子进入管子,就会引起管子的不断放电. 为了使一个放射性粒子进入计数管只计数一次,就必须设法使放电淬灭. 通常的办法是在计数管内充惰性气体外,还加入了少量的能使放电淬灭的气体. 淬灭气体的分子具有多原子结构,其电离电位较低,在惰性气体正离子向阴极运动的途中,与淬灭气体分子相碰撞,就把电荷移给淬灭气体分子,使淬灭气体分子带有正电荷,所以到达阴极时几乎全是淬灭气体正离子,它们在阴极中和时就分解成小分子,从而不打出次级电子,这样就不再引起第二次放电,于是放电被淬灭. 这样的计数管又叫做自灭计数管,自灭计数管按其所充的淬灭气体的性质可以分为充有机气体(如酒精蒸气、乙醚蒸气)的有机管和充卤素气体(如溴蒸气)的卤素管两类.

2. G-M 计数管的特性

G-M 计数管的工作性能是由阈电压、坪长度、坪坡度、分辨时间、计数效命、寿命和温度影响等决定,下面对它们分别给予说明.

(1)坪特性——坪长度、坪坡度和阈电压.

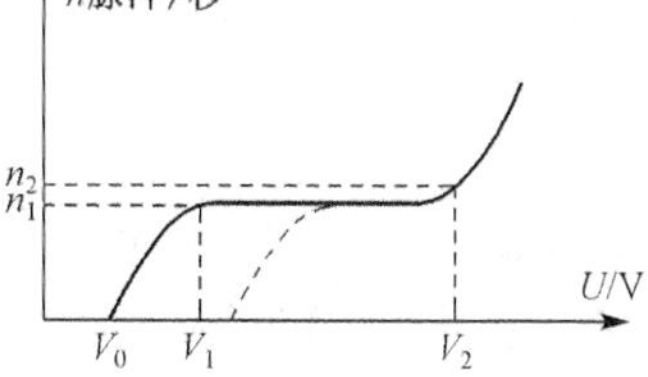

图 5-4　G-M 计数管的坪曲线

在放射性强度不变的情况下,改变计数管电极上的电压,由定标器记录下的相应计数率(单位时间内的计数次数)可得如图 5-4 所示的曲线,由于此曲线有一段比较平坦区域,因此把此曲线称为坪特性曲线,把这个平坦的部分(V_1-V_2)称为坪区;V_0 称为起始电压,V_1 称为阈电压,$\Delta V=V_2-V_1$ 称为坪长度. 在坪区内电压每升高 1 伏,计数率增加的百分数称为坪坡度,即

$$\frac{n_2-n_1}{n_1(V_2-V_1)}\times 100\% \tag{5-1}$$

计数管具有坪特性曲线的原因是,当电压较低时,只在计数管内部局部范围内发生放电,产生的负脉冲较小,这是因为脉冲幅度与进入计数管粒子产生的原始离子对数目有关. 电压低于或等于 V_0 时,由于脉冲幅度小,不能触发定标器计数,因此计数率为零;在 V_0 到 V_1 区间内,只有一部分的粒子能够产生较多的离子对数目,产生较大幅度的脉冲而引起定标器的计数,随着电压的升高,脉冲的幅度增大,计数率也随之增大. 当电压超过了 V_1 电压后,计数管进入了盖革区,此时

只要产生一对离子对就会引起全管放电，这时脉冲幅度只决定于电压，而与原始的离子对数无关，所以此时所有产生离子的粒子都会被定标器记录下来．在盖革区内再增加电压，只是增加脉冲的幅度，而不会增加脉冲的个数，所以计数率保持不变，也就是坪区．但实际上坪区仍有一定程度的坡度，这主要是由于一个粒子进入计数管后引起两次以上计数的可能性增加和计数管灵敏体积的增大而造成的，当然希望坪坡度越小越好．当电压超过了 V_2 之后，计数率随着电压的增加而急剧地增加，这是因为电压较高时，每次放电电离的数目非常之大，正离子到达阴极撞出的次极电子引起再一次放电的概率亦增大，此概率达到一定程度时就进入连续放电区．

如果定标器的灵敏阈电压选得太高，则需要较大幅度的脉冲才能使定标器计数，就会出现如图 5-4 所示的虚线曲线情况，起始电压升高，坪长度缩短，因此在工作时应合理选择灵敏阈电压．

(2)死时间、恢复时间和分辨时间．

如上所述，计数管放电以后在阳极附近产生许多正离子，我们称之为“离子鞘”．由于正离子鞘的存在，因而减弱了阳极附近的电场，此时若再有粒子射入计数管，就不会引起计数管放电，定标器就没有计数，随着正离子鞘向阴极移动，阳极附近的电场就逐渐得到恢复，当正离子鞘到达计数管半径 r_0 处时，阳极附近电场刚刚恢复到可以使进入计数管的粒子引起计数管放电，这段时间称为计数管的死时间，以 t_d 来表示；正离子鞘从 r_0 到阴极的一段时间，称为恢复时间，以 t_r 表示．在恢复时间内由于电场还没有完全恢复，所以粒子射入计数管后虽然也能引起放电，但脉冲幅度较小，当脉冲幅度小于定标器灵敏阈(又称为阈电压)时，则仍然不能被定标器记录下来，随着电场的恢复，脉冲幅度也随之增大，如果在 τ 时间以后出现的脉冲能被定标器记录下来，那么 τ 就称为分辨时间．如果定标器灵敏度足够高的话，分辨时间 τ 和死时间 t_d 可以很接近．分辨时间 τ 还和计数管上所加的电压和定标器的灵敏阈有关，灵敏阈大则 τ 也大，所加的电压增大，则 τ 减小．

G-M 计数管的死时间、恢复时间、分辨时间也可以用示波器观测．方法是将计数管阳极经耐高压电容器输出的脉冲，一路加在脉冲示波器 y 轴输入端，另一路加在示波器的外触发扫描，这样就可在示波器上观察死时间 t_d、恢复时间 t_r 及分辨时间 τ，如图 5-5 所示，并可利用示波器上的时标测得死时间 t_d 及恢复时间 t_r，如果知道了定标器的灵敏阈，亦可以测得分辨时间 τ 的大小．

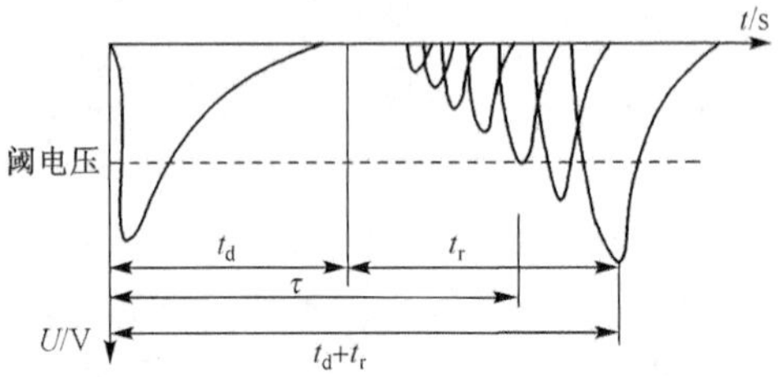

图 5-5　示波器上观察到的死时间及分辨时间

由于分辨时间 τ 的存在，在一次计数后的 τ 时间内进入的辐射粒子就会被漏记，从而影响测量的准确性．但如果能够测出分辨时间 τ 的话，就可以对不准确性加以修正．若单位时间实际记录了 m 次，每次记录后有一段时间要产生漏记，则单位时间内有 $m\tau$ 时间计数管不能记录进入粒子，假设单位时间内进入计数管的粒子数为 n(就是说若不发生漏记的话，单位时间内应记录 n 次)，这样在 $m\tau$ 时间内还应计数 $nm\tau$ 次，这恰好等于漏记，则

$$n - m = nm\tau$$

于是得到修正计数率公式

$$n = \frac{m}{1 - m\tau} \quad 或 \quad m = \frac{n}{1 + n\tau} \tag{5-2}$$

由上式可知，m 越小 τ 越大，即漏计数越多；$n\tau$ 越大，漏计数也越多．所以放射源比较强时，漏计数校正就更显得重要．

计数管分辨时间 τ 除了可以用示波器测量外，还可以用“双源法”测定．

双源法是将两个放射源单独测量时的强度总和与两个源放在一起时测得的强度进行比较来测量分辨时间的．若 n_1、n_2 和 n_{12} 分别代表源 1、源 2 以及源 1 加源 2 在单位时间内进入计数管的粒子数，那么源 1 加源 2 单位时间内进入计数管的粒子数目总是等于源 1 和源 2 在单位时间内分别进入管内的粒子数之和，即

$$n_{12} = n_1 + n_2$$

若 m_1、m_2 及 m_{12} 分别代表仪器对源 1、源 2 以及源 1 加源 2 实际测得的计数率，则

$$n_1 = \frac{m_1}{1 - m_1\tau} - \frac{m_b}{1 - m_b\tau}$$

$$n_2 = \frac{m_2}{1 - m_2\tau} - \frac{m_b}{1 - m_b\tau}$$

$$n_{12} = \frac{m_{12}}{1 - m_{12}\tau} - \frac{m_b}{1 - m_b\tau}$$

解上式，并略去高次项，则可得

$$\tau = \frac{m_1 + m_2 - m_{12} - m_b}{2(m_1 - m_b)(m_2 - m_b)} \tag{5-3}$$

式中 m_b 为本底计数率．

由于双源法测定分辨时间 τ 是在较大的数值间寻找很小的差值，所以为了达到足够的精确度，每次测量时间应较长．

(3) G-M 计数管的探测效率．

G-M 计数管的探测效率是指假定 $\tau = 0$ 时，一个粒子通过计数管的灵敏体积而能引起输出脉冲的概率．对于 G-M 计数管来说，只要辐射粒子能引起电离就能引起计数，所以计数效率也就是粒子进入计数管后引起电离的概率．因此它不仅与管子的结构有关，也与辐射粒子的种类和能量大小有关．α 和 β 粒子是带电粒子，能直接引起电离，所以计数率较高，通常在 98% 以上，而 γ 射线不带电，不能直接产生电离，要和计数管相碰撞产生光子或康普顿电子才能引起电离而得到计数，所以计数率较低，通常只有 1% 左右．

(4) G-M 计数管的本底．

在工作电压下，没有放射源时所测得的计数率称为 G-M 计数管的本底．它是由于宇宙射线、空气中及周围微量放射性以及制作管子用的物质中放射性杂质所引起的，所以要在实验测量的计数率数据中减去本底计数率才能得到真正的计数率．

(5) G-M 计数管的寿命和使用温度范围．

自灭计数管每次放电一次就要分解大量的淬灭气体，淬灭气体被分解后就不能再恢复作用，是一种消耗．一般计数管内充有约 10^{20} 个淬灭气体分子，所以它的寿命约 $10^8 \sim 10^9$ 次计数．卤素分子被分解后能够重新复合，所以卤素管寿命较长．计数管所加的电压越高，每次放电消耗的淬灭气体分子就越大，加过高的电压将使计数管的寿命大大缩短，工作电压应选得稍低一些，以延长管子的寿命，通常选在距坪起端三分之一到二分之一坪长处．

测量过程中要十分注意保护计数管，应绝对避免计数管连续放电．因为一次连续放电就可能将淬灭气体耗尽而损坏管子．在测坪曲线时升高电压应特别注意计数管情况，如发现计数率有突然升高的趋势时，应立即降低电压，绝不可将电压高到超出坪区以外的范围．

使用计数管时要注意，G-M 计数管有一定的正常工作范围，超出这个范围都会使特性变坏，甚至不能工作.

现在实验室使用的计数管是自灭计数管，其工作电压约在 360～440V，坪长度约 80V. 计数管使用的时间长后会衰老，衰老的计数管阈电压升高，坪长变短，坪坡度变大，合格的计数管其坪坡度应小于 0.1%V，对有机管坪长应大于 150V，卤素管为 50V.

3. 放射性衰变的统计规律及测量结果的误差

实验证明，在对长寿命放射性强度进行多次重复测量时，即使条件相同，每次测量的结果仍然不同；然而，每次结果都围绕着某一个平均值上下涨落，服从一定的统计规律. 假如在时间 τ 内，核衰变平均数是 $\bar{n}$，每秒核衰变数为 n 的概率 $p(n)$ 服从统计规律的泊松分布是

$$p(n) = \frac{(\bar{n})^n}{n!}e^{-\bar{n}} \tag{5-4}$$

下表中是一个 G-M 管的本底计数的实验数据，时间以 1s 为单位，连续测 100 个 1s，共得 350 个计数，表中 $n=0,1,2,\cdots$ 为每秒内的计数，$p(n)$ 为计数为 n 的出现次数.

每秒内计数 n	0	1	2	3	4	5	6	7	8	9	10
计数为 n 的出现次数 $p(n)$	3	11	18	22	19	13	7	4	2	0	1

总次数 $\sum p(n) = 100$ 次，总计数 $\sum np(n) = 350$ 计数.

平均每秒计数 $\bar{n} = \dfrac{\sum np(n)}{\sum p(n)} = \dfrac{350}{100} = 3.5$ 计数/秒，其泊松分布见图 5-6.

从上表可见，单独 1s 的计数可能和平均数有很大差别，但与平均数相近的计数，如 $n=3,4$ 出现的次数较多；而与平均数相差较大的计数如 $n=0,8,9,10$ 出现的次数则较少，应用(5-4)式可以绘出泊松分布的理论曲线，将此曲线与实验绘出的曲线相比较，可以发现实验曲线与理论曲线十分一致.

泊松分布在平均数 $\bar{n}$ 较小的情况下比较合适，$\bar{n}$ 比较大时，如 $n>10$ 时，泊松公式虽仍正确，但计算起来十分复杂，很不方便，这时可利用斯特林公式 $n! = \sqrt{2n\pi}n^n e^{-n}$ 将泊松分布近似作高斯分布

$$p(n) = \frac{1}{\sqrt{2\pi\bar{n}}}e^{\frac{-(\bar{n}-n)^2}{2n}}$$

令 $\Delta=\bar{n}-n$，则

$$p(\Delta) = \frac{1}{\sqrt{2\pi n}}e^{-\frac{\Delta^2}{2n}} \tag{5-5}$$

高斯分布如图 5-7 所示. 曲线说明与平均值的偏差 $(n-\bar{n})$ 对 $\bar{n}$ 轴线具有对称性，绝对值大的偏差出现概率小.

通常把平均值 $\bar{n}$ 看做测量的最概然值，并用它来表示放射强度值. 单次测量的统计误差习惯用标准差 $\sigma=\pm\sqrt{n}$ 来描述. 事实上，测定这种基于无限多次测量而得到的 n 是无法完成的，也是没有必要的. 因此，一般都是将一次测量的结果 N 当作平均值来表示放射性强度值，$\sigma=\pm\sqrt{N}$ 则表示其测量误差. 因而相对标准误差为

$$E = \pm\frac{\sqrt{N}}{N} = \pm\frac{1}{\sqrt{N}} \tag{5-6}$$

它能说明 N 的准确度．当 N 大时，相对标准误差小，精度高，为了得到足够的计数 N 以保证准确度，就需要延长放射性测量时间 t，或者增加相同测量的次数 m，在时间 t 内测得的结果，所得出计数率的相对标准误差为

$$E=\pm\frac{1}{\sqrt{nt}} \tag{5-7}$$

式中 n 为单位时间内的计数值．

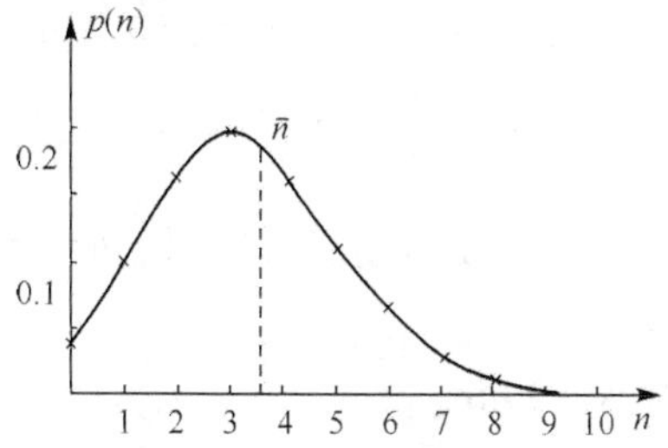

图 5-6　泊松分布曲线（$\bar{n}=3.5$）

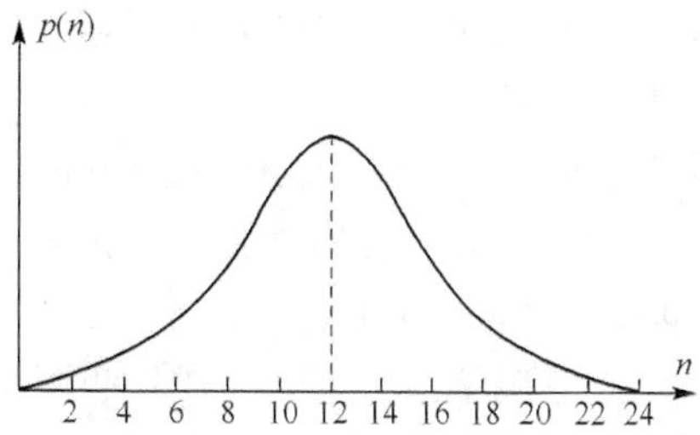

图 5-7　高斯分布曲线（$\bar{n}=12$）

若相同的实验重复进行了 m 次，则平均计数率的相对标准误差为

$$E=\pm\frac{1}{\sqrt{m\,nt}} \tag{5-8}$$

［实验装置］

实验装置的组成如图 5-2，包括 G-M 计数管、前置放大器、自动定标器、示波器和 2 个放射源．

［实验内容］

1．准备工作

（1）弄清楚计数管的正负电压接线的极性，并把它安装在支架上．

（2）按图 5-2 将计数管与前置放大器、定标器连接好．

（3）弄清楚定标器的使用方法，高压极性及高压量程开关是否正确，高压组旋钮是否旋到最小位置处．

（4）打开电源开关，用自检挡检查定标器工作是否正常，并熟悉一下定标器的使用方法．

2．测量 G-M 计数管坪曲线

（1）将放射源放在计数管支架的托盘上，并对准计数管的中央部位，在测坪曲线的整个过程中，放射源位置保持不变．

（2）检查连接线及各个开关位置无误后，打开定标器的电源开关，将定标器预热数分钟，然后将高压细调旋钮开关旋到最小，打开高压开关，细调高压值，使计数管刚好开始计数．

（3）将定标器的甄别阈（阈电压）调到 0.2 伏，细调高压，仔细测出起始电压（测量两次，取平均值），然后电压每升高 20 伏测量十次，每次测量时间为 10 秒钟，直到发现计数增加时（坪长已测完），应立即降低工作电压，以免发生连续放电将计数管损坏．

（4）将实验数据列入表中，取十次平均值，并用坐标纸画出该计数管的坪曲线，确定其起始电压，坪长度和坪坡度，然后选定其工作电压．

3．用示波器观测计数管的死时间、分辨时间和恢复时间

（1）由前置放大器输出端引出脉冲信号，分别接到触发扫描示波器的输入端和触发端，然后将计数管的高压调到选定的工作电压处．

(2)将示波器选在外触发状态，然后正确调整示波器即可得到如图 5-5 所示的波形，用示波器的时标测出到第一个小脉冲的时间，即死时间 t_d，并根据第一个与原始脉冲具有同样高度的脉冲位置，由时标估测恢复时间 t_r.

(3)调节计数管高压至起始电压，示波器荧光屏上将出小脉冲高度，这就是定标器的灵敏阈电压，根据它估测出计数管的分辨时间 τ.

4. 双源法测计数管分辨时间 τ

(1)准备好两个放射性强度大致相等的放射源，使每个源的计数在 6000～8000 脉冲/min.

(2)测本底 5min.

(3)放上放射源 1，测其放射强度 10min.

(4)放上放射源 2，测量源 1 加源 2 的放射强度 20 分钟(放上放射源 2 时，切勿移动源 1，源 1 和源 2 的位置要尽量靠近).

(5)取出放射源 1(切勿移动源 2)，测源 2 的放射强度 10min.

(6)取出源 2，再测本底 5min.

(7)根据(5-3)式求出计数管分辨时间 τ.

(8)求出计数管漏计百分数 mt. 它不超过 10%合格.

5. 验证泊松分布

用本底计数来验证泊松分布，时间以 s 为单位，测量次数为 500 次，用实验所得的平均值 $\bar{n}$，根据泊松分布公式作出泊松分布的理论曲线，并将实验曲线与理论曲线比较.

6. 注意事项

(1)使用放射源应按规定操作，不得马虎.

(2)注意保护计数管.

气体放电要消耗计数管的淬灭物质，因此在计数管的保护方面，最重要的是应避免连续放电. 在升高计数管的工作电压时，应特别注意打开定标器的“计数”开关，如发现计数率有突然升高的趋势，应立即降低高压，停止测量. 同理，在测坪曲线时，常常只需测够用的一段，而不必将整个坪长测完，切勿把高压加到坪长以外范围；为了延长使用寿命，还应避免不必要的计数，不工作时，最好不要用放射源照射计数管，并且关掉高压.

为避免产生光电效应，计数管平时应避光保存.

选定工作电压简单方法是找到起始电压后，对卤素管升高 40～50V，对有机管升高 80～100V.

[思考题]

(1)G-M 计数管能否用来测量射线的能量和区别射线的类型？为什么？

(2)测量坪曲线，是否要扣除本底？为什么？

(3)在测量分辨时间时，如何才能减少误差？

[参考文献]

赖恒，赖发春，黄志高等. 2001. 近代物理实验. 福州：福建教育出版社

林木欣. 1994. 近代物理实验. 广州：广东教育出版社

吴思诚，王宜铨. 1995. 近代物理实验. 北京：北京大学出版社

吴泳华. 1992. 大学近代物理实验. 合肥：中国科学技术大学出版社

实验 6　γ 射线能谱的测量

[实验目的]

(1)了解 γ 射线与物质相互作用的基本原理.

(2)了解 NaI(TI)γ 射线能谱仪的原理、结构.

(3)掌握用能谱仪测量 γ 射线能谱的方法及能谱仪的分辨本领.

(4)掌握用能谱仪测定未知放射源名称的方法.

[实验原理]

1. 核衰变产生 γ 射线

人工或天然的不稳定原子核,会自发地通过一定的方式发生衰变,不稳定的高能态的原子核会自发地跃迁到较低的能态或基态,而不改变原子核的组分(原子序数及原子质量数都不变),这样的跃迁称为 γ 跃进. γ 跃迁时,原子核放射出 γ 射线.

γ 射线是一种波长($10^{-10}\sim10^{-13}$ m)较短的电磁波,它的能量取决于核有关两能级的能量差,$E_\gamma=E_2-E_1=hc/\lambda$,其能量一般为几个千电子伏到几个兆电子伏,而且它的性质与 X 射线十分相似.

从核衰变所得到的 γ 射线通常伴随 X 射线、β 射线或其他射线的发生,例如^{137}Cs 衰变时有 93.5%放出 β 粒子,而跃迁到子体激发态能级,它在子体激发态能级时间很短,差不多立即(10^{-13}秒)就跃迁到基态而放射出 γ 射线;而 6.5%是直接放射出 β 射线而回到基态,如图 6-1 所示.

一个核衰变可能不仅放射出一组 γ 射线,有的核衰变会产生两组或两组以上能量不同 γ 射线. 例如钴-60 核衰变时放射出二组 γ 射线,一组能量为 $E_{\gamma1}=1.17$MeV,另一组能量 $E_{\gamma2}=1.33$MeV,见图 6-2. 再如碘-130 衰变时要发出四组 γ 射线,对应着四种不同的能量,即 $E_{\gamma1}=0.417$MeV,$E_{\gamma2}=0.537$MeV,$E_{\gamma3}=0.667$MeV,$E_{\gamma4}=0.744$MeV,如图 6-3 所示.

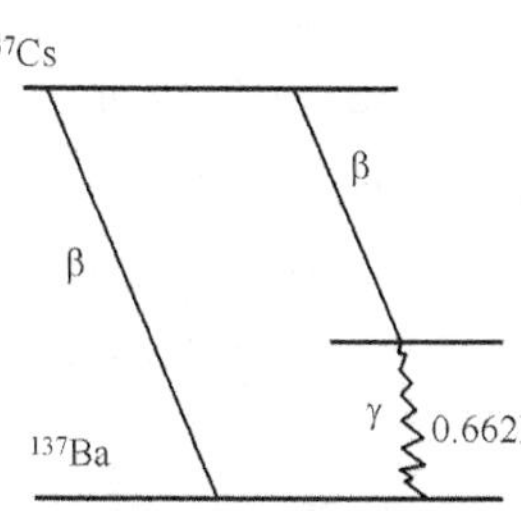

图 6-1　Cs-137 衰变图

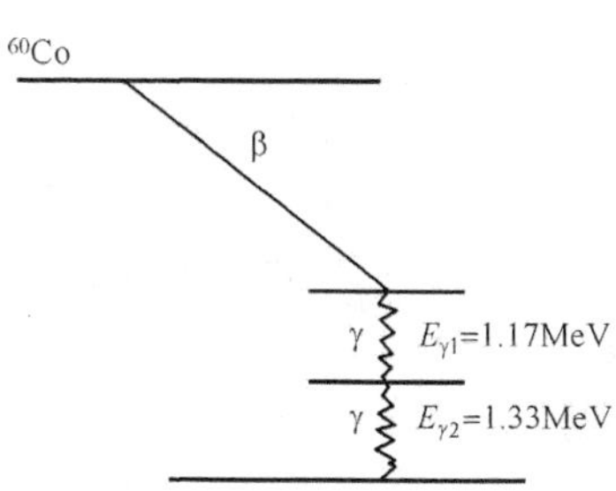

图 6-2　Co-60 衰变图

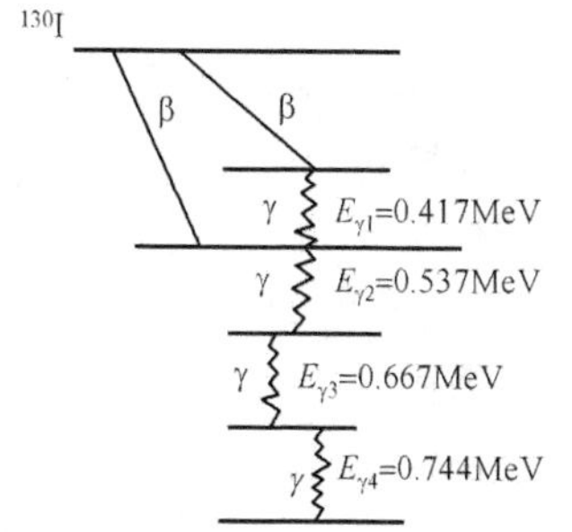

图 6-3　I-130 衰变图

核衰变也可以不发射 γ 射线,而是发射内转换电子. 所谓内转换电子就是指向外发射外绕行电子,主要是 K 层电子,也有 L 层电子及其他轨道上的电子.

γ 射线的能谱学主要是测量 γ 射线的能谱分布,它主要应用研究有核物理中用于决定原子核结构,以及示波、活化分析、环境监测、法医等方面.

2. γ 射线与物质的相互作用

γ 射线与物质的相互作用是 γ 射线探测器和 γ 射线应用的理论基础,γ 射线通过物质时,会在一次碰撞过程中整个地损失能量，这与带电粒子通过逐次碰撞而逐渐失去能量的方式是不同的. γ射线与物质相互作用主要表现在光电效应、康普顿效应和产生正负电子对三种过程.

(1)光电效应.

当一个光子和原子相互碰撞时，光子的能量可能被外层电子完全吸收，而放出K壳层或其他壳层的电子. 通常约五分之四的光电效应发生在K壳层上，其余的大多数发生在L壳层，产生的电子统称为光电子，这种效应就是光电效应. 自由电子不会吸收γ射线而变成光电子. 光电子也和普通电子一样，在物质中运动时会逐渐损失能量 E_γ，所以光电子的动能 $E_{光电}$ 近似地等于γ射线的能量.

光电效应与物质的原子序数 Z 关系十分密切，当光子能量大时光电效应的概率小，光子能量低，吸收物质原子序数 Z 高的占主导地位.

(2)康普顿效应.

如图6-4所示，这个效应是由入射的γ射线被原子中的束缚电子或自由电子所散射，使光子的入射方向产生偏离，同时使电子受到反冲，反冲电子的动能为

$$E_e = \frac{E_\gamma}{1 + \dfrac{M_e c^2}{E_\gamma(1 - \cos\theta)}} \tag{6-1}$$

式中 c 为光速，E_γ 为入射光子的能量，M_e为电子的质量，θ 为散射角.

由(6-1)式可见，当 $\theta=0°$时，$E_e=0$，即不发生散射；当 $\theta=180°$时，E_e取最大值，所以康普顿电子的动能是在一个范围内连续分布，这在γ射线能谱上形式所谓康普顿平台. 对于中等能量的γ射线(约几个MeV)，这个效应占主要地位.

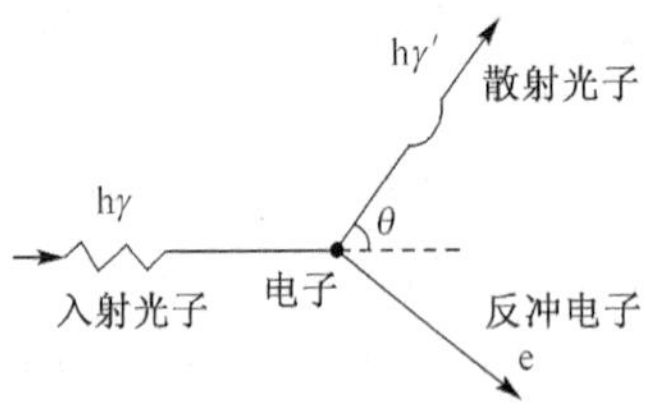

图6-4　康普顿效应

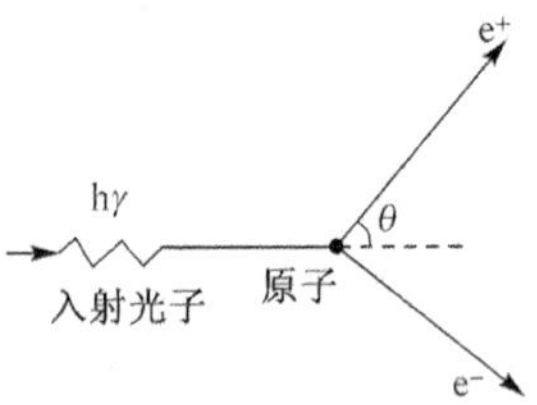

图6-5　电子对的生成

(3)电子对的生成.

如图6-5所示，如果γ射线的能量超过两倍电子的静止能量 $2M_ec^2$(1.022MeV)，γ光子受到原子核或电子的库仑场的作用，可能转化为正负电子对，而光子本身则整个不见了，$\gamma \rightarrow e^+ + e^-$.

γ射线的能量越大，产生正负电子对的概率也越大. 在物质中，正负电子的寿命是很短的，当它在物质中几乎耗尽自己的动能时，它便同物质的电子发生湮没反应，而放出一对能量大约为0.511MeV的γ光子，$e^+ + e^- \rightarrow 2\gamma$.

入射的γ射线能量较低时，产生正负电子对的反应面积很小，但它随着γ射线的能量增大而迅速增加，对于能量小于1.5MeV的γ射线，在NaI(TI)中产生正负电子对可以忽略不计.

γ射线与物质相互作用，除了上述主要过程，还可能有其他的一些次要的作用过程，在此不再叙述.

3. NaI(TI)γ射线能谱仪的结构和工作原理

测量γ射线能谱用的装置通常称为γ射线能谱仪，它是由γ射线探测器探头(含闪烁体、光导、光电倍增管)、前置放大器、主放大器、脉冲幅度分析器、定标器、高压电源等组成，如图6-6所示.

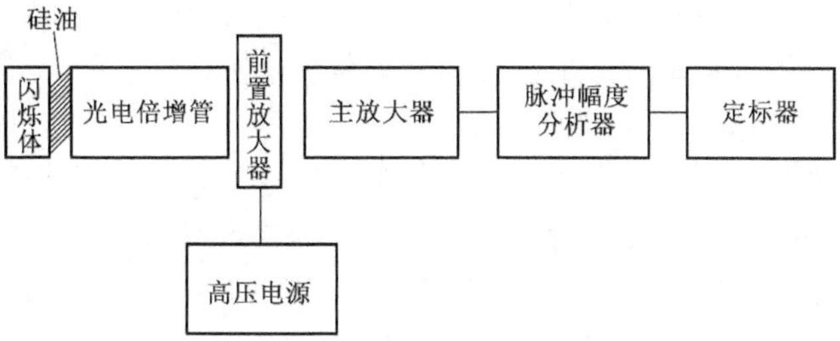

图 6-6　γ 射线能谱仪结构方框图

γ 射线是通过观测 γ 射线与物质的相互作用时所产生的次级电子来探测的，也就是说通过上述三个主要效应所产生的电子来探测的. 目前，用来探测 γ 射线能量的探测器有多种，但最常用的是闪烁探测器和半导体探测器. 也有用正比计数器来探测 $E_\gamma<20\text{keV}$ 的 γ 射线，或用 β 谱仪精确地测量出内转换电子的能量，而定出 γ 线能量，或测量康普顿电子能量来确定 γ 射线能量，或通过布拉格公式定出 γ 射线波长再换算 γ 射线的能量，但用这些探测器效率较低.

（1）闪烁探测器探头.

作为 γ 能谱测量的闪烁探测装置通常是由探头、前置放大器、脉冲分析器及计数器等组成. 仪器的关键部分是探头，而探头是由闪烁体、光电倍增管和光导三部分组成的. 这个探头起着将 γ 射线的能量转化为电信号的作用.

闪烁体的作用是将 γ 射线转变为荧光的元件，如果进入闪烁体的粒子是带电粒子，就会引起闪烁体中原子或分子的电离或激发，对于不带电的 γ 射线而言，它首先在闪烁体中引起光电子、康普顿电子或电子偶，而使闪烁体中的原子或分子电离或激发，这些激发了的原子或分子从激发态退回基态时发射荧光. 闪烁体的周围除了与光电倍增管的光学结合面以外，其他部分都包围着荧光反射物质；因此，这些荧光光子几乎可以全部到达光电倍增管的阴极上，而打出光电子，这些电子经加速后再打向光电倍增管的第一个联级，在那里打出更多数目的电子，这些电子再被加速打向另一个联级……这样经十个联级后电子倍增系数可达 $10^5\sim10^8$，这些电子束在阳极上被收集，得到一个几毫伏到几伏的电压脉冲. 通常这些脉冲正比于入射光子的能量，从而经放大后可以用作能谱分析.

闪烁体和光电倍增管之间还加有光导，这是一种透明的导光物质，它的作用是荧光光子引向光电倍增管的阳极. 在 GP-I 型 γ 单道能谱仪中，闪烁体与光电倍增管之间涂有折射率较大的硅油作为光导物质，因为光从光密物质 n_1 射到光疏物质 n_2 时，在入射角大于一定角度（临界角）i_c 时，将发生全反射，（根据折射定律 $i_c=\arcsin\dfrac{n_2}{n_1}$，$n_1>n_2$）. 因此，为了要减少反射的损失，就必须增大 n_2，而使 i_c 尽可能大. 如 NaI 晶体与 $n=1.5$ 的硅油接触，则临界角 $i_c=58°$，这样就可提高光电阴极收集光电子的效率.

γ 射线能谱测量的闪烁体在无机闪烁体中用得最多是含 TI（铊）的碘化钠晶体. 碘化钠晶体的特点是：

①原子序数较高，有较高密度，因而有较大的阻止本领和较高的探测效率.

②发射荧光的波长主要在 370～450nm，而闪烁体对这荧光光谱有较好的透明性，也能与光电倍增管光谱响应配合得较好，对 γ 射线的光输出较大.

③制备比较容易，价格比较便宜.

④荧光衰减时间较长，约为 0.25μs，因此，不能指望很快计数.

⑤能量分辨本领较差.

⑥极易潮解,潮解后的晶体会泛黄,从而性能显著变坏,这是一个显著的缺陷.

⑦E_γ 在 1keV～6MeV,输出与次级电子能量成正比.

(2)前置放大器、主放大器、脉冲幅度分析器.

前置放大器主要作用是将来自探测器探头的电子脉冲最佳地转换成能谱仪系统测量所需的电信号,它必须具有尽可能低的噪声,否则会影响仪器的分辨本领.

主放大器主要要求增益稳定,增益变化典型值应是 0.01%,8h 增益变化典型值是 0.1%.

脉冲幅度分析器用来鉴别脉冲幅度的装置(见图 6-7),有单道脉冲幅度分析器和多道脉冲幅度分析器,单道脉冲幅度分析器有上下两个鉴别器,用来鉴别脉冲幅度.当脉冲超过下鉴别器的电压,而小于上鉴别器电压时,则只有下鉴别有脉冲输出,输出的脉冲经反符合电路输出到定标器计数.若脉冲幅度大于上鉴别器电压(也自然大于下鉴别器电压)时,上下鉴别器都有脉冲输出到反符合电路,而反符合电路则无脉冲输出,因而计数器不计数,见图 6-8.两个鉴别器电压之差称为道宽.当道宽固定时,调节下鉴别器的电压就可以得到脉冲幅度微分谱.如果不用上鉴别器则测得的就是脉冲幅度积分谱.显然,这样测量是逐步进行的,时间很长,也不可能用于测量短寿命核素的能谱.

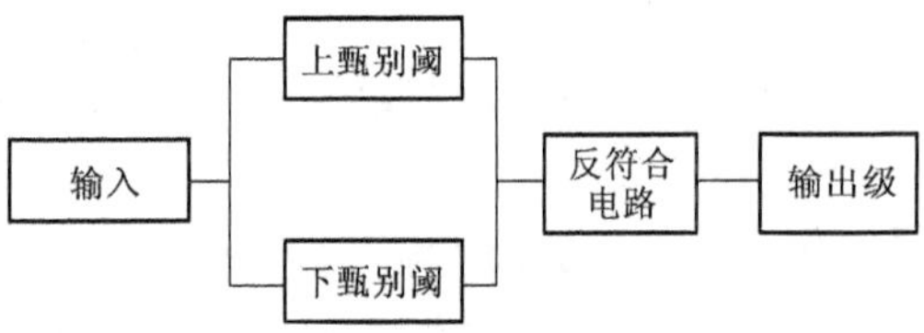

图 6-7　单道脉冲幅度分析器框图

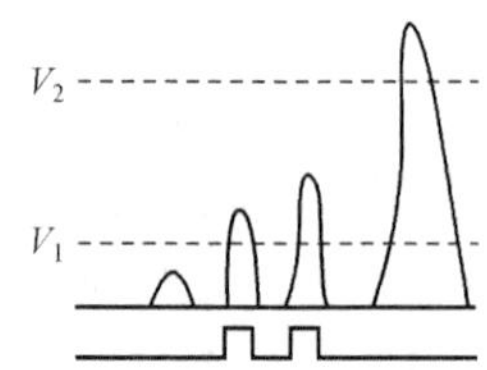

图 6-8　单道脉冲分析器波形示意图

(3)γ 射线能谱曲线的形状.

本实验是用 GP-I 型单道 γ 射线能谱仪测量铯-137、钴-60 能谱及测量未知源能谱,定出未知源名称.铯-137 和钴-60 典型能谱分别见图 6-9 和图 6-10.

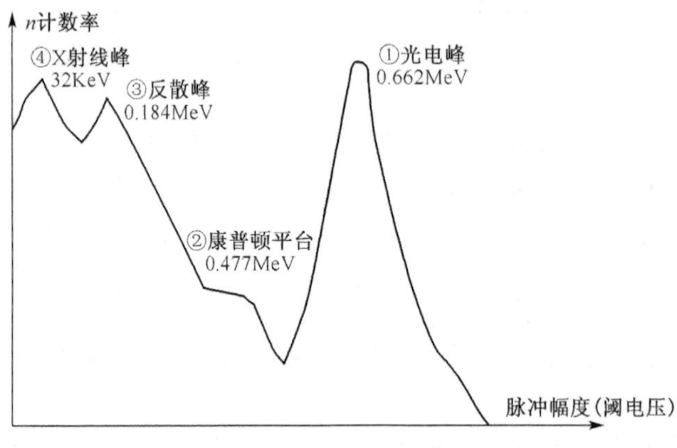

图 6-9　^{137}Cs γ 射线能谱图

就^{137}Cs 而言,如前所述这条曲线是由 Cs 0.662MeV γ 射线与物质相互作用产生的次级效应的结果(注意 Cs 只放出能量为 0.662MeV 的射线),所以能谱不是单峰的,①号峰称光电峰,就是由光电效应所引起的;②号峰称康普顿平台,是由康普顿效应所引起的;它不是单值的,而是分布在一相当宽的能量范围,从零到 0.477MeV 止;③号峰称反散峰,它是由入射 γ 射线与散射角等于 180°时的反散射光子返回闪烁体后所产生的脉冲造成的.反散射光子的动能为

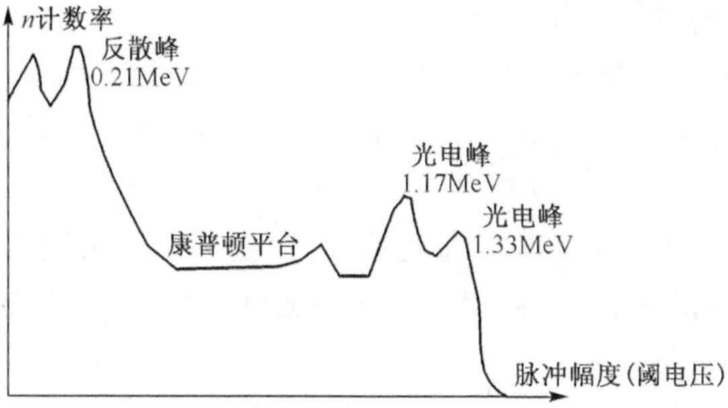

图 6-10 ^{60}Co γ 射线能谱图

$$E = E_\gamma - E_{e\max} = E_\gamma - \frac{E_\gamma}{1+\frac{m_e c^2}{2E_\gamma}} = 0.662 - 0.478 = 0.184(\mathrm{MeV})$$

④号峰是^{137}Cs 的 K 层特征 X 射线的贡献，对于^{137}Cs 其能量为 32keV.

钴-60 能谱有两个光电峰，分别是对应能量为 1.17MeV 和 1.33MeV.

在康普顿散射后的 γ 光子亦可能产生光电效应，而生成光电子. 这样两个电子生成的闪烁荧光累加在一起，其产生的脉冲幅度和原入射粒子生成的光电子脉冲幅度一样，所以光电峰不单只是光电效应的结果.

(4)探测器的效率及分辨本领

探测器的探测效率是指对于给定的 γ 光子束探测器能探测得到多少脉冲计数，对于绝对探测效率$\sum A$是指在同一时间间隔内，探测器测得脉冲计数与源发出的 γ 光子(在 4π 立体角内)之比.

探测器的分辨率通常是指以^{137}Cs γ 射线能量为 0.662MeV 光电峰宽度来表示，它的定义是光电峰能量高度一半宽度对应的能量差与光电峰能量之比

$$\frac{\Delta E}{E} \times 100\% \tag{6-2}$$

对于一个十分优良的闪烁体所引起的这个宽度约 45keV，因此分辨率为 7%. 影响分辨率的因素主要是统计涨落和非统计涨落. 统计涨落如闪烁体光子发射数、光电管光阴极发射光电子数、光电管倍增系数的涨落；非统计涨落如闪烁的缺陷、闪烁体的不均匀性、各种电压的涨落等等.

4. 单道 γ 射线能谱仪

用碘化钠晶体作闪烁体计数器时，γ 射线输出脉冲的幅度和入射的 γ 射线能量 E_γ 成正比. 利用这个特点，测量脉冲幅度就可以间接知道 γ 射线粒子的能量，射线能谱仪就是根据这个原理设计的. 能谱仪不仅可以准确地测量 γ 射线能量，还能将射线粒子的强度按能量分布，而获得 γ 射线能谱.

其工作原理大致如下：入射的 γ 射线与含 TI 的 NaI 晶体发生相互作用产生光电子，光电子由光导引入光电管，光电子经光电倍增管放大后输出的负脉冲，经前置放大器耦合，然后输入到脉冲幅度分析器进行分析，脉冲幅度分析器是由线性放大器，上、下甄别器及反符合电路所组成的. 线性放大器将输入脉冲放大 1 至 50 倍，下甄别器的甄别是 V_0，上甄别器的甄别是 $V_0+\Delta V_0$，ΔV_0称为道宽，由于上、下甄别器是反符合的，所以只有脉冲幅度在 V_0和 $V_0+\Delta V_0$之间的脉冲才能通过反符合电路，并被定标器所记录. 如果道宽 ΔV_0不变，而改变下甄别 V_0(ΔV_0自动叠加)，就可以得出计数率对脉冲幅度关系曲线——能谱曲线，这曲线就称为脉冲幅度分布微分曲线，也就是 γ 射线的能谱曲线.

如果将脉冲幅度分析器面板的微分、积分工关打向积分，这时下甄别器不起作用，改变 V_0得出的曲线是代表幅度 0～V_0总计数率曲线，即积分曲线.

5. NaI(TI)闪烁体能谱仪的能量线性关系

利用闪烁体能谱仪测量γ射线的能量时，关键的是要求入射粒子的能量和它产生的脉冲幅度(指全能峰的位置)之间有确定的关系.理想的能谱仪，脉冲幅度与能量之间应当是线性的关系.对于 NaI(TI)闪烁体能谱仪，当γ射线的能量在 100keV 到 1.3MeV 之间时，脉冲幅度与能量是线性关系，能量特别高或特别低时是非线性关系.能量校正曲线为一不通过原点直线，横坐标为阈值电压，纵坐标为能量.能量的线性可以简单选用^{137}Cs 的全能峰、反散峰以及^{60}Co 的全能峰的能量点进行刻度.

[实验装置]

实验装置的组成如图 6-6 所示.包括γ射线探测器探头、前置放大器、主放大器、脉冲幅度分析器、定标器、高压电源、标准γ射线放射源^{137}Cs、^{60}Co 和待测未知放射源.

[实验内容]

(1)用示波器观察γ射线所产生的脉冲波形.

(2)测定 Cs-137 γ能谱.

(3)测定 Co-60γ射线能谱(在同一条件下).

(4)作能谱仪能量校正曲线(即 Cs,Co 的能量-电压曲线).

(5)用校正曲线验证(3)号峰和(4)号峰能量值.

(6)根据 Cs-137 的光电峰算出仪器的分辨率.

(7)测量未知放射源γ能谱曲线，利用校正曲线定出源的名称(利用附录的值).

[实验步骤]

(1)检查仪器，将仪器各连接线接好，应特别注意将高压粗调旋钮置最小.

(2)打开低压电源，让仪器加热数分钟，并检查内用正、负 10V 电源是否正常.

(3)打开高压电源，调节高压电源旋钮，使高压约在 950～980V.

(4)在探头内放入^{137}Cs 放射源.

(5)用脉冲示波器观察脉冲，可以看出脉冲不是单一幅度，而是一组连续的幅度分布，这是由于γ射线产生的康普顿电子的能量是连续分布，但亦见幅度大的部分有一明显的光带，这是由光电效应引起的.见到了脉冲波形，表明整套仪器没有故障，可以用于测量.

(6)选择放大器放大倍数，可以在 3 或 5 位置.

(7)选取适当的道宽，粗测谱形，道宽太大会使测得谱形畸变，分辨率变坏；道宽太小，则道内计数率过低，统计误差增大，测量时间需要长.一般使光电峰的半宽度约为 3～5 个道宽，可以认为道宽对分辨率已影响不大了.

(8)改变甄别阈电压，由 0.3V 开始，每改变 0.1V 测量时间 36s，并记下相应脉冲数(在峰的位置要仔细测量).

(9)将放射源改为^{60}Co，重复步骤 8(注意应认真测量峰的位置).

(10)测量未知放射源的能谱.

[注意事项]

(1)仪器的连接要经过实验工作人员检查无误后方可接通电源.

(2)高压不要超过 1000V.

(3)放射源要用钳子夹，切勿用手拿.

(4)关机时，应先关掉高压开关，再关掉低压开关.

(5)实验结束后，应洗手.

[思考题]

(1)在实验中测^{137}Cs、^{60}Co和未知放射源时,实验条件不同行不行?为什么?

(2)应如何选择能谱仪的工作条件,使仪器的分辨本领最好?

(3)本实验是如何测定未知放射源名称的?

(4)能谱仪能否测量放射粒子的能量,为什么?

[参考文献]

赖恒,赖发春,黄志高等. 2001. 近代物理实验. 福州:福建教育出版社

林木欣. 1994. 近代物理实验. 广州:广东教育出版社

吴思诚,王祖铨. 1995. 近代物理实验. 北京:北京大学出版社

吴泳华. 1992. 大学近代物理实验. 北京:中国科学技术大学出版社

附

锌-65(^{65}Zn),$E_\gamma=1.12MeV$

钠-24(^{24}Na),$E_\gamma=1.38MeV$;2.76MeV

铁-59(^{59}Fe),$E_\gamma=1.10MeV$;1.30MeV

铜-64(^{64}Cu),$E_\gamma=1.36MeV$

铬-54(^{54}Cr),$E_\gamma=0.32MeV$

锰-54(^{54}Mn),$E_\gamma=0.815MeV$

铅-210(^{210}Pb),$E_\gamma=4.65MeV$

实验 7　快速电子验证相对论效应

[实验目的]

(1)了解狭义相对论效应的原理.

(2)学习 β 磁谱仪测量原理.

(3)掌握测量快速电子动量和动能的方法,验证相对论关系.

[实验原理]

1. 相对论基础知识

在经典力学中,同一物体在不同惯性参照系中观察到的运动学量(如坐标、速度)可通过伽利略变换而互相联系,也就是说经典力学认为时间和空间是彼此无关的,时间和空间是绝对的、永恒不变的,它们与物质的运动没有任何关系,认为一切力学规律在伽利略变换下是不变的,这一观点就是牛顿的绝对时空观,也是经典力学中的绝对时间和绝对空间的概念. 但是,随着物理学的发展,特别是 19 世纪末 20 世纪初,人们试图将伽利略变换和力学相对性原理推广到电磁学及光学时碰到了困难. 实验证明对于高速运动的物体而言,伽利略变换已不再正确. 另外,实验还证明了在所有的惯性参照系当中,在真空中传播的光速是不变的. 在此情况下,1905 年爱因斯坦提出狭义相对论,该理论阐述了一种新的时空观,认为时间与空间不再是独立的,而是互相联系的,时间和空间也与物质及其运动密不可分,同时,爱因斯坦导出了从一个惯性参照系到另一个惯性参照系的变换方程,即"洛伦兹变换".

在洛伦兹变换下,狭义相对论的动量 p 表示为

$$p=\frac{m_0}{\sqrt{1-\beta^2}}v=mv \tag{7-1}$$

式中 m_0 为物体的静止质量，v 为物体的速度，$m = m_0/\sqrt{1-\beta^2}$，$\beta=v/c$，c 为光速. 而相对论下物体的能量 E 表示为

$$E = mc^2 \tag{7-2}$$

这就是著名的质能方程. mc^2 是运动物体的总能量，物体静止时的能量 $E_0=m_0c^2$ 称为静止能量，两者之间的差值就是物体的动能 E_k，即

$$E_k = mc^2 - m_0c^2 = m_0c^2\left(\frac{1}{\sqrt{1-\beta^2}}-1\right) \tag{7-3}$$

当 $\beta \ll 1$ 时，将(7-3)式展开，则

$$E_k = m_0c^2\left(1+\frac{1}{2}\frac{v^2}{c^2}+\cdots\right)-m_0c^2 \approx \frac{1}{2}\frac{p^2}{m_0} \tag{7-4}$$

就得到了经典力学中的动量与能量关系表达式.

从(7-1)式和(7-2)式可得狭义相对论下的动量与能量关系为

$$E^2 - c^2p^2 = E_0^2 \tag{7-5}$$

而(7-1)式和(7-3)式可得狭义相对论下的动能与动量关系为

$$E_k = E - E_0 = \sqrt{c^2p^2+m_0^2c^4} - m_0c^2 \tag{7-6}$$

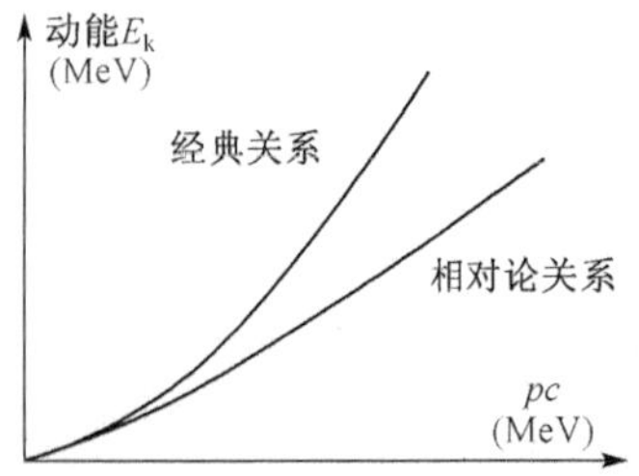

图 7-1　电子在经典和相对论条件下的动能与动量关系曲线

对于高速运动的电子，其静止质量为 9.1×10^{-31} kg，图 7-1 给出了经典和狭义相对论条件下的动能与动量的关系曲线，其中横坐标为动量乘以光速，纵坐标为能量. 从图 7-1 可见，经典和相对论下动能与动量的关系完全不同.

2. 快速电子动量和动能的测量方法

电子动量的测量是依靠 β 磁谱仪来实现. 当 β 放射源射出高速的电子经准直后垂直入射到一均匀磁场中，电子因受到与运动方向垂直的洛伦兹力的作用而作圆周运动. 如果不考虑电子在空气中的能量损失，则电子具有恒定的动量数值而仅仅是方向不断变化. 粒子作圆周运动的方程为

$$\frac{\mathrm{d}p}{\mathrm{d}t} = -ev\times B \tag{7-7}$$

式中 e 为电子电荷，v 为电子速度，B 为磁场强度. 因为 $p=mv$，对于某一确定的动量数值 p，电子运动速率是一个常数，所以其质量 m 不变，且有 $\mathrm{d}p/\mathrm{d}t = m\cdot\mathrm{d}v/\mathrm{d}t$，而且有 $\left|\frac{\mathrm{d}v}{\mathrm{d}t}\right| = \frac{v^2}{R}$，因此

$$p = eBR \tag{7-8}$$

式中 R 为电子运动轨迹的半径，为反射源与探测器之间距离的一半.

因此，只要测量出 β 放射源与探测器之间的距离 ΔX，以及已知磁场强度 B，就可以从(7-8)式求出电子动量为 $p=eB\Delta X/2$.

快速电子的动能测量是通过闪烁探测器来测量，其原理可以参考 γ 射线能谱的测量实验. 本实验所用的放射源为 β 源（$^{90}_{38}Sr$-$^{90}_{39}Y$），其射出的电子具有连续分布能量（0～2.27MeV）. 因此利用探测器在不同的位置 ΔX 测得对应的动能数值，就可以验证其相对论效应.

[实验装置]

本实验的装置主要有：真空、非真空半圆形聚焦 β 磁谱仪，β 放射源 ^{90}Sr-^{90}Y（强度约 1 毫居里），定标用 γ 放射源 ^{137}Cs 和 ^{60}Co（强度约 2 微居里），200μm Al 窗 NaI(TI) 闪烁探头，数据处理计算软件，高压电源，放大器，多道脉冲幅度分析器等. 实验原理框图见图 7-2.

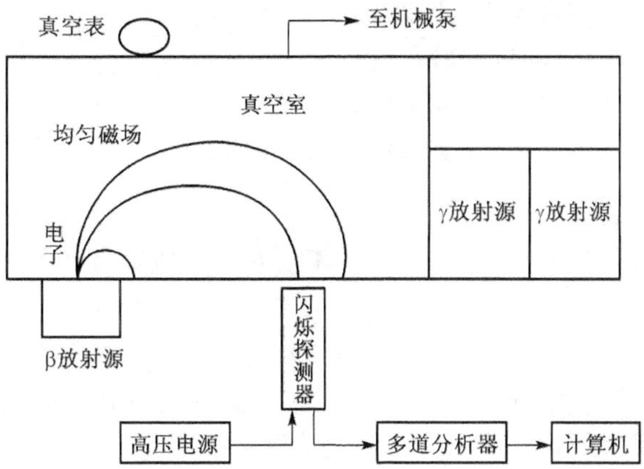

图 7-2　相对论效应实验装置方框图

[实验内容与步骤]

(1)检查仪器各线路是否连接正确,正确后打开计算机电源,高压电源,在计算机中打开放射性测量软件,进入测量界面.

(2)打开^{60}Co γ定标放射源,移动闪烁探测器,使探头对准 Co 源的出射孔.

(3)调整加在探头的高压电源数值及其放大倍数(一般工作高压在 650V 左右,放大倍数在 1～3,可视实际情况而变),使得^{60}Co 的光电峰 1.33MeV 的位置在一个比较合理的道数位置.在多道脉冲分析器总道数的 50%～70%比较合理,可以保证测量的快速电子(1.8～1.9MeV)时,不会超出道数量程,又能充分利用多道分析器的有效探测范围.

(4)选择好高压数值和放大器增益,稳定 20min.

(5)测量^{60}Co 的 γ 射线能谱,记录下该放射源的两个光电峰(1.17MeV 和 1.33MeV)对应的道数,注意要求光电峰的计数超过 1000.

(6)移动探测器探头,关闭^{60}Co γ 定标放射源.打开^{137}Cs 放射源,移动探测器,使探头对准 Cs 放射源的出射孔.

(7)测量 Cs 的 γ 射线能谱,当光电峰峰顶的计数超过 1000 以后,停止计数,记录下 0.072MeV的 X 射线峰,0.184MeV 的反散峰和 0.661MeV 的光电峰对应的道数.

(8)根据前面测量的结果作能量与道数的关系曲线,曲线越接近直线越好.

(9)关闭^{137}Cs 放射源,打开机械泵,对测量室抽真空,一般只要抽几分钟就可以停止机械泵.

(10)将 β 源的盒子打开,将该源放在测量架上,盖上有机玻璃罩,开始测量快速电子的动量和能量.注意探测器与放射源的距离最小应小于 10cm,最大应大于 24cm,保证获得的动能范围在 0.5～1.8MeV.

(11)选择好探测器位置后就可以开始逐个测量单能电子峰,记录下相应的峰位置的道数及其对应的位置 ΔX.

(12)全部数据测量结束后,关闭 β 源的盒子,关掉高压电源.

(13)求出每个探测器位置对应的动量和动能,画出能量和动量曲线,与理论曲线比较,说明导致误差原因.其中电子能量需要经过两次修正,一次是电子进入封装真空室的有机塑料薄膜的能量损失,另一次是电子穿过探测器探头前面的 Al 膜的能量损失.

[注意事项]

(1)探测器的高压电源、前置放大器电源及信号线不可接错.

(2)探测器的高压不要调得太高(小于 900V),以免烧毁探测器.

(3)操作放射源时要小心,动作要轻.

(4)要防止放射源振动,以免损耗真空密封薄膜.

(5)移动真空盒要特别小心,以免真空密封薄膜损坏.

[思考题]

(1)在用 γ 射线对能量进行定标时,为什么不要对 γ 射线穿过 $220\mu m$ 厚的铝膜进行"能量损失修正"?

(2)当相对论效应比较显著时,电子速度如何?

(3)实验是否可以在非真空状态进行测量? 若可以,该如何进行?

(4)对实验的误差进行分析.

(5)本实验的设计思想是什么?

[参考文献]

陈玲燕,顾牡,秦树基等.2000.相对论效应实验谱仪的系列教学实验.物理实验,20(3):3

戴亚飞,罗成林.2003.快速电子验证相对论效应实验中几个问题的分析.大学物理实验,16(1):16

同济大学物理系近代物理实验室.2006.RES 相对论效应实验谱仪实验讲义

吴思诚,王祖铨.2005.近代物理实验.3 版.北京:高等教育出版社

实验 8 穆斯堡尔效应

1958 年德国青年物理学家穆斯堡尔(R. L. Mössbauer)首先在实验上观察到了原子核无反冲的 γ 射线共振吸收现象,后来人们就把它称为穆斯堡尔效应.由于穆斯堡尔效应具有高达 10^{-13} 以上的能量分辨率,可用以测量原子核的超精细相互作用,从而成为研究物质微观结构、电子结构、离子价位等方面的有力工具.该效应已经在材料科学、物理学、化学、生命科学、地质学和考古学等方面得到广泛应用.由于该工作对科学研究的重要贡献,穆斯堡尔于 1961 年获得诺贝尔物理学奖.

[实验目的]

(1)掌握穆斯堡尔效应的基本原理.

(2)了解穆斯堡尔谱线测量的原理,掌握穆斯堡尔谱线的测量与数据处理方法.

[实验原理]

1.穆斯堡尔效应

穆斯堡尔效应是一种原子核无反冲的 γ 射线共振吸收或共振散射现象,具有极高的能量分辨能力(^{57}Fe 为 10^{-12},^{67}Zn 为 10^{-15}).

共振吸收是自然界的一种普遍现象.如钠灯中的 Na-D 线通过充满钠蒸气的玻璃泡时,由于共振而产生强烈吸收,这就是原子共振吸收现象.

处于激发态的原子核发射 γ 射线恢复到基态时,根据动量守恒,核存在一定的反冲,获得一定的动能(如图 8-1(a)所示),这使得发射出的 γ 射线能量小于核的激发态与基态能量之差 $E_0=E_e-E_g$,而当原子核吸收 γ 射线由基态激发至激发态时,因为核获得了入射 γ 射线的动量而获得一定的动能(如图 8-1(b)所示),所以入射的 γ 射线能量只有大于核激发态与基态的能量差 E_0 时才可能出现共振吸收现象.

但是,在自由原子核(如处于气体状态的 γ 放射源)系统中就观测不到这样的共振吸收现象,这是因为自由原子核发射或吸收 λ 光子时会受到反冲.根据能量守恒定律和动量守恒定律,核反冲动能为

$$E_R = \frac{P_n^2}{2M} = \frac{E_\gamma^2}{2Mc^2} = 5.37 \times 10^{-4} E_\gamma^2 / A(\text{eV}) \tag{8-1}$$

式中 P_n,M,A 分别为原子核的反冲动量、质量和质量数；E_γ 是 γ 射线能量，单位为 keV;c 是光速.

例如，对于^{57}Fe 的 14.4keV 的 γ 射线，核反冲能量 $E_R = 1.95\times10^{-3}$eV，比核能量射线谱的自然宽度（$\Gamma = 4.55\times10^{-9}$eV）要大 6 个数量级. 如上所述表明，核的反冲效应将使 γ 射线的发射谱向低能方向移动 E_R，吸收谱向高能方向移动 E_R，如图 8-2 所示. 由图可见，发射谱和吸收谱相距 $2E_R \approx 10^6\Gamma$，因而两者不存在任何重叠，因此，处于气体或液体中的原子核是无法观察到 γ 射线的共振吸收现象的.

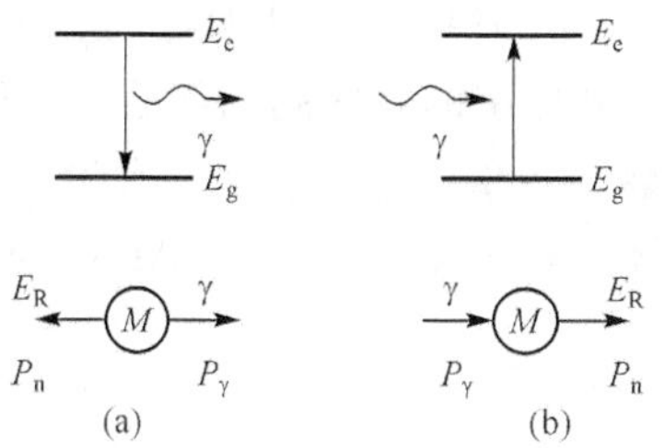

图 8-1　原子核发射与吸收 γ 射线的现象

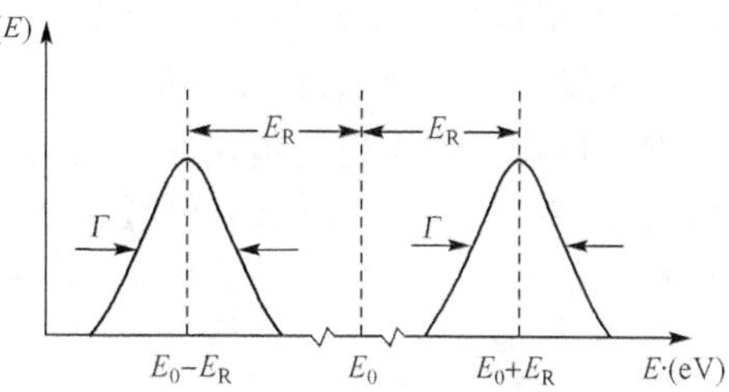

图 8-2　发射谱与吸收谱

为了减少原子核反冲的影响，1957 年穆斯堡尔采用将发射和吸收 γ 射线的原子核束缚在固体晶格之中，使得这些原子核在发射和吸收 γ 射线时，在一定程度上牵动整个晶格，此时晶体将作为整体而发生反冲. 由于整个晶格的质量远大于单个原子核的质量，(8-1)式中 M 是整个晶体的质量，因此有 $M\to\infty$，$E_R\to0$，这就以一定的概率实现了发射谱和吸收谱的重叠，得到了近于“无反冲”的共振吸收.

束缚于固体中的原子核在发射 γ 射线的过程中，大多数反冲能量转化为晶格平均振动能量，量子力学可以证明，每发射一个 γ 射线光子，传递给点阵的平均能量等于自由反冲能量 E_R（Lipkin 求和定则）. 忽略不经常发生的多声子过程，则一个声子过程的平均反冲能量为

$$E_R = (1-f)\,\hbar\omega \tag{8-2}$$

式中 $\hbar\omega$ 是一个声子能量. f 代表无声子跃迁过程的概率，称为无反冲分数.

根据固体晶格振动的德拜模型，可以进一步得到无反冲分数 f 的下述表达式为

$$f = \exp\left\{-\frac{3E_R}{2k_B\theta_D}\left[1+4\left(\frac{\Gamma}{\theta_D}\right)^2\int_0^{\theta_D/\Gamma}\frac{x}{e^x-1}\mathrm{d}x\right]\right\} \tag{8-3}$$

式中 $\theta_D = \dfrac{\hbar\omega_D}{k_B}$ 为德拜温度，k_B 为玻尔兹曼常量. 在低温或高温的极限情况下，有如下近似式：

$$f = \begin{cases}\exp\left(-\dfrac{3E_R}{2k_B\theta_D}\right), & T \ll \theta_D \\ \exp\left(\dfrac{6E_R T}{k_B\theta_D^2}\right), & T \gg \theta_D\end{cases} \tag{8-4}$$

从这些式子可得到下述结论：

(1)随着 E_R 或者说随着 γ 射线能量的增大，无反冲分数 f 减小.

(2)随着温度增高，无反冲分数 f 减小.

(3)固体的德拜温度越高，f 越大.

从上述讨论可以看到，似乎固体中某种原子核发射的 γ 射线，会为另一固体中同种原子核所共振吸收，事实不然，这是由于原子核所处的环境不同，将使原子核的能级结构有所不同，因而激发态比基态的能级将有所差异，两者能量差 E_D 将不严格相同，同时，γ 射线的发射谱与吸收谱的

谱线十分窄，放射源与吸收体中原子核的 E_D 差异有可能不产生共振吸收现象，通常是利用多普勒效应，通过改变源的运动速度，使发射的 γ 射线能量发生微小的连续的变化，使发射谱线展宽，以观察吸收体原子核的共振吸收谱线，从而测量核能级的超精细结构，确定核磁矩大小、核激发态寿命及核中心处的电场与磁场大小和分布，研究固体中的晶格振动等. 因此，穆斯堡尔效应已经成为化学、固体物理学、生物学、冶金学、矿物学等学科领域的重要研究手段之一. 此外，也有人利用它测量 γ 光子从放射源到吸收固体时因重力势能的增加，所造成的光子引力红移现象，来验证爱因斯坦的质量-能量等效原理.

实际固体中，穆斯堡尔原子核是处在原子本身的轨道电子、其他原子核与电子产生的电场和磁场之中，原子核带有正电荷，也可能具有磁矩和电偶极矩. 它们与核处的电场和磁场相互作用导致核能级发生移动和分裂，使得同样的原子核在不同固体中的能级超精细结构有所不同，因而这些相互作用常常称为超精细相互作用，在穆斯堡尔谱学测量中涉及的超精细相互作用的效应有三种，即同质异能移位 δ，电四极分裂 ΔE_Q，磁偶分裂（又称核塞曼效应）ΔE_M，下面简单介绍这三种相互作用.

(1)同质异能移位.

在研究原子和电子问题时，通常把原子核作为点电荷处理，但实际上原子核具有一定的体积，而 S 电子也有一定的概率透入核体积空间中，在核体积空间中，S 电子和核电荷之间的相互作用能要比核外的略有减少，可以算出这一减少的能量为

$$\delta E = \frac{2\pi}{5} Ze^2 \, |\varphi(0)|^2 \langle R^2 \rangle \tag{8-5}$$

式中 Ze 是原子核的电荷量，$\varphi(0)$ 是 S 电子在核处的波函数，$-e\,|\varphi(0)|^2$ 是核处的电子电荷密度，$\langle R^2 \rangle$ 是核半径的均方值.

处于不同能量状态时，原子核的半径是不同的，因而据(8-5)式，激发态和基态的能量的移动 δE 也是不同的(图 8-3). 在穆斯堡尔效应中，由于吸收体材料在化学上或物理上与放射源材料不同，核处 S 电子密度将分别具有不同的数值，设分别为 $|\varphi(0)|_{A^2}$ 和 $|\varphi(0)|_{S^2}$，因此，放射源与吸收体的穆斯堡尔核的 γ 射线能量之差为

$$\delta = \frac{4\pi}{5} Ze^2 < R^2 > \frac{\delta R}{R} [\,|\,\varphi(0)\,|_A^2 - |\,\varphi(0)\,|_S^2\,] \tag{8-6}$$

式中 $\delta R = R_e - R_g$ 是激发态和基态的核半径之差，对于 ^{57}Fe，$\frac{\delta R}{R} \approx -10^{-4}$，图 8-3(b)给出了相应于 δ 的谱线移位，称 δ 为同质异能移位，因为核处 S 电子密度与原子价态和化学键密切相关，所以同质异能移位又称化学移位.

由(8-6)式可见，同质异能位移既跟吸收体有关，也与放射源有关，所以同质异能移位总是相对于某一种特定的标准材料而言的. 在 ^{57}Fe 穆斯堡尔谱学测量中，常以金属 α-Fe 或合二水硝普酸钠 $Na_2[Fe(CN)_5NO]\cdot 2H_2O$ 作标准参考材料. 根据 δ 的值，可以很准确的确定铁化物的价态.

(2)电四极分裂.

如果原子核的电荷分布是非球对称的，它就具有电四极矩. 若核外电荷在原子核处的电场具有一定的梯度，就会与核电四极矩发生相互作用，其相互作用能量为

$$E_Q = \frac{eQV_{zz}}{4I(2I-1)} [3m_I{}^2 - I(I+1)] (1+\eta^2/3)^{1/2} \tag{8-7}$$

式中 eQ 是核电四极矩，I 是原子核的自旋量子数，$m_I = I, I+1, \cdots, -I$ 是核磁自旋量子数. η 是电场梯度的不对称性参数. $\eta = (V_{xx} - V_{yy})/V_{zz}$，$V_{xx}, V_{yy}, V_{zz}$ 分别是对角化的电场梯度张量沿主轴 x、y、z 方向的分量，而且 $|V_{zz}| > |V_{xx}|$，$V_{xx} + V_{yy} + V_{zz} = 0$. 由(8-7)式可见，由于电四极

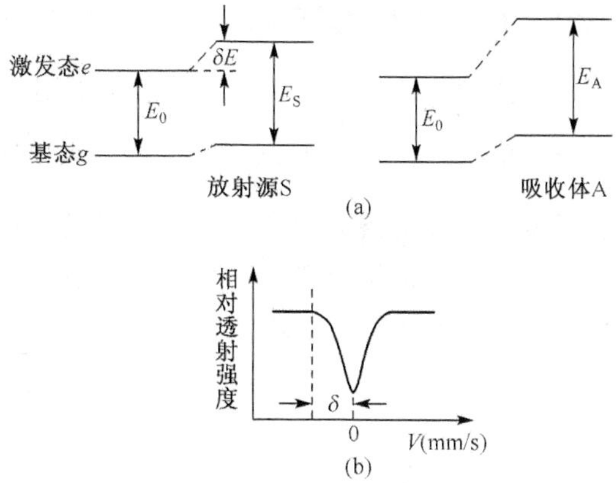

图 8-3　同质异能移位的形成

(a)放射源 S 与吸收体 A 的激发态与基态的能级移动;(b)同质异能移位

矩相互作用,一个$(2I+1)$重简并的 $I>1/2$ 的核能级,将分裂为 $|I\pm m_I>$的亚能级而不移动能级的重心. 图 8-4(a)描绘出激发态为 $I=3/2$ 和基态为 $I=1/2$ 的^{57}Fe 原子核的电四极矩分裂. 图中还表示出同质异能移位. 对于核的基态($I=1/2$),因为 $Q=0$,而不发生分裂. 激发态分裂为两个亚能级,其能量差为

$$\Delta E_Q = E_R(\pm 3/2) - E_Q(\pm 1/2) = \frac{1}{2}eQV_{zz}\left(1+\frac{\eta^2}{3}\right)^{1/2} \tag{8-8}$$

两个亚能级和基态之间的 γ 跃迁都是允许的,因而将得到图 8-4(b)所示的双线穆斯堡尔谱.

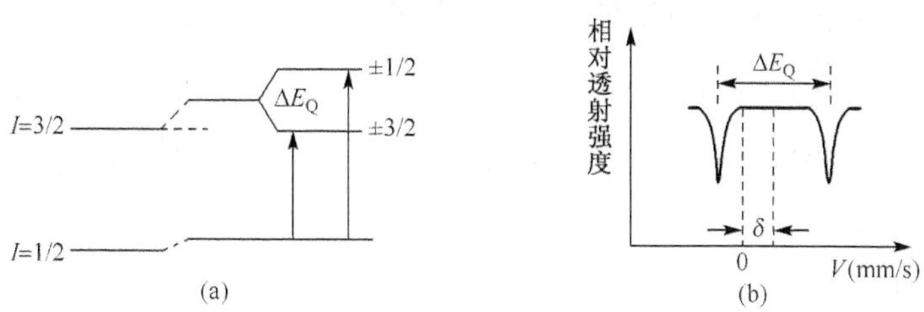

图 8-4　自旋 $I=3/2$ 的激发态的电四极分裂

(a)$I=3/2$ 的能级的电四极分裂;(b)与电四极分裂对应的双峰穆斯堡尔谱

电四极分裂 ΔE_Q 既与核电四极矩 eQ 有关,又与核处的电场梯度有关. 对于不同固体中同样的穆斯堡尔核来讲,因为 eQ 是常量,所以观察到的电四极分裂 ΔE_a 只与核处的电场梯度有关,深入分析电四极分裂可以得到核四周电荷分布对称方面的信息. 它不仅与核的化学价态有关,而且也与晶体结构的对称性有关,在化学和固体物理的研究中有重要意义.

穆斯堡尔放射源的制备时,为使发射的 γ 射线是单色的,通常选用具有立方晶系结构的金属作基底,因而,由于穆斯堡尔核周围晶格具有立方对称性,将有

$$V_{xx} = V_{yy} = V_{zz} = 0$$

核处电场梯度为零,放射源的核能级不存在电四极分裂.

(3)磁偶极分裂(核塞曼分裂).

原子核的磁偶极矩 $\boldsymbol{\mu}$ 与核处磁场 $\boldsymbol{H}$ 相互作用将使能级产生分裂,其相互作用能量为

$$E_M = -\mu H \frac{m_I}{I} = -g_n\mu_n H m_I \tag{8-9}$$

式中 I 和 m_I 分别为原子核的自旋量子数和磁自旋量子数. $m_I = I, I-1, \cdots, -I$, μ_n 为核磁子,其

大小为 $\mu_n = \frac{e\hbar}{2M_P} = 5.050824 \times 10^{-27}$ 焦耳/特斯拉，M 是核的质量. 由该式可见，磁偶极作用使核能态 $|I>$ 分裂成 $(2I+1)$ 个等间距的亚能级，每一个亚能级可以用核磁自旋 m_I 来标志.

^{57}Fe 原子核的基态 $I_g = \frac{1}{2}$ 和 14.4keV 的第一激发态 $I_e = \frac{3}{2}$ 都具有磁偶极矩，其磁偶极分裂如图 8-5. 基态的亚能级和激发态的亚能级之间的 γ 跃迁所遵从的选择定则为 $\Delta m_I = 0, \pm 1$. 由所允许的跃迁可以得出如图 8-5 所示的六指形谱线. 因不用核磁共振技术已经可以把核基态的 I_g 测得非常准，所以根据核塞曼分裂谱线可以求得核激发态磁矩和固体内部磁场大小，并可以研究固体内部的磁结构.

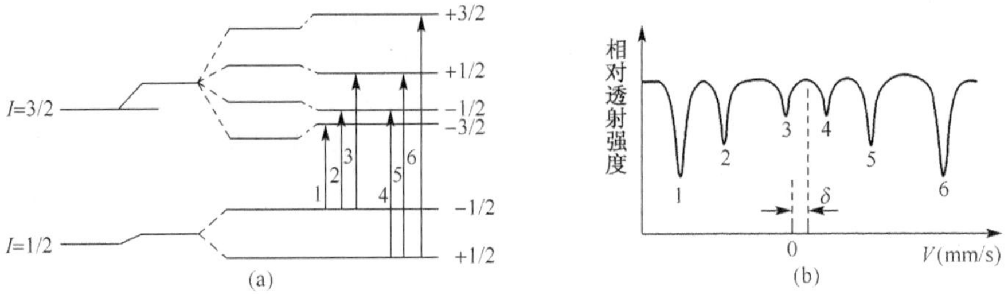

图 8-5　磁能级分裂及其对应的穆斯堡尔谱

实际上只有磁偶极分裂的情形是很少的，金属铁是其中的一个例外. 经常遇到的是，穆斯堡尔核同时受到磁偶极相互作用和电四极相互作用的微扰. 在这种情况下，如^{57}Fe 核的 14.4keV 的 $I_e = \frac{3}{2}$ 激发态的亚能级不再是等间距的，所得的穆斯堡尔谱线将不再是对称的(图 8-5(b))，实际材料中的穆斯堡尔核可以同时有几种晶位和状态，得到的穆斯堡尔谱将是它们谱线的叠加，形状更为复杂，必须根据具体情况，具体地深入分析，以获得有关的信息.

2. 穆斯堡尔谱参数的计算

(1)速度方向的判断.

由于不同样品其核周围环境也不同，决定了各种核的同质异能移位也不同，以基源 57Co-Pd 为标准，α-Fe、SS(不锈钢)、Pd 和 Pt 样品的同质异能移位大小如图 8-6 所示. 实验上，我们相对源，测定了 α-Fe、SS 样品的 Mossbauer 谱，计算其中心位置，若 SS 中心位置比 α-Fe 大，这时属于(b)情况；若 SS 中心位置比 α-Fe 小，这时属于(a)情况，从图中，可决定速度的正、负方向及 α-Fe 与 Pd 的相对位置. 若已知道增量为 K 的话，那么 α-Fe 与 Pd 间的间隔为 $0.177/K$，由此决定了零速度的位置.

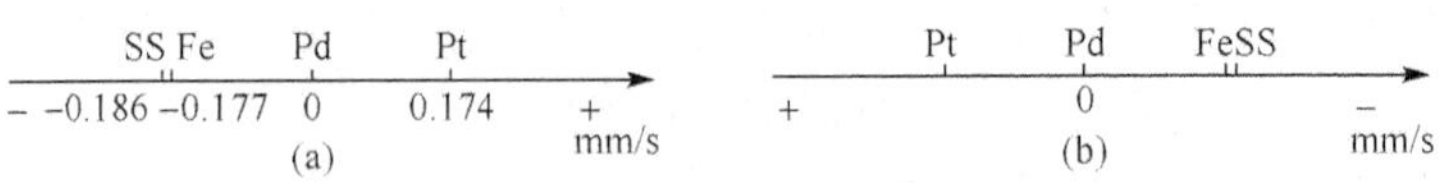

图 8-6　几种特殊样品同质异能移位的比较

(2)道增量的计算.

采用 α-Fe 谱线定标

$$K = 10.624/(V_1 - V_6)\text{mm/S/道}$$

式中 10.624mm/S 是 α-Fe 六指谱中第一、六峰的能量差值，是一个定值.

(3)α-Fe 谱中心位置及同质异能移 δ_s，零速度位置的确定.

$$V_{\alpha\text{-Fe}} = \frac{\nu_6 + \nu_5 + \nu_4 + \nu_3 + \nu_2 + \nu_1}{6} \quad (\text{道})$$

$$\delta_s = K \cdot (V_{\alpha\text{-Fe}} - V_0)$$

由第二部分知，α-Fe 同质异能移为 0.177mm/S，可由下式定 V_0

$$V_0 = V_{\alpha\text{-Fe}} \pm |\delta_s|/K = V_{\alpha\text{-Fe}} \pm 0.177/K$$

其中"＋"或"－"视具体速度方向而定，正方向取"＋"号，负方向取"－"号.

(4)原子核处超精细场 H_{hf}.

根据核塞曼效应可以得到

$$\Delta E_m = \mu_{3/2} H_{hf} \Delta M_I / I$$

式中 $I=3/2$. 实验上对应 $\Delta M_I = 1$ 有

$$\Delta E_m(e) = K \cdot \frac{(\nu_3 - \nu_2) + (\nu_5 - \nu_4)}{2}$$

所以

$$\mu_{3/2} H_{hf} \Delta M_I / I = K \cdot [(\nu_3 - \nu_2) + (\nu_5 - \nu_4)]/2$$

$$H_{hf} = \frac{3K}{4\mu_{3/2}}[(\nu_3 - \nu_2) + (\nu_5 - \nu_4)]$$

其中已知 $\mu_{3/2} = 0.09064\mu_N$.

若设 $H_{hf} = 33.0T$，则可求得

$$\mu_{3/2} = \frac{3K}{4H_{hf}}[(\nu_3 - \nu_2) + (\nu_5 - \nu_4)]$$

(5)电四极裂距.

$$\Delta E_Q = k/2(\nu_6 + \nu_1 + \nu_5 + \nu_2)\text{mm/S}$$

[实验装置]

穆斯堡尔谱仪的方框图如图 8-7 所示，它主要由 γ 射线源、吸收体(样品)及探测系统等三部分组成.

1. 放射源

本实验用的是以 Pb 为基底的 ^{57}Co 放射性同位素，其半衰期为 270 天. ^{57}Co 经过 K 俘获后，吸收核外 K 层一个电子变成处于高能态的原子核 ^{57}Fe，^{57}Fe 有两个激发态(14.4keV 和 136.46keV)，同时，还将放射多种射线. 穆斯堡尔谱测量中使用的是单色的无反冲的 14.4keV 激发态跃迁所发射 γ 射线.

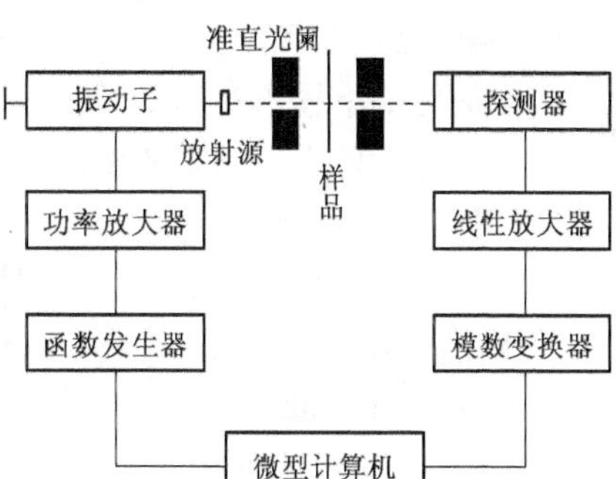

图 8-7　穆斯堡尔谱仪结构简图

由于 γ 射线共振吸收谱线极为尖锐，为与吸收体(样品)产生共振吸收，并能精确测量出共振能量，穆斯堡尔谱学测量中 γ 射线能量调制是让源与吸收体以一定方式相对运动，通过多普勒效应来实现的. 由于多普勒效应而产生的能量位移为：$\Delta E = E_0 v/c$，其中 $E_0 = 14.4\text{keV}$，v 为放射源相对于吸收体的运动速度，c 为光速. 本实验中是通过函数发生器产生三角波电压经过功率放大器直接控制振动子的振动杆，使源相对样品做匀加速运动而实现 γ 射线能量的调制.

2. 穆斯堡尔闪烁探头

本实验是透射式的测量装置. 采用 NaI 晶体闪烁探测器检测透射过吸收体(样品)的光子数，通过探头内光电倍增管和线性放大器获得正比于光子数的电压信号幅度. 经由模数变换器按比例变成数码，接到计算机接口接口输入到计算机.

3. 数据采集和处理系统

利用微型计算机穆斯堡尔谱线测量，利用解谱软件对谱线进行拟合处理，以获取超精细相互作用参数.

[实验步骤]

(1)检查连线.

(2)开机. 显示器—NIM 机箱电源—高压—扩展接口—打印机—驱动器—主机.

(3)测量 PHA 谱和穆斯堡尔谱.

①测量 PHA 谱，选择相应 14.4keV 的阈值.

②穆斯堡尔谱的测量.

a)置 α-Fe 样品架，测 α-Fe 的穆斯堡尔谱.

b)把 α-Fe 样品换为 SS(不锈钢)样品，测量 SS 的穆斯堡尔谱.

(4)关机.

[预习要求及实验报告要求]

1. 预习要求

(1)穆斯堡尔效应的基本原理是什么?

(2)三种核的精细相互作用产生的物理实质，即它们体现了原子核哪些内在性质?

(3)为什么 α-Fe 的能谱是六指峰?

(4)放射源等加速的目的是什么?

(5)了解实验装置及实验步骤，熟悉附录中本仪器计算机操作部分.

2. 实验报告要求

(1)简要描述 MoS 效应原理.

(2)简述该谱仪测量的基本原理.

(3)实验结果处理.

①在坐标纸上描出所测得的谱，求各峰的峰值.

②确定速度的方向及零速度的位置.

③计算道增量.

④求 α-Fe 中的 Fe 原子核处的超精细场 H_{hf}.

⑤求不锈钢(SS)相对 Pd 的同质异位移.

⑥求 α-Fe 的四极裂矩.

(4)评述该实验的意义.

[思考题]

(1)无反冲分数大小由什么决定? 它如何影响共振实验?

(2)α-Fe 与不锈钢的穆斯堡尔谱有什么不同? 为什么?

[注意事项]

(1)注意防护放射性对人体的可能损害，实验时不要随意移动铅保护罩.

(2)使用前应做好预习工作，掌握正确的使用方法，以免发生事故，造成巨大损失，尤其在实验中，千万不可以随意扳动电键，以免仪器失灵、损坏，以致实验无法进行.

(3)由于放射源振子对外界干扰十分灵敏，故实验中要保持安静，不要吵闹.

(4)计算机在工作时，应避免与其同插销的其他设备开关电源，以免程序内容被破坏(尤其在执行程序时). 禁止同插销其他设备打火，会烧坏计算机.

第 3 章 磁共振实验

20 世纪以来，量子力学及微观物理学得到了极大的发展，科学家们从理论和实验上都对微观粒子的基本性质开展富有成效的研究，使得人们对微观的物质世界有了重大的认识. 磁共振现象是人们在对微观粒子研究取得重要进展的情况下从实验上观察到的.

磁共振是指磁矩不为零的微观粒子（如质子、电子）在稳恒磁场作用下对电磁辐射能的共振吸收现象. 从引起共振的介质角度，磁共振分为核磁共振（NMR）、电子自旋共振（顺磁共振 EPR）、铁磁共振（FMR）. 分别对应于由原子核磁矩、电子自旋磁矩、铁磁物质中的磁畴磁矩所产生.

磁共振现象早在 20 世纪 30 年代末已经被人们发现，之后的几十年里，由于实验技术以及实验条件的限制，磁共振的发展较缓慢. 近一二十年，随着微观实验技术、超导以及电子技术等领域的发展以及计算机在处理数据方面的广泛应用，使磁共振技术得到了长足的发展. 目前，磁共振技术在临床医学、材料科学、化学、生物、计量科学、磁测量，石油分析与勘探等领域有重有的应用，已成为先进的专门测试手段. 如核磁共振技术，已成为研究核磁矩的准确方法以及磁场测量和校准磁强计的标准方法；同时也是进行分子动态研究不可取代的重要检测手段. 在医学上，核磁共振可以观察蛋白质分子的溶液构象，已经可以对人体进行断层成像，成为重大疾病诊断的重要检测手段. 而铁磁共振技术在研究铁磁性物质的应用方面，与微波器件的发展密切相关. 此外，光泵磁共振可在弱磁场下（0.1～1.0mT）精确检测气体原子能级的超精细结构，在基础物理研究、量子频标和精确测定磁场等方面也有很大的实际应用价值.

鉴于磁共振在科学研究、实际生产、生活中的重大应用以及磁共振本身的实验特点，在近代物理实验中，我们安排了三个主要实验，通过这些实验使读者了解磁共振的原理及其在科学研究上和生产生活中的应用.

实验 9 核磁共振（NMR）

20 世纪初，人们在大量的原子光谱实验中发现了许多光谱的超精细结构，为了解释这些现象，泡利（W. Pauli）于 1924 年提出了原子中存在核磁矩的假说. 以后大量的实验完全证实了他的假说，但由于很难精确测定这些超精细结构中所反映的细微能量差异，对核磁矩的进一步研究受到了极大的限制. 人们对于核磁矩的研究并未因此而停止，经过科学家的不懈努力，于 1939 年观察到了核磁共振现象并观察了核磁矩，这一发现是 Rabi 和他的同事在高真空的氢分子束实验中获得的，他也因此获得了 1944 年的诺贝尔物理学奖. 1945 年 12 月，美国哈佛大学 Purcel 等报道了他们采用吸收法在石蜡样品中观察到质子的核磁共振吸收信号；1946 年 1 月，美国斯坦福大学 Bloch 等也报道了他们采用感应法在水样品中观察到质子的核磁共振感应信号. 两个研究小组采用了稍微不同的方法，几乎同时在凝聚物质中发现了质子的核磁共振现象. 因此，1945 年发现核磁共振现象的美国科学家 Purcell 和 Bloch 共同分享了 1952 年诺贝尔物理学奖.

之后，许多物理学家进入了这个领域，取得了丰硕的成果. 1953 年诞生了世界上第一台商用核磁共振波谱仪，使之在测定分子化学结构方面得到了重要应用. 1964 年后，由于超导强磁场和脉冲傅里叶变换新技术的发展，使得核磁共振波谱仪的灵敏度和分辨率提高了几个数量级，从而使应用范围从有机小分子扩展到生物大分子，随着科技的进一步发展，人们又应用多重脉冲技术制造了固体核磁共振谱仪. 特别是 1997 年核磁共振断层扫描仪（NMR-CT）的成功研制，使得核磁共振在医学临床诊断方面得到了迅速的应用. 目前，核磁共振已经广泛地应用到许多学科领域，是固体物理、化学、生物、临床诊断、计量科学和石油分析与勘探等研究中的一项重要实验技术. 它是测定原子的核磁矩和研究核结构的直接而又准确的方法，也是精确测量磁场和稳定磁场的重要方法之一.

核磁共振是指处在恒定磁场中且具有原子磁矩的原子核受到某一频率电磁波辐射时引起的在能级之间的共振跃迁现象. 下面，我们先来了解一下 Rabi 首次观察到核磁共振的实验基本过程，从而对核磁共振有初步的了解.

Rabi 实验的基本原理如图 9-1 所示，把氢分子注入到 A、B、C 磁场中，其中 A、B 为两个非匀强磁场，而 C 为匀强磁场. 磁量子数 m 不同的原子核经过非匀强磁场时偏转的方向不同，对于氢原子核，$m=\pm\frac{1}{2}$，设 $m=+\frac{1}{2}$ 的核经过 A、B、C 三个磁场后被探测器所接收；此时如果在匀强磁场 C 中叠加上一射频场（幅度较小的交变磁场），当射频场的频率适合于磁场 C 时，处于 $m=+\frac{1}{2}$ 状态的原子核就能吸收射频场的能量，跃迁到 $m=-\frac{1}{2}$ 的状态，因此通过磁场 B 时向另一个方向偏转，不能被探测器所接收，以致于探测器接收到的粒子数减少，从而在探测器中得到了共振吸收信号. 由于它直接检测了核磁矩在磁分裂的能级上跃迁时与外界交换的射频场能量，大大提高了测量核磁矩的精度，为人们提供了观测微观世界的一个有力工具.

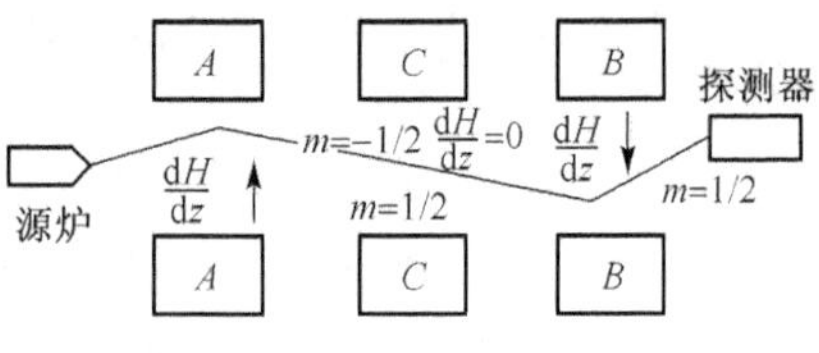

图 9-1　Rabi 核磁共振示意图

首次观察到核磁共振的实验装置和方法过于复杂，尽管如此，这一实验在物理学的发展中具有里程碑意义. 后来人们改进了核磁共振的测量方法，简化了实验装置. 目前广泛应用的测量方法是由 Purcell 和 Bloch 等人于 1949 年分别提出的. 他们利用样品对射频场的能量吸收或感应现象，直接来观察原子核在磁分裂的能级上的跃迁. 该方法不仅可以观察到共振现象，而且还可以在纯度不高的固态、气态中观察到共振现象. 由于他们大大简化了核磁共振实验方法和设备，因而使以后的几十年来核磁共振波谱学取得了惊人的发展，已成为在原子尺度上对物质结构进行实验研究的几种近代研究方法之一. 另外，它又是当前公认的精确测量磁场的标准方法之一.

在本实验中，通过对核磁共振现象的观察、原子核旋磁比的测定以及对磁场的测量，使学生对核磁共振的原理以及实验技术有更深的了解.

[实验目的]

(1)掌握核磁共振的基本原理及其实现方法.

(2)掌握利用核磁共振测量顺磁物质旋磁比、g 因子的方法以及校准高斯计.

(3)了解核磁共振在医学、物理、化学等领域的实际应用.

[实验原理]

1. 几个基本参数——原子核的自旋角动量、核磁矩、旋磁比、朗德因子 g_N

我们知道，不仅电子有自旋运动，原子核本身也有自旋运动，因而原子核也有核自旋角动量 p. 从量子力学角度，氢原子中电子的能量是不连续的，只能取离散的数值. 类似地，核磁共振中涉及的原子核自旋角动量也不连续，只能取离散值，其值由下式决定

$$p=\sqrt{I(I+1)}\cdot\hbar \tag{9-1}$$

式中 $\hbar=\dfrac{h}{2\pi}$，而 h 为普朗克常数，I 为核自旋量子数，只能取整数值 0,1,2,3,…或半整数值 1/2,3/2,5/2,…. I 是表示某种原子核所固有的特征，对不同的核素，I 有不同的确定数值.

若核内质子数 Z 与中子数 N 都为偶数，那么它的质量数 $A=Z+N$ 也为偶数，这种原子核的自旋量子数 I 等于零，因而自旋角动量为零，如 ${}^{12}_{6}C$、${}^{16}_{8}O$、${}^{32}_{16}S$ 等，这种核没有核磁共振现象.

若核内质子数 Z 与中子数 N 都为奇数，质量数 $A=Z+N$ 仍为偶数，则核自旋量子数 I 为整数，如 ${}^{2}_{1}H$、${}^{14}_{7}N$ 等，$I=1$.

若核的质量数 $A=Z+N$ 仍为奇数，则核自旋量子数 I 为半整数，如 ${}^{7}_{3}Li$ 的 $I=\dfrac{3}{2}$，又如 ${}^{1}_{1}H$、${}^{13}_{6}C$、${}^{15}_{7}N$、${}^{19}_{9}F$…原子核的 $I=\dfrac{1}{2}$. 这几种核是核磁共振实验技术中最主要的研究对象.

原子核自旋角动量在空间某一方向的分量也不能连续变化，只能取离散的数值，例如 z 方向角动量表示为

$$p_z=m\cdot\hbar \tag{9-2}$$

式中磁量子数 m 只能取 $I,I-1,\cdots,-I+1,-I$ 共 $2I+1$ 个数值.

自旋角动量不为零的原子核具有与之相联系的核自旋磁矩，简称核磁矩. 通常将原子核的总磁矩 u 在其自旋角动量 p 方向的投影 μ 称为核磁矩. 它们之间关系可写成

$$\mu=\gamma\cdot p \tag{9-3}$$

对于质子而言，上式中 $\gamma=\dfrac{eg_{\mathrm{N}}}{2m_{\mathrm{p}}}$ 称为旋磁比，定义为原子核的磁矩与自旋角动量之比，表征原子核的磁性质，可以从实验上测量得到，式中 e 为质子电荷，m_{p} 为质子质量，g_{N} 为原子核的朗德因子，其值由原子核结构决定. 对不同种类的原子核，g_{N} 的数值不同. 目前对各种原子核，g_{N} 因子已能用实验方法精确测定，但在理论上尚不能精确计算，已测定的包含一个质子的 H^1_1 核的 $g_{\mathrm{N}}=5.58510$. 此外，g_{N} 可能是正数，也可能是负数. 因此原子核自旋磁矩的方向可能与自旋角动量方向相同，也可能相反.

由于原子核角动量在任意给定的方向(如 z 方向)只能取 $2I+1$ 个离散的数值，核磁矩在 z 方向也只能取 $2I+1$ 个离散的数值，即

$$\mu_z=\gamma p_z=g\frac{e}{2m_{\mathrm{p}}}=gm\frac{e\hbar}{2m_{\mathrm{p}}}=gm\mu_{\mathrm{N}} \tag{9-4}$$

在这个公式中，我们引入了 $\mu_{\mathrm{N}}=\dfrac{e\hbar}{2m_{\mathrm{p}}}=5.050824\times10^{-27}\,\mathrm{J/T}$，称为核磁子，是度量核磁矩大小的单位. 我们知道，玻尔磁子 $\mu_{\mathrm{B}}=\dfrac{e\hbar}{2m_{\mathrm{e}}}=9.2345\times10^{-24}\,\mathrm{J/T}$，比较 μ_{N} 和 μ_{B}，因为质子质量 m_{p} 是电子质量 m_{e} 的 1838 倍，所以核磁子是玻尔磁子的 1/1838.

引入核磁子之后，旋磁比可以写为

$$\gamma=\frac{eg_{\mathrm{N}}}{2m_{\mathrm{p}}}=\frac{e\hbar}{2m_{\mathrm{p}}}\cdot\frac{g_{\mathrm{N}}}{\hbar}=g_{\mathrm{N}}\frac{\mu_{\mathrm{N}}}{\hbar}$$

所以

$$g_{\mathrm{N}}=\frac{\hbar\gamma}{\mu_{\mathrm{N}}} \tag{9-5}$$

2. 核磁共振的量子与经典解释

(1)量子解释.

当不存在外磁场时，每一个原子核的能量处在同一能级(某一能量状态)；而当自旋量子数为

I 的原子核处于沿某一方向(如 z 轴)的恒定磁场 $\boldsymbol{B}_0$ 中时,原子核将不再只有一种能量状态. 由(9-2)和(9-4)式可以得到核磁矩在外磁场方向(z 轴)的投影

$$\mu_z = \gamma p_z = m\gamma \cdot \hbar \tag{9-6}$$

核磁矩与外加恒定磁场的相互作用能量

$$E = -\boldsymbol{\mu} \cdot \boldsymbol{B}_0 = -\mu_z \boldsymbol{B}_0 = m\gamma \cdot \hbar \cdot \boldsymbol{B}_0 = m g_{\mathrm{N}} \mu_{\mathrm{N}} \cdot \boldsymbol{B}_0 \tag{9-7}$$

因此磁量子数 m 取值不同,核磁矩的能量也就不同,从而原来简并的同一能级分裂为 $2I+1$ 个子能级. 如对于质子,$I=\frac{1}{2}$,则磁量子数 $m=-\frac{1}{2},\frac{1}{2}$,即原子核原来单一的能级在磁场作用下分裂为二个能级:$E_1=-\frac{1}{2}\gamma\hbar\cdot\boldsymbol{B}_0$,$E_2=\frac{1}{2}\gamma\hbar\cdot\boldsymbol{B}_0$,这时上下能级的能量差

$$\Delta E = \gamma\hbar\cdot\boldsymbol{B}_0 = \hbar\omega_0 \tag{9-8}$$

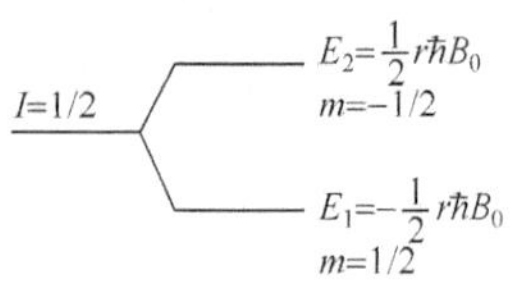

图 9-2 核塞曼能级分裂

式中 $\omega_0=\gamma\boldsymbol{B}_0$ 为经典的拉摩进动频率. 图 9-2 给出了质子的能级在外磁场下产生塞曼效应,分裂为两个能级的示意图.

处于恒定磁场 $\boldsymbol{B}_0$ 中的包含大量微观磁矩的宏观体系,在热平衡状态下,上下能级的粒子数 N_{20},N_{10} 应遵循玻尔兹曼分布

$$\frac{N_{20}}{N_{10}} = \exp\left(-\frac{\Delta E}{k_{\mathrm{B}}T}\right) \tag{9-9}$$

式中 k_{B} 为玻尔兹曼常量. 在一般情况下,$\Delta E \ll k_{\mathrm{B}}T$,上式可近似为

$$\frac{N_{20}}{N_{10}} = 1-\frac{\Delta E}{k_{\mathrm{B}}T} \tag{9-10}$$

可以看出下能级的粒子数要比上能级的略多,如对于$^1_1$H 核,在室温时,当恒定磁场 $B_0=0.10\mathrm{T}$ 时,$\frac{\Delta E}{k_{\mathrm{B}}T}=7\times10^{-6}$,即上下能级的粒子数相差甚微. 但正由于有这个差数,使体系宏观磁化强度 $\boldsymbol{M}$ 的纵向分量不为零. 使我们观察共振现象才有可能. 从(9-9)式也可以看出,上下能级粒子差数由 ΔE 大小、系统的温度和系统的总粒子数决定.

根据爱因斯坦的辐射理论,因恒定磁场引起的核磁矩能级分裂的间隔很小,自发辐射的影响可以忽略.

若在与恒定磁场 $\boldsymbol{B}_0$ 垂直的方向上再施加一个高频电磁场,通常为射频场,表示为

$$\boldsymbol{B}_x = 2B_1(\cos\omega_x t)\boldsymbol{e}_x \tag{9-11}$$

式中 $\boldsymbol{e}_x$ 为沿 x 轴的单位矢量,$2B_1$ 为电磁波振幅. 当射频场的频率与能级能量差满足下列关系时,$h\nu_x=\hbar\omega_x=\Delta E$,即 $\hbar\omega_x=\gamma\hbar\cdot B_0$,因此

$$\omega_x = \gamma B_0 \tag{9-12}$$

在两个能级上的粒子将发生受激辐射与受激吸收,两个过程产生的概率 P 是相等的. 概率 P 与射频场幅度 B_1 成正比,即

$$P \propto B_1 \tag{9-13}$$

在同一个射频场作用下,虽然受激辐射与受激吸收的概率 P 相等,但由于一开始处在下能级的粒子数比在上能级的略多,所以发生受激吸收的粒子数比发生受激辐射的粒子数多,即往高能级跃迁的比低能级跃迁的粒子数多,从宏观上来看,体系的总能量增加,这相当于体系从射频场中吸收能量. 这时我们观察射频场的幅度 B_1,就可以看到一个被吸收的共振信号.

(2)经典解释.

具有角动量 $\boldsymbol{P}$ 及固有磁矩 $\boldsymbol{\mu}$ 的粒子,在恒定磁场 $\boldsymbol{B}_0$ 的作用下,受到一个力矩的作用

$$\boldsymbol{L} = \boldsymbol{\mu}\times\boldsymbol{B}_0 \tag{9-14}$$

由 $\boldsymbol{L}=\frac{\mathrm{d}\boldsymbol{P}}{\mathrm{d}t}$ 可得

$$\frac{\mathrm{d}\boldsymbol{P}}{\mathrm{d}t}=\boldsymbol{\mu}\times\boldsymbol{B}_0 \tag{9-15}$$

(9-15)式为磁矩在恒定磁场中的运动方程.假设 $\boldsymbol{B}_0$ 沿 z 轴方向,求解方程(9-15)式可得

$$\left.\begin{aligned}|\mu_x|&=U_0\cos(\omega_0 t+\delta)\\|\mu_y|&=U_0\sin(\omega_0 t+\delta)\\|\mu_z|&=\text{常数}\end{aligned}\right\} \tag{9-16}$$

其中 $\omega_0=\gamma\cdot B_0$.从以上结果可以看出,在恒定磁场作用下,磁矩 $\boldsymbol{\mu}$ 绕恒定磁场 $\boldsymbol{B}_0$ 进动,如图 9-3 所示.进动角频率称为拉摩频率.在外磁场中,磁矩的附加能量为

$$\Delta E=-\boldsymbol{\mu}\cdot\boldsymbol{B}_0=-\mu_z B_0=-\mu B_0\cos\theta \tag{9-17}$$

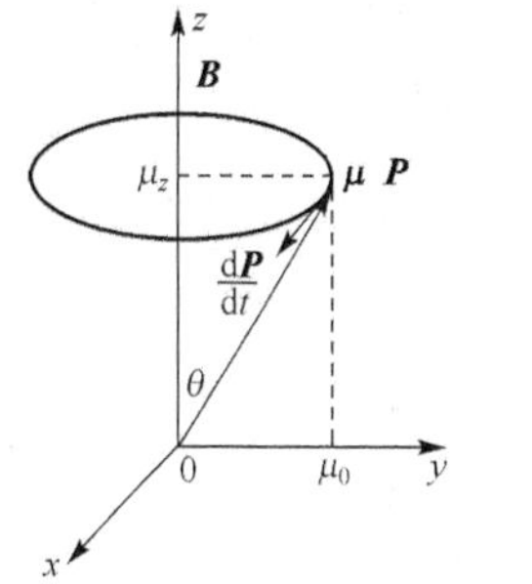

图 9-3　磁矩 $\boldsymbol{\mu}$ 绕恒定磁场 $\boldsymbol{B}_0$

我们研究的是把包含大量微观磁矩的宏观物质放入恒定磁场 $\boldsymbol{B}_0$ 中的情况,按以上分析,每一个微观核磁矩将按一致的拉摩频率 ω_0 绕 $\boldsymbol{B}_0$ 作进动.但这些核磁矩进动的相位 δ 是任意的.从宏观上来看,这一物质的核磁化强度 $\boldsymbol{M}$,等于在单位体积内的核磁矩的矢量和,即

$$\boldsymbol{M}=\sum_{i=1}^{N}\boldsymbol{\mu}_i \tag{9-18}$$

由于所有微观核磁矩进动的相位是任意的,因此宏观磁化强度 $\boldsymbol{M}$ 在 xy 平面上的投影(横向分量)等于零,即 $M_x=0,M_y=0$;而 $\boldsymbol{M}$ 在 z 方向的投影(纵向分量)与各核磁矩作拉摩进动的角度 θ 有关,表示为 $M_z=\sum\limits_{i=1}^{N}\mu_i\cos\theta_i$.

现在我们考虑在垂直于恒定磁场 $\boldsymbol{B}_0$ 的方向(即 xy 平面内)再加上一个射频场,表达式由(9-11)式给出.由欧拉公式,可以把射频场表示为

$$B_x=2B_1\cos\omega_x t=2B_1\cdot\frac{\mathrm{e}^{\mathrm{i}\omega_x t}+\mathrm{e}^{-\mathrm{i}\omega_x t}}{2}=B_1\mathrm{e}^{\mathrm{i}\omega_x t}+B_1\mathrm{e}^{-\mathrm{i}\omega_x t} \tag{9-19}$$

从(9-11)式及上式可以看出,射频场实际上是一个线偏振场,根据振动理论,该线偏振场可以看作是左旋圆偏振场与右旋圆偏振场的叠加,如图 9-4 所示.在这两个圆偏振场中只有它的旋转方向与核磁矩进动方向相同的一个才起作用.对于 γ 为正的系统,只有顺时针方向的圆偏振场起作用.

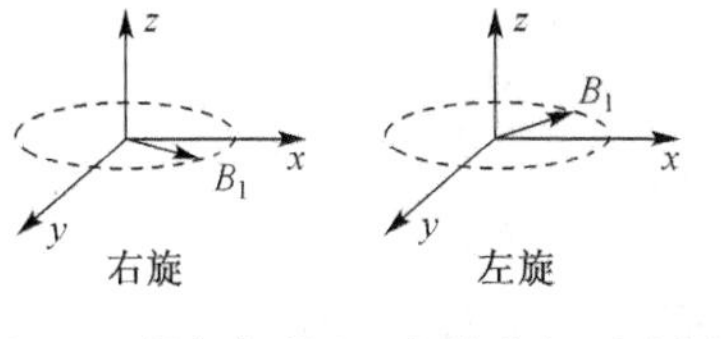

图 9-4　射频场的左、右旋分解示意图

为了更清楚地说明射频场对拉摩进动引起的作用.我们设想建立一个旋转坐标系 $x'y'z'$,z' 与固定坐标系 xyz 的 z 轴重合,x' 和 y' 以角速度 ω_0 绕 z 轴旋转.在这旋转坐标系中来观察核磁矩的运动,如图 9-5 所示.当存在 $\boldsymbol{B}_0$ 时,由于旋转坐标系的角速度恰为 ω_0 ,因此核磁矩 $\boldsymbol{\mu}$ 在旋转坐标系中保持不动.现若加一射频场 $\boldsymbol{B}_x$,如果它亦以相同的角频率 ω_0 旋转,则在旋转坐标系中,对于核磁矩 $\boldsymbol{\mu}$,$\boldsymbol{B}_x$ 也是以恒定场出现.它必然要产生一个附加转矩.因此磁矩将会绕 $\boldsymbol{B}_0$ 和 $\boldsymbol{B}_x$ 的合磁场进动.这时 $\boldsymbol{\mu}$ 与恒定场 $\boldsymbol{B}_0$ 的夹角 θ 将发生变化(由 θ 变为 $\theta+\mathrm{d}\theta$),相应地核磁矩在静磁场中的附加能量 $E=-\mu B_0\cos\theta$ 将发生变化.这一能量改变是以所加旋转磁场的能量变化为代价的.即当 θ 增加时,核要从射频场中吸收能量,这就是核磁共振现象.按以上分析,得到共振吸收的条件是:射频场的频率与核磁矩进动频率相等,即

$$\omega_x = \omega_0 = \gamma \cdot B_0 \tag{9-20}$$

这一结论与量子观点得出的结论一致.

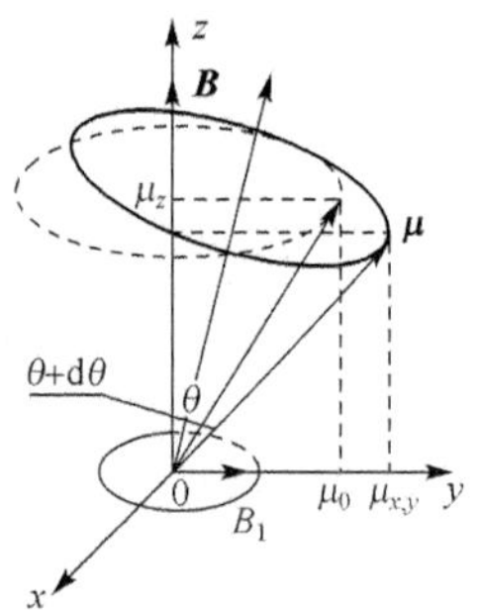

图 9-5　存在射频场时的磁矩进动

当射频场频率 ω_x 与核磁矩进动频率 ω_0 不相等时,在旋转坐标系中 $\boldsymbol{B}_x$ 不再以恒定磁场出现,这时它只能引起磁矩 $\boldsymbol{\mu}$ 在 θ 角附近上下摇摆,但是不改变 θ 角的平均值,也即原子核不吸收也不放出能量.

3. 自旋-晶格相互作用:弛豫过程

现在讨论一下发生共振吸收时上下能级粒子数之差 $n=(N_1-N_2)$ 的变化规律. 由于共振吸收在 dt 时间内在 E_1,E_2 上的粒子数变化分别为

$$\mathrm{d}N_1 = -PN_1\mathrm{d}t + PN_2\mathrm{d}t$$

$$\mathrm{d}N_2 = -PN_2\mathrm{d}t + PN_1\mathrm{d}t$$

二式相减

$$\mathrm{d}n = \mathrm{d}(N_1-N_2) = -2P(N_1-N_2)\mathrm{d}t$$

积分即得

$$n = n_0\mathrm{e}^{-2Pt} \tag{9-21}$$

其中 $n_0=(N_{10}-N_{20})$ 即为热平衡时 E_1,E_2 能级上的粒子差数. 由(9-21)式可见,样品在射频场的连续作用下,上、下两能级的粒子差数将随时间 t 按指数规律衰减,最后趋向于零,这时上下能级的粒子数相等,也就不能再继续观察到一个稳定的吸收信号,这表明肯定还存在着另外一个逆过程,使粒子能够由上能级无辐射的跃迁到低能级的过程,这就是自旋-晶格的弛豫过程,即自旋系统与组成样品的整个晶格存在着一定的相互作用,使自旋粒子从射频场中所获得的能量不断的交给晶格,转变为晶格振动的热能,从而使自旋系统恢复到玻尔兹曼分布.

设自旋-晶格相互作用使粒子由 E_1 跃迁到 E_2 的概率为 W_{12},由 E_2 跃迁到 E_1 的概率为 W_{21},在不存在射频场条件下,热平衡使得在同一时间内上下能级交换的粒子数相等,即 $N_9W_{12}=N_{20}W_{21}$. 由于 $N_9>N_{20}$,所以 $W_{12}<W_{21}$ 即粒子向上的弛豫跃迁概率略小于向下弛豫跃迁概率. 现在讨论一下当系统偏离了热平衡状态后,如果停止射频场的作用,在自旋-晶格的相互作用下上下能级的粒子数差将按什么规律恢复到平衡分布. 在 dt 时间内 E_1、E_2 能级上粒子数的变化分别为

$$\mathrm{d}N_1 = -W_{12}N_1\mathrm{d}t + W_{21}N_2\mathrm{d}t$$

$$\mathrm{d}N_2 = -W_{21}N_2\mathrm{d}t + W_{12}N_1\mathrm{d}t$$

两式相减得

$$\left(\frac{\mathrm{d}n}{\mathrm{d}t}\right)_{\text{弛豫}} = \frac{\mathrm{d}(N_1-N_2)}{\mathrm{d}t} = -2(W_{12}N_1 - W_{21}N_2)$$

将上式略加变换即得

$$\begin{aligned}\left(\frac{\mathrm{d}n}{\mathrm{d}t}\right)_{\text{弛豫}} &= -2(W_{12}N_1 - W_{12}N_{10} + W_{21}N_{20} - W_{21}N_2)\\ &= -2[W_{12}(N_1-N_{10}) + W_{21}(N_{20}-N_2)]\end{aligned}$$

由于 N_1-N_{10} 和 $N_{20}-N_2$ 均等于 $(n-n_0)$ 的一半,所以

$$\begin{aligned}\left(\frac{\mathrm{d}n}{\mathrm{d}t}\right)_{\text{弛豫}} &= -2\left[W_{12}\frac{(n-n_0)}{2} + W_{21}\frac{(n-n_0)}{2}\right]\\ &= (W_{12}+W_{21})(n-n_0)\end{aligned}$$

令 W_{12} 和 W_{21} 的平均值为 W,则有

$$-\left(\frac{\mathrm{d}n}{\mathrm{d}t}\right)_{弛豫}=2W(n-n_0)$$

积分得

$$(n-n_0)_t=(n-n_0)_{t=0}\times \mathrm{e}^{-2Wt}$$

设 $T_1=\frac{1}{2W}$，则上式为

$$(n-n_0)_t=(n-n_0)_{t=0}\times \mathrm{e}^{-\frac{t}{T_1}} \tag{9-22}$$

上式表明上下能级的粒子数差 n 相对于热平衡时的 n_0 的偏离，将随 t 按指数规律以时间常数 T_1 趋向于零，亦即以时间常数 T_1 恢复到热平衡状态. 通常把 T_1 称为自旋—晶格弛豫时间.

前面已经指出，在只有恒定磁场 $\boldsymbol{B}_0$ 的作用下宏观的核磁化强度矢量 $\boldsymbol{M}$ 的 x、y、z 分量分别表示为

$$M_z=\sum_i \mu_{iz}=M_0,\ M_x=\sum_i \mu_{ix}=0,\ M_y=\sum_i \mu_{iy}=0 \tag{9-23}$$

由于自旋-晶格的相互作用，M_z 按下式的规律趋于 M_0

$$\frac{\mathrm{d}M_z}{\mathrm{d}t}=\frac{1}{T_1}(M_z-M_0) \tag{9-24}$$

T_1 称为纵向弛豫时间. 这就是自旋-晶格弛豫时间，它反映了沿外磁场方向上整个样品的核磁矩恢复到平衡值时所需要的时间，T_1 越小表示自旋晶格相互作用越强烈.

综上所述，在磁共振时有两个过程在同时起作用：一是受激跃迁过程，核磁矩系统吸收电磁波的能量，使上下能级的粒子数趋于相等. 另一个是自旋晶格弛豫过程，磁矩系统把能量传给晶格，使上下能级的粒子数趋于玻尔兹曼分布. 这两个过程将达到动态平衡，使粒子差数稳定到某一新的数值 n_s. 从而也使我们能够观察到一个稳定的共振吸收信号.

下面分析 n_s 与哪些因素有关. 由于射频共振场作用，粒子差数的变化率表示为

$$-\left(\frac{\mathrm{d}n_s}{\mathrm{d}t}\right)_{共振}=2n_sP$$

由于弛豫的作用，粒子差数的变化率

$$-\left(\frac{\mathrm{d}n_s}{\mathrm{d}t}\right)_{弛豫}=\frac{1}{T_1}(n_s-n_0)$$

当达到动态平衡时总的 $\frac{\mathrm{d}n}{\mathrm{d}t}=0$，故

$$\left(\frac{\mathrm{d}n_s}{\mathrm{d}t}\right)_{共振}+\left(\frac{\mathrm{d}n_s}{\mathrm{d}t}\right)_{弛豫}=0$$

所以

$$2n_sP+\frac{1}{T_1}(n_s-n_0)=0$$

即

$$n_s=\frac{n_0}{1+2PT_1} \tag{9-25}$$

上式表明当共振吸收达到动态平衡时上下能级粒子差数 n_s 比 n_0 小，令 $Z=\frac{1}{1+2PT_1}$，则 $n_s=Zn_0$，Z 称为饱和因子. 系统吸收电磁波的能量是与粒子差数 n_s 成正比的. 当 $PT_1\ll 1$ 时，$Z=1$，$n_s=n_0$，完全没有饱和现象，也就是有较大的共振信号. 而当 $PT_1\gg 1$ 时，$n_s\to 0$，这时样品完全饱和了，将看不到吸收信号. n_s 越大，共振信号越强. 为了观察较强的共振吸收信号，就要求 n_0 大和 PT_1 小，要求外加磁场大，温度低，自旋-晶格弛豫时间 T_1 小和射频场 B_1 的幅度小.

4. 自旋-自旋相互作用:弛豫时间与共振线宽

(9-23)式给出了核的宏观磁化强度矢量 $\boldsymbol{M}$ 在热平衡时 x、y、z 分量. 在射频场的作用下,核磁化强度矢量就会偏离平衡位置,不但 $M_Z \neq M_0$,而且 $M_{x,y} \neq 0$. 但当去掉射频场后,对每一个自旋磁矩来说,由于近邻处其他粒子的自旋磁矩所造成的微扰场略有不同,它们的进动频率也不完全一样,这就使它们的进动相位重新趋于无规则分布,导致 M_z 趋向 M_0,$M_{x,y}$ 重新趋向于零. M_Z 按(9-24)式规律趋向平衡状态,而 $M_{x,y}$ 将按下列规律变化,

$$\frac{\mathrm{d}M_{x,y}}{\mathrm{d}t} = -\frac{M_{x,y} - 0}{T_2} \tag{9-26}$$

式中 T_2 称为横向弛豫时间,又称自旋-自旋弛豫时间.

用量子的观点来看,共振谱线有一定的宽度就表示分裂的每一条能级是有一定的宽度,且粒子停留在某一能级有一定的寿命 τ. 根据"测不准关系"有 $\delta E \cdot \tau \sim \hbar$,其中 δE 为能级宽度. 因为 $\delta E = \hbar\delta\omega$,故

$$\delta\omega = \frac{\delta E}{\hbar} \sim \frac{1}{\tau} \tag{9-27}$$

上式表明,谱线宽度实质是归结为粒子在能级上的平均寿命 τ,而 τ 与 T_1,T_2 及射频场 B_x 有关. 根据理论计算,共振线宽与 T_1,T_2 及射频场 B_x 的关系为

$$\Delta\omega = \frac{2}{T_2}(1 + \gamma^2 B_1^2 T_1 T_2)^{1/2} \tag{9-28}$$

自旋-晶格弛豫过程、自旋-旋弛豫过程都会使粒子处于某一状态的时间缩短,T_1、T_2 越小表示它们相互作用越强烈,也就是粒子处在某一能级上的时间越短,因而共振吸收线就越宽,射频场 B_x 幅度越大,粒子受激跃迁的概率也越大,使粒子处于某一能级的寿命越小,也会导致共振吸收谱线宽度. 另外,由于各个自旋磁矩的进动频率有差别,与它们对应的产生共振吸收时的外磁场的值也略有不同,因此表现出共振吸收信号有一定的宽度. 总之,引起共振线宽的因素是很多的,到底以什么为主,要根据具体的实验条件进行分析.

5. 利用核磁共振条件测量物理参数

通过上述讨论,要发生共振必须满足 $\omega_x = 2\pi\nu_x = \gamma B_0$. 因此,观察共振现象通常有两种方法:一种是固定恒定磁场 B_0,连续改变射频场的频率 ν_x,从探测器(如示波器)上观察信号. 这种方法称为扫频方法;另一种则反之,即固定射频场的频率,连续改变磁场的大小,从探测器上观察信号. 这种方法称为扫场方法. 考虑到共振吸收时的弛豫过程,为了得到一个稳定的共振吸收信号,要求整个扫场时间比弛豫时间 T_1,T_2 长得多. 本实验采用 50Hz,幅度约为 0~6V 交流电加在扫场线圈上,这时在直流磁场上叠加了 50Hz、幅度在 10^{-5}~10^{-3} T 的交变磁场(扫场),如图 9-6 所示. 加上扫场,目的是为了使样品处的磁场从单一的直流磁场 B_0 变为调制的磁场带,假设扫场极大电压 V_m 所对应的磁场值为 B_m,则磁场带的范围为 $(B_0 - B_m)$~$(B_0 + B_m)$,从而更快地找到共振信号. 事实上,若不加扫场,几乎找不到共振信号! 如图 9-6(a)所示,若射频场的频率为 $\omega'(>\omega_0)$,而这时的直流磁场乃为与 ω_0 相对应的 B_0,与 ω' 相对应的共振磁场为 $B'_0(> B_0)$,这时观察到的是不等间隔的. 通过改变直流磁场或射频场的频率,都可得到我们所需要的等间隔的共振吸收信号,如图 9-6(b).

利用共振条件,我们可以通过扫频法或扫场法实现共振,测得此时的恒定磁场大小以及对应的射频场频率,即可求得某原子核的旋磁比 γ. 如果频率的单位用 Hz,磁场的单位用 T(特斯拉),对裸露的质子而言,经过大量的测量得到 $\gamma/2\pi = 42.577469\mathrm{MHz/T}$.

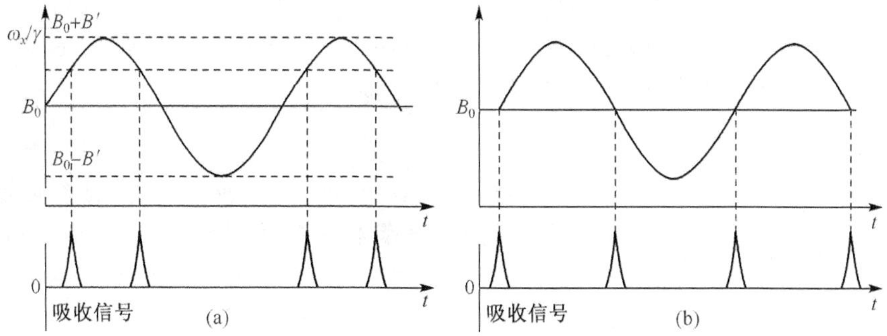

图 9-6　共振信号:(a)不等间隔;(b)等间隔

但是对于原子或分子中处于不同基团的质子,由于不同质子所处的化学环境不同,受到周围电子屏蔽的情况不同,$\gamma/2\pi$ 的数值将略有差别,这种差别称为化学位移. 对于温度为 25℃ 的球形容器中水样品的质子,$\gamma/2\pi = 42.576375\text{MHz/T}$.

通过测量已知旋磁比的物质(如质子)在某一磁场中的共振频率 ν_x 可实现对磁场的校准,即

$$B_0 = \frac{\omega_x}{\gamma} = \frac{2\pi\nu_x}{\gamma} \tag{9-29}$$

反之,若磁场已经校准,通过测量未知原子核的共振频率 ν_x 便可求出待测原子核的旋磁比值(通常用 $\gamma/2\pi$ 值表征)或 g_N 因子

$$\frac{\gamma}{2\pi} = \frac{\nu_x}{B_0} \tag{9-30}$$

$$g_N = \frac{h\nu_x}{\mu_N B_0} = \frac{\hbar\gamma}{\mu_N} \tag{9-31}$$

6. 共振信号

什么情况下才会出现共振信号?共振信号又是什么样呢?

实验中样品所在位置的磁场是恒定磁场 B_0 和一个 50Hz 的交变磁场(扫场)叠加的结果,总磁场为

$$B = B_0 + B'\sin\omega' t \tag{9-32}$$

其中 B' 是交变磁场的幅度,ω' 是市电的角频率. 总磁场在 $(B_0 + B') \sim (B_0 - B')$ 的范围内按图 9-6 的正弦曲线随时间变化. 由共振条件可知,只有 ω_x/γ 落在这个范围内才能发生共振. 为了容易找到共振信号,要加大 B'(即把扫场的幅度输出调到较大数值),使可能发生共振的磁场变化范围增大;另一面要调节射频场的频率,使 ω_x/γ 落在这个范围. 一旦 ω_x/γ 落在这个范围,在磁场变化的某些时刻总磁场 $B = \omega_x/\gamma$,在这些时刻就能观察到共振信号,如图 9-6 所示,共振发生在 $B = \omega_x/\gamma$ 的水平虚线与代表总磁场变化的正弦曲线交点对应的时刻.

此外,由图 9-6(a)可知,只要 ω_x/γ 落在 $(B_0+B') \sim (B_0-B')$ 范围内就能观察到共振信号,但这时 ω_x/γ 未必正好等于 B_0,从图上可以看出:当 $\omega_x/\gamma \neq B_0$ 时,各个共振信号发生的时间间隔并不相等,共振信号在示波器上的排列不均匀. 只有当 $\omega_x/\gamma = B_0$ 时,它们才均匀排列,这时共振发生在扫场过零时刻,而且从示波器的时间标尺可测出它们的时间间隔为 10ms.(为什么是 10ms?)当然,当 $\omega_x/\gamma = B_0 + B'$ 或 $\omega_x/\gamma = B_0 - B'$ 时,在示波器上也能观察到均匀排列的共振信号,但它们的时间间隔不是 10ms,而是 20ms. 因此,只有当共振信号均匀排列而且间隔为 10ms 时才有 $\omega_x/\gamma = B_0$,这时频率计的读数才是与 B_0 对应的质子的共振频率.

图 9-7 给出了核磁共振信号的理想波形和实际波形. 理想波形是一个对称的高斯型波形. 由

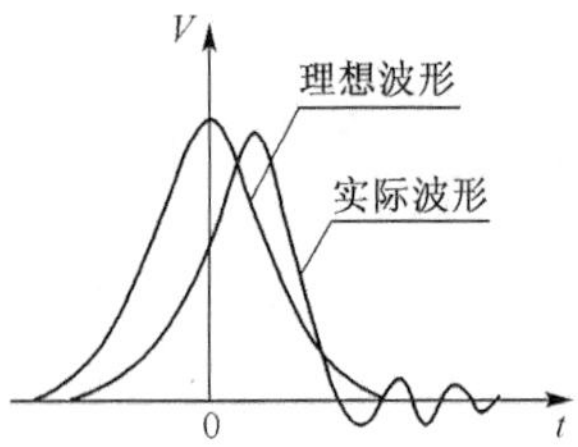

图 9-7 核磁共振信号波形

于用 50Hz 的交流电信号扫描，通过共振区所用时间并不比弛豫时间大得多，所以实际的共振信号是带有尾波的波形，而且磁场越均匀尾波中振荡的次数越多.

［实验装置］

核磁共振的实验装置如图 9-8 所示. 它由直流磁场及电源、扫场线圈及电源、边缘振荡器探头、数字频率计、示波器、样品等组成，主要部分介绍如下.

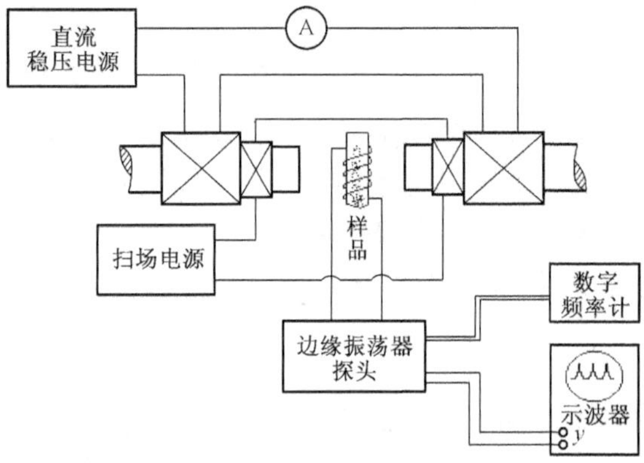

图 9-8 核磁共振实验装置简图

1. 直流磁场及电源

要求磁场的稳定性好，均匀性好. B_0越大，热平衡时上下能级粒子差数越大，共振吸收信号也就越强. 本实验所用的磁场约在 0.6T 左右，调节加在电磁铁线圈上的电流或改变电磁铁磁极间的距离都可改变磁场的强弱，磁场线圈上的电流可通过电流表读出. 磁场可采用特斯拉计直接读取.

2. 扫场线圈

用来产生一个幅度在 10^{-5}～10^{-3} T 的可调交变磁场用于观察共振信号，扫场线圈的电流由扫场电源提供.

3. 边缘振荡器——射频场的产生

射频场 $B_x = 2B_1\cos\omega_x t$ 由边缘振荡器产生. 带有样品的振荡线圈垂直于恒定磁场 B_0内，此线圈既是发射线圈又是接收线圈. 当样品吸收线圈所发射的能量后，线圈的 Q 值降低从而使振荡幅度减少，经检波后反映幅度大小的共振吸收信号就可以在示波器显示出来. 按照前面的分析，要得到较强的共振信号，要求射频场 B_1 很小，也即振荡器振荡幅度很小，因此要求边缘振荡器不是工作在振幅稳定的状态，而是工作在刚刚起振的边际状态(边限振荡器由此得名)，这时电路参数的任何改变都会引起工作状态的变化. 当共振发生时，样品要吸收射频场的能量，使振荡线圈的品质因数 Q 值下降，Q 值的下降将引起工作状态的改变，表现为振荡波形包络线发生变化，这种变化就是共振信号，经过检波、放大，经由“检波输出”端与示波器连接，即可从示波器上观察到共振信号. 振荡器未经检波的高频信号经由“频率输出”端直接输出到数字频率计，从而可直接读出射频场的频率.

4. 样品(探头)

本实验所用的样品是掺入少量的顺磁离子(如 $CuSO_4$ 及 $FeCl_2$ 的溶液等)带有${}^1_1$H 核的自来

水.掺入少量的顺磁离子,会影响核磁共振信号中弛豫时间 T_1,T_2.这是由于顺磁离子具有的电子磁矩比核磁矩大三个数量级.因此在样品中只有少量的顺磁离子就会使核磁矩附近的局部场大大加强,使核磁矩的弛豫作用大大加强,使 T_1,T_2减少.

[实验内容]

1.观察$^1_1$H 质子下列核磁共振现象

(1)不同射频场大小对共振信号大小的影响.

(2)不同的扫描电场幅度对共振信号宽度的影响.

(3)观察较纯的水、掺入少量和大量顺磁离子($CuSO_3$)三种样品的核磁共振现象,研究顺磁离子浓度对共振信号的大小及线宽的影响.

记录并解释你所观察的现象.

2.测量电磁铁中心的磁场(校准特斯拉计)

已知$^1_1$H 核的 $g_N = 5.53510$,利用核磁共振现象测定电磁铁的磁场强度并用以核准特斯拉计的读数,做校准曲线.

次数	ν_x /MHz	B_0 (T)(计算值)	B_0 (T)(高斯计测量值)
1			
2			
3			
4			
5			

注:T 表示特斯拉,B_0 每隔 0.020T 测一个点.

$$B_0 = \frac{2\pi\nu_x}{\gamma} = \frac{h}{g_N\mu_N}\nu_x = 0.234893 \times 10^{-7}\nu_x \tag{9-33}$$

作为定量测量,我们除了要求待测量的数值外,还关心如何减小测量误差并力图对误差的大小作出定量估计从而确定测量结果的有效数字.从图 9-6 可以看出,一旦观察到共振信号,B_0 的误差不会超过扫场的幅度 B'.因此,为了减小估计误差,在找到共振信号之后应逐渐减小扫场的幅度 B',并相应地调节射频场的频率 ν_x,使共振信号保持间隔为 9ms 的均匀排列.在能观察到和分辨出共振信号前提下,力图把 B' 减小到最小,记下达到最小而且共振信号保持间隔为 10ms 均匀排列时的频率,利用(9-33)式求出磁场中待测区域的 B_0 值.顺便指出,当 B' 很小时,由于扫场变化范围小,尾波中振荡的次数也少,这是正常的,并不是磁场变得不均匀.

为了定量估计 B_0 的测量误差 ΔB_0,首先必须测出 B' 的大小.可采用以下步骤:保持这时扫场的幅度不变,调节射频场的频率,使共振先后发生在 $(B_0 + B') \sim (B_0 - B')$ 处,这时图 9-6 中与 ω_x/γ 对应的水平虚线将分别与正弦波的峰顶和谷底相切,即共振分别发生在正弦波的峰顶和谷底附近.这时从示波器看到的共振信号均匀排列,但时间间隔位为 20ms,记下这两次的共振频率 ν'_x 和 ν''_x 利用公式

$$B' = \frac{(\nu'_x - \nu''_x)/2}{\gamma/2\pi} \tag{9-34}$$

可求出扫场的幅度.

实际上 B_0 的估计误差比 B' 还要小,这是由于借助示波器上网格的帮助,共振信号排列均匀程度的判断误差通常不超过 10 %,由于扫场大小是时间的正弦函数,容易算出相应的 B_0 的估计误差是扫场幅度 B' 的 8 %左右,考虑到 B' 的测量本身也有误差,可取 B' 的 1/10 作为 B_0 的估计误差,即取

$$\Delta B_0 = \frac{B'}{10} = \frac{(\nu_x' - \nu_x'')/20}{\gamma/2\pi} \tag{9-35}$$

(9-35)式表明，由峰顶与谷底共振频率差值的 1/20，利用 $\gamma/2\pi\gamma/2\pi$ 数值可求出 B_0 的估计误差 ΔB_0，本实验 ΔB_0 只要求保留一位有效数字，进而可以确定 B_0 的有效数字，并要求给出测量结果的完整表达式，即

$$B_0 = \text{测量值} \pm \text{估计误差}$$

现象观察：适当增大扫场幅度 B'，观察到尽可能多的尾波振荡，然后向左(或右)逐渐移动探头在电磁铁中的左右位置，使样品从磁铁中心逐渐移动到边缘，同时观察移动过程中共振信号波形的变化并加以解释.

3. 计算

通过实验，求 $^1_1$H 核的旋磁比 γ，g_N 因子，并计算它们的不确定度

次数	ν_x /MHz(共振时记下的三次频率值)			ν_x 的平均值 $\bar{\nu}_x$ /MHz	B_0 (T)	$\gamma/2\pi\left(=\frac{\nu_x}{B_0},\text{MHz/T}\right)$
1						
2						
3						
4						
5						
6						
7						
8						
9						
10						

注：ν_x 每间隔 0.400MHz 测一个值.

[实验要求]

在充分准备(预习)的前提下，拟出实验步骤. 完成以上实验内容.

[思考题]

(1)产生核磁共振的条件是什么？

(2)核磁共振信号为什么很微弱？为了提高信号强度，应采取哪些措施？

(3)什么是弛豫过程？什么是纵向弛豫时间？什么是横向弛豫时间？

(4)什么是核磁共振吸收曲线的线宽？线宽受哪些因素的影响？

(5)用示波器观察核磁共振信号时，为什么要扫场？

(6)在样品中加入少量的顺磁离子，对共振信号有什么影响？

(7)改变扫场大小，发现共振吸收信号发生相对走动，试说明共振点出现在 B-t 曲线中哪些点上.

实验 10 电子自旋共振(ESR)

1924 年泡利(W. Pauli)首先提出了电子自旋的概念. 1944 年苏联科学家柴伏依斯基首先在顺磁盐中观察到了射频电子自旋共振现象，次年又在微波场中观察到了更清晰的电子自旋共振峰. 电子自旋共振(electron spin resonance，简称 ESR)亦称电子顺磁共振(electron paramagnetic resonance，简称 EPR)，它是指电子自旋磁矩在磁场中受相应频率的电磁波作用时，在它们的磁

能级之间发生的共振跃迁现象.这个现象在具有未成对自旋磁矩的顺磁物质(即含有未耦电子的化合物)中能够观察到.因此,电子自旋共振是探测物质中未耦电子以及它们与周围原子相互作用,从而获得有关物质微观结构信息的重要方法.这种方法对物质微观结构及运动状态的测量有很高的灵敏度和分辨率,能深入到物质内部进行细致分析而不破坏样品结构以及对化学反应无干扰等优点,故它已在物理、化学、生物等领域得到了广泛的应用.目前,有射频波电子自旋共振谱仪和微波电子自旋共振谱仪两大类,前者设备简单,常用于现象的观察;而后者设备复杂,但灵敏度和分辨率高,可用于观察谱线的精细结构和超精细结构.

[实验目的]

(1)观察射频段电子自旋共振现象.

(2)测量 DPPH 样品的 g 因子和弛豫时间 T_2.

(3)利用自旋共振测量地磁场竖直分量.

[实验原理]

所谓顺磁性物质,是按照物质的磁化率来分类的,这类物质的磁化率为正值,但不形成有序排列.当它们被置于外磁场 $\boldsymbol{B}_0$ 中时,其磁化强度的方向与 $\boldsymbol{B}_0$ 一致,属于顺磁性物质包含有大多数过渡金属元素和稀土离子的物质,有晶格缺陷和晶体不完整的材料,以及有自由基、双基的材料.

本实验中所使用的样品 DPPH(二苯基苦酸基肼基)是一种包含自由基的有机物的缩写名称,其分子式为$(C_6H_5)_2N$-$NC_6H_2(NO_2)_3$.结构式如图 10-1 所示.它的第二个 N 原子少了一个共价键,有一个未偶电子,或者说一个未配对的“自由电子”,是一个稳定的有机自由基.对于这种自由电子,它只有自旋角动量而没有轨道角动量,或者说它的轨道角动量完全淬灭了,故在实验中能容易地观察到电子自旋共振现象.由于 DPPH 中的“自由电子”并不是完全自由的,其 g 因子为 2.0038 ± 0.0002,标准线宽为 2.7×10^{-4}T.可用之观察到强的共振吸收信号,因此一般用它作为电子的自旋共振的标准样品.

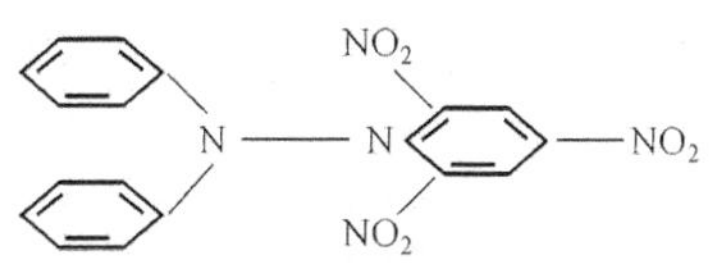

图 10-1 DPPH 结构式

1.电子的有关参量

由原子物理学可知,原子中电子的轨道角动量 P_l 和自旋角动量 P_s 会引起相应的轨道磁矩 μ_l 和自旋磁矩 μ_s,而 P_l 与 P_s 的总角动量 P_j 引起相应的电子总磁矩为

$$\mu_j = -g\frac{e}{m_e}P_j \tag{10-1}$$

式中 m_e 为电子质量,e 为电子电荷,负号表示电子总磁矩方向与总角动量方向相反.g 是一个无量纲的常数,称朗德因子.按照量子理论,电子的 L-S 耦合结果,朗德因子为

$$g = 1 + \frac{J(J+1)+S(S+1)-L(L+1)}{2J(J+1)} \tag{10-2}$$

式中 L,S 分别为对原子总角动量 J 有贡献的各电子所合成的总轨道和自旋角动量量子数.由上式可见,若原子的磁矩完全由电子自旋所贡献($L=0$,$S=J$),则 $g=2$,反之,若磁矩完全由电子的轨道磁矩所贡献($L=J$,$S=0$),则 $g=1$.若两者都有贡献,则 g 的值在 1 与 2 之间.因此,g 与原子的具体结构有关,通过实验精确测定 g 的数值可判断电子运动状态的影响,从而有助于了解原子的结构.

通常电子磁矩的单位用玻尔磁子 μ_B 表示,$\mu_B=\frac{\hbar e}{2M_e}=9.2741\times10^{-24}$J/T,这样原子中电子的磁矩可写成

$$\mu_j = -g\frac{e}{M_e}P_j = -g\frac{\mu_B}{\hbar}P_j = -\gamma P_j \tag{10-3}$$

式中引入了一个参量,称为回磁比(或旋磁比)

$$\gamma = \frac{\mu_j}{P_j} = g\frac{\mu_B}{\hbar} \tag{10-4}$$

2. 电子自旋共振的量子解释

由量子力学可知,在外磁场中电子自旋角动量 P_j 和自旋磁矩 μ_j 在空间的取向是量子化的.在外磁场方向(z 轴)的投影为

$$P_z = m_s\hbar \tag{10-5}$$

$$\mu_z = \gamma m_s\hbar \tag{10-6}$$

式中 m_s 为磁量子数,$m_s = j, j-1, \cdots, -j$.

我们知道,电子的自旋量子数为 $S=\frac{1}{2}$,磁量子数为 $m_s=\pm\frac{1}{2}$.当电子处于恒定磁场 $\boldsymbol{B}_0$ 中时,在磁场的方向上,自旋磁矩存在两个投影值,即

$$\mu_z = \pm\frac{1}{2}\gamma\hbar$$

因此,在恒定磁场 $\boldsymbol{B}_0$ 中,电子能级分裂为

$$E = -\boldsymbol{\mu}\cdot\boldsymbol{B}_0 = -\mu_z B_0 = \mp\frac{1}{2}\gamma\hbar B_0$$

如图 10-2 所示,其能级差

$$\Delta E = \gamma\hbar B_0 \tag{10-7}$$

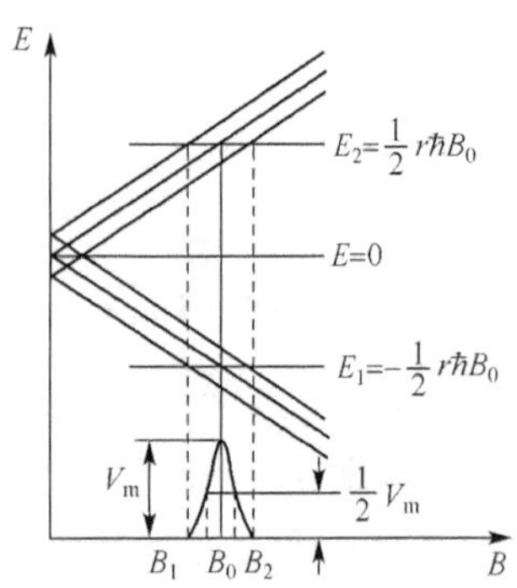

图 10-2 在磁场中自旋能级的分裂示意图

接下来,我们在垂直于恒定磁场 $\boldsymbol{B}_0$ 的方向上加上射频场 $\boldsymbol{B}_x = 2B_1(\cos\omega_x t)\boldsymbol{e}_x$,此时样品受到电磁波辐射,当电磁波的量子能量 $\hbar\omega_x$ 与塞曼能级差 ΔE 相等时,处于低能级的电子将吸收电磁波的能量从低能级跃迁到高能级,产生共振吸收现象.于是共振条件是

$$\hbar\omega_x = \Delta E = \gamma\hbar B_0$$

即

$$\omega_x = \gamma B_0 \tag{10-8}$$

前面所谓的不成对电子的说法与量子力学相一致,量子力学中一个分子或原子轨道仅允许两个电子占有,而且仅当这两个电子自旋相反时才能协调称为泡利不相容原理,这就是为什么只有那些有不成对电子的分子才有未被抵消的磁矩.

3. 电子自旋共振的经典力学解释

当电子磁矩 $\boldsymbol{\mu}$ 处在恒定磁场 $\boldsymbol{B}_0$ 中时,它将受到一个力矩 $\boldsymbol{L}$ 的作用,使得电子角动量 $\boldsymbol{P}_j$ 绕磁场 $\boldsymbol{B}_0$ 进动,如图 10-3 所示.

而 $\boldsymbol{B}_0$ 对 $\boldsymbol{\mu}$ 的力矩表示为

$$\boldsymbol{L} = \boldsymbol{\mu}\times\boldsymbol{B}_0$$

这将引起角动量 $\boldsymbol{P}_j$ 的方向的改变,角动量改变的方向就是力矩的方向

$$\boldsymbol{L} = \frac{\mathrm{d}\boldsymbol{P}_j}{\mathrm{d}t} \tag{10-9}$$

由于力矩 $\boldsymbol{L}$ 的存在,角动量的改变量 $\mathrm{d}\boldsymbol{P}_j$ 连续发生,但 $\mathrm{d}\boldsymbol{P}_j$ 一直是垂直于 $\boldsymbol{P}_j$ 的,所以 $\boldsymbol{P}_j$ 只改变方向连续进动.

由图 10-3 可以看出

$$\mathrm{d}P_j = P_j \cdot \sin\beta \cdot \mathrm{d}\varphi$$

故

$$\frac{\mathrm{d}P_j}{\mathrm{d}t} = P_j \cdot \sin\beta \cdot \frac{\mathrm{d}\varphi}{\mathrm{d}t} = P_j \cdot \sin\beta \cdot \omega_0 \qquad (10\text{-}10)$$

上式中

$$\omega_0 = \frac{\mathrm{d}\varphi}{\mathrm{d}t}$$

由(10-9)式、(10-10)式可得

$$\mu_j B_0 \sin\alpha = P_j \cdot \sin\beta \cdot \omega_0$$

但

$$\sin\alpha = \sin\beta \quad (\because \alpha + \beta = 180°)$$

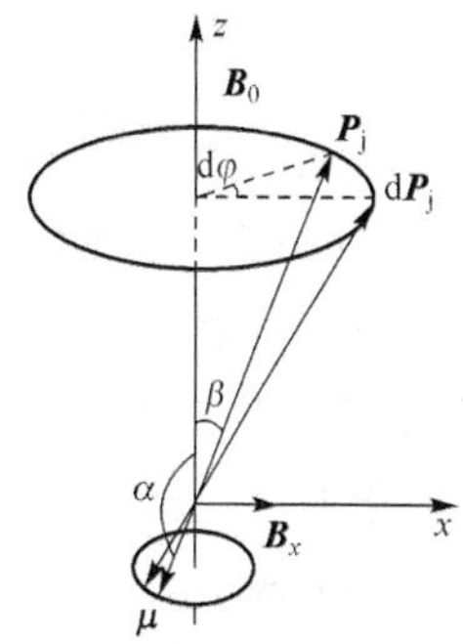

图 10-3 角动量 $\boldsymbol{P}_j$ 绕磁场 $\boldsymbol{B}_0$ 进动示意图

所以

$$\omega_0 = \frac{\mu_j}{P_j} B_0 = \gamma B_0 \qquad (10\text{-}11)$$

当我们在外磁场 $\boldsymbol{B}_0$ 的垂直方向加上一个交变磁场 $B_x = 2B_1\cos\omega_x t$ 时，如果交变磁场振荡频率等于电子自旋角动量绕外磁场方向进动的频率，即

$$\omega_x = \omega_0 = \gamma B_0 \qquad (10\text{-}12)$$

则角动量 $\boldsymbol{P}_j$ 和 $\boldsymbol{B}_0$ 之间的夹角 β 将发生变化，则由外磁场引起的电子附加能量将发生变化，若 β 变大，则电子从外界吸收能量，从而射频场的能量减少. 产生了电子自旋共振.

4. 弛豫过程与共振线宽

实验中所用的样品由大量的自旋粒子组成，当样品处于 $\boldsymbol{B}_0$ 中达到热平衡时，粒子自旋态在能级上的数目由玻尔兹曼分布决定，低能级比高能级粒子数多，正由于这两个能级存在粒子差数，使我们能够检测到共振吸收信号，在外加微扰场的作用下的跃迁的概率，对于两个方向都是相同的，如果两个能级上粒子数相同，两种跃迁过程吸收和放出的能量相等，就不会向外界吸收能量，从而无法检测这种过程.

与原子核磁矩在恒定磁场中运动相类似，在电子自旋磁矩运动过程中，也存在一种弛豫作用. 为了说明这种作用，我们先来推导电子自旋磁矩运动的方程，当样品置于 $\boldsymbol{B}_0$ 中时，$\boldsymbol{\mu}$ 受到一个力矩 $\boldsymbol{L}$ 作用

$$\boldsymbol{L} = \frac{\mathrm{d}\boldsymbol{P}_j}{\mathrm{d}t} = \boldsymbol{\mu} \times \boldsymbol{B}_0$$

$$\because \boldsymbol{\mu} = -\gamma \boldsymbol{P}_j$$

$$\therefore \frac{\mathrm{d}\boldsymbol{\mu}}{\mathrm{d}t} = -\gamma(\boldsymbol{\mu} \times \boldsymbol{B}_0) \qquad (10\text{-}13)$$

这个运动方程描写一个磁矩运动状况：我们引入了磁化强度矢量 $\boldsymbol{M} = \sum_{i=1}^{N} \boldsymbol{\mu}_i$ 的概念，又考虑到电子自旋磁矩在 $\boldsymbol{B}_0$ 中的运动将受到一个阻尼作用，我们又引进了阻尼项 T_D，这样就可以得到下列方程

$$\frac{\mathrm{d}\boldsymbol{M}}{\mathrm{d}t} = -\gamma(\boldsymbol{M} \times \boldsymbol{H}_0) + T_D \qquad (10\text{-}14)$$

这个运动方程称为布洛赫方程，布洛赫把 T_D 写成下面的形式：

$$(T_D)_z = -\frac{M_z - M_0}{T_1} \qquad (10\text{-}15)$$

$$(T_D)_{xy} = -\frac{M_{xy}}{T_2} \qquad (10\text{-}16)$$

这两个式子的含义是这样：当热平衡时，$\boldsymbol{M}$ 在 z 方向(即 $\boldsymbol{B}_0$ 方向)的投影为 M_0，而对 $\boldsymbol{M}$ 的横向分量 M_x，M_y，由于粒子处于相位无规的进动中，平衡时，M_x，M_y 都为零. 当我们对样品加上射频场 $\boldsymbol{B}_x$ 时，这种平衡被破坏，如果我们在 $t=0$ 时刻停止 $\boldsymbol{B}_x$ 的作用，$\boldsymbol{M}$ 将通过弛豫作用回到平衡态，从 T_D 的表达式中可见，T_1 表征了 $\boldsymbol{M}$ 纵向分量的恢复的快慢，称为纵向弛豫时间或自旋-晶格弛豫时间，T_2 表征了 $\boldsymbol{M}$ 横向分量的恢复的快慢，称为横向弛豫时间或自旋-自旋弛豫时间.

共振吸收峰总有一定的宽度，我们用 $\Delta\omega$ 或 ΔB 表示它的半宽度. 现在我们来看看线宽与 T_1，T_2 以及恒定磁场的关系.

恒定磁场 $\boldsymbol{B}_0$ 的不均匀性将使样品各部分处于不同的磁场下，因而使谱线具有 ΔB 的线宽，这是明显的，这种线宽一般随 $\boldsymbol{B}_0$ 的增大而增大.

样品中各自旋磁矩产生一个起伏的磁场叠加在 $\boldsymbol{B}_0$ 上，用 $\sqrt{\langle(\Delta B)^2\rangle}$ 代表这个起伏场的平均值，如果我们使各磁矩开始时进动相位一致，则在

$$T_2 \sim \frac{1}{\Delta\omega} \sim \frac{1}{\gamma\sqrt{\langle(\Delta B)^2\rangle}} \qquad (10\text{-}17)$$

后，相位又恢复到平衡态的无规分布，T_2 越小，说明这种恢复到平衡态的作用越剧烈.

另外，与光谱学一样，共振线有一个与能级寿命相关的固有线宽，因为能级差 ΔE 有一个不确定量 $\delta E=\hbar\delta\omega$，就是说有一个线宽 $\Delta\omega$，但是由测不准关系 $\delta E\cdot\tau\sim\hbar$，$\tau$ 为粒子在能级上的寿命，与 T_1，T_2 相对应，通常 $T_2 < T_1$，所以有

$$\Delta\omega - \frac{1}{\tau} \sim \frac{1}{T_2} \qquad (10\text{-}18)$$

任何导致粒子寿命缩短的作用都意味着谱线的加宽.

我们在实验中改变磁场以周期性地满足共振条件，周期比 T_1 长得多，以保证二个能级粒子分子的恢复.

5. 电子自旋共振(ESR)与核磁共振(NMR)的比较

电子自旋共振(ESR)和核磁共振(NMR)分别研究未配对电子和磁性原子核塞曼能级间的共振跃迁，基本原理和实验方法上有许多共同之处，如共振与共振条件的经典，量子力学描述、弛豫理论及描述宏观磁化矢量的唯象布洛赫方程等.

由于玻尔兹子 μ_B 与核磁子 μ_N 之比等于质子质量与电子质量之比 1836.152710(37)(1986年国际推荐值)，因此，在相同磁场下原子核塞曼能级裂距比电子自旋塞曼能级裂距小三个数量级. 这样在通常磁场条件下 ESR 的频率范围落在电磁波谱的微波段，所以在弱磁场的情况下，可观察电子自旋共旋现象. 根据玻尔兹曼分布规律，能级裂距大，上、下能级间粒子数的差值也大，因此 ESR 的灵敏度较 NMR 高，可检测低至10^{-4}mol 的样品，例如半导体中微痕量的特殊杂质. 此外，由于电子磁矩较核磁矩大三个数量级，电子的顺磁弛豫相互作用较核弛豫相互作用强得多，纵向弛豫时间 T_1 和横向弛豫时间 T_2 一般都很短，因此除溶液自由基外，ESR 谱线一般都较宽.

ESR 只能考察与未配对电子相关的几个原子范围内的局部结构信息，对有机化合物的分析远不如 NMR 优越；但 ESR 能方便地用于研究固体. ESR 的最大特点，在于它是检测物质中未配对电子唯一直接的方法，只要材料中有顺磁中心，就能进行研究，即使样品中本来不存在未配对电子，也可用电解、吸附、高能辐射、热解、氧化还原等化学反应和人工方法产生顺磁中心.

6. 电子顺磁共振的研究对象

根据以上分析可知，电子顺磁共振只能发生在原子的固有磁矩不为零的顺磁材料中. 对于许多原子来说，基态下轨道角动量 $P_j \neq 0$，有固有磁矩，能观察到顺磁共振现象. 但是当原子结合成分子和固体时，却很难找到 $P_j \neq 0$ 的电子状态，这是因为具有惰性气体结构的离子晶体以及靠电子配对耦合而成的共价键晶体都形成饱和的满壳层电子结构而没有固有磁矩. 另外，在分子和固体中，电子轨道角动量要被邻近的原子或离子所产生的电场(晶场或分子场)完全或部分淬灭，所以分子和固体中的磁矩主要来自于电子自旋磁矩的贡献. 故电子顺磁共振又称为电子自旋共振. 根据泡利(W. Pauli)不相容原理，一个分子轨道中只能容纳两个自旋相反的电子. 如果分子中所有分子轨道都已成对地填满，它们的自旋磁矩完全抵消，分子表现为抗磁性. 通常大多数的化合物都是抗磁性，不是电子自旋共振的研究对象. 当分子轨道中只有一个电子时(即分子中具有一个未配对的电子的化合物)，电子自旋磁矩不被抵消，分子才呈现顺磁性. 正是这种未配对电子向我们提供了 ESR 信息.

[实验装置]

实验装置如图 10-4，边缘震荡线路和核磁共振的相同. 恒定磁场 $\boldsymbol{B}_0$ 用螺线管产生，强度约为 10^{-3}T，扫场线圈在绕同一个螺线管上，在上面加一个大小约为 5 伏的 50Hz 交流电对 $\boldsymbol{B}_0$ 进行调制，扫场幅度为 B_{AC}，当 $\gamma(B_0 + B_{AC}) = \omega_x$ 时，共振条件将被扫场的某一相位所满足，就可以从示波器上看到共振吸收峰. 我们期望共振时 $\gamma B_0 = \omega_x$ 被满足，以便测定 γ. 按照图 10-4 所示的观察方式(示波器从 x、y 轴输入)，为了准确地测量共振点，应当调节 B_0 的大小使示波器上出现对称的共振峰，这时共振发生在 $B_{AC}(0)\sin(\omega t + \varphi) = 0$ 的相位上. 测量 g 因子时，注意使 $B_{AC}(0)$ 放得小点，这样引进的误差小.

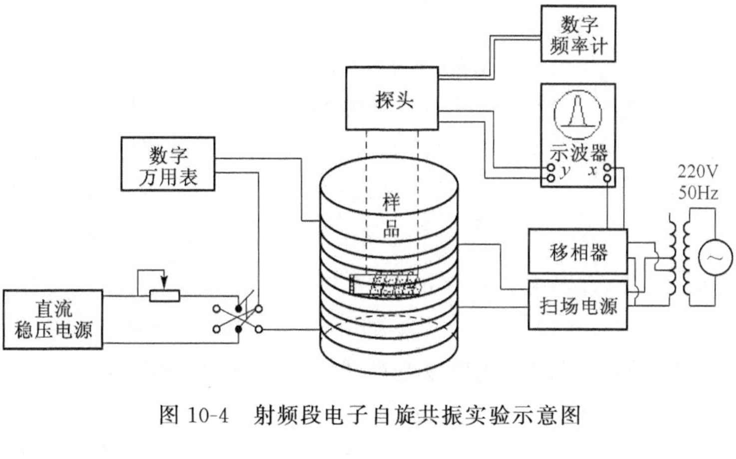

图 10-4　射频段电子自旋共振实验示意图

如图 10-5 所示，螺线内 A 点的磁场由下式决定

$$B_0 = \frac{1}{2}\mu_0 nI(\cos\beta_1 - \cos\beta_2) \tag{10-19}$$

式中 β_1, β_2 的定义见图示，n 为线圈匝数，I 为流过线圈的电流，B_0 为线圈轴线上的磁场，μ_0 为真空磁导率，其值为 $4\pi\times10^{-7}$ H/m. 设

$$C = \frac{1}{2}\mu_0 n(\cos\beta_1 - \cos\beta_2) \tag{10-20}$$

对于该实验所用的螺线管，实验室测得在管中心处的 C 值为 1.93×10^{-3} 特斯拉/安培. 所以螺线管中心处的磁场强度和螺线管通过的电流关系式为

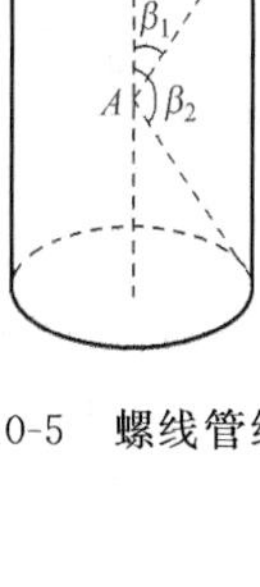

图 10-5　螺线管结构

$$B_0 = CI \tag{10-21}$$

地磁场对实验的影响不能忽略，为了消除它，对应于一个射频场的频率 ω_x ，改变 B_0 的励磁电流方向重复测量取平均值，用以计算 B_0 的数值，而通过相减，就可测出地磁场值

［实验内容］

1. 观察共振现象

2. 测量几组数据，求出旋磁比 $\gamma/2\pi$、g 因子的平均值和地磁场的垂直分量 $B_{地}$ 的平均值

内容 次数	ν_x /MHz				I^+ /mA	I^- /mA	$B_0^+ = CI^+$ /T	$B_0^- = CI^-$ /T	$B_0 = \frac{B_0^+ + B_0^-}{2}$ /T	$\gamma/2\pi$ /(MHz/T)	g	$B_{地} = \frac{B_0^+ - B_0^-}{2}$ /T
	1	2	3	平均值								
1												
2												
3												
4												
5												

注：频率每隔 0.5MHz 测一点，共测五次.

3. 测量共振线宽 $\Delta\omega$ 和弛豫时间 T_2

共振谱线一般表示共振吸收信号的强度与扫场的关系曲线. 共振线宽是指共振吸收信号的最大值二分之一处（即半高度的谱线宽度如图 10-6 所示，）其线宽为

$$\Delta B = B_{01} - B_{02}$$

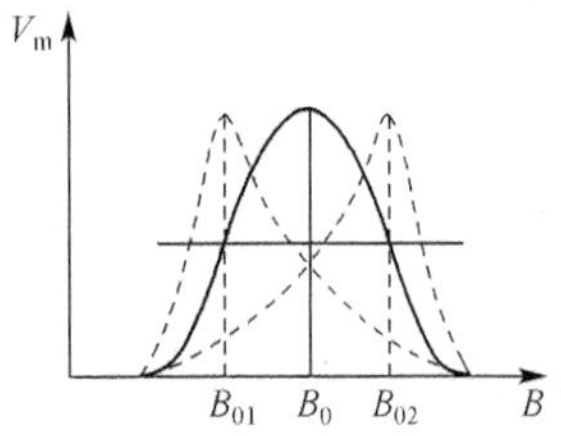

图 10-6　谱线宽度的测量示意图

或表示为

$$\Delta\omega = \gamma\Delta B$$

在测量线宽时，因为 B_{02} 和 B_{01} 相减，地磁场竖直分量被减掉，所以不必考虑 $B_{地}$. 一般来说，扫场磁场是线性变化的，但我们这里的扫场是按正弦规律变化，所以测得的线宽有一定误差.

如何测量 ΔB 呢？让射频场频率固定，把共振信号从示波器的 Y 轴输入，而从移相器输出的 50Hz 的低压交流信号输入到示波器的 X 轴. 调节螺线管电流 I 和移相器，可得对称的共振吸收谱线. 这时从数字万用表上读得 I_{00}（即 $B_{00} = CI_{00}$），让共振峰对准示波器的方格屏上的一条纵向线条，让半高度点对准横向线条，确定 B_{01} 和 B_{02} 的坐标位置，然后改变螺线管，分别使共振峰移动到 B_{01} 和 B_{02} 位置，再从数字万用表上分别读取 I_{01} 和 I_{02} ，即可求得

$$\Delta\omega = \gamma\Delta B = \gamma(B_{02} - B_{01}) = C\gamma(I_{02} - I_{01})$$

则弛豫时间

$$T_2 \sim \frac{1}{\Delta\omega}$$

ν_x /MHz	I_{00} /mA	I_{01} /mA	I_{02} /mA	B_{01} /T	B_{02} /T	ΔB /T	$\Delta\omega$	$T_2 \sim \frac{1}{\Delta\omega}$ /s

注：频率每隔 0.5MHz 测一点，共测三次. 数据处理时使用实验测得的 γ 值计算.

[实验步骤]

根据实验内容自拟实验步骤.

[思考题]

(1)在该实验中,涉及几个磁场?它们各起什么作用?

(2)在本实验中,为什么可用文中提到的方法测量共振线宽?

(3)试分析该实验的主要误差?

(4)试用经典理论和量子理论解释电子自旋共振现象.

(5)如何测量地磁场?

(6)为什么在弱磁场的情况下能观察到EPR,而不易观察NMR现象?

[参考文献]

冯蕴深.1988.磁共振原理.北京:高等教育出版社

吴思诚,王祖铨.1986.近代物理实验,北京:北京大学出版社

实验11 光泵磁共振实验

利用光谱学方法研究物质内部结构是原子和分子物理学发展史上的重要里程碑,然而受到仪器分辨率和谱线线宽的限制,光谱学方法在研究原子、分子等微观粒子内部更精细的结构和变化方面不尽理想.波谱学方法比光谱学方法具有更高的分辨率,其实质是利用物质的微波或射频共振研究原子的精细、超精细结构以及因磁场存在而分裂形成的塞曼子能级.但是热平衡下塞曼子能级上粒子布居数相差很小,加以磁偶极跃迁概率也较小,气体原子超精细结构塞曼子能级间跃迁的磁共振信号非常微弱,难以用磁共振方法观测.法国物理学家卡斯特勒(A. Kastler)等在20世纪50年代利用光抽运(optical pumping,亦称光泵)技术打破原子在所研究的能级间的玻尔兹曼热平衡分布,使原子能级的粒子数分布产生偏极化,在低浓度的条件下提高了共振强度.利用光抽运——磁共振——光探测方法(即光泵磁共振方法)大大提高了信号强度和检测灵敏度,其灵敏度比一般磁共振探测技术高几个数量级,尤其适用于原子、分子精细结构及其相关参数的精密研究,促进了我们对微观粒子结构的了解,推动了结构理论方面的研究.另外,光泵磁共振技术是磁共振波谱学方面的一项重大突破,该方法在原子/分子能级精细结构研究、弱磁场测量和原子频标技术等方面具有广泛的应用.

[实验目的]

(1)结合示波器的相关图像阐释光抽运和光磁共振原理,通过实验加深对原子超精细结构、光抽运及磁共振的理解.

(2)掌握光泵磁共振实验技术,测定铷原子超精细结构塞曼子能级的朗德因子.

(3)测定地磁场.

(4)培养分析物理现象和处理实验数据的能力.

[实验原理]

光泵磁共振是根据角动量守恒定理,利用光抽运效应来研究原子超精细结构塞曼子能级间磁共振跃迁的双共振技术,光频跃迁和射频磁共振跃迁相结合的一种物理过程.本实验以气态自由铷原子为研究对象.天然铷具有两种同位素^{85}Rb(占72.15%)和^{87}Rb(占27.85%).

1.铷原子基态和最低激发态的能级

铷是碱金属原子,在紧束缚的满壳层外只有一个电子,价电子处于第五壳层,主量子数$n=5$,

电子自旋量子数 $S=1/2$，轨道量子数 $L=0,1,\cdots,n-1$. 对于铷的基态，轨道量子数 $L=0$，自旋量子数 $S=1/2$，只有 $J=1/2$，一个态 $5\,^2S_{1/2}$. 铷原子的最低激发态，轨道量子数 $L=1$，是 $5^2P_{3/2}$ 及 $5^2P_{1/2}$ 双重态. 由于电子的自旋与轨道运动的相互作用(即 L-S 耦合)而发生能级分裂产生精细结构，电子轨道角动量 P_L 与自旋角动量 P_S 耦合的电子的总角动量 $P_J=P_L+P_S$，原子能级的精细结构用总角动量量子数 J 来标记，$J=L+S, L+S-1,\cdots,|L-S|$，铷原子最低激发态是 $5^2P_{3/2}$ 及 $5^2P_{1/2}$ 双重态，因此，从 5P 与 5S 的跃迁(铷原子主线系的第 1 条线)产生双线，分别为 D_1 线($5^2P_{1/2}\rightarrow 5^2S_{1/2}$)和 D_2 线($5^2P_{3/2}\rightarrow 5^2S_{1/2}$)，它们的波长分别是 794.8nm 和 780.0nm.

通过 L-S 耦合形成了电子的总角动量 P_J，总角动量 P_J 与电子总磁矩 μ_J 的关系为

$$\mu_J=-g_J\frac{e}{2m}P_J \tag{11-1}$$

式中

$$g_J=1+\frac{J(J+1)-L(L+1)+S(S+1)}{2J(J+1)} \tag{11-2}$$

就是著名的朗德(Landé)因子. J, L 和 S 是量子数.

核具有自旋 ($I\neq 0$) 和磁矩 μ_I. 核磁矩 μ_I 与电子总磁矩 P_J 之间的相互作用(I-J 耦合)导致原子能级附加分裂，这个附加分裂成为超精细结构，由 F 量子数标记，$F=I+J,\cdots,|I-J|$. 由于 ^{85}Rb 和 ^{87}Rb 具有不同的自旋自旋量子数 I，Rb^{87} 的 $I=3/2$，它的基态 $J=1/2$，具有 $F=2$ 和 $F=1$两个状态. Rb^{85} 的 $I=5/2$，它的基态 $J=1/2$，具有 $F=3$ 和 $F=2$ 两个状态.

利用矢量合成模型处理 I-J 耦合，整个原子的总角动量 P_F 与总磁矩 μ_F 之间的关系可写为

$$\mu_F=-g_F\frac{e}{2m}p_F \tag{11-3}$$

式中 g_F 是对应于 μ_F 与 P_F 关系的朗德因子，可按类似于求 g_J 因子的方法算出. 考虑到核磁矩比电子磁矩小约 3 个数量级，μ_F 实际上为 μ_J 在 P_F 方向的投影，得

$$g_F=g_j\frac{F(F+1)+J(J+1)-I(I+1)}{2F(F+1)} \tag{11-4}$$

以上所述都是没有外磁场条件下的情况.

如果处在外磁场 B 中，原子总磁矩 P_F 与磁场 B 的相互作用，原子的超精细结构中的各能级进一步发生分裂形成塞曼子能级，由 m_F 磁量子数标记，$m_F=F,\ F-1,\cdots,-F$，即分裂成 $2F+1$ 个能量间距相等的塞曼子能级，如图 11-1 所示.

μ_F 与 B 的相互作用能量为

$$E=-\mu_F B=g_F\frac{e}{2m}p_F B=g_F\frac{e}{2m}M_F(h/2\pi)B=g_F M_F\mu_B B \tag{11-5}$$

式中 μ_B 为玻尔磁子.

各相邻塞曼子能级的能量差为

$$\Delta E=g_F\mu_B B \tag{11-6}$$

ΔE 与磁场 B 成正比. 若外磁场 $B=0$，各塞曼子能级简并为原来的超精细能级.

在弱磁场作用下，系统存在三种可能的跃迁过程：

(1)超精细能级之间的 α 型跃迁，其跃迁频率与 B 成正比，在射频范围有 $\omega_0=|\gamma|B$.

(2)在两个不同次能级之间的 β 型跃迁，跃迁频率在微波范围.

(3)发生在基态与激发态之间的 δ 型跃迁，其跃迁频率落在近红外范围.

光泵磁共振是利用 α、δ 两种辐射跃迁.

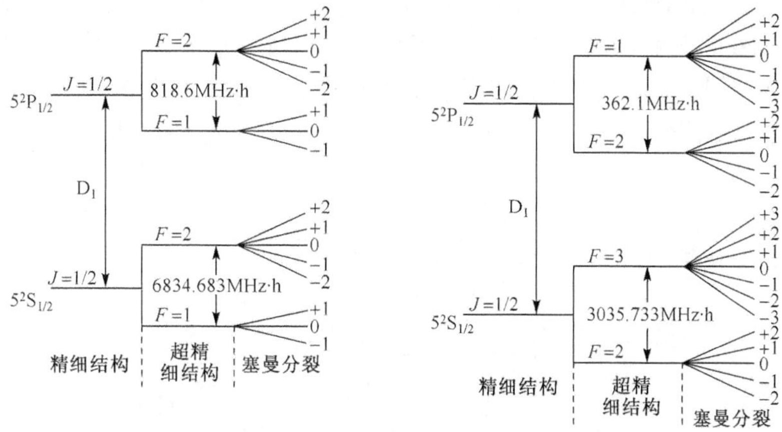

图 11-1　铷原子的塞曼分裂示意图

2. 光抽运效应

热平衡下，原子在能级上的粒子数分布遵循玻尔兹曼分布，由于各塞曼子能级之间的能量差极小，基态各子能级上粒子数彼此相差很小，系统处于非偏极化状态，不利于观测塞曼子能级之间的磁共振现象. 为原子能级上粒子数分布发生重大改变，卡斯特勒提出用光抽运方法，即利用圆偏振光激发铷原子致使系统处于偏极化状态. 设偏振光的偏振方向与产生能级塞曼分裂的水平磁场 B 共轴，偏振光中的左旋偏振光 σ^+ 的电场 E 绕光传播方向作左旋转动，角动量为 $+h/2\pi$，而右旋偏振光 σ^+ 的电场 E 则绕光传播方向作右旋转动，角动量为 $-h/2\pi$，线偏振的 π 光则可以视为两个旋转方向相反的圆偏振光的叠加，其角动量为零.

实验中，以铷光谱灯作为系统光源并进行滤光和变换，只让 $D_1\sigma^+$（左旋圆偏振光）光通过并照射到铷原子蒸气上，观察铷蒸气 $D_1\sigma^+$ 对光的吸收情况. 必须指出：

(1)在热平衡状态下，各塞曼能级上的粒子数遵从玻尔兹曼分布

$$\frac{N}{N_{\text{total}}} = e^{\frac{-E}{k_B T}} \tag{11-7}$$

式中 E 是塞曼子能级的能量，T 是系统温度，k_B是玻尔兹曼常量.

由于超精细能级和塞曼分裂能级的能级差相差很小，由 $5^2S_{1/2}$分列出的 8 条子能级上的原子数应接近均匀分布；同样，由 $5^2P_{1/2}$分裂出的 8 条子能级上的原子数也接近均匀分布.

(2)若考虑热运动造成的多普勒效应，铷光源发出的 $D_1\sigma^+$ 光实际上是连续频率的光，也就是说 D_1线有一定的宽度，这为铷蒸气可能进行的各种吸收提供了丰富的谱线.

当 $D_1\sigma^+$ 左旋圆偏振光照射^{87}Rb 原子时，处于基态($5^2S_{1/2}$态)的原子吸收光子能量跃迁到 $5^2P_{1/2}$态的有关塞曼子能级上. 这个能级间的跃迁遵循选择定则：$\Delta L = \pm 1$，$\Delta F = 0, \pm 1$，$\Delta m_F = +1$. 即基态上量子数为 m_F的原子，将吸收偏振光能量，跃迁到量子数为 $\Delta m_F = +1$ 的激发态能级上去. 由于^{87}Rb 的 $5^2S_{1/2}$和 $5^2P_{1/2}$态的磁量子数 m_F 的最大值均为 $+2$，因此，$D_1\sigma^+$ 光只能将 $5^2S_{1/2}$中除 $m_F = +2$ 之外的各塞曼子能级上的原子激发到相应的能级上去，基态中 $m_F = +2$ 子能级上的粒子的跃迁概率为零，如图 11-2(a)所示. 原子被激发至高能级后，大约经过 10^{-8}秒以后，将通过自发辐射或无辐射跃迁跃回基态 $5^2S_{1/2}$，以几乎相等的概率落回到基态各子能级，包括 $F=2$、$m_F = +2$ 的子能级. 这样在基态 $5^2S_{1/2}$中，$m_F = +2$ 子能级上的原子不能吸收偏振光跃迁到激发态，而落在基态其他子能级上的粒子继续吸收 σ^+ 光子向上跃迁，每次这样的吸收—自发辐射的循环都会使基态 $m_F = +2$ 能级上的粒子数增加一些. 经过多次循环，基态

$m_F=+2$ 子能级上的原子数就会大大增加，可形象地认为有大量粒子被“抽运”到基态的 $m_F=+2$ 的子能级上，这样就形成原子在各能级间的非平衡分布，这种非平衡分布称为原子数“偏极化”，这就是光抽运效应. 图中 11-2(a)表明^{87}Rb 基态粒子吸收 $D_1\sigma^+$ 能量的受激跃迁，$m_F=+2$ 能级上粒子的跃迁概率为零，图 11-2(b)表明^{87}Rb 激发态粒子无辐射跃迁，以几乎相等的概率回到基态所有子能级.

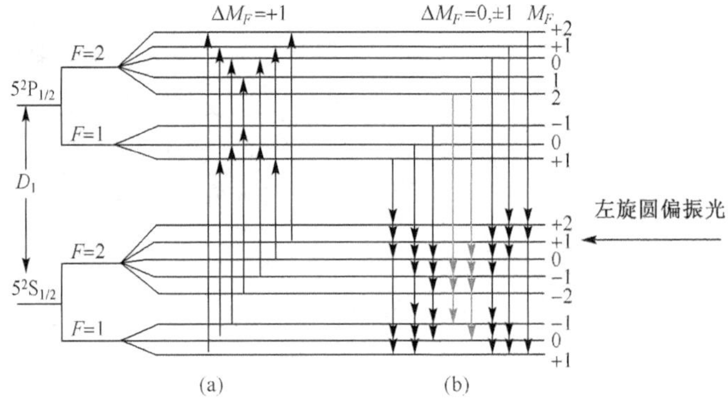

图 11-2　铷原子跃迁和辐射示意图

光抽运的目的就是要造成基态能级中的偏极化，实现了偏极化就可以在子能级之间获得较强的磁共振信号. 对于右旋圆偏振光吸收的选择定则是 $\Delta m_F=-1$. 同样，如果用 $D_1\sigma^-$ 光照射铷原子，粒子将聚集在基态 $m_F=-2$ 子能级上.

综上所述，在圆偏振光照射下，处于基态的原子受激跃迁到激发态，受激跃迁满足选择定则：$\Delta F=0,\pm1$ 以及 $\Delta m_F=1$（或-1），这样基态某些特定能级上的原子必然无法受激激发. 而在从激发态自发辐射跃迁回基态过程中，基态各子能级以相同概率接受这些粒子，于是经由激发态“中间转运”，大多数的原子将被抽运到 m_F 最高（或最低）的子能级上，即系统发生了“偏极化”. 显然，用 π 光不可能产生光抽运效应.

3. 弛豫过程

热平衡条件下，原子中任意两个能级 E_1 和 E_2 上的粒子数之比都遵从玻尔兹曼分布 $N_2/N_1=e^{-\Delta E/K}$，式中 $\Delta E=E_2-E_1$ 为能级差，N_1，N_2 分别是两个能级 E_1，E_2 上的原子数目. 光抽运使能级之间的粒子数发生反转，使系统远远偏离热平衡分布状态. 系统由非热平衡分布状态趋向于平衡分布状态的过程称为弛豫过程. 弛豫过程反映原子之间以及原子与其他物质之间的相互作用. 在实验的过程中要保持原子有较大偏极化程度，就要尽量减少返回玻尔兹曼分布的趋势. 实验中系统失去偏极化的主要原因是由于铷原子与容器壁的碰撞，可采用在样品泡内充入比铷原子蒸气密度大 6 个数量级的惰性气体（抗磁气体），这样可减少铷原子与容器以及与其他铷原子碰撞的概率，从而保持系统处于高度偏极化. 研究表明，样品泡内充入惰性气体后，弛豫时间为 10^{-2} 秒数量级. 但缓冲气体分子不可能将子能级之间的跃迁全部抑制，不能将粒子全部抽运到 $m_F=+2$ 的子能级上. 通常情况下，光抽运造成塞曼子能级之间的粒子数差比玻尔兹曼分布造成的粒子数差要大几个数量级.

影响系统偏极化程度的另一重要因素是系统温度. 温度太高，铷原子蒸气密度增加，铷原子与容器壁、铷原子之间的碰撞概率增加，导致系统偏极化程度降低；温度过低，铷原子蒸气密度太小，抽运信号不明显. 因此，实验时样品泡的温度维持在 40～60℃为宜.

抽运时间就是原子非偏极化到偏极化的时间，而弛豫时间则相反，可用光抽运信号的建立时间和恢复时间 τ_1，τ_2 近似反映出来，如图 11-3 所示.

弛豫现象产生的微观机制很复杂，主要有：

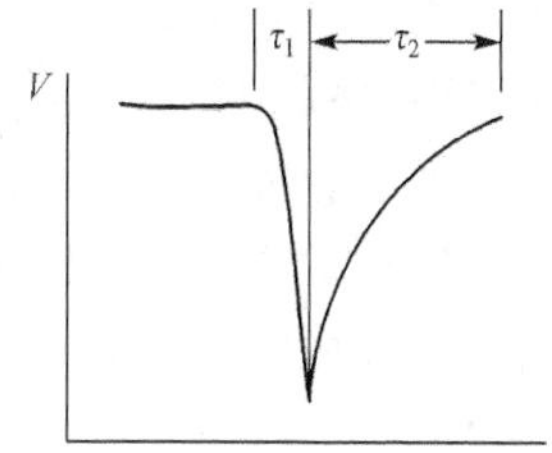

图 11-3　光抽运信号的建立时间 τ_1 和恢复时间 τ_2

(1)铷原子与容器壁之间的碰撞.

导致子能级间的跃迁，使粒子数分布趋于玻尔兹曼分布，从而降低了光抽运所造成的偏极化分布程度.

(2)铷原子之间的碰撞.

导致自旋-自旋交换弛豫，当外磁场为零时，这种弛豫使原子趋于玻尔兹曼分布，失去偏极化.

(3)铷原子与缓冲气体之间的碰撞.

实验选用抗磁性惰性气体作为缓冲气体，处于 $5^2P_{1/2}$ 的铷原子必须与缓冲气体分子多次碰撞才能发生能量转移，因此这种碰撞铷原子磁能态扰动极小，对原子的偏极化基本没有影响.

4. 塞曼子能级之间的磁共振

在系统处于"偏极化"状态情况下，即特定的子能级上有大量原子而其他能级基本空着，如果在垂直于产生塞曼分裂的磁场 B 的方向加一频率为 ν 的射频振荡磁场，并且调节射频频率 ν，使之满足

$$h\nu = g_F\mu_B B \tag{11-8}$$

这时就会发生基态超精细塞曼子能级之间的感应跃迁，激发出很强的磁共振信号，称为光磁共振现象.

在射频场的作用下，处于 $M_F=+2$ 子能级上的原子会放出一个频率为 ν、方向和偏振态与入射量子完全一样的量子而跃迁到 $M_F=+1$ 的子能级，$M_F=+2$ 上的原子数就会减少；同样，$M_F=+1$子能级上的原子也会通过"射频受激辐射"跃迁到 $M_F=0$ 的子能级上……如此下去，5S 态的上面 5 个子能级很快就都有了原子，磁共振破坏了原子分布的偏极化. 与此同时，光吸收过程重新开始进行新一轮抽运过程，光强测量值又降低，粒子重新从 $M_F=-2,-1,0,+1$ 各子能级被抽运到 $M_F=+2$ 能级上，透射光强度再次增强. 周而复始，光抽运与感应磁共振跃迁最终达到一个动态平衡. 由于光跃迁速率比磁共振跃迁速度快得多，光抽运与磁共振的过程就可以维持进行下去. ^{85}Rb 也有类似的情况.

当射频频率 ν 和外磁场 B 之间满足磁共振条件(11-8)式时，就会激发出很强的磁共振信号. 因此，只要固定这两个参数之一，改变另一个参数就可以观测到光泵磁共振现象. 固定磁场扫描射频频率称为扫频法，固定射频频率扫描磁场称为扫场法. 本实验通过扫频法观测磁共振信号.

5. 光磁共振的观察

"扫场法"采用的周期性信号一般有两种：方波信号和三角波信号. 方波信号用于观察"光抽运"过程，三角波信号用于测量有关参数，如朗德因子 g_F 等. 实验中导致能级发生塞曼分裂的磁场主要有：

水平方向(沿着地球磁场水平分量 $\boldsymbol{B}_e$ 的方向)上

$$\boldsymbol{B}_{\text{total}} = \boldsymbol{B}_{DC} + \boldsymbol{B}_s + \boldsymbol{B}_{e//} \tag{11-9}$$

式中 $\boldsymbol{B}_{DC}$ 是一个由通有稳定的直流电流的线圈所产生的磁场；$\boldsymbol{B}_{e//}$ 是地球磁场的水平分量；$\boldsymbol{B}_s$ 是周期性的扫描场.

垂直方向(沿着地磁场垂直分量的方向)上，地球磁场的垂直分量被一对线圈的磁场所抵消，合磁场为零.

(1)用方波观察"光抽运".

设置直流磁场 $\boldsymbol{B}_{DC}$ 为零，加上方波扫场信号，可观察到如图 11-4 波形，它是关于零点对称的. 在方波刚加上的瞬间，样品泡内将有 7/8 处于 5S 态的原子能够吸收 $D_1\sigma^+$ 光跃迁到激发态，

此时对光的吸收最强，探测器上接受的光信号最弱. 随着原子逐步被“抽运”到 $M_F=+2$ 的子能级上，能够吸收 $D_1\sigma^+$ 光的原子数逐渐减少，探测器上接受的光信号逐渐增强. 当 $M_F=+2$ 子能级上的原子数抽运到饱和时，光信号强度达到最大且不再发生变化. 当“扫场”过零时，各子能级简并，处于 $M_F=+2$ 的原子通过碰撞，自旋方向混杂而使各个自旋方向上的原子数又接近相等，当“扫场”反向时，铷原子各子能级重新分裂，对 $D_1\sigma^+$ 光的吸收又达到了最大.

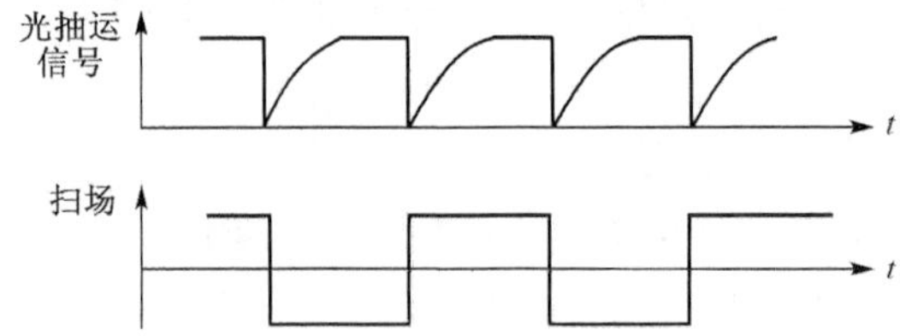

图 11-4 “光抽运”的形成和波形

(2)用三角波观察光磁共振.

调节直流磁场 $\boldsymbol{B}_{DC}$ 至某个值，加上三角波“扫场”信号和射频信号，通过调节“扫场”幅度和射频信号的频率，可以观察到如图 11-5 所示的光磁共振信号.

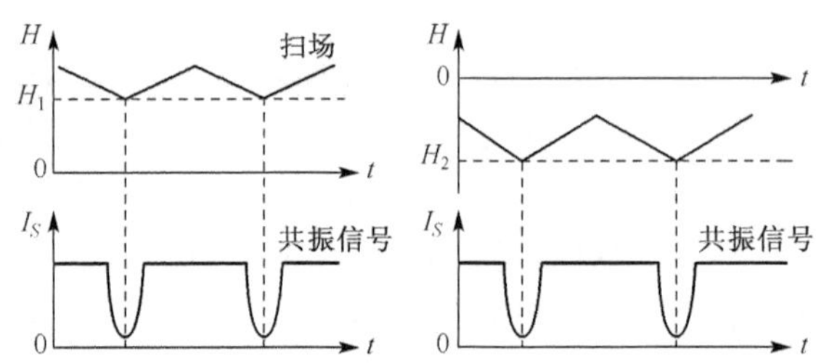

图 11-5 光磁共振信号

在光泵磁共振实验中，一个重要的任务是测量 g_F 因子. 若已知共振方程(11-8)式中使得能级发生塞曼分裂的磁场 B 的大小，就可以测定的 g_F 值. 然而对磁场有贡献的扫描磁场和地磁场均为小量，不能直接测量得到，为此提出如下方法：

设置直流磁场 $\boldsymbol{B}_{DC}$ 和扫描磁场 $\boldsymbol{B}_s$ 与地球磁场的水平分量 $\boldsymbol{B}_{e//}$ 同方向. 在某个射频 ν_1 下调出光磁共振信号，通过交替调节 $\boldsymbol{B}_{DC}$ 和“扫场”信号，使共振信号的谷点对应“扫场”信号的峰点或谷点，如图 11-5 所示.

此时共振方程可写为

$$h\nu_1=g_F\mu_B\boldsymbol{B}=g_F\mu_B\left|\boldsymbol{B}_{DC}+\boldsymbol{B}_s+\boldsymbol{B}_{e//}\right|=g_F\mu_B(B_{DC}+B_s+B_{e//}) \tag{11-10}$$

通过仪器上的换向开关将直流磁场 $\boldsymbol{B}_{DC}$ 的方向倒转，此时可能观察不到共振信号. 调节射频的频率再次找到共振信号，考虑到扫描磁场和地磁场均为小量，此时共振方程可写为

$$h\nu_2=g_F\mu_B\boldsymbol{B}=g_F\mu_B\left|-\boldsymbol{B}_{DC}+\boldsymbol{B}_s+\boldsymbol{B}_{e//}\right|=g_F\mu_B(B_{DC}-B_s-B_{e//}) \tag{11-11}$$

联立方程(11-10)式和(11-11)式，可以推导出朗德因子的计算公式

$$g_F=\frac{h(\nu_1+\nu_2)}{2\mu_B B_{DC}} \tag{11-12}$$

直流磁场 $\boldsymbol{B}_{DC}$ 的大小可以通过读出两个并联线圈的电流之和 I 来计算(亥姆霍兹线圈公式).

根据上述数学和物理思想，也可以推导出地球磁场水平分量 $\boldsymbol{B}_{e//}$ 的大小

$$B_{e//}=\frac{h(\nu_1-\nu_3)}{2g_F\mu_B} \tag{11-13}$$

请同学们自己推导.

由于样品泡中同时存在^{87}Rb 和^{85}Rb，当磁场固定不变改变射频信号频率时，一般在示波器上能先后看到两种原子造成的光磁共振信号，实验中如何判断共振信号是哪一种原子引起的呢？

根据共振方程

$$h\nu(^{85}\mathrm{Rb}) = g_F(^{85}\mathrm{Rb})\mu_B B \tag{11-14}$$

$$h\nu(^{87}\mathrm{Rb}) = g_F(^{87}\mathrm{Rb})\mu_B B \tag{11-15}$$

整理得

$$\frac{\nu(^{85}\mathrm{Rb})}{\nu(^{87}\mathrm{Rb})} = \frac{g_F(^{85}\mathrm{Rb})}{g_F(^{87}\mathrm{Rb})} = \frac{\dfrac{3(3+1)+\frac{1}{2}\left(1+\frac{1}{2}\right)-\frac{5}{2}\left(1+\frac{5}{2}\right)}{2\times 3\times(3+1)}}{\dfrac{2(2+1)+\frac{1}{2}\left(1+\frac{1}{2}\right)-\frac{3}{2}\left(1+\frac{3}{2}\right)}{2\times 2\times(2+1)}} = \frac{2}{3} \tag{11-16}$$

当水平磁场不变时，频率高的为^{87}Rb 共振谱线，频率低的为^{85}Rb 的共振谱线. 当射频频率不变时，水平磁场大的为^{85}Rb 的共振谱线，水平磁场小的为^{87}Rb 的共振谱线.

［实验仪器］

实验主体设备（图 11-6 所示）为大华 DH807A 光磁共振实验装置，由主体单元、主电源、辅助源、射频信号发生器及示波器五部分组成.

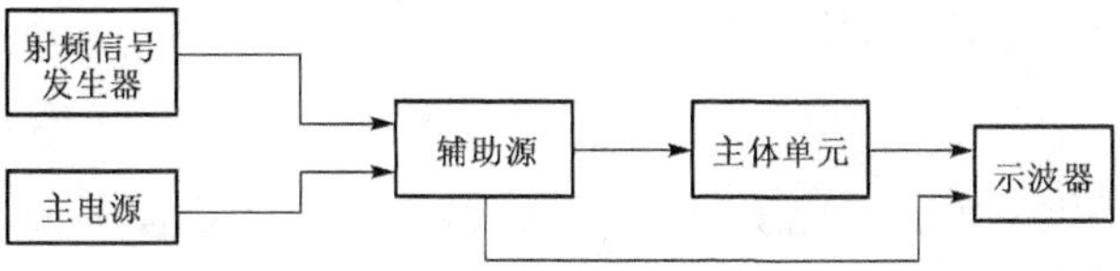

图 11-6　光磁共振实验装置方框图

1. 主体单元

图 11-7 所示，主体单元的主要组成部件有：系统光源、干涉滤光片、透镜、偏振片、1/4 波片、样品泡（内充天然铷，含^{87}Rb 和^{85}Rb 两种同位素）、可调磁场线圈（水平方向磁场、扫场、垂直方向磁场及射频场分别由三对亥姆霍兹线圈及一对射频线圈供给，由辅助源控制所加磁场的方向、强度和波形）、光电探测器、双踪示波器.

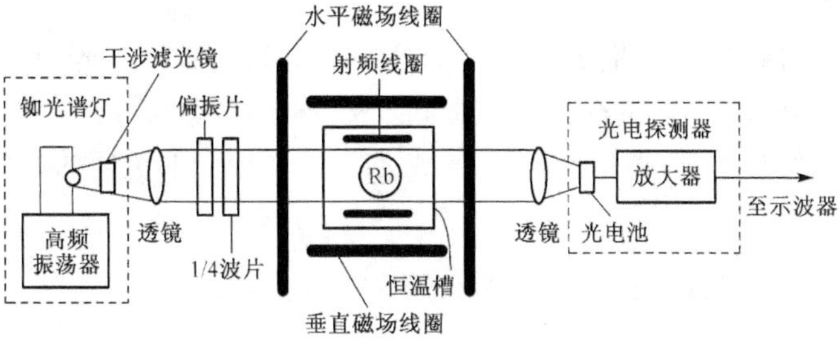

图 11-7　主体单元示意图

（1）系统光源.

高频无极放电铷光谱灯，由高频振荡器、控温装置和铷灯泡组成，具有高稳定性、低噪声和高光强等优点. 铷灯泡放置在高频振荡回路（约为 65MHz）的电感线圈中，在高频电磁场的激励下产生无极放电而发光.

（2）干涉滤光镜.

安装在铷光谱灯的透光孔上，透过率高于 50%，能够很好地把 794.8nm 的 D_1 光从铷光谱中选择出来，同时滤去 D_2 光(不利于 $D_1\sigma^+$ 光的抽运).

(3)偏振片和 1/4 波片.

偏振片可用常见的高碘硫酸奎宁片. 与 1/4 波片组合，可以将 D 光变为左旋圆偏振光——σ^+ 光，即照射吸收泡的 $D_1\sigma^+$ 光，由它对铷原子系统进行光抽运. 1/4 波片可用厚度 40μm 左右的云母片.

(4)吸收池.

主体单元中心处放置一个直径约 52mm 的玻璃泡，充有天然铷自由原子蒸气和惰性缓冲气体. 玻璃泡两侧对称放置在着一对小射频线圈，为铷原子跃迁提供射频磁场. 铷吸收泡和射频线圈均置于圆柱形恒温槽内，称之为"吸收池"，槽内温度在 40～60℃ 的范围内连续可调. 吸收池安放在两对亥姆霍兹线圈的中心，大的一对亥姆霍兹线圈有两个绕组，一组为水平直流磁场线圈(使铷原子的超精细能级产生塞曼分裂)；另一组为扫场线圈，扫场是在直流磁场上叠加的一个调制磁场(方波或三角波). 小的一对线圈产生的磁场用来抵消地磁场的垂直分量，使得仅在仪器光轴方向上存在磁场.

要注意，使铷原子的超精细结构能级发生塞曼分裂的是水平方向的总磁场.

(5)光电探测器.

由硅光电池和前置放大器组成. 由铷原子吸收泡透过的 $D_1\sigma^+$ 光经透镜汇聚到硅光电池上，将接收到的光信号转换成电信号，放大滤波后到示波器显示.

2. 电源

电源为主体单元提供三组直流电源，第Ⅰ组是 0～1A 可调稳流电源，为水平磁场提供电流. 第Ⅱ组是 0～0.5A 可调稳流电源，为垂直磁场提供电流. 第Ⅲ组是 24V/2A 稳压电源，为铷光谱灯、控温电路、扫场提供工作电压.

3. 辅助源

辅助源为主体单元提供三角波、方波扫场信号及温度控制电路等，辅助源与主体单元由 24 线电缆连接. 辅助电源上附有测水平线圈与竖直线圈励磁电流的仪表，用以测水平场励磁电流和竖直场励磁电流等值(单位是 A).

4. 射频信号发生器

本实验装置中的射频信号发生器为 EE1641B1 型函数信号发生器/计数器，其频率范围为 1kHz～2MHz，输出功率在 50Ω 负载上不小于 0.5W，输出幅度可调节. 射频信号发生器为吸收池中的射频线圈产生射频磁场，提供射频信号，从而激发铷原子能级间的共振跃迁.

5. 示波器

本实验使用 YB4325 双踪示波器观察扫场和光吸收信号.

[实验内容与步骤]

1. 仪器的调节

(1)通电之前，将主体单元的各光学元件调成等高共轴：将吸收池为中心，调节其他器件与之等高共轴.

(2)用指南针确定地磁场方向，主体装置的光轴调节至与地磁场水平方向相平行.

(3)根据指南针偏转情况，确定水平场线圈、竖直场线圈及扫场线圈所产生的磁场的方向.

(4)检查各连线是否正确，并将"垂直"、"水平"、"幅度"旋钮调至最小，按下池温开关.

(5)接通电源线，开射频信号发生器、示波器电源. 约 30 分钟后，灯温、池温指示灯点亮，铷光谱灯点燃并发出紫红色光，实验装置进入工作状态.

(6)将光源、透镜、样品泡、光电接收器的位置调成准直，使射到光电接收器上的总光量为最大.

(7)调节偏振片及 1/4 波片，当 1/4 波片光轴与偏振片偏振方向的夹角为 $\pi/4$ 或 $3\pi/4$ 时，获得圆偏振光.

2. 观测光抽运信号

(1)关闭射频信号发生器，扫场方式选择"方波"；

(2)根据指南针偏转情况，调节主体单元，使水平磁场方向平行于地磁场水平分量，扫场方向与地磁场水平分量方向相反；

(3)垂直场电流为 0.07A 预置以抵消地磁场垂直分量；

(4)从高频振荡器中发出的光谱线经过干涉滤光片滤波后成 D_1 光，D_1 光经过偏振片变成偏振光，调节 1/4 波片使之成为一束圆偏振光. 调节垂直场电流和方向使其和地磁场垂直分量相抵消(垂直方向上合磁场为零)，此时光抽运信号幅度达到最大值，记下此时对应的垂直场电流的大小. 再进一步细致调节光路系统，使光抽运信号幅度最大.

3. 观测光磁共振信号

(1)测量 ^{87}Rb 和 ^{85}Rb 的朗德因子 g_F

①扫场方式选择"三角波"，水平场电流预置为 0.2A 左右，设置水平磁场方向、扫场方向与地磁场水平分量方向相同；

②保持垂直场的大小和偏振镜的角度不变. 调节射频信号发生器频率，观察到共振信号并读出共振频率 ν_1 及对应的水平场电流 I.

③改变水平场方向，使之与地磁场水平分量和扫场方向相反. 调节射频信号发生器频率，观察到共振信号并读出共振频率 ν_2.

④由公式

$$g_F = \frac{h(\nu_1 + \nu_2)}{2\mu_B B_{DC}} \tag{11-17}$$

可计算出 g_F 因子. 式中 μ_B 为 玻尔磁子，h 为普朗克常量.

⑤共做 12 组实验，水平磁场的电流分别预置为 0.20～0.40A，每 0.02A 测量一组数据.

⑥水平磁场的数值可从水平场电流及水平亥姆霍兹线圈的参数来确定.(详见附录)

⑦通过实验测量数据求出 ^{87}Rb 和 ^{85}Rb 的 g_F 因子，并与理论值比较，并分析误差来源.

上述实验是固定水平磁场调节射频频率的方法(调频法)来寻找磁共振信号，也可以采用固定射频频率调节水平磁场的方法(调场法)进行寻找磁共振信号，具体步骤自拟.

(2)测量地磁场.

①设置水平磁场方向、扫场方向与地磁场水平分量方向相同，测得共振频率 ν_1.

②改变扫场及水平场方向，使两者方向与地磁场水平分量方向相反，又得共振频率 ν_3.

③由公式

$$B_{e/\!/} = \frac{h(\nu_1 - \nu_3)}{2\mu_B g_F} \tag{11-18}$$

可计算出 $B_{e/\!/}$ 因子.

④共做 12 组实验，水平磁场的电流分别预置为 0.20～0.40A，每 0.02A 测量一组数据.

⑤ 由于垂直磁场正好抵消地磁场的垂直分量，从垂直场电流及垂直亥姆霍兹线圈参数，可以确定地磁场垂直分量的数值.

⑥ 通过地磁场水平分量和地磁场垂直分量的矢量和可求得地磁场.

[数据表格]

1. 测量朗德因子 g_F

水平场电流/A	同向频率 ν_1/kHz		反向频率 ν_2/kHz		B_{DC}/T		$g_f = h(\nu_1+\nu_2)/2\mu_B B_{DC}$	
	^{87}Rb	^{85}Rb	^{87}Rb	^{85}Rb	^{87}Rb	^{85}Rb	^{87}Rb	^{85}Rb
0.20								
0.22								
0.24								
0.26								
0.28								
0.30								

2. 测量地磁场水平分量

水平场电流/A	同向频率 ν_1/kHz		反向频率 ν_3/kHz		$\nu=(\nu_1-\nu_3)/2$		$B_{e//}=h\nu/g_F\mu_B$	
	^{87}Rb	^{85}Rb	^{87}Rb	^{85}Rb	^{87}Rb	^{85}Rb	^{87}Rb	^{85}Rb
0.20								
0.22								
0.24								
0.26								
0.28								
0.30								

[注意事项]

(1)为避免吸收池加热丝所产生的剩余磁场影响测量的准确性,可短时间断掉池温电源.

(2)为避免光线(特别是灯光的 50Hz)影响信号幅度及线型,实验过程中主体单元应当罩上遮光布.

(3)在实验过程中,主体单元一定要避开其他带有铁磁性物体,强电磁场及大功率电源线.

(4)信号发生器频率在 100kHz ~ 1MHz 范围内可调.

(5)实验中在观察磁共振信号时,发现当射频信号强度增大到一定程度时,不仅仅出现^{85}Rb 和^{87}Rb 两个较大的磁共振信号,在射频低频段还出现其他共振信号,这些信号幅度都比较小,而且随这射频强度增大,低频共振小信号的个数会增多.

[拓展性研究]

(1)改变样品泡的温度、射频场的强度测量共振信号幅度及线宽的变化,并说明原因.

(2)研究垂直场、扫场大小与共振信号之间的关系.

(3)估算光抽运时间常数.

(4)测出实验室地球磁场的倾角.

(5)本实验通过水平磁场换向方法求得朗德因子 g_F. 能否在无需换向水平磁场,只对同一方向的水平场测出相应共振频率的实验条件下测出值,写出相应依据并验证之.

[预习要求]

(1)描述光磁共振主题单元中各个部件所起的作用.

(2)计算出^{85}Rb 和^{87}Rb 的基态超精细结构能级的 g_F 值.

(3)光抽运的物理过程如何? 光抽运的目的是什么? 产生光抽运信号的实验条件是什么?

(4)光抽运过程为什么要采用单一的左旋圆偏振光或单一的右旋圆偏振光,而不用自然光、线偏振光或椭圆偏振光?

(5)观察磁共振信号时,为什么射频场必须与恒定磁场的方向垂直? 射频信号发生器起什么作用?

(6)了解朗德因子 g_F 和 $\boldsymbol{B}_{e//}$ 表达式推导的物理思想并掌握实验测量时的具体步骤.

(7)简述与弛豫有关的几个过程.

(8)讨论几种不同类型入射光对光抽运信号的影响.

[思考题]

1. 实验过程思考题

(1)如何判断照射到样品泡上的入射光最接近圆偏振光?

(2)如何判断示波器屏出现的是共振信号还是光抽运信号?如何避免在观测磁共振信号时出现光抽运信号?

(3)观测光磁共振信号时,三角波磁场的幅度大一些好还是小一些好?

(4)实验中如何区分 ^{85}Rb 和 ^{87}Rb 的共振谱线?根据是什么?

(5)如何在实验中判断水平磁场反向时总磁场是否反向?

2. 实验报告思考题

(1)为什么要用垂直磁场线圈抵消地磁场的垂直分量?不抵消会有什么不良后果?为什么?

(2)本实验误差的主要来源是什么?

[参考文献]

北京大华无线电仪器厂. DH807A 型光磁共振实验装置使用说明书.

褚圣麟. 1979. 原子物理学. 北京:高等教育出版社

金泽渊,王亚妮. 2004. 光磁共振中光抽运的原理及对共振现象的影响. 湖南理工学院学报,17:53

林木欣. 1985. 卡斯特勒和光磁共振. 物理实验,5:239

林木欣. 1999. 近代物理实验教程. 北京:科学出版社

刘海霞. 2005. 光泵磁共振实验探究. 大学物理实验,18:42

吴思诚,王祖铨. 1999. 近代物理实验. 2 版. 北京:北京大学出版社

肖建华. 1996. 光泵磁共振原理的图像阐释. 四川师范大学学报,19:103

Black. E D. Optical Pumping, California Institute of Technology, Physics

[附录]

亥姆霍兹线圈轴线中心处磁场的运算公式

$$B = \frac{16\pi}{5^{\frac{3}{2}}} \cdot \frac{N}{r} \cdot I \times 10^{-7}$$

式中 N 为 线圈每边匝数,r 为 线圈有效半径(单位:米),I 为 流过线圈的电流(单位:安培),B 为磁场强度(单位:特斯拉).

注:1. 两个水平磁场线圈是并联的,数字表显示的电流是流过两线圈电流之和.

2. 两个垂直磁场线圈是串联的,数字表显示的电流是流过单个线圈的电流.

附表 11-1　亥姆霍兹线圈的参数

	水平场线圈	扫场线圈	垂直场线圈
线圈匝数	250	250	100
有效半径	0.2397m	0.2420m	0.1530m

第 4 章 现代光电技术实验

光电子学是光电子技术的理论基础，它是光学和电子学两个学科相结合的产物，是研究光频电磁场与物质中电子相互作用及能量相互转换的学科.光电子技术是在六十年代激光问世之后，光子技术和电子技术的自然结合与扩展，它与其他技术的结合迅速地在社会各个领域中发挥出越来越大的作用，在信息、能源、材料、生命科学、航天航空和环境科学等领域有广泛的应用，同时它本身涵盖了许多的科学技术，它的发展带动众多科学技术的发展，光电子技术必将成为21世纪国际竞争的关键高技术之一.

光电子技术将传统光学技术、现代微电子技术及计算机技术紧密结合，成为获取光信息或借助光提取其他信息的重要手段.目前，光电子技术已经涵盖了信息传输(光纤通信、空间和海底光通信)、信息存储(光盘、全息存储技术)、信息处理(计算机互联、光计算和光交换)、信息获取(光学传感和遥感、光纤传感)、信息显示(大屏幕平板显示、激光打印和印刷)等许多领域，深刻影响着社会的发展和人们的生活.光电子技术包括光的产生、传输、调制、放大、频率转换、检测以及信息处理等，每一部分均需大量的光电子器件以实现各自的功能，如光的控制和信号加载涉及开关、偏转、调制、传感和复用等功能；光信号传输包括波导、耦合、隔离、偏振、中继和反馈等部分；光信号的处理和接收涉及解调、整形、放大、探测和显示等技术.光电子技术相关的课题很多，涉及面很广，所用的技术和方法各不相同，很难把它们分类，根据教学大纲要求和现有条件，本单元安排几个反映现代光电子技术发展的实验，让学生对光电子技术及应用有初步的认识和掌握.

实验 12 微 波 实 验

[实验目的]

(1)了解微波测试系统中各种有关微波常用设备的结构、原理及使用方法.

(2)掌握微波频率、功率、波长基本参量测量的方法.

(3)掌握中、小电压驻波比的测量原理和方法.

[实验原理]

1. 微波及其特点

微波是波长很短的电磁波，波长处在0.1mm至1m之间，对应的频率在300MHz到300GHz之间.通常，微波又分为分米波、厘米波、毫米和亚毫米波四个波段.从电磁波谱图可以看出，频率低于300MHz的电磁波就是一般所指的无线电波(包括超短波、短波、中波和长波)，频率高于300GHz的电磁波是指红外线、可见光、紫外线、X射线、γ射线、宇宙射线等.微波较长波长部分与无线电波相接近，微波的较短波长部分则逐步向光学的方向过渡.

微波的应用包括作为信息载体和微波能应用两个方面.微波的传统应用是雷达和通信，这是微波作为信息载体的应用.微波能的工农业应用包括微波的强功率应用和弱功率应用两个方面，强功率应用是微波加热；弱功率应用是用于各种电量和非电量(包括长度、湿度、温度、速度等物理量)的测量.

不论是无线电波、微波还是光波、宇宙射线，其实质都是电磁波，但由于波长的不同，各具有其独到的特点，用途也大不相同.

微波的主要特点如下：

微波的波长短，微波的波长比起地球上一般物体的几何尺寸小得多，或在同一数量级.一般地说，电磁波波长越短，其传播特性就越接近于几何光学.因此，当用微波照射物体时，它将会产生显著的反射.波长越短的微波，其方向性、分辨能力就越高.这就能够制成定向性极高的微波天线，用于接收微弱的微波信号，确定物体的方向和距离等.

微波的波长短，相应的振荡周期也就很小，约 10^{-9} s 到 10^{-12} s，这个数量级的时间和普通电子管中电子自阴极到板极的飞行时间（10^{-9}s）在同一数量级或更短.因此，普通的栅控电子器件就无法在微波段中得到使用，代之原理上完全不同的微波电真空器件，采用电子束与微波场相互交换能量方式来进行.

波长短，趋肤效应严重，辐射损耗随着波长的减短而越来越严重，因此在低频时所使用的元件，如电阻、电容、电感及其所组成的部件在微波段就不能适用，必须采用“分布参量”元件.

微波的量子特征.根据量子特性，电磁波的辐射能量是不连续的，即 $E=hf$，h 是普朗克常数、f 为辐射频率.f 低量子特征不显著，微波的 f 较高，相应的能量子大约是 $10^{-5}\sim10^{-2}$ eV 之间，这正好可以用来研究顺磁及铁磁材料.

在微波系统中，“电压”、“电流”的概念已失去了确切的含义.必须从三维空间场的理论，应用麦克斯韦方程组，去求在一定的边界条件下，一定介质填充系统的电场方程解.

微波测量的量和测量技术是独特的.在低频无线电中常测量电压、电流和频率；在微波系统中是测量阻抗、功率、波长与频率.阻抗的测量是通过测量电场强度的相对值，而功率的测量则是将微波所产生的热效应通过热电元件转换成电能后测量的.

2.微波振荡器

微波振荡器件有许多种微波电量器件（如速调管、磁控管、行波管等）及微波固体振荡器件.

(1)反射速调管振荡器.

①反射速调管的结构与特征.

反射速调管的结构如图 12-1.它是由灯丝、阴极、加速极、谐振腔及反射极几个部分组成.由阴极发射的电子在 k-G_1 空间受到 U_0 均匀场的加速，当它到达栅极 G_1 时具有速度 V_0（而 $V_0=2eU_0/m$），在这之后电子将受到谐振腔内交变电场 $U=U\sin\omega t$ 的作用，速度均匀的电子将被“调速”、也就是说原来为匀速的电子在正向穿过 $G_1\sim G_2$ 空间时，其速度将随着控制电场作周期性变化.这样经“速度调制”后的电子，从谐振腔上栅极 G_2 出射后，就进入了 $G_2\sim R$ 的“群聚空间”.由于反射极 R 上加有比阴极更低的直流电压 U_R，因此“群聚空间”实际上就是一个减速场空间.

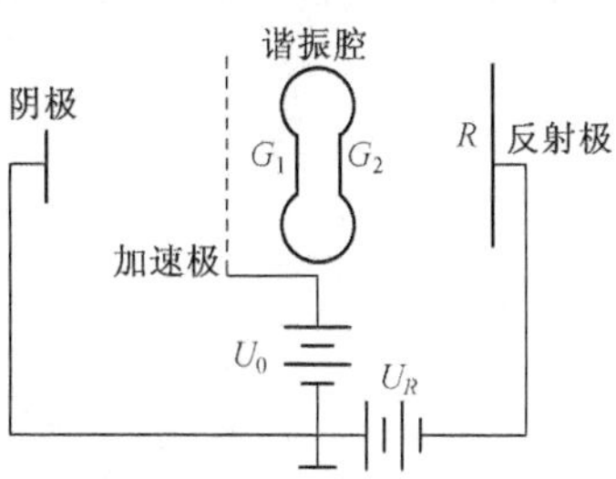

图 12-1　反射速调管结构示意图

“电子群聚”如图 12-2 所示.在 t_1 时刻穿过谐振腔的电子速度大，进入群聚空间（也是反射空间）较深，t_3 时刻穿过谐振腔的电子速度小，进入群聚空间较浅.而 t_2 时刻穿过谐振腔电子的速度及进入反射空间的距离均介于两者之间，因此被加速的电子赶上前面被减速的电子，而形成一簇簇的电子团，称之为“群聚”，群聚了的电子团继续前进.逐渐受到前面反射极的负电压的排斥而受到减速，最终沿相反方向折回，又重向栅区前进.若反射极负电压大小合适的话，使返回经过栅极 $G_1\sim G_2$ 间的电子团正好被栅极间的交流场所减速，则电子团将把得自直流加速场的一部分能量交给谐振腔中的交变电场；只要交给交变电场的能量足以补偿腔体的损耗，高频振荡就可以维持.在满足一定条件下群聚的电子流,才能将足够的能量最大限度地交给谐振腔,使振荡能得以维持下去.振荡的输出功率和频率与反射极电压 V_R 的关系见振荡模式如图 12-3.从图可以看出 V_R 为某个值时,输出功率为最大,V_R 偏离这个值振荡逐渐减弱,最终将停止振荡,直到 V_R 进一步满足另一个整数 n 的条件时,再出现另一个振荡区域.所以随着反射极电压的连续变化,会出现若干个不同的振荡区,最大输出功率的那个振荡区域,称为"最佳振荡区",一般反射速调管输出功率都在几十毫瓦左右,反射速调管效率比较低,即使在最佳振荡状态其效率也只有百分之几.

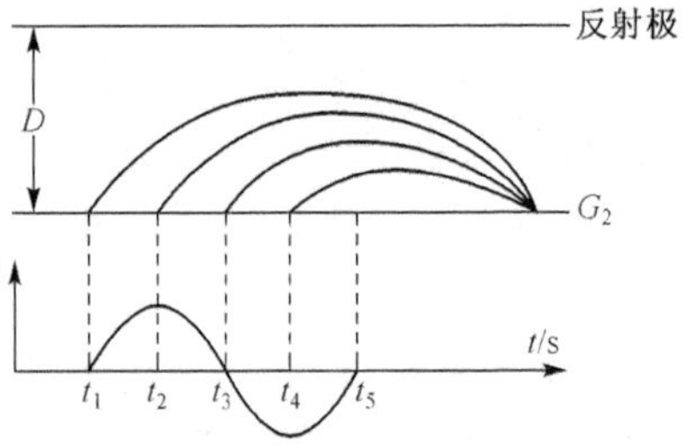

图 12-2　电子群聚示意图

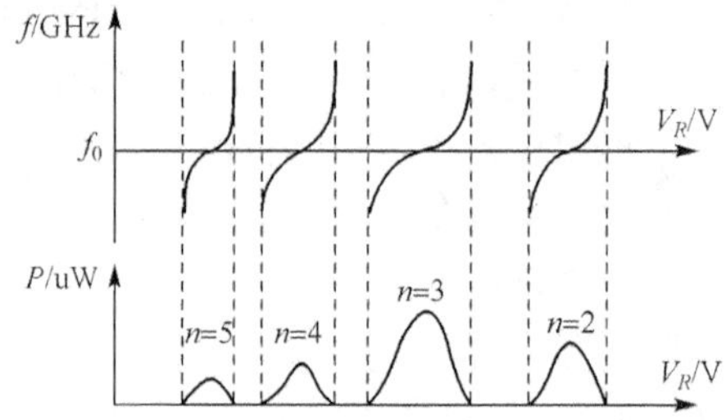

图 12-3　反射速调管振荡模式图

从图 12-3 还可以看出,当反射极电压在振荡区内微调时,其频率也在谐振腔所决定的中心频率 f_0 左右微小变化,用来表征反射速调管频率特性的电子调谐宽度 $\Delta f=f_2-f_1$,及电子调谐斜率 $\Delta=\dfrac{\mathrm{d}f}{\mathrm{d}V_R}$,而 $\dfrac{|f_2-f_1|}{|V_2-V_1|}$ 称为平均电子调谐率,如图 12-4.

由反射速调管振荡模式图可知,n 大的振荡区输出功率小,电子调谐率增大.因此,在考虑反射速调管工作状态时要进行适当的选择.

②反射速调管的调制.

反射速调管除了工作在直流的反射极电压之外,还有两种调制方式工作,一种是对幅度进行调制,称之为"调幅",另一种是对频率进行调制,称之为"调频".不管是调幅或调频,都必须在反射极直流电压上再叠加一定的电压.如果叠加在反射极上是理想的矩形波,就能得到单一的矩形波幅度调制.如果矩形波前沿不理想,则在幅度调制的同时,也出现附加频率调制,如图 12-5 所示.此外调制电压的幅度对输出功率影响很大,调制幅度太小,输出功率小.调制幅度太大的时候,就有可能同时跨在速调管两个振荡区域上.

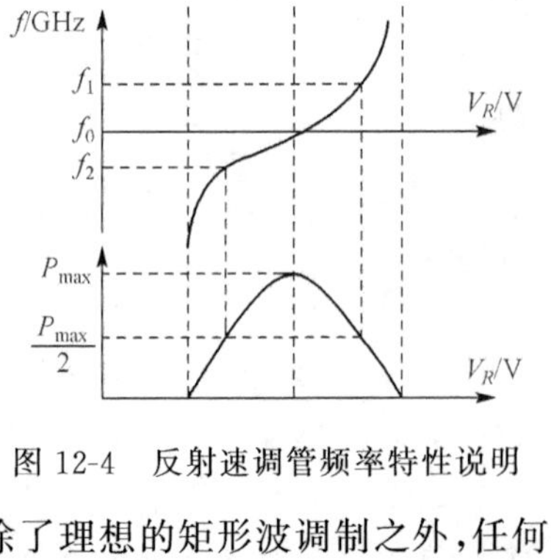

图 12-4　反射速调管频率特性说明

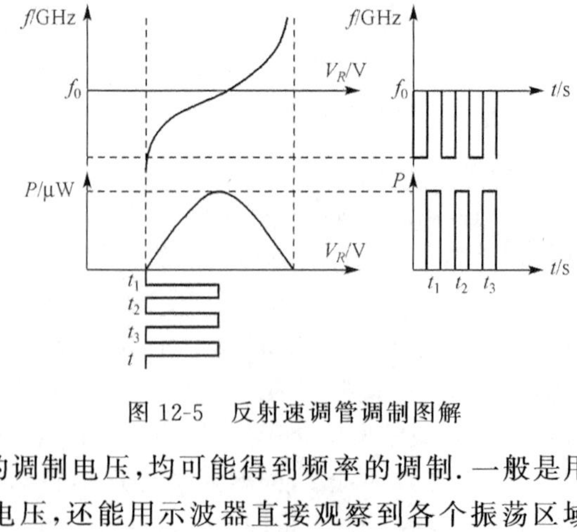

图 12-5　反射速调管调制图解

除了理想的矩形波调制之外,任何波形的调制电压,均可能得到频率的调制.一般是用矩形波及锯齿波电压对速调管调制,使用锯齿波电压,还能用示波器直接观察到各个振荡区域的波形,锯齿波电压调制如图 12-6.反射速调管在频率调制下,亦产生附加的幅度调制.

(2)固态微波源.

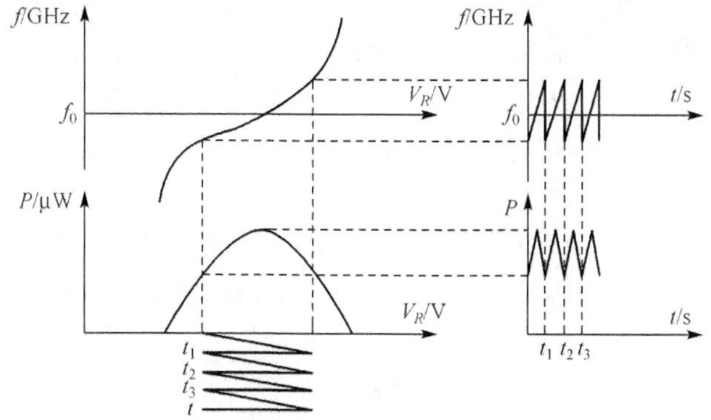

图 12-6　反射速调管频率调制示意图

微波振荡器除了速调管外，还采用砷化镓体效应二极管作为振荡子组成微波功率发生器，称 Gunn 振荡器，也称固态微波源. 它广泛应用于科研、教学和生产领域.

固态微波源是利用 n 型砷化镓的导带双谷的高能谷和低能谷结构. 在常温下外加低电场时，大部分电子处在电子迁移率高而质量较低的低能谷中，当外加高电场时，许多电子被激发跃迁到高能谷中，在高能谷中，电子迁移率低而质量较大. 因此，低电场时，导电率高，而高电场导电率反而低. 对于这种随电场的增加而导电率反而降低的现象称为负阻效应. 固态振荡器就是利用这一原理而实现的. Gunn 振荡器是一个 n^+-n-n^+ 砷化镓器件，n^+ 区具有欧姆接触，加上端电压 V_A，且 $E>E_T$ 时，E_T 为负阻效应起始电场强度，在阴极端开始生成电荷的偶极畴，而后很快形成，并以饱和漂移速度向阳极移动至消失，然后整个电场又重新上升，再次重复. 如此不断地产生畴的建立、移动和消失，构成了电流的周期性振荡，Gunn 振荡器的工作原理就是这样的. Gunn 振荡器的工作频率主要由渡越时间决定. 在实际的微波固态源中，为了实现展宽其频率调谐范围，往往提供了适当的电压跟踪系统，使振荡器工作在一个频率上.

3. 微波传输线

在波长较长的无线电波传输中，一般只要使用两根导线来传输能量，但波长短到与两根导线之间的距离可以比拟时，被传输的电磁波能量就可以通过导线辐射到周围空间去，故两根导线就不能用来传输微波. 因此，为了避免能量辐射损耗，可以将导线做成封闭式的，目前常用的微波传输线有同轴电缆、方行波导管、圆形波导管、微带等，如图 12-7 所示.

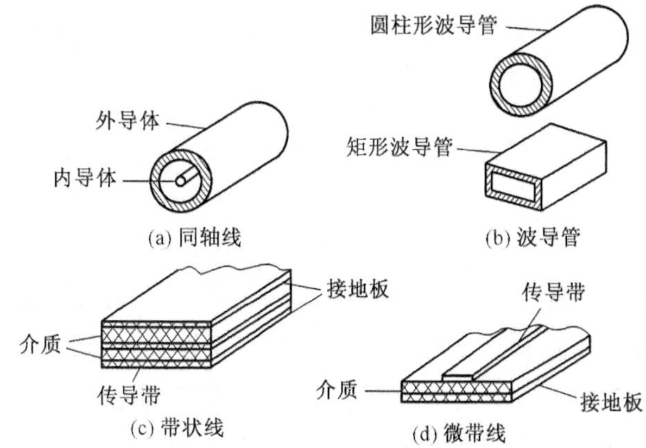

图 12-7　微波传输线

通过解波动方程，可以知道在同轴电缆或微带中传输的电磁波为横电磁波，简称 TEM 波，其特点是 $H_z=E_z=0$，即沿着传输 z 方向电磁场没有分量，但电磁波沿空心波导管中传输横电波(简称 TE 或 H 波)，其特点是 $E_z=0, H_z\neq 0$，即电场只有横向分量而磁场则具有纵向分量，以及横磁波(简称 TM 波或 E 波)，其特点是 $E_z\neq 0, H_z=0$，即磁场只有横向分量，而电场则具有纵向分量.

波导中传输的电磁波具有色散的特性，因此，有一定的"临界波长"λ_c，只有当自由空间的波长小于临界波长 λ_c 时，电磁波才能在波导中传输. 对于矩形波导临界波长 λ_c 由下式表示：

$$\lambda_c = \frac{2}{\sqrt{\left(\frac{m}{a}\right)^2+\left(\frac{n}{b}\right)^2}} \tag{12-1}$$

式中 a 是矩形波导宽边尺寸；b 是波导管窄边尺寸；m, n 是波动方程解的本征数，它可取 0，1，2，3，…整数. 色散波在波导中的波导波长和自由空间的波长有如下关系：

$$\lambda_g = \frac{\lambda}{\sqrt{1-\left(\frac{\lambda}{\lambda_c}\right)^2}} \tag{12-2}$$

4. 矩形波导管中的 H_{10} 波

矩形波导管是最常用的波导管，矩形波导管中 H_{10} 波形是最常见的波形. 在特定的边界条件下，波动方程有无穷多个解，每一个解都对应着一种电磁场分布，或者叫一个模式. 因此，矩形波导管中可以存在无穷多个模式. 但在实际的应用中，总是把波导管设计成只能传输一种模式，标准的矩形波导管就是设计成只能传输 H_{10} 波. 所以以下讨论的都是指在标准波导管中的单一模式的 H_{10} 波的传输问题.

设在截面为 $a\times b$ 标准矩形波导管中，如图 12-8 所示填充以介质常数为 ε，磁导率为 μ 的均匀介质(一般为空气)，如果在波导管的开口端输入角频率为 ω 的电磁波，则电磁波将沿着 z 方向传播，管内的电磁场将由麦克斯韦方程及边界条件所决定，在截面为 $a\times b$，无损耗，介质常量为均匀的，无限长的波导管中的 H_{10} 波，电磁场的表达式为

$$E_x = 0 \tag{12-3-1}$$

$$E_y = \pm A\sin\frac{\pi x}{a}e^{j(\omega t\pm\beta z)} \tag{12-3-2}$$

$$E_z = 0 \tag{12-3-3}$$

$$H_x = -\frac{\beta}{\omega\mu}A\sin\frac{\pi x}{a}e^{j(\omega t\pm\beta z)} \tag{12-3-4}$$

$$H_y = 0 \tag{12-3-5}$$

$$H_z = \pm j\frac{\pi}{\omega\pi a}\cos\frac{\pi x}{a}e^{j(\omega t\pm\beta z)} \tag{12-3-6}$$

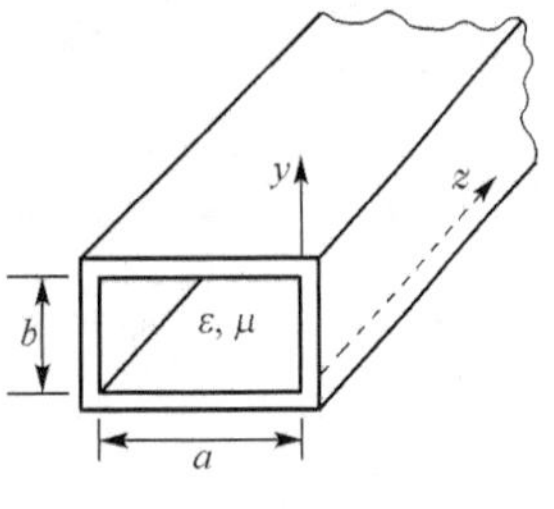

图 12-8　矩形波导管

$$\beta = \frac{2\pi}{\lambda_g}$$

式中 β 称为相位常数，A 为常数，± 号代表向正负两个相反方向传输的波，负号代表向正 z 方向传输的波，正号代表向负 z 方向传输的 H_{10} 波. 如果只考虑正向传输，则(12-3)式只取负号.

因为 H_{10} 波 $m=1, n=0$，所以根据式(12-2)，$\lambda_c=2a$. 根据以上分析，可以得出几条结论：

(a)有一个临界波长 λ_c，只有自由空间波长 $\lambda<\lambda_c$ 的电磁波才能在这个波导管中传输.

(b)波导波长 λ_g 大于自由空间中的波长 λ.

(c)电场矢量 E_y 垂直于波导宽壁，而磁场矢量(H_x, H_z)平行于波导宽壁平面.

(d)电磁波在波导纵向 z 方向上形成行波. 在 z 方向上 E_y 最大处 H_x 也是最大, E_y 为零处 H_x 也为零.

既然波导管可以传输电磁波,那么,必定在波导管的内表壁建立起高频电流,对于 H_{10} 波,高频电流分布如图 12-9 所示.

从图 12-9 可以看出,可以在波导上开孔或开槽,孔和槽的位置要选得合适,应尽量少破坏电流线的分布.

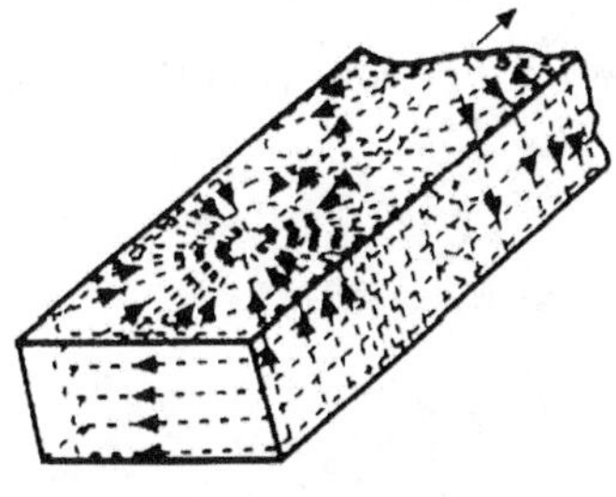

图 12-9 矩形波导管中 H_{10} 波波导壁上的电流分布

为了在波导管中建立起波,就得有一定的激励装置和一定的波导管尺寸. 一种激励装置把一根探针插入波导宽壁中点电场最大处,使探针与电场方向平行,于是这根由探针形成小天线,将在波导中激起电磁场,在波导尺寸满足 $\lambda/2<a<\lambda$, $0<b<\lambda/2$(一般 a 选取 0.7λ, $b=0.3-0.5\lambda$)时,波导仅传输 H_{10} 波,而天线激起的其他波形均将很快地衰减掉,有一些速调管输出口就是谐振窗,只要将速调管和波导管直接接紧即可.

5. *波导的工作状态——反射系数及驻波比*

(12-3)式的 H_{10} 波是在均匀无限长的波导管中传播的情况,在这种情况下,只有行波而无反射波,电场的 E_y 分量有

$$E_y = E_0 \sin \frac{\pi x}{a} e^{-j\beta z} \cdot e^{j\omega t} \tag{12-4}$$

如果以 $x=a/2$ 作参考面研究 H 波沿 Z 轴传输的情况,而且我们只研究某一定时刻的分布,测量也只是计电场随时间变化的平均值,所以 $e^{-j\omega t}$ 可以略去,则(12-4)式可以改写成

$$E = E_0 e^{-j\beta z} \tag{12-5}$$

如果波导管不是无限长和均匀的,那么波导就有入射波和反射波,这样波导管中的电场就由入射波和反射波电场叠加而成.

$$E_y = E_i e^{-j\beta z} + E_r e^{+j\beta z} \tag{12-6}$$

上式 E_i, E_r 分别为入射波电场和反射波电场振幅,如果 l 为信号源到负载的长度,并把距离的起点改为自终点算起,如图 12-10 所示,则(12-6)式可改为(12-7)式

$$E_y = E_i e^{+j\beta z} + E_r e^{-j\beta z} \tag{12-7}$$

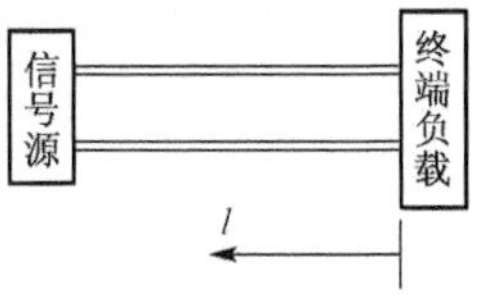

图 12-10 距离改为终端算起

现在考虑在波导管中,某一横截面的电场反射波与入射波的复数比,这复数比称为反射系数.

$$\Gamma = \frac{\text{电场反射波}}{\text{电场入射波}} = \frac{E_r e^{-j\beta l}}{E_i e^{j\beta l}} = \frac{E_r}{E_i} e^{-2j\beta l} = \Gamma_0 e^{-2j\beta l} \tag{12-8}$$

式中 Γ 称为反射系数,并设 Ψ 为终端反射波与入射波的相位差,则

$$\Gamma_0 = |\Gamma_0| \cdot e^{j\Psi} \tag{12-9}$$

这样可以将(12-7)式改写成

$$E_y = E_i e^{j\beta l} [1 + |\Gamma_0| e^{-j(2\beta l - \Psi)}] \tag{12-10}$$

当 $2\beta l - \psi = 2n\pi$ 时,驻波电场达到最大值,即驻波腹,这时电场为

$$|E_y|_{max} = |E_i|(1 + |\Gamma_0|) \tag{12-11}$$

当 $2\beta l - \psi = (2n-1)\pi$ 时,驻波电场最小,对应着驻波波节,其电场为

$$|E_y|_{min} = |E_i|(1 - |\Gamma_0|) \tag{12-12}$$

将电场最大值和最小值之比称为驻波系数或驻波比,即

$$\rho = \frac{|E_y|_{\max}}{|E_y|_{\min}} \tag{12-13}$$

因为波导管中的电场与电压(宽壁间的电势差)成正比,所以,驻波比又称电压驻波比,常用SWRS来表示.若将(12-11)式、(12-12)式代入(12-13)式即可得

$$\rho = \frac{1+|\Gamma_0|}{1-|\Gamma_0|} \tag{12-14}$$

或

$$|\Gamma_0| = \frac{\rho-1}{\rho+1} \tag{12-15}$$

由(12-14)式及(12-15)式可以看出 $\rho=1$ 时,$|\Gamma_0|=0$;$\rho>1$ 时,$|\Gamma_0|>1$;$\rho>10$ 时,$|\Gamma_0|>0.9$.这也说明了微波中测量驻波比的重要性,其含义是当终端负载为匹配负载时,微波功率全部被终端负载所吸收,波导管中不存在反射波,此时 $|\Gamma_0|=0$,$\rho=1$.反过来说,$\rho=1$,则 $|\Gamma_0|=0$,则负载为匹配负载,此时波导管电磁波为行波状态.此外,当波导终端处的电场 $E_y=E_i+E_r=0$,所以 $E_i=-E_r$,从(12-8)式得 $\Gamma_0=-1$,再看(12-9)式,终端处电场反射波与入射波相位差为 π,那么 $|\Gamma_0|=1$,因此,$\rho=\infty$,由(12-10)式可以得

$$|E_y| = 2|E_i|\cdot\sin\beta \tag{12-16}$$

这时波导管中形成纯驻波,在波节处 $|E_y|_{\min}=0$,波腹处 $|E_y|_{\max}=2|E_i|$,这种状态称为驻波状态.

在一般情况下,波导中的波传输不是单纯的驻波,也不是单纯的行波,而是处在两种的情况之间的状态,称之为混波状态,如图12-11所示.

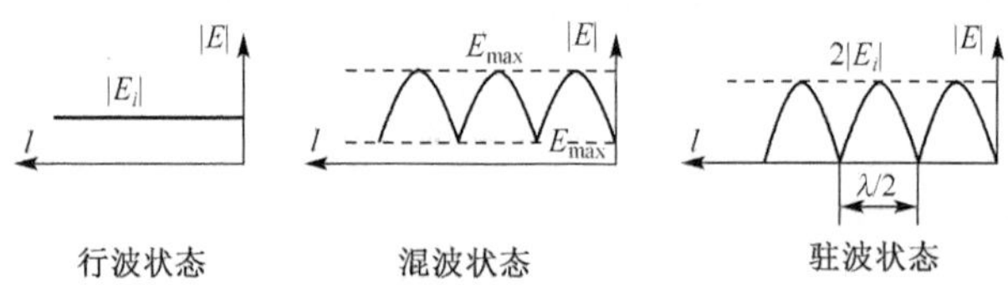

图12-11 波导传输的三种状态中电场随 l 的分布

以上已提过波节相位满足

$$2\beta l_n - \Psi = (2n+1)\pi \tag{12-17}$$

$$2\beta l_{n+1} - \Psi = (2n+3)\pi \tag{12-18}$$

$$l_{n+1} - l_n = \pi/\beta = \lambda_g/2 \tag{12-19}$$

6. 常用的波导元件

实验常用的元件分别介绍如下.

隔离器是一种用铁氧体造成的不可逆微波衰减器,它对正向通过的电磁波的能量衰减很小(约0.5 db),而对反向通过的电磁波能量衰减很大(约20 db以上).因此在微波振荡源后加上隔离器,它对输出功率影响很小,但对由负载反射回来的能量衰减很大,这就可以避免由负载端的反射对速调管的影响,使速调管工作稳定,隔离器在源和负载间起隔离作用.它的正向隔离比和反向隔离比分别定义为

$$\alpha_+ = 10\log\frac{W_0}{W_+} \tag{12-20}$$

$$\alpha_- = 10\log\frac{W_0}{W_-} \tag{12-21}$$

式中 W_0 为隔离器输入端微波功率；W_+ 为正向通过隔离器后的微波功率；W_- 为反向通过隔离器后的微波功率.

波长计是用来测量微波振荡频率的器件，根据 $\lambda=c/f$ 的关系可以换成微波波长. 本实验使用吸收式谐振波长计，当波长计的固有谐振频率与微波频率一致时，波长计将吸收微波功率，使到达终端的微波功率微略减少，减少的功率可以用晶体检波装置、微波功率计、或示波器观察，如图 12-12 所示.

可变衰减器是在波导管中插入一个可以调节的微波吸收片，调节此片的位置，可以调节微波输出电平.

驻波测量线是用来测量驻波比的仪器，它是在标准的波导管中间开一微槽，在微槽中插入一根可以调节插入深度、可以沿波导移动的探针，利用探针移动来测量波导中不同位置的电磁场，不同位置的电磁场由探针来检取，微波检波二极管检波后加在指示器上，这就可以判读不同位置的电场相对强度. 探针的位置由附在测量线上的标尺读得.

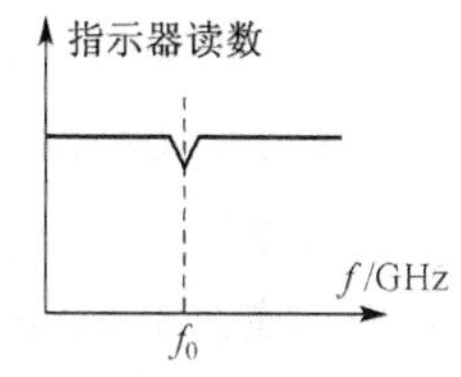

图 12-12　波长计测量示意图

微波负载是承受微波功率的统称，可以是晶体检波装置、微波功率计探头、吸收片、微波天线等.

匹配负载一般做成波导段的形式，终端短路，并包含有一些安置在电场平面内的吸收片，吸收片做成特殊的劈形以实现与波导间的缓变过渡匹配. 进入匹配负载的入射功率几乎全部被吸收而无反射，通常要求驻波比 $\rho<1.06$.

晶体检波器是由前置 3 个螺钉调配器、晶体管座和调节活塞组成. 晶体管座是一节可以插入晶体管的波导，它包括必要的紧固装置和插入装置，并用一云母片作为高频通路电容. 当晶体插入时，相当于在波导中插入一个导电的探针，感应电压经过晶体检波，它的输出接到指示器上，可以得到检波功率相对指示值，调节活塞用来使晶体处于驻波的腹点，以得到最大指示.

其他微波元件的使用见技术说明书.

[实验装置]

实验装置如图 12-13 所示. 包括微波标准信号发生器，隔离器，波导开关，可变衰减器，光标检流计，微安表头，驻波测量线，波长计和其他微波器件.

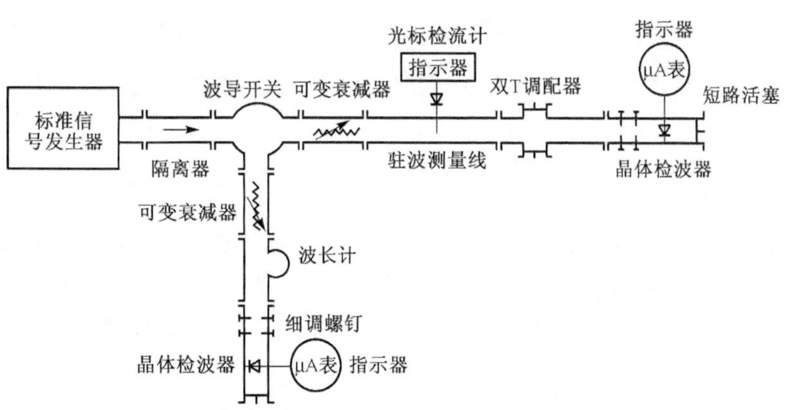

图 12-13　实验装置示意图

[实验内容及步骤]

1. 按图 12-13 接好实验装置

2. 测量微波频率

(1)按正确步骤开启标准信号源的电源，调节输出为等幅状态.

(2)将波导开关打向波长计支路，可以看到微安表有指示输出，调节标准信号源的输出频率和输出幅度，使得输出为最大，若输出幅度超过微安表的指示，可以调节衰减器让指示值在 100 微安以内. 再调节短路活塞、可变衰减器，使指示(微安表)读数最大，并在指示器读数范围内.

(3)缓慢转动频率计，找到频率计的共振点(也就是指示器指示最小位置)，正确读取频率计的读数.

3. 电压驻波比的测量

驻波比的测量分为小驻波比、中驻波比及大驻波比的测量. 一般来说，驻波比小于 1.5 称为小驻波比，在这种情况下，驻波的波腹及波节都不尖锐，因此测量时要多测几个波节和波腹，按下式计算 ρ(驻波比)的平均值.

$$\rho = \frac{E_{\max1} + E_{\max2} + \cdots + E_{\max n}}{E_{\min1} + E_{\min2} + \cdots + E_{\min n}} \tag{12-22}$$

当晶体满足平方律时，上式可写为

$$\rho = \frac{\sqrt{I_{\max1}} + \sqrt{I_{\max2}} + \cdots + \sqrt{I_{\max n}}}{\sqrt{I_{\min1}} + \sqrt{I_{\min2}} + \cdots + \sqrt{I_{\min n}}} \tag{12-23}$$

当驻波比 ρ 大于 1.5 并小于 10 时，一般称为中驻波比，在这种情况只需测一个波节和波腹

$$\rho = \frac{\sqrt{I_{\max}}}{\sqrt{I_{\min}}} \tag{12-24}$$

测量中小驻波比的步骤是，调节好驻波测量线，调节双 T 调配器、终端短路活塞，使小驻波比 ρ 小于 1.5，或中驻波比为 $1.5 \leqslant \rho \leqslant 10$，分别测量 $I_{\max}$ 和 $I_{\min}$，再由(12-23)式及(12-24)式分别计算中小驻波比. 在测量中小驻波比之前，要先调出中小驻波. 一般情况下，在没有特别调节时，都是大驻波；在调中小驻波时，目的是要让反射的微波功率减小，就是通过调节双 T 调配器减小微波的反射功率，这时驻波测量线上测量的功率就会减小. 当驻波测量线测到的功率偏小时，可以通过调节衰减器，使输入的微波功率增大，且会发现驻波的波腹和波节同时增大.

当驻波比大于 10 的时候，就不能同时测量波节和波腹，在这种情况下，可以用探针测量极小点两旁功率为极小功率两倍的两点距离 w，以及波导波长 λ_g，按下式计算驻波比：

$$\rho = \frac{\lambda_g}{\pi w} \tag{12-25}$$

4. 波导波长 λ_g 的测量

波导波长是驻波两个极小点之间距离的两倍. 因此，测量波导波长就化为驻波极小点位置的测量. 如果极小点足够尖锐，且驻波测量的灵敏度足够高，则极小点一般不难测定，否则，可以根据图 12-14 所示，测量出指示器读数相等的两点距离，然后取平均值，即

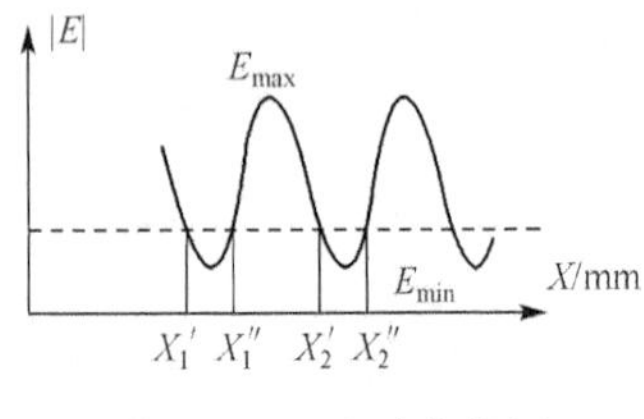

图 12-14 驻波曲线图

$$X_{\min2} - X_{\min1} = \frac{1}{2}(X'_2 + X''_2) - \frac{1}{2}(X'_1 + X''_1)$$

$$\lambda_g = (X'_2 + X''_2) - (X'_1 + X''_1) \tag{12-26}$$

5. 晶体检波律的测量

在测量驻波比时，驻波的波腹及波节的大小靠检波晶体输出，而晶体的检波电流和探针附近的电场 E 有下列关系：

$$I = K_1 E^n \tag{12-27}$$

如果 $n=1$，称直线检波；$n=2$，称平方检波．n 的数值可以按下法测定．

令驻波测量线终端短路，此时沿线各点驻波电流与位置间的关系，即驻波曲线如图 12-15 所示，测量出驻波曲线，根据下式求出检波律 n．

$$n = \frac{-0.3010}{\log_{10} \cos \frac{\pi \Delta l}{\lambda_g}} \tag{12-28}$$

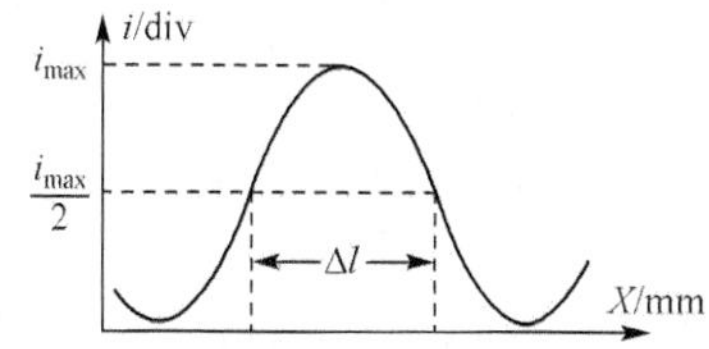

图 12-15　晶体检波律的测量图

[思考题]

(1)测量驻波比有何意义？该如何测量它？

(2)微波频率计的工作原理是什么？

(3)如何测量隔离器的隔离比？

(4)什么是匹配负载，它有什么特点？

[参考文献]

赖恒，赖发春，黄志高等．2001．近代物理实验．福州：福建教育出版社

林木欣．1994．近代物理实验．广州：广东教育出版社

吕斯骅，朱印康．1991．近代物理实验技术(1)．北京：高等教育出版社

吴思诚，王祖铨．1995．近代物理实验．北京：北京大学出版社

吴泳华．1992．大学近代物理实验．北京：中国科学技术出版社

实验 13　光速的测量

[实验目的]

(1)理解光拍频的概念．

(2)掌握声光调制的基本原理．

(3)了解光拍法测光速的技术．

[实验原理]

测量光速的方法很多，都是准确测量光波波长 λ 和频率 f，根据光速 $c=\lambda f$，即可得到光速 c．由于可见光的波长 λ 很小、频率 f 很大($>10^{14}$ Hz)，造成应用一般方法测量光速的困难．光拍法测量光速，就是利用声光调制的方法将稳定的激光经调制后成为频率较小(几十兆赫兹)、波长较长(几米)的光拍频波，通过测量光拍的频率和波长间接测量光速．

1．拍的产生和传播

根据振动叠加原理，频差较小、速度相同、同向传播的二列简谐波相叠加即形成拍．

假设有 F_1 和 F_2 的二列波，速度相同，同向传播，频差 $\Delta f = f_1 - f_2$ 较小，为便于讨论，假定它们具有相同的振幅 E_0

$$E_1 = E_0 \cos(\omega_1 t - k_1 x + \varphi_1) \tag{13-1}$$

$$E_2 = E_0 \cos(\omega_2 t - k_2 x + \varphi_2) \tag{13-2}$$

它们叠加后得

$$E_s = E_1 + E_2 = 2E_0\cos\left[\frac{\omega_1-\omega_2}{2}\left(t-\frac{x}{c}\right)+\frac{\varphi_1-\varphi_2}{2}\right]\times\cos\left[\frac{\omega_1+\omega_2}{2}\left(t-\frac{x}{c}\right)+\frac{\varphi_1+\varphi_2}{2}\right] \tag{13-3}$$

从(13-3)式可以看出这是一列角频率为 $\frac{\omega_1+\omega_2}{2}$、振幅为 $2E_0\cos\left[\frac{\omega_1-\omega_2}{2}\left(t-\frac{x}{c}\right)+\frac{\varphi_1-\varphi_2}{2}\right]$ 的前进波，如图 13-1 所示. E_s 的振幅以频率 $\Delta f = \frac{\omega_1-\omega_2}{2\pi}$ 周期地变化，称它为光拍频波，Δf 就是拍频，$\Delta\lambda$ 就是拍频波的波长. 因为相叠加的两列波的频差很小，即 $\Delta f = f_1 - f_2$ 很小，所以叠加后的拍频波的频率 $\Delta f = \frac{\omega_1-\omega_2}{2\pi}$ 很小.

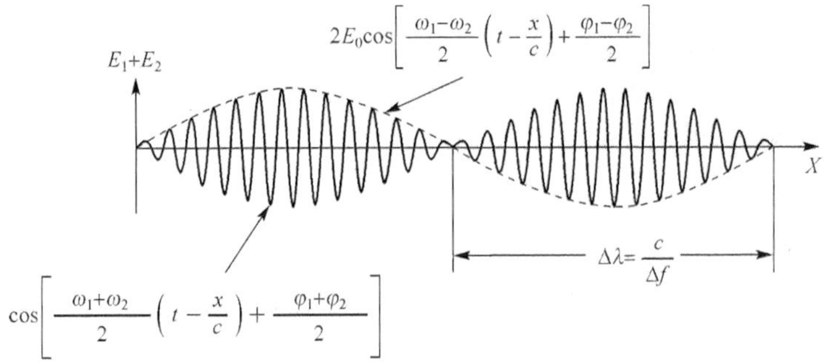

图 13-1　光拍频的形成

如果用光电检测器接收这个拍频波. 因为光电检测器所产生的光电流系光强(即电场强度的平方)所引起，故光电流为

$$I_0 = gE_S{}^2 \tag{13-4}$$

式中 g 为接收器的光电转换常数.

把(13-3)式代入(13-4)式，同时注意：由于光频很高 $(f_0 = (\omega_1+\omega_2)/2\pi > 10^{14}\,\mathrm{Hz})$，光电器件来不及反映频率这么高的光强的变化，一般光电器件只能反映频率$10^8\,\mathrm{Hz}$以下的光强变化. 将 I_0 对时间积分，并取对光检测器的响应时间 $\tau\left(\frac{1}{f_0}<\tau<\frac{1}{\Delta f}\right)$ 的平均值. 结果，I_0 积分中高频项为零，只留下常数项和缓变项，即

$$\overline{I_0} = \frac{1}{\tau}\int_\tau I_0\,\mathrm{d}t = gE_0^2\left\{1+\cos\left[\Delta\omega\left(t-\frac{x}{c}\right)+\Delta\varphi\right]\right\} \tag{13-5}$$

式中 $\Delta\omega$ 是与 Δf 相应的角频率，$\Delta\varphi = \varphi_1 - \varphi_2$ 为初相，从(13-5)式中可以看出光检测器输出的光电流包含有直流和光拍信号两种成分. 滤去直流成分，即得频率为拍频 Δf、相位与初相和空间位置有关的输出光拍信号.

图 13-2 是光拍信号 I_0 在某一时刻的空间分布，横坐标 X 表示位置，纵坐标 Y 为振幅. 如果接收电路将直流成分滤掉，所得即纯粹的拍频信号在空间的分布，这就是说处在不同空间位置的光检测器，在同一时刻有不同相位的光电流输出. 这就使可以用比较相位的方法间接地测量光速.

事实上，由(13-5)式可知，当相位相同时光拍频信号有如下关系：

$$\Delta\omega\frac{x}{c} = 2n\pi \quad 或 \quad x = \frac{nc}{\Delta f} = n\lambda \tag{13-6}$$

式中 n 为整数，而相邻同相位间的距离 $\frac{c}{\Delta f}$ 就是拍频波的波长 λ，测定 x 即测定了 $n\lambda$. 再测出光拍频 Δf，即可确定光速 c.

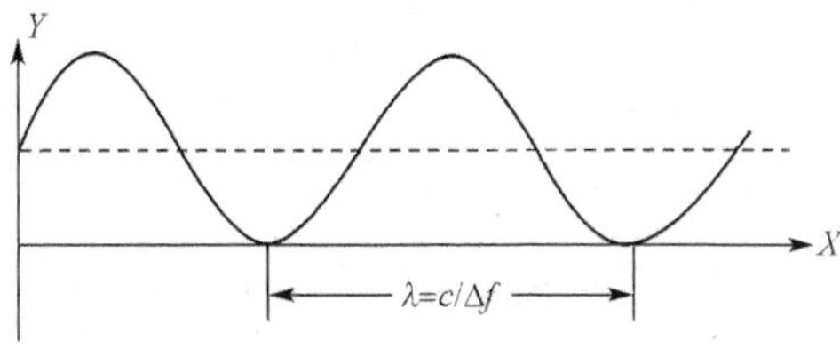

图 13-2　光拍的空间分布

2. 两相拍光束的获得

光拍的产生要求两相拍光束具有一定的频差.实验选用激光光源作为产生两相拍光束的母光源,因为激光为单一频率的稳定的光源.使激光光束产生一些不大的频移,就能从中得到所需要的频差很小的相拍光束.要使激光束产生固定的频移,一种最常用的办法是使超声与光波互相作用,即声光调制.超声波在介质中传播,引起介质的密度发生周期性的变化,介质的光折射率也发生相应的周期性变化,使介质成为一个相位光栅,使入射的激光束发生与声频呈线性关系的衍射,光强也受到声强的调制;同时引起衍射光束的频率产生了与声频有关的频移.从而实现了使激光束频移的目的.频移后的激光束中包含了产生光拍所要求的速度相同,传播方向相同,频差较小的简谐波.

设有一超声波 $U(y,t)=U_0\cos(\Omega t-K_S y)$ 沿介质的 y 方向传播,引起介质在 y 方向的应变,应变为

$$S=-\partial u/\partial y=S_0\sin(\Omega t-K_S y) \tag{13-7}$$

式中 S 为应变量;S_0 为应变量最大幅值;$K_S=\dfrac{\Omega}{U_S}$ 为介质中的声波数;U_S 为介质中的超声波速度.

由(13-7)式可以看出介质在 y 方向所受应力 S 为一周期变化的函数,因此介质在 y 方向发生周期性的疏密相间的变化.

利用声光调制产生光频移的方法有两种,一种是行波法,一种是驻波法.

行波法工作原理:在声光介质中与声源入射面相对的端面上敷以吸声材料,防止声反射,这样,在声光介质中保证只有声行波通过.声、光互相作用的结果,激光束产生对称多级衍射,这就是行波法.第 L 级衍射光的角频率为 $\omega_L=\omega_0+L\Omega$,其中 ω_0 为入射光的角频率,Ω 为声的角频率,衍射级 $L=0,\pm1,\pm2$,如其中 $+1$ 级衍射光频为 $\omega_0+\Omega$,衍射角为 $\alpha=\dfrac{\lambda}{\Lambda}$,$\lambda$ 和 Λ 为介质中的光和声波波长,通过仔细的光路调节,可使 $+1$ 级与零级两光束平行叠加,产生频差为 Ω 的光拍频波.但是这种方法调节光路比较困难.

驻波法工作原理:图 13-3 所示为声光调制器的结构原理图,在声光介质中与声源入射面(压电换能器)相对的端面上有一反射面,如果介质的厚度为超声波波长的整数倍,利用声波的反射,介质中就会形成驻波声场

$$U(y,t)=2U_0\cos\Omega t\cdot\cos K_S y \tag{13-8}$$

它使介质产生相应的应变

$$S=2S_0\cos\Omega t\cdot\sin K_S y \tag{13-9}$$

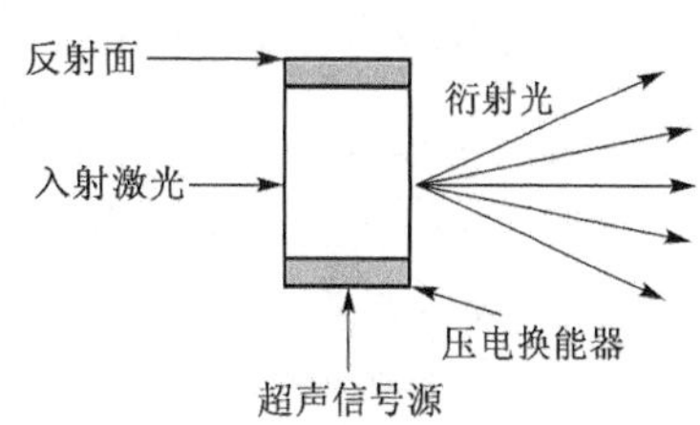

图 13-3　声光调制器结构

从式中可以看出,驻波引起的应变为行波引起的应变的两倍.

由于超声波是弹性波,在介质中传播会引起介质的密度发生疏密变化,介质的光折射率也发生相应的变化.其关系式为

$$\Delta \frac{1}{n^2} = \rho S \tag{13-10}$$

式中 S 为介质的应变；n 为介质的折射率；ρ 为光弹系数，即单位应变引起的 $\frac{1}{n^2}$ 的变化.

因为驻波位置的相对固定，光折射率变化的位置也相对固定. 在各向同性的介质中 ρ 和 S 都是标量，由(13-9)式和(13-10)式可得

$$\Delta n = -\frac{n^3}{2}\rho S = -n^3 \rho S_0 \cos\Omega t \cdot \sin K_S y = -2\mu\cos\Omega t \cdot \sin K_S y \tag{13-11}$$

此时介质在 y 方向的折射率为

$$n(y) = n_0 + \Delta n = n_0 + 2\mu\cos\Omega t \cdot \sin K_S y \tag{13-12}$$

从上式中可以看出，介质的折射率在 y 方向上发生了按正弦分布的周期性变化. 当一束激光从 x 方向穿过厚度均匀为 d 的介质后，其相位也相应发生变化，相位的变化为

$$\Delta\phi = n(y)k_0 d = n_0 k_0 d + 2\mu k_0 d\cos\Omega t \cdot \sin K_S y \tag{13-13}$$

式中 k_0 为真空中的光波数，n_0 为介质在没有应变时的折射率，$n_0 k_0 d$ 为激光沿 x 方向通过 d 厚度没有应变的介质后的相位变化，$\mu k_0 d\cos\Omega t \cdot \sin K_S y$ 为激光沿 x 方向通过 d 厚度而由于超声作用发生应变的介质后的附加相位变化.

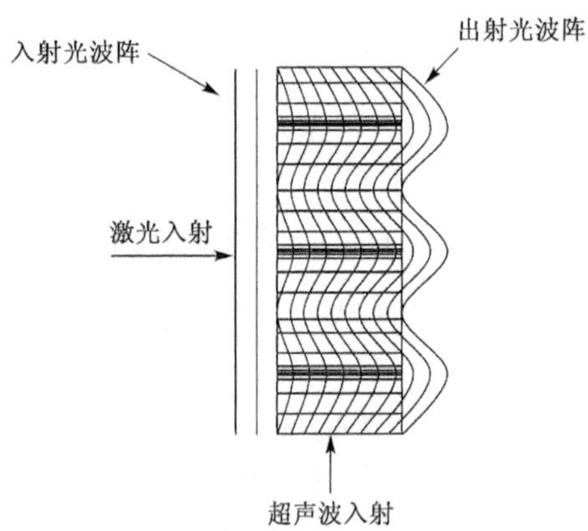

图 13-4 相位光栅和相位皱摺

从(13-13)式中可以看出，相位的变化也是周期性的，就像是通过光栅一样，我们称它为“相位皱摺”，将经超声作用的介质称为“相位光栅”，见图 13-4. 它使垂直入射的激光产生 L 级对称衍射. 第 L 级的衍射光频为

$$\omega_{L,m} = \omega_0 + (L + 2m)\Omega \tag{13-14}$$

式中 L 是第几级衍射，$L=0,\pm1,\pm2,\cdots$，对应于每一个 L 有 $m=0,\pm1,\pm2,\cdots$，可见在同一级衍射光束内含有许多不同频率的光波(强度各不相同). 因此用不到光路的调节就能获得拍频波. 例如第一级衍射中，由 $m=0$ 和 $m=1$ 两种频率光波叠加得到拍频为 2Ω 的拍频波.

由于驻波法调节比较容易，只需调节超声的频率，使声光介质的厚度为超声的波长的整数倍，则能得到驻波声场. 且激光衍射效果明显，本实验采用驻波法.

[实验装置]

实验装置由 CG-III 型光速仪、示波器、频率计组成. CG-III 型光速仪分为电路部分和光路部分.

1. 电路部分

如图 13-5 所示，由光路系统出射的拍频光，经光电接收管接收后转化为频率为光拍频的电信号，经混频电路与本机振荡信号混频后，再送入选频放大器进行选频放大，最后把放大的拍频信号送入示波器的 Y 输入端，以供观测. 与此同时，为了使波形稳定，能正确显示二路光之间的相位差，本振信号经除二电路后与超声信号混频，经选频放大后，作为示波器的外触发信号. 如果使用示波器内触发，将不能正确显示二路光波之间的相位差.

2. 光路系统

整个光路系统安装在仪器箱的上表面，见图 13-6. 由激光器 1 射出的光束经声光调制器 2 后获得衍射光，调节信号源的频率，可以得到最强的衍射图样. 由圆孔光栏 3 选择出+1 级或−1 级

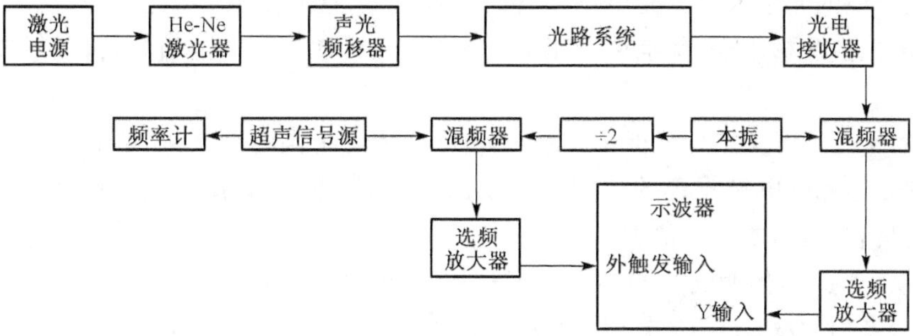

图 13-5　电路部分原理框图

的光束，经全反射镜 4 后到达半反镜 5，部分光透射后成光束“1”、经半反射镜 7 反射入光电接收管，另一部分光束经半反半透镜反射后成光束“2”. 经全反射镜 8、9、10、11、12、13、正交反射镜组 14 等多次反射后经半反射镜 7 也进入光电接收管. 摇动手柄 17 使正交反射镜组 14 沿导轨来回移动，以改变“2”路光的光程，从而实现对“1”、“2”二路光光程差的调节，斩光器相当于机械开关，它依次切断光路“1”或“2”，则示波器屏上依次出现光束“1”或“2”的正弦波形以及零信号时的波形.

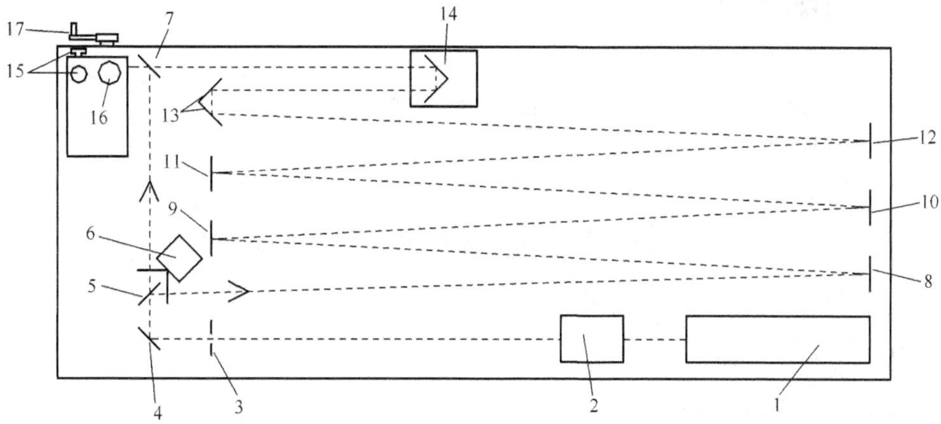

图 13-6　光路示意图

1. He-Ne 激光器；2. 声光调制器；3. 光栏；4,8,9,10,11,12,13. 全反射镜；5,7，半反射镜；6. 斩光器；14. 正交反射镜组；15. 光电接收管位置调节旋钮；16. 观察窗；17. 正交反射镜组前后位置调节摇柄

［实验内容］

(1)接通稳压电源开关，15 分钟后电源电压趋于稳定.

(2)接通激光器电源开关 S1，调节电位器，使电流表表头指示 5.5mA 左右.

(3)打开示波器.

(4)接通低压电源开关 S2，二指示灯亮，说明±15V 电源正常工作.

(5)调节超声波频率，使衍射最强.

(6)调节光栏，使＋1 级或－1 级光通过光栏.

(7)用斩光器件挡住远段光束“2”，调节全反射镜 4 和半反射镜 7. 通过观察窗口观察，应使光束射到光电接收管的光敏面上.

(8)正确调节示波器，这时在示波器上应能看到与近程光束“1”相应的经混频后的光拍波形，仔细调节光电接收管的位置调节螺丝，使示波器上看到的信号最大.

(9)用斩光器挡住近程光，调节半反射镜 5 以及全反射镜 8～13 和正交反射镜组 14，使远程光束“2”也经透镜的光轴入射到光电接收管的光敏面上，这时示波器屏上应有与光束“2”相对应的经混频后的光拍波形出现.仔细调节正交反射镜组 14 的左右位置和仰角，使示波器上显示的信号最大.

(10)接通斩光器开关 S3，使斩光器旋转，可在示波器上同时观察到远、近程光及零信号的图形，适当微调光路和光电接收管的位置调节螺丝，使示波器上显示的二路光信号均有一定的幅度，为便于观察和测量，幅度一般调为不等.

(11)摇动手柄 17，使两路光的光程差刚好是 λ（相位差为 2π）.

(12)测量光拍的波长 λ（五次）和对应的超声波的频率 F. 由 $C=\lambda\cdot\Delta f(\Delta f=2F)$ 计算光速，并计算均方误差.

注意：调节“1”、“2”两路光时，要使最后进入光电接收二极管的光束与导轨槽平行，并沿接收器的光轴入射到光电二极管的光敏面上.

［思考题］

(1)“拍”是怎么样形成的？它有什么特性？

(2)光拍信号是如何产生的？在光路的哪里形成的？

(3)声光调制器是如何形成驻波衍射光栅的？

［参考文献］

赖恒，赖发春，黄志高等. 2001. 近代物理实验. 福州：福建教育出版社

林木欣. 1994. 近代物理实验. 广州：广东教育出版社

实验 14　相关器、锁相放大器

［实验目的］

(1)了解相关器的原理.

(2)了解锁相放大器的工作原理.

(3)学习锁相放大器测量微弱信号的特点.

(4)测量相关器的输出特性.

［实验原理］

1. 噪声基础知识

(1)噪声的定义及度量.

噪声是真实信息以外测量所得的值，往往也称为有害信号.广义地讲，噪声是扣除被测信号真实值以后的各种非零测量值，这些非零测量值的来源可能是外界环境、测量系统、测量人员或被测对象.噪声包括两个方面的内容：一种是干扰，主要包括非被测信号或非测量系统所引起的噪声，是来自于外界的影响，从而造成的非信号测量值；另一种是来自于被测对象，如传感器、测量仪器内部等引起的噪声.

噪声是存在于电路内部的固有的扰动信号，它是由于组成电路的器件材料的物理性质以及温度等原因所引起的电荷载流子运动发生不规则变化而产生的.因此，噪声是一种随机过程，不同时刻测得的噪声值不同，在任一瞬时，不能预知其精确的大小，但噪声也不是绝对无规则变量，在统计上仍然是有规律可衡量，如有些噪声的概率分布曲线符合高斯分布规律，所以，噪声也是可度量的.下面，介绍一些度量噪声的物理量.

①有效噪声水平.

对于一个稳定的信号,噪声使测量值在信号值上下起伏,即噪声有正有负,而且大量的起伏值集中在一定的范围内,只有少数机会测得偏离信号很大的值,因此,噪声可以用它的根均方值来度量,称之为有效噪声水平.例如电压测量系统,其有效噪声电压是

$$V_N = \sqrt{\frac{\sum_{i=1}^{m} V_i^{\ 2}}{m}}$$

式中 V_i 表示第 i 次测量时的噪声值;m 为测量的总次数.

②信噪比.

为衡量信号与噪声的相对比例,以判断噪声对测量精度影响,常定义信噪比 $SNR=S/N$(S 是信号值,N 是噪声有效值)来度量噪声相对于信号的大小,信噪比越大,信号测量就越容易精确.一个测量系统有输入的信噪比 SNR_{in} 和输出的信噪比 SNR_{out},两者的比值为系统的信噪比改善,即用 $SNIR=SNR_{\text{out}}/SNR_{\text{in}}$ 来衡量系统本身的噪声引入情况及对信号的提取能力和放大情况.

③等效噪声带宽($ENBW$).

放大器或调谐电路频率响应曲线的半功率点的频率间隔被定义为电路的信号带宽 B;而电路对宽带噪声的响应特性则用等效噪声带宽来表示,电路的等效噪声带宽 Δf_n 是这样的矩形功率增益曲线的频率间隔,此矩形功率增益曲线的高度和电路的实际功率增益曲线的高度相同,而面积等于实际功率增益曲线与频率轴所包围的面积.

④噪声系数.

对于任一四端线性网络系统,内部会产生噪声电流源和噪声电压源,同一放大器,接入不同信号源,会有不同的输入噪声,为了说明这一特性,引入噪声系数 NF 来描述这种性能,其定义为

$NF=20\log\dfrac{\text{输入电压信噪比}}{\text{输出电压信噪比}}$,其单位为分贝.可见,噪声因子越大,放大器的噪声性能越差.

(2)噪声的来源及分类.

产生噪声来源有很多,根据其来源,可以分为两大种类.第一类为外部噪声和干扰源,包括电源频率及其谐波干扰、汽车引擎、电弧、电火花等产生的噪声,以及电台、电视台信号的干扰、光照的影响、大气的变化、结构振动、温度涨落,这些噪声源还包括来自宇宙的宇宙射线、宇宙电磁干扰等,这类噪声可统称环境噪声.第二类是来源于电路内部的噪声源,这些噪声主要来自设备的元件中载流子的热起伏、闪烁效应和颗粒性载流子的不平滑,也把这些噪声统称为电子噪声,主要包括热噪声、散粒噪声、暗电流噪声、低频噪声等类型.

热噪声是由于导体中自由电子的随机运动所引起的,由于电子带有 1.6×10^{-19}C 电荷,因而电子的随机运动表现出电流的波动,这种运动将使器件中自由电子起伏变化,就形成器件的热噪声电流.

散粒噪声是在晶体三极管、二极管和电子管中,当电荷载流子扩散通过结或从阴极表面发射时,电子载流子速度不一致,使得电流发生波动而产生的噪声.

(3)抑制噪声的方法.

在微弱信号检测中,提高信号检测灵敏度,抑制噪声的影响,主要有以下几种途径:一是对环境噪声进行抑制;二是从传感器及放大器入手,降低它们的固有噪声水平或研制新的低噪声传感器;三是分析测量中噪声规律和信号规律,通过各种手段从噪声中提取信号.

对环境噪声的抑制方法,可采取屏蔽、接地与布线三种措施.对于从空间进入的外界干扰,对放大器作良好的屏蔽会起很好的隔离效果.对于不同的干扰,应该采取不同的物理屏蔽手段.对于接地设计,要求达到减小公共阻抗发生的噪声电压,抑制电容性耦合效果,避免构成回路.在布线中信号线必须绞扭,减小干扰;信号线应与电源线相互垂直,并保持最大的距离.

设计放大器时,应注意电路组态和放大器工作点的选择,各级增益分配和优质元件的选择,以减小电子噪声的影响.

在噪声中提取信号,即微弱信号的检测,目前主要的方法有:相关检测、重复信号的时域平均、离散信号的统计处理和计算机处理.相关检测就是利用锁相放大技术,利用待测信号与参考信号的互相关原理实现对信号的窄带化处理,有效地抑制噪声,实现对信号的检测和跟踪.时域信号的平均处理是利用重复信号的多次测量平均排除噪声的影响,提取噪声中的信号.

2. *相关检测原理*

(1)相关器工作原理.

两个函数的乘积对时间求积分为零,则这两个函数为不相关,否则为相关.微弱信号的相关检测就是利用两个函数间的相互关系进行的,若利用随机信号中的自相关函数来接收信号叫自相关接收,若利用两个随机过程的互相关函数来检测称为互相关检测.

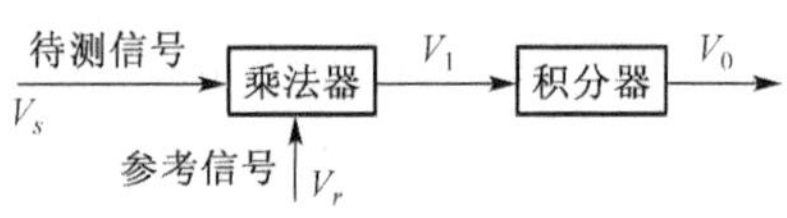

图 14-1 相关器原理图

相关器(简称 PSD)是由相敏检波器和低通滤波器组成,或者说由乘法器和积分器组成,是锁相放大器的核心部件.乘法器又有模拟乘法器和开关式乘法器,而通常都用开关乘法器,积分器通常由低通滤波器构成.相关器的原理图如图 14-1.设

待测信号 $V_s(t) = V_s\cos(\omega_s t + \varphi_s)$

参考信号 $V_r = V_r\cos(\omega_r t + \varphi_r)$

则经乘法器的输出信号

$$\begin{aligned} V_1 &= V_s(t)V_r(t) \\ &= \frac{1}{2}V_sV_r\cos[(\omega_s+\omega_r)t+(\varphi_s+\varphi_r)] + \frac{1}{2}V_sV_r\cos[(\omega_s-\omega_r)t+(\varphi_s-\varphi_r)] \end{aligned} \tag{14-1}$$

由上式可见,乘法器的输出 V_1 由待测信号与参考信号的和频 $(\omega_s+\omega_r)$ 及差频 $(\omega_s-\omega_r)$ 两部分组成.当 $\omega_s=\omega_r$ 时,经积分器即低通滤波器输出的信号 V_0 为

$$V_0 = KV_sV_r\cos\varphi \tag{14-2}$$

式中 K 为低通滤波器的传输系统数;φ 为待测信号与参考信号的相位差.由上式可知当待测信号与参考信号同频率时,相关器输出的信号与待测信号的幅度 V_s 有关,也与待测信号与参考信号的相位差 φ 有关.调整参考信号的相位 φ_r,当 $\varphi_r=\varphi_s$ 时,相关器的输出信号与待测信号的幅度成正比,因而实现了幅度的检测目的.

由(14-2)式可知,相关器输出 V_0 与参考信号 $V_r(t)$ 有关,因此要求参考信号质量很高,而实际中参考信号是稳定的方波信号,也就是乘法器采用开关乘法器,其原理框图如图 14-2,方波参考信号的数学表达式为

$$V_r(t) = \frac{4}{\pi}\left[\cos(\omega_r t+\varphi_r) - \frac{1}{3}\cos3(\omega_r t+\varphi_r) + \frac{1}{5}\cos5(\omega_r t+\varphi_r) - \cdots\right]$$

则(14-1)式可改写为

$$\begin{aligned} V_1 &= V_s(t)V_r(t) \\ &= \frac{2}{\pi}V_s\left\{\cos[(\omega_s\pm\omega_r)t+(\varphi_s+\varphi_r)] - \frac{1}{3}\cos[(\omega_s\pm3\omega_r)t+(\varphi_s\pm3\varphi_r)] + \cdots\right\} \end{aligned} \tag{14-3}$$

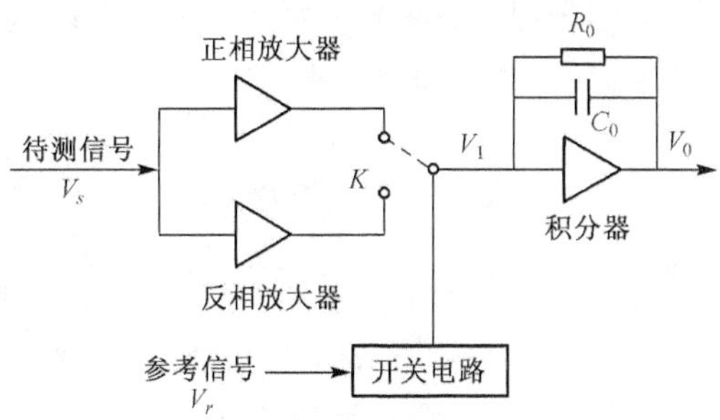

图 14-2　用开关乘法器的相关器框图

当 $\omega_r = \omega_s$ 时，经低通滤波器的输出信号 V_0 为

$$V_0 = KV_s\cos\varphi \tag{14-4}$$

式中 K 为低通滤波器的传输系数；φ 为参考信号与待测信号的相位差. 由(14-4)式可知，相关器的输出还是只与待测信号的幅度 V_s 及参考信号与待测信号的相位差 φ 相关. 对于不同的相位差 φ，相关器有不同的输出 V_0. 当 $\varphi=0$ 和 180°时，V_0 最大；$\varphi=90°$和 270°时 V_0 为 0，输出最小，它们各点的波形如图 14-3. 而对于干扰信号由于它与参考信号不相关，虽然开关乘法器有输出，但经过积分器取平均后，输出为 0，如图 14-4.

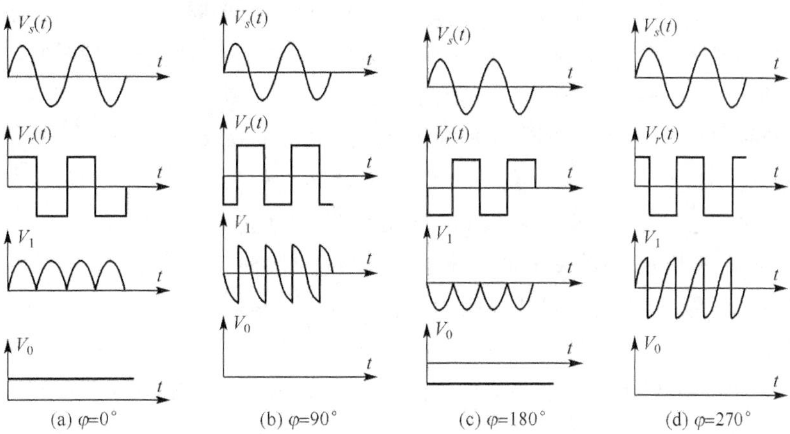

图 14-3　相关器各点波形

(2) 相关器的特性.

①谐波响应.

由于相关器采用的参考信号为方波，由(14-3)式可知，当输入信号的频率与参考信号的奇次谐波频率($2n+1$)相同时，经低通滤波器就会有直流分量输出，而这些奇次谐波输出的幅度为基波幅度的($2n+1$)分之 1. 当输入信号的频率与参考信号的偶次谐波频率($2n$)相同时，经低通滤波器将没有直流分量输出，说明相关器能抑制偶次谐波，是以参考信号频率为参数的方波匹配滤波器. 相关器的输出 V_0 与 f/f_r 响应曲线如图 14-5.

②等效噪声带宽.

在参考信号基波频率 $f_r \pm \Delta f$ 范围的噪声成分都会

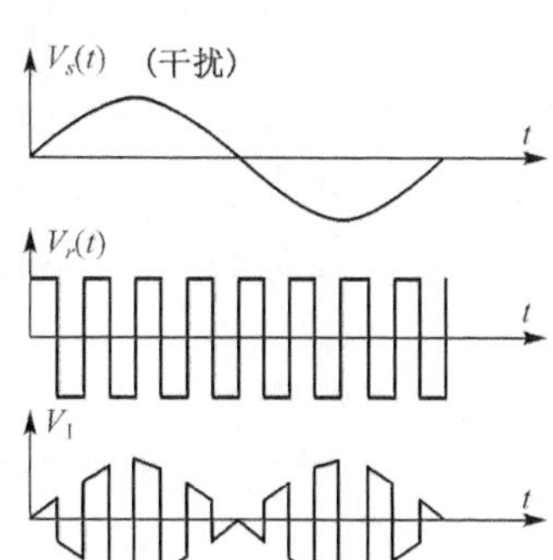

图 14-4　相关器对干扰信号的抑制

经过混频后作为噪声经低通滤波器输出. 基波的等效噪声带宽 Δf_{NI} 为两倍的低通滤波器的等效噪声带宽,即

$$\Delta f_{NI} = 2\Delta f_{NLPT} = 1/2R_0C_0 = 1/2T \qquad (14\text{-}5)$$

总等效噪声带宽为

$$\Delta f_N = \frac{\pi^2}{8}\Delta f_{NI} = \frac{\pi^2}{16T} \qquad (14\text{-}6)$$

式中 $T=R_0C_0$ 为低通滤波器的时间常数.

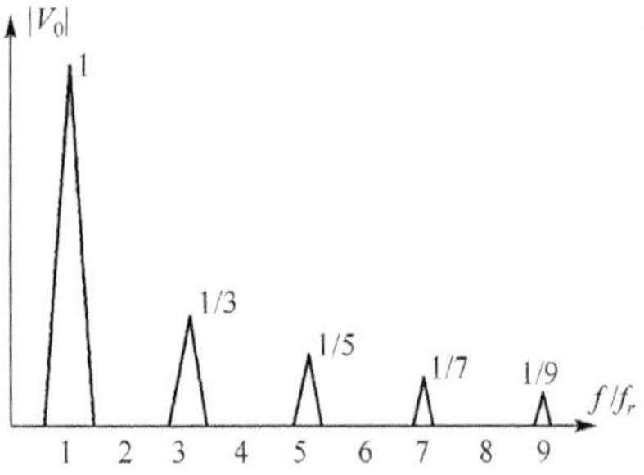

图 14-5 $V_0 \sim f/f_r$ 响应曲线

③相敏特性.

当输入信号为一恒定幅度的与参考信号同步的对称方波时,相关器输出直流电压和参考信号与输入信号的相位差呈线性关系,这时相关器可作为检相器或相敏检波器.

3. 同步积分器原理

同步积分器是利用同步累积法的原理实现从噪声中提取信号的电路. 它与相关器相结合可以改善系统的动态范围,提高仪器的过载能力.

同步积分器由两个累积器组成,这两个累积器通过转换开关依次与信号连通并产生输出,而开关的频率与输入信号的频率要相同,原理图见图 14-6. 其中积分电路 RC_1、RC_2 构成两个累积器,通过开关 K 的转换,使输入信号的正半周在 C_1 上积分,负半周在 C_2 上积分,如果积分电路的时间常数比输入信号的周期大得多,并且同步积分器的负载很大,则输入信号将在两个积分电容器上多次积累,如果 $V_i(t)$ 为正弦波信号,则两个电容器上积累的电压最后将分别等于 $V_i(t)$ 在半周期内的平均值,两者的极性相反. 若 $V_i(t)$ 是方波周期信号,则在两个积分电容器上积累的电压最后将分别等于 1/2 方波的幅度,极性也相反. 由此可见,当输入信号的频率与转换开关的频率相同且相位合适时,同步积分器的输出信号为与参考信号同频率的方波信号,其幅度则与输入信号的幅度有一定的比例关系. 对于噪声信号,由于它变化的随机性,它不可能与开关同步,在积分电容上累积时,总有一部分由于极性不同而被抵消掉,因此同步积分器具有抑制噪声的能力,且积分常数越大,输出的噪声越小.

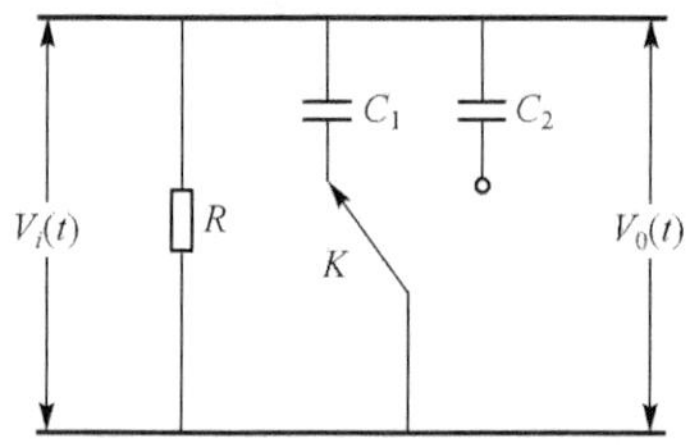

图 14-6 同步积分器原理图

因此,同步积分器的输出信号是一方波的交流信号,方波的频率等于转换开关的频率,其幅度与输入信号的幅度具有一定的比例关系.

4. NL-1 型锁相放大器的组成及原理

NL-1 型锁相放大器的工作原理方框图如图 14-7 所示. 它由参考通道、输入信号通道、加法器、同步积分器、相敏检波器(乘法器)、白噪声信号源、1kHz、10kHz 正弦波信号源,过载指示以及电源等部分组成.

(1)输入信号通道.

输入信号通道包括低噪声前置放大器、高低通滤波器、放大器、加法器. 它的功能和作用是放大信号,使信号放大到足够大,适合同步积分器正常工作,其放大倍数在 100~1000 倍可变. 其中前置放大器为低噪声前置放大器,采用超低噪声场效应管作为输入级. 高低通滤波器可以根据需要来选择高低通的截止频率,限制噪声带宽和抑制外来干扰,提高后级仪器的动态范围.

加法器是为了教学的需要而设置的,可以人为地把外加干扰或噪声与信号混合,测量或观察后级的同步积分器的抑制干扰与噪声的能力.

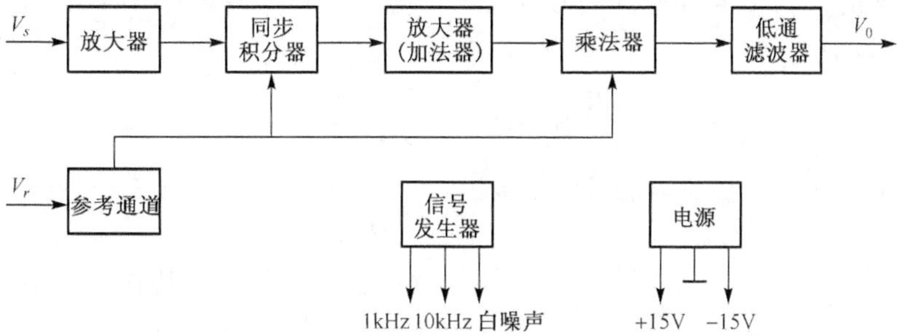

图 14-7　NL-1 锁相放大器原理方框图

(2)参考通道.

参考通道的作用是提供与被测信号同步的方波.作为同步积分器和相关器的开关激励电压，并为参考信号提供必要的定标相移电路.它包括触发过零电路、一节 100°的连续可变的相移器和三节固定 90°的相移器.触发过零电路是把不同波形的参考输入信号变成与被测信号同频的脉冲或方波去触发下一级的相移电路.100°连续可调的相移器与三节 90°固定相移器，通过单稳与双稳电路能组成相移量分别为 0°，90°，180°，270°的对称方波，推动方波驱动级，再利用 0°～100°连续可变的相移电路，通过面板旋钮和开关控制实现相移量在 0°～370°范围内连续可调的方波，实现参考通道的功能.

(3)同步积分器和相关器.

它是仪器的核心部分.包括同步积分器、加法器、交流放大器、相关器、低通滤波器及直流放大器.同步积分器具有很强的抑制干扰和噪声的能力，并输出交流信号，动态范围大等许多优点.同步积分器后的加法器可以外加干扰或噪声与信号混合，便于研究相关器的性能.放大器是放大同步积分器的输出信号，达到相关器要求的输入信号大小.在相关器后的低通滤波器用于滤去相关器输出的交流信号和放大直流信号.

(4)白噪声、1kHZ、10kHZ 正弦波信号源.

这三个信号源是为教学需要而设置的.当需要这些信号源时可以从机内产生.

(5)过载指示和电源.

过载指示能指示仪器某一部分由于信号或噪声过大而引起过载，产生非线性.电源电路输出两路电源供仪器各部分使用.

5.锁相放大器的主要技术特性

锁相放大器与一般放大器不同的主要技术特性参量有以下几个方面.

(1)等效噪声带宽($ENBW$).

由前面已知低通滤波器的 $ENBW$ 为 $\Delta f_{NLPF}=\frac{1}{4R_0C_0}=\frac{1}{4T}$，而相关器的 $ENBW$ 为 $\Delta f_{NI}=2\Delta f_{NLPF}=\frac{1}{2R_0C_0}=\frac{1}{2T}$.因此，锁相放大器整机的等效噪声带宽为

$$\Delta f_{NI}=\frac{1}{2T} \tag{14-7}$$

式中 $T=R_0C_0$ 为时间常数.

(2)信噪比改善($SNIR$)

信噪比改善($SNIR$)为系统输出端的信噪比 S_0/N_0 与输入端信噪比 S_i/N_i 之比，即

$$SNIR=\frac{S_0/N_0}{S_i/N_i} \tag{14-8}$$

对于锁相放大器的 $SNIR$,可用输入信号的噪声带宽 Δf_{Ni} 与相关器输出的噪声带宽 Δf_{NLPF} 之比的平方根来表示,即

$$SNIR = \sqrt{\frac{\Delta f_{Ni}}{\Delta f_{NLPF}}} \tag{14-9}$$

若 $\Delta f_{Ni}=10\text{kHz}$,$RC$ 低通滤波器的时间常数为 0.25 秒,则 $\Delta f_{NLPF}=1\text{Hz}$,信噪比改善为 100 倍.

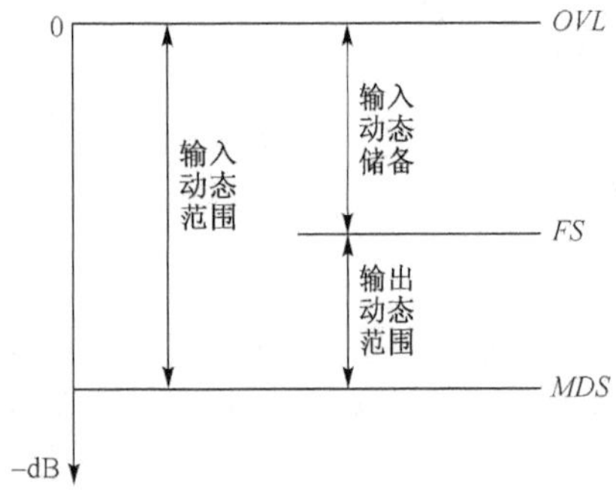

图 14-8　锁相放大器的动态特性

(3)动态特性.

表示锁相放大器的动态特性需要使用三个特征值,如图 14-8 所示. FS 为满刻度输入电平(当输出达满刻度时的输入相干信号电平),OVL 为最大输入过载入电平(允许的最大非相干信号的噪声输入电平),MDS 为最小可检测信号. 利用这三个特征值可以表示以下三个参数.

输入动态储备 $=OVL/FS$,它表示干扰比满刻度输入电平大多少 dB 时,锁相放大器仍不会过载.

输出动态范围 $=FS/MDS$,它表示满刻度读数是能测量的最小信号的多少倍.

输入总动态范围 $=OVL/MDS$,是最大输入过载电平与最小可检测电平之比,是评价锁相放大器从噪声中提取信号能力的主要因素.

其中输入总动态范围主要由前置放大器的输入端噪声和输出端直流漂移决定,一般情况是给定的. 对于输入噪声大时应该加大输入动态储备,使放大器不会因为噪声太大而过载,但这样会使漂移增大. 输入噪声小时,可以加大输出动态范围,相对减小输入动态贮备,得到低漂移的准确测量值. 总之应该根据测量的对象通过改变放大器的输入灵敏度来选择合适的满刻度输入电平的位置.

[实验内容]

实验内容一:基础实验部分

1. 相关器的输出波形观察及输出电压测量

测量参考信号与被测信号的相位差分别为 0°,90°,180°,270°时对应的乘法器输出波形和积分器输出的直流电压填入表 14-1,其中波形要填写量程、格数和幅度. 被测信号为正弦波,其幅度为 100mV,频率为 1kHz,相关器的交流放大倍数为 1,直流放大倍数为 10,积分时间常数为 1 秒. 实验框图见图 14-9.

表 14-1　输出波形、电压记录表

φ(°)	V_0	波形	量程、幅度
0			
90			
180			
270			

2. 相关器谐波响应的观察与测量

被测信号同上,参考信号从信号源的分频输出得到,改变分频数 $n=1,2,\cdots,6$,分别观察对应的乘法器输出波形,记录积分器输出的直流电压,记录数据列表.

3. 相关器相敏检波特性的测量

被测信号用 100mV 的方波信号,改变参考信号的相位 φ,从 0 测到 360°,每间隔 45°记录积

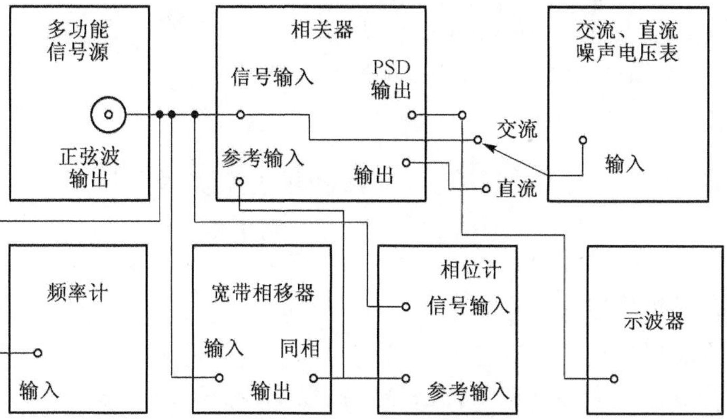

图 14-9　相关器波形观察实验框图

分器的直流输出电压，并作 V_0-φ 曲线图.

对以上三个实验内容分别给出实验结论.

实验内容二：设计实验部分

在充分准备的基础上，学生自拟出实验的开题报告(包括原理、实验线路、仪器要求、实验步骤、注意事项等)，经教师同意后，按下列要求进行测试，分析数据并写出实验报告.

1. 锁相放大器的工作特性和参数的测量

锁相放大器采用 NL-1 型锁相放大器，具体技术参数详见使用说明书.

(1)在同步积分器前输入信号和噪声，用示波器观察输入信号、噪声及输出波形. 改变高低通滤波器的截止频率和同步积分时间，观察并记录输出波形的变化.

(2)输入信号且在相关器前输入噪声，用示波器分别观察输入信号、噪声及用电表观测输出电压. 改变积分时间常数和相移器相位值，观察并记录不同相位时的输出电压值. 说明原因.

(3)锁相放大器的满刻度信号输入电平(*FS*)和过载电平(*OVL*)测量. 对于给定的信号源频率，选择相关器的交流、直流放大倍数、时间常数，调节相位使输出最大. 前面的其他参数一定的情况下，增加信号源的幅度，然后用直流电压表观察输出信号正好为满刻度时，记录这时的输入信号幅度(即 *FS* 值). 加入干扰信号依据原理测量过载电平(*OVL*).

2. 锁相放大器应用设计实验.

锁相放大器在微弱信号检测中应用非常广泛，由于热敏电阻的阻值随温度的变化很小，一般的方法测量误差较大，可以利用锁相放大器来测量. 请同学们设计测量电路，选择测量仪器，测量热敏电阻的温度特性，并分析测量误差.

[思考题]

(1)锁相放大器与一般含义的放大器有什么主要的区别?

(2)相关器和同步积分器是依据什么原理来检测微弱信号的?

(3)输入信号频率与参考信号的频率不同则锁相放大器就不会有输出，对否?

(4)改变低滤波器的时间常数对测量有什么影响?

(5)当参考信号与被测信号同频率时，相关器的输出有何规律?

(6)基础实验的三个内容的结论分别是什么?

[参考文献]

赖恒，赖发春，黄志高等. 2001. 近代物理实验. 福州：福建教育出版社

林理忠,宋敏. 1991. 微弱信号检测学导论. 北京:中国计量出版社
林木欣. 1994. 近代物理实验. 广州:广东教育出版社
吕斯骅,朱印康. 1991. 近代物理实验技术(1). 北京:高等教育出版社

实验 15 多点信号平均器

[实验目的]

(1)掌握多点信号平均器的工作原理.

(2)测量测量多点信号平均器的输出特性.

(3)学习利用多点信号平均器在干扰信号中提取信号波形.

[实验原理]

1. 信号及信号取样积累对信噪比的改善

(1)信号及信号检测方法.

微弱信号检测中的信号按其特点可进行分类. 例如有稳态的直流信号、重复信号、离散信号和不重复的单次信号,以及具有空间分布的信号等. 而重复信号又可分为频域信号和时域信号,它们又分为快速信号、缓变信号、不稳定信号、周期信号和非周期信号,以及相干和不相干信号等等.

锁相放大器是利用相干检测原理,相干检测是频率域的窄带化处理方法. 但若被测弱信号是一个用时间域描述的脉冲波形,这时用相干检测就很不方便,因为锁相放大器只能测量固有频率的有效值. 虽然时域信号可以利用时间频率转换的方法,但是实际测量中它们没有明显的直观关系,另外也不可能同时测量时域信号中丰富的频率分量,无法恢复信号的波形、相位等特性. 当要求恢复信号的波形(即包括频率、相位信息时)要利用重复信号的时域平均技术.

(2)多次取样积累对信噪比的改善.

重复周期信号与噪声的混合信号经过取样积累. 设信号与噪声混合信号表示为 $f(t) = f_s(t) + n(t)$,其中 $f_s(t)$ 为周期信号,$n(t)$为噪声信号.

如果以 t_k为起点,每隔时间 T 取样一次,则 i 次取样应该是

$$f(t_k + iT) = f_s(t_k + iT) + n(t_k + iT) \tag{15-1}$$

式中 i 为取样序数.

对于周期信号,由于处在同步状态下进行取样,因此对每个起点可以认为 $t_k=0$,于是有 $f_s(t_k + iT) = f_s(iT)$,如果经过 m 次的重复复后,第 i 个样品的积累值为

$$\sum_{k=1}^{m} f(t_k + iT) = \sum_{k=1}^{m} f_s(iT) + \sum_{k=1}^{m} n(t_k + iT)$$

则经过 m 次取样积累的周期信号为 $\sum_{k=1}^{m} f_s(iT) = mf_s(iT)$. 经过 m 次取样积累的噪声为

$$\sum_{k=1}^{m} n(t_k + iT) = \sqrt{m \cdot n(t)}$$

式中 $n(t)$为噪声的有效值,所以经过 m 次积累后的信号与噪声的混合信号为

$$\sum_{k=1}^{m} f(t_k + iT) = mf_s(iT) + \sqrt{m \cdot n(t)}$$

经过 m 次积累的信噪比为

$$\left(\frac{S}{N}\right)_m = \frac{mf_s(iT)}{\sqrt{m \cdot n(t)}} = \sqrt{m} \cdot \frac{mf_s(iT)}{n(t)} = \sqrt{m}\left(\frac{S}{N}\right)$$

所以,经过 m 次取样积累的信噪比改善为

$$SNIR = \left(\frac{S}{N}\right)_m \Big/ \left(\frac{S}{N}\right) = \sqrt{m} \tag{15-2}$$

上式说明,经过 m 次取样积累后,信噪比改善为 $\sqrt{m}$. 也就是说,周期性或重复性信号经过多次取样积累后,其信噪比有所提高,积累次数越多,信噪比改善得越好. 可见经过多次重复取样积累,对于周期信号是增强的趋势,而对于噪声则有减弱的趋势.

因此,根据取样原理和 $\sqrt{m}$ 法则,若要从噪声中恢复信号波形,可将被测信号按时间顺序划分为 n 个间隔,依次进行重复取样积累平均,取样间隔越小(n 越大),恢复信号越准确,平均次数 m 越大,信噪比改善也越大,这就是重复信号的时域平均技术.

2. 门积分器的特性

与锁相放大器中的相关器类似,门积分器是模拟多点信号平均器的核心.

简单的 RC 电路可组成一个不完全积分器,当输入一个阶跃电压时,其输出响应为指数关系曲线. 而用高增益的运算放大器组成的有源积分器则是一个完全积分器,当输入一个阶跃电压时,其输出响应为线性关系曲线,如图 15-1 所示.

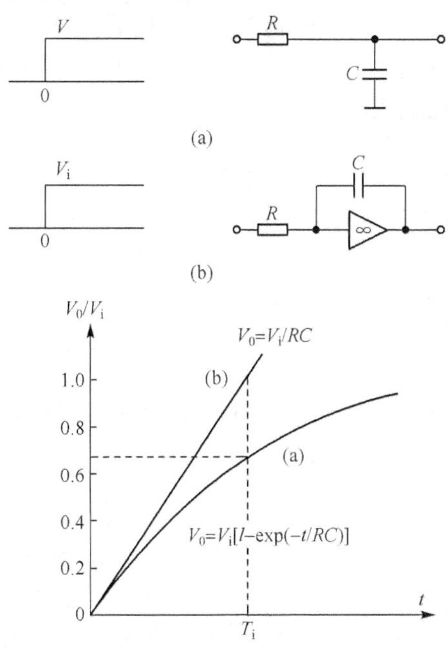

图 15-1　积分器的积分时间

对于不完全积分器处于门开关工作状态时,如图 15-2,在简单 RC 积分器前串入一个门控开关 K,其周期为 T,门宽为 T_g,输入端也是输入阶跃电压. 当门控开关 K 不存在时,其输出响应为指数关系. 当门积分器处于门开关状态时,门只有在门宽 T_g时间内开启,输出按 $T_C=RC$ 的时间常数充电. T_g以后门关闭,电容 C 处于保持状态,下一周期的门再次开启时,积分器又开始工作,T_g以后门又关闭,C 进入保持状态,如此不断循环,使输出响应呈阶梯状的指数曲线. 显然,其有效时间常数将大于 TC,称为观察时间常数 OT_C,设开关 K 的占空因子 $D=T_g/T$,则 $OT_C=T_C/D$. 可见周期 T 越大,或门宽 T_g越小,则 OT_C也越大.

门积分器的工作方式有指数平均和线性求和两类,在扫描工作方式中,常用指数平均,在定点工作方式中,可用线性求和. 对于完全积分器则是线性求和,而不完全积分器是指数平均,如图 15-3所示.

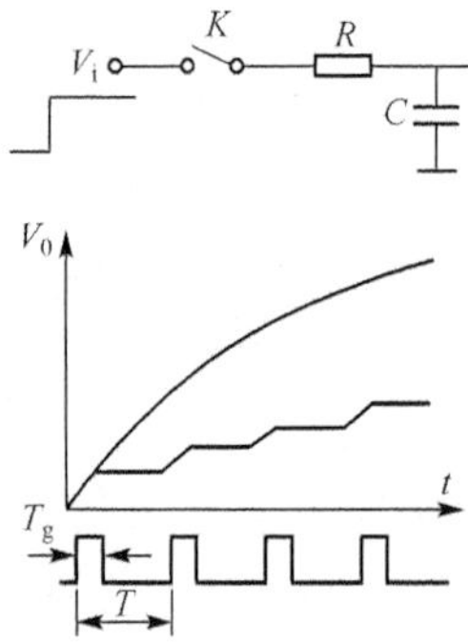

图 15-2　门积分器的响应曲线

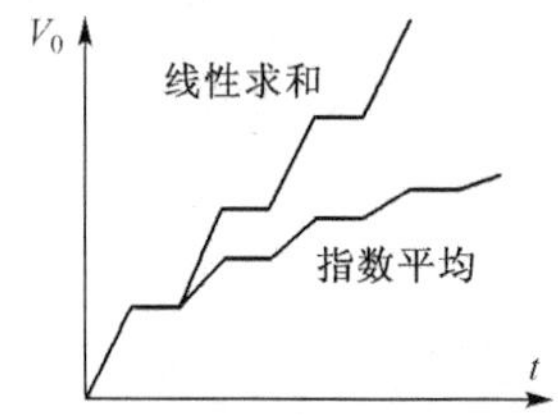

图 15-3　门积分器的积分方式

3. 多点信号平均器的工作原理和框图

多点信号平均器的取样点的多少直接影响恢复波形的精度，取样点越多恢复的波形就越精确. 具体取样的点数可依据恢复波形的精度、成本及技术等因素来选择. 多点信号平均器若用数字存储器，通常用 1024 个采样点；采用模拟存储器的通常为 120 个采样点.

简单的多点信号平均器是把多个门积分电路并联起来，由控制系统依次控制各个门的打开时间，并同时控制依次同步输出. 图 15-4 是 240 个取样点的模拟式多点信号平均器的框图.

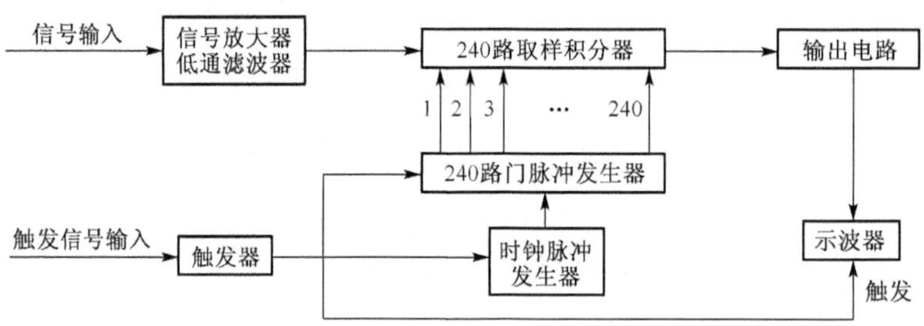

图 15-4　240 路模拟式多点信号平均器原理简图

外界输入的触发信号通过触发电路输出触发信号，该触发信号分别送给时钟脉冲发生器、n 路门脉冲发生器和示波器，控制它们同步触发. 改变时钟脉冲的频率，可以改变取样门的宽度 T_g，n 路门脉冲发生器输出的控制脉冲用于控制各自对应的取样积分器的门.

图 15-5 是 n 路取样积分器的原理示意图，它是多点信号平均器的核心. 其中 K_1'、K_2'、K_3' 到 K_n' 为输入开关，K_1''、K_2''、K_3'' 到 K_n'' 为输出开关，它们之间互相对应，同步工作；也就是说，K_1' 打开时，K_1'' 也打开，K_1' 关闭时，K_1'' 也关闭. 它们的闭合和打开由 n 门脉冲来控制.

图 15-6 是多点信号平均器的原理框图，噪声信号和待测信号均输入到加法器，它们的混合输出可以由加法器输出来检测，同时送入多点信号平均器；多点信号平均器的门控脉冲则由参考输入信号经过零比较电路与取样脉冲产生和控制电路来提供，多点信号平均器的时间常数由专门的控制器控制，输出电路负责平均后的信号送到输出端口.

[实验内容]

在充分准备的基础上，学生自己拟出实验的开题报告(包括原理、实验线路、仪器要求、实验步骤、注意事项等)，经教师同意后，按下列要求进行测试，分析数据并写出实验报告.

(1)实验仪器. 一台双踪示波器，微弱信号检测技术实验综合装置一套(含电源、多点信号平均器、多功能信号源、高低通滤波器、相位计、频率计、交直流和噪声电压表).

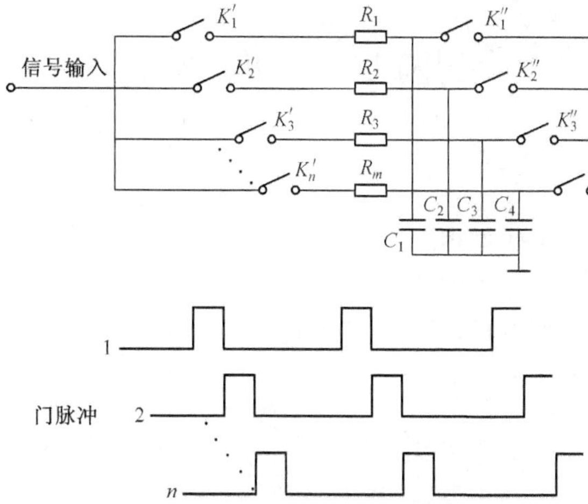

图 15-5　*n* 路取样积分器原理示意图

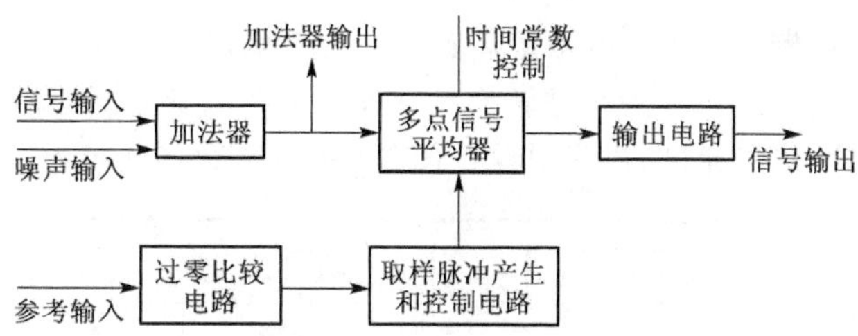

图 15-6　多点信号平均器原理框图

(2)观察和测量多点信号平均器的输出特性.

(3)观察和测量在噪声中提取的信号波形.

(4)观察和测量在干扰信号背景中提取的信号波形.

(5)观察和测量多点信号平均器的过载电平.

[思考题]

(1)如何理解多次取样积累会对信号的信噪比有所改善？

(2)门积分器在多点信号平均器中起什么作用？积分器的门宽对恢复波形会有什么影响？

(3)积分器的时间常数对多点信号平均器的信噪比改善能力有何影响？

(4)实验中用白噪声和用多功能信号源输出的信号作为噪声输入信号有何区别,目的是什么？

(5)多点信号平均器的过载电平是指什么？多点信号平均器的过载电平与输入噪声的频率是否有关？若有,是什么关系？

[参考文献]

陈佳佳.1987.微弱信号检测.北京:中国广播电视大学出版社

赖恒,赖发春,黄志高等.2001.近代物理实验.福州:福建教育出版社

林木欣.1994.近代物理实验.广州:广东教育出版社

刘文生,李锦林.1981.取样技术原理与应用.北京:科学出版社

吕斯骅,朱印康.1991.近代物理实验技术(1).北京:高等教育出版社

实验16　电阻式传感器

[实验目的]

(1)理解传感器的概念.

(2)掌握金属箔式应变片的工作原理.

(3)了解单臂、半桥、全桥测量电路的性能.

(4)了解交流供电的四臂应变电桥的原理、工作情况和应用.

(5)了解温度对应变测试系统的影响.

[实验原理]

1. 传感器概念

(1)传感器的定义.

实验中常常要对各种非电量(如力、热、声、光等)进行测量.在自动控制技术和自动检测技术中,通常是将各种被测量借助某种物理效应转换成与之有确定关系的电量,经放大处理后进行测量.我们把能够将各种非电量转换为与被转换量有确定关系电量输出的器件或装置称为传感器.传感器一般由敏感元件、传感元件、测量电路三部分组成,如图16-1所示.

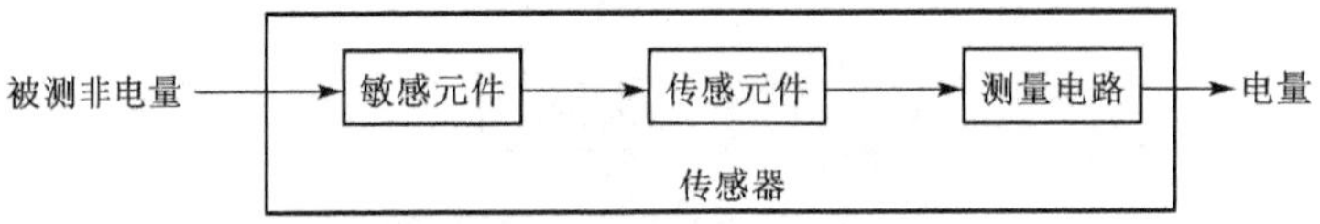

图16-1　传感器原理结构

(a)敏感元件——将被测非电量直接转换成与之有确定关系的中间量(一般仍为非电量)的元件或装置.

(b)传感元件——将中间量直接转换成电量的器件称为传感元件.

(c)测量电路——对传感元件输出的电信号进行处理,使其成为便于显示、记录、打印和反馈控制的有效电信号的各种电路.

需要说明的是,并不是每一个传感器都包含上面框图中的每一个部分,有的传感器本身既是敏感元件又是传感元件,有的传感元件的输出电信号本身就具有良好的线性和足够的幅度,而不需要额外的测量电路.

(2)传感器的基本特性.

传感器作为感受被测量信息的器件,它要能按照一定的规律输出有用信号,传感器的特性指的是输入与输出的关系.当输入量为常数或变化极慢时,称为静态特性,当输入量随时间较快地变化时称为动态特性.下面介绍常见的传感器的静态特性.

(a)灵敏度.传感器输出增量与输入增量之比.灵敏度高的传感器对同样的输入增量有较大的输出增量.

(b)分辨率.传感器所能检测到的输入增量的最小值.分辨率高的传感器对于较小的输入增量能有一个可辨识的输出增量.

(c)线性度.传感器输入/输出曲线偏离理想曲线(直线)的程度.偏离越小,此传感器的线性度越高.

(d)稳定度.在长时间使用时,对应于相同的输入量传感器输出量的最大变化.输出量变化越小说明传感器越稳定.

(e)重复性.传感器多次测量所得输入/输出特性曲线不一致性的程度.

(f)迟滞现象.传感器在正向(输入量增大)行程的输出/输入特性曲线和反向行程(输入量减少)行程的输出/输入特性曲线不重合的现象.

2.应变式电阻传感器

电阻式传感器就是利用一定的方式将被测量的变化转化为敏感元件电阻值的变化,进而通过电路变成电压或电流信号输出的一类传感器,可用于各种机械量和热工量的检测.目前,常用的电阻传感器主要有电阻应变片、热电阻、光敏电阻、气敏电阻和湿敏电阻等几大类.电阻应变片是利用电阻应变效应原理制成的,常见有半导体应变片和金属电阻应变片.

(1)应变片的工作原理.导体或半导体材料的电阻公式如下:

$$R = \rho \frac{L}{A}$$

式中 ρ 为电阻率,L 为导体长度,A 为导体截面积.

导体或半导体材料在受到外力作用时,产生机械变形,ρ,L,A 三者都发生变化,导致其阻值变化,这种因形变而使其阻值发生变化的现象称为"应变效应".应变式电阻传感器就是应用这个原理制作的.

应变式电阻传感器的结构如图 16-2,在应变片的绝缘材料基片上制作上电阻丝即构成金属应变片的基本结构.

图 16-2 金属电阻应变片的结构

(2)应变片的灵敏度.

应变片的一个很重要的特性是应变片的灵敏度.电阻丝的电阻

$$R = \rho \frac{L}{A} \tag{16-1}$$

在应变片受到外力发生形变后,ρ,L,A 都发生了变化,因而引起电阻 R 也发生相应的变化.对(16-1)式进行微分可得

$$\mathrm{d}R = \frac{\rho}{A}\mathrm{d}L + \frac{L}{A}\mathrm{d}\rho - \frac{\rho L}{A^2}\mathrm{d}A \tag{16-2}$$

$$\frac{\mathrm{d}R}{R} = \frac{\mathrm{d}L}{L} + \frac{\mathrm{d}\rho}{\rho} - \frac{\mathrm{d}A}{A} \tag{16-3}$$

为讨论方便我们假设电阻丝的截面的圆形的,则

$$A = \pi r^2, \qquad \frac{\mathrm{d}A}{A} = 2\frac{\mathrm{d}r}{r}$$

定义 $\frac{\mathrm{d}L}{L} = \varepsilon_x$ 为电阻丝的轴向应变;$\frac{\mathrm{d}r}{r} = \varepsilon_y$ 为电阻丝的径向应变.由材料力学知

$$\varepsilon_y = -\mu\varepsilon_x$$

代入(16-3)式得

$$K_0=\frac{\mathrm{d}R/R}{\varepsilon_x}=(1+2\mu)+\frac{\mathrm{d}\rho/\rho}{\varepsilon_x} \tag{16-4}$$

式中 K_0 称为电阻丝的灵敏系数,对于确定的材料,K_0 为常数.所以,电阻丝的电阻相对变化 $\frac{\mathrm{d}R}{R}$ 与轴向应变 $\frac{\mathrm{d}L}{L}$ 成正比.

在弹性形变范围内,应力值正比于应变,应变正比于电阻值的变化,所以应力正比于电阻值的变化.只要测量电阻值的变化即可求得应力的大小.

(3)电阻应变片的测量电路.

(a)直流电桥.

测量电路如图 16-3 所示,当电桥的四个桥臂满足 $R_1R_4=R_2R_3$ 的关系时,电桥的输出电压 U_0 为零,这时电桥处在平衡状态.在测量时,常用一个或几个可变电阻或应变片代替固定阻值的桥臂.当应变片受力发生电阻变化时,桥臂偏离平衡.一般情况下 R_L 比桥臂电阻大得多,为便于讨论,忽略 R_L.同时考虑到应用中,当电桥的桥臂用应变片代替时,应变片电阻的变化率 $\Delta R_X/R_X$ 都很小,可以推导出

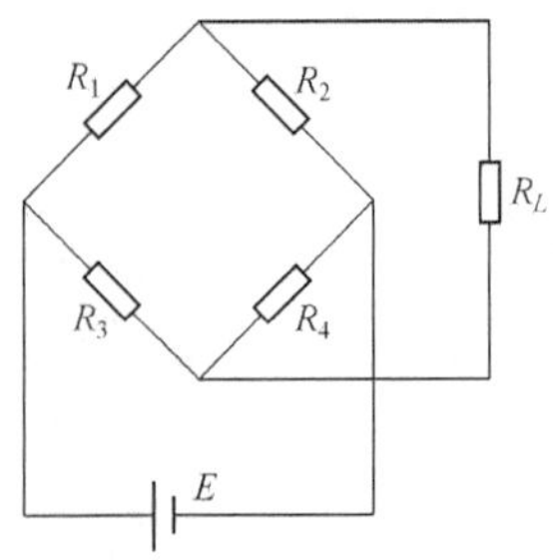

图 16-3　直流电桥原理结构

$$S_v=\frac{U_0}{\Delta R_1/R_1}=E\frac{n}{(1+n)^2} \tag{16-5}$$

式中 S_v 为电压灵敏度;U_0 为不平衡电桥的输出电压;n 为桥臂比 $\left(n=\frac{R_2}{R_1}\right)$.

从(16-5)式可以得出如下结论:其一,电桥的灵敏度正比于电桥供电电压.其二,电桥电压灵敏度是桥臂电阻比值的函数.其三,桥臂比 $n=1$ 时电压灵敏度最高.即当 $R_1=R_2$,$R_3=R_4$ 时电压灵敏度最高.可以推得

$$U_0\approx\frac{1}{4}E\frac{\Delta R_1}{R_1} \tag{16-6}$$

上面为讨论方便所忽略的各个方面误差多多少少都影响着测量电路的线性度,因而在实验应用中,还得想方设法减小它的影响.常用的有如下几种方法:其一,提高桥臂比,从(16-5)式可以看出,提高 $n=R_2/R_1$ 可减少非线性误差,但会降低灵敏度.其二,采用高内阻的恒流源电桥.其三,采用差动电桥.

差动电桥主要有半桥差动电路和全桥差动电路.在实际应用中常把应变片贴在被测件的两面.当被测件受外力作用发生形变时,贴在其中一面的应变片受拉形变,而另一面的应变片情况相反,受压形变.它们的电阻发生相应的变化,一个变大,一个变小,形成所谓的差动,以这样的一组应变片作为电桥的两个桥臂 R_1 和 R_2,即构成半桥差动电桥,如图 16-5 所示.假设 $R_1=R_2$,$R_3=R_4$,$\Delta R_1=-\Delta R_2$,可以推得

$$U_0=\frac{1}{2}E\frac{\Delta R_1}{R_1} \tag{16-7}$$

半桥差动电路的电压灵敏度比普通电桥高了一倍.而且没有非线性误差.

如果被测件的两面各贴有两片应变片,当被测件受外力作用发生形变时,其中两片应变片受拉形变,而另二片应变片受压形变.以这样的一组应变片作为电桥的四个桥臂 R_1,R_2,R_3 和 R_4,即构成全桥差动电路,如图 16-5 所示.假设 $R_1=R_2$,$R_3=R_4$,$\Delta R_1=-\Delta R_2=\Delta R_3=\Delta R_4$,可以推得

$$U_0 = E\frac{\Delta R_1}{R_1} \tag{16-8}$$

全桥差动电路的电压灵敏度是普通电桥的四倍.

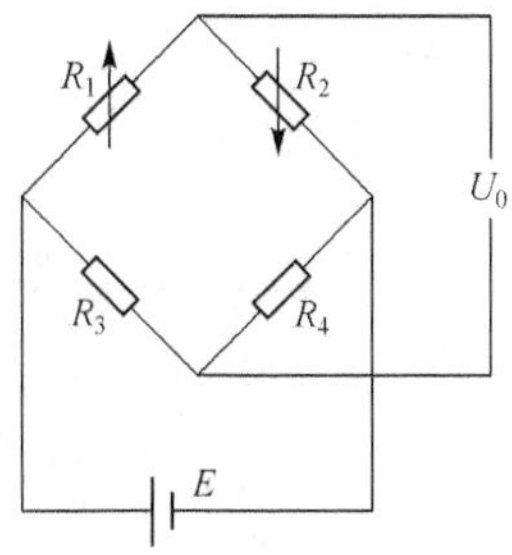

图 16-4　半桥差动电路原理结构

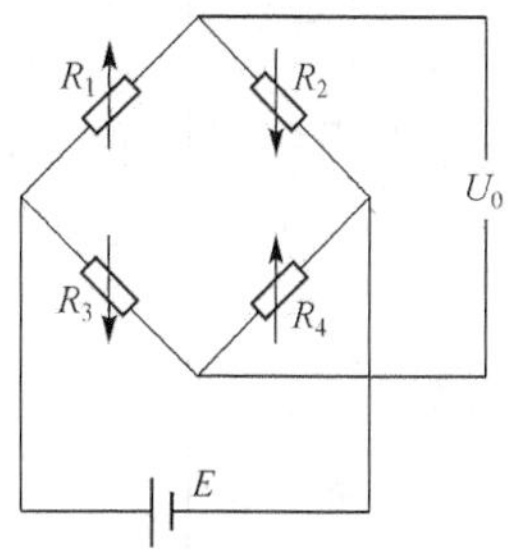

图 16-5　全桥差动电路原理结构

无论是半桥差动电路还是全桥差动电路，在把应变片作为桥臂接入电路时，都应该特别注意应变片安装的位置和受力的方向，只有在正确连接的情况下，电路方能正常工作.

(b)交流电桥.

将电桥的供电电源改为交流供电，可得交流电桥. 由于交流电路所存在的感抗和容抗，可以证明交流电桥的平衡条件为

$$Z_1Z_4 = Z_2Z_3$$

由于交流电桥的桥臂并非纯电阻电路，而且电路中的分布电容等电抗部分影响很大，所以交流电桥的调整比较复杂、困难. 但是交流电桥的传感输出量为交流信号，易放大处理，不易失真，漂移，所以交流电桥在应变传感中大量应用.

(一)金属箔式应变片性能——单臂单桥

[实验目的]

了解金属箔式应变片，单臂电桥的工作原理和工作情况.

[实验仪器]

CSY 传感技术综合实验仪，面板布置见图 16-6.

所需单元及部件：直流稳压电源、差动放大器、电桥、测微头、mV 表或 F/V 表.

[实验步骤]

(1)旋钮初始位置：直流稳压电源打到 OV 挡，mV 表打到±0.5V 挡，差动放大增益最大.

(2)观察梁上的应变片.

(3)接通总电源，及差动放大器电源.

(4)将差动放大器调零，方法是用导线将正负输入端与地端连接起来，然后将输出端接到电压表的输入插口，调整差动放大器上的调零旋钮使表头指示为零，然后将增益旋钮调小.

(5)根据图 16-7 的电路结构，利用电桥单元上的接线柱连接好测量线路(差动放大器接成同相反相均可).

(6)装上测微头，旋紧固定螺钉，转动测微头，使梁处于水平位置(目测).

(7)将直流稳压电源开关打到±4V 挡，预热数分钟，调整电桥平衡电位器，使表头指示为零，且逐步将电压表量程转换到 50mV 挡.

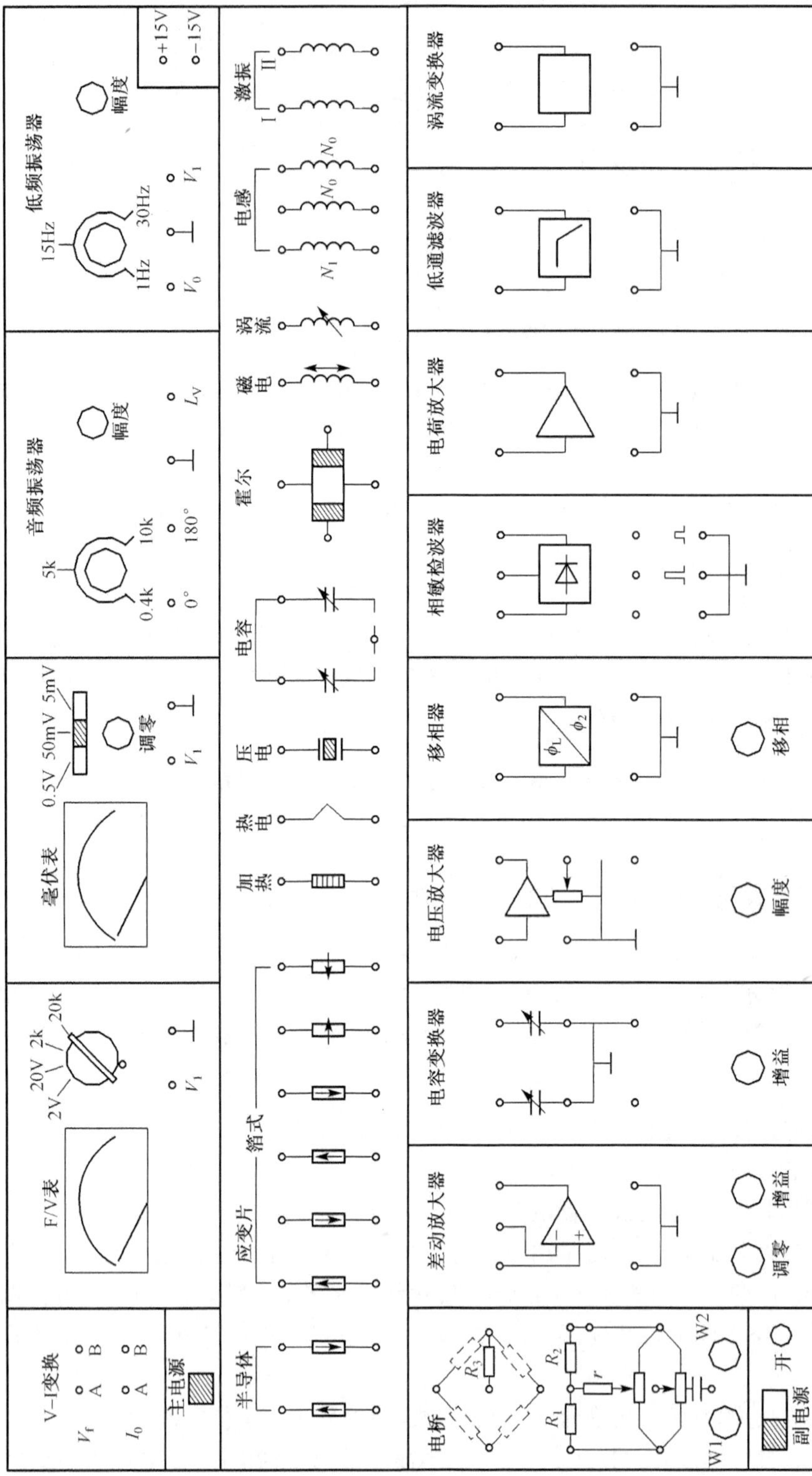

图 16-6 传感技术综合实验仪面板图

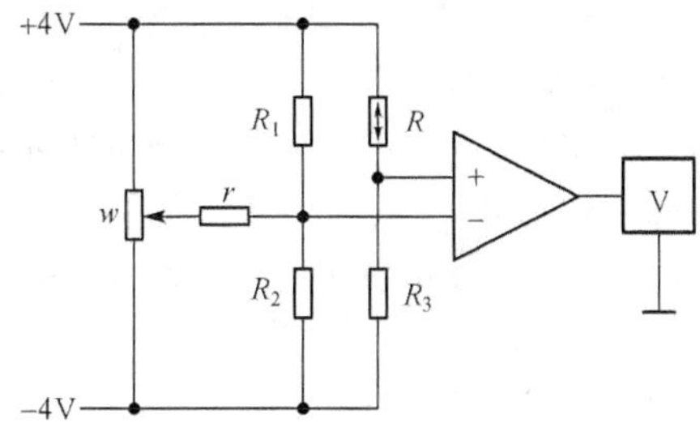

图 16-7　单臂电桥实验线路

(8)旋动测微头,记下梁端位移与表头显示电压的数值,每 1mm 记一个数值. 根据所得结果计算系统灵敏度 S,并作出 V-X 关系曲线. $S=\dfrac{\Delta V}{\Delta X}$,$\Delta V$ 为电压变化,ΔX 为相应的梁端位移变化.

位移/mm										
电压/mV										

[注意事项]

(1)电桥上端虚线所示的四个电阻实际上并不存在,仅作为标记.

(2)为确保实验过程中输出指示不溢出. 可先将梁调节至最大位移处,如指示溢出,适当减小差动放大器增益,此时差动放大器不必重调零.

(3)做此实验时应将低频振荡器的幅度关至最小,以减小其对直流电桥的影响.

[思考题]

(1)本实验电路对直流稳压电源有何要求. 对放大器有何要求.

(2)根据图 16-7,分析电路工作原理.

(二)金属箔式应变片的温度效应及补偿

[实验目的]

了解温度对应变系统的影响.

[实验仪器]

直流稳压电源、差动放大器、电桥、mV 表、测微头、加热器、水银温度计.

[实验步骤]

(1)旋钮初始位置:直流稳压电源打到 OV 挡,mV 表打到±0.5V 档,差动放大器增益打到最大.

(2)开启电源,将差动放大器调零.

(3)按图 16-7 接线,直流稳压电源打到±4V 挡.

(4)调节测微头使梁处于水平位置(目测),调整电桥平衡电位器,使输出为零.

(5)将加热器接同电源,观察电压数的变化.

(6)数分钟后,待电压表示值基本稳定后,记下读数.

(7)拆除接线,差动放大器重新调零,将热电偶的两个引出端接入差动放大器两输入端,读出热电势的值. 过程中,加热器始终工作,差动放大器增益保持不变.

(8)读出水银温度计指示的室温.

(9)根据公式

$$Eab(t,to) = Eab(t,tn) + Eab(tn,to)$$

及所附铜-康铜热电偶分度表，求出工作端温度.

其中 t——工作端温度，tn——室温，to——0℃. 差动放大器增益为最大 100 倍.

(10)求出系统的温度漂移值 $\Delta V/\Delta T$

(11)将图 16-7 中的 R_3 换成补偿片，重复以上实验，并与上面的结果进行比较.

[注意事项]

(1)接好线后，必须预热数分钟，以消除零漂影响.

(2)一般情况下不需要将加热器接±10V，以免温度过高损坏应变片.

铜-康热电偶分度(自由端温度 0℃)

工作端温度	0	1	2	3	4	5	6	7	8	9	de/dt(vu)
0	0.000	0.039	0.078	0.116	0.155	0.194	0.234	0.273	0.312	0.352	38.6
10	0.391	0.431	0.471	0.510	0.550	0.590	0.630	0.671	0.711	0.751	39.5
20	0.792	0.832	0.873	0.914	0.954	0.995	1.036	1.077	1.118	1.159	40.4
30	1.201	1.242	1.284	1.325	1.367	1.408	1.450	1.492	1.534	1.576	41.3
40	1.618	1.661	1.703	1.745	1.788	1.830	1.873	1.916	1.958	2.001	42.4
50	2.044	2.087	2.130	2.174	2.217	2.260	2.304	2.347	2.391	2.435	43.0
60	2.478	2.522	2.566	2.610	2.654	2.698	2.743	2.787	2.831	2.876	43.8
70	2.920	2.965	3.010	3.054	3.099	3.144	3.189	3.234	3.279	3.325	44.5
80	3.370	3.415	3.491	3.506	3.552	3.597	3.643	3.689	3.735	3.781	45.3
90	3.827	3.873	3.919	3.965	4.012	4.058	4.105	4.151	4.198	4.244	46.0
100	4.291	4.338	4.385	4.432	4.479	4.529	4.573	4.621	4.668	4.715	46.8

(三)金属箔式应变片：单臂、半桥、全桥比较

[实验目的]

验证单臂、半桥、全桥的性能.

[实验仪器]

直流稳压电源、差动放大器、电桥、V/F 表、测微头.

[实验步骤]

(1)旋钮的初始位置：直流稳压电源打到 OV 挡，V/F 表打到±2V 挡，差动放大器增益打到最大.

(2)按实验一方法将差动放大器调零.

(3)按图 16-8 接线，图中 R_4 为工作片，r 及 $w1$ 为调平衡网络.

(4)调整测微头使双平行梁处于水平位置(目测)，将直流稳压电源打到±4V 挡，选择适当的放大增益，然后调整电桥平衡电位器，使表头指零(需预热几分钟表头才能稳定下来).

(5)向上旋转测微头，使梁向上移动每隔 1mm 读一个数，将测得数值填入下表：

位移/mm										
电压/mV										

(6)保持放大器增益不变，将 R_3 换为 R_4 工作状态相反的另一应变片，形成半桥，调好零点，同样测出读数，填入下表：

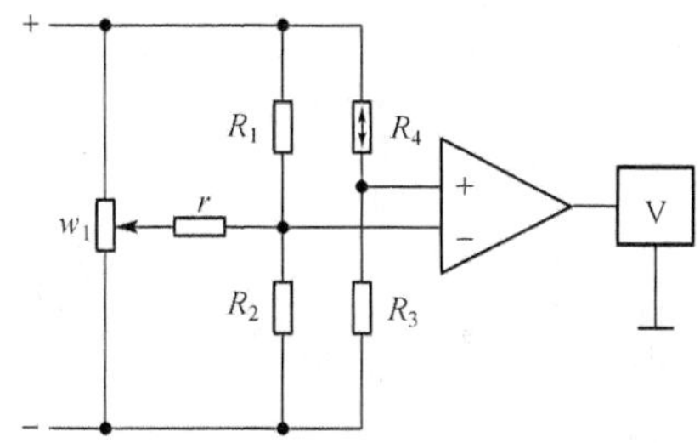

图 16-8　单臂电桥实验线路

位移/mm										
电压/mV										

(7)保持差动放大器增益不变,将 R_1,R_2 两个电阻换成另两片工作片,接成一个直流全桥,调好零点,将读出数据填入下表:

位移/mm										
电压/mV										

(8)在同一坐标纸上描出 X-V 曲线,比较三种接法的灵敏度.

[注意事项]

(1)在更换应变片时应将电源关闭.

(2)在实验过程中如有发现电压表发生过载,应将量程扩大.

(3)在本实验中只能将放大器接成差动形式,否则系统不能正常工作.

(4)直流稳压电源不能打的过大,以免损坏应变片或造成严重自热效应.

(5)接全桥时请注意区别各片子的工作状态方向.

(四)金属箔式应变片——交流全桥

[实验目的]

了解交流供电的四臂应变片电桥的原理和工作情况.

[实验仪器]

音频振荡器、电桥、差动放大器、移相器、相敏检波器、低通滤波器、V/F 表、测微头.

[实验步骤]

(1)旋钮初始位置:音频振荡器 5kHz,幅度关至最小,V/F 表打到±2V.差动放大器增益旋至最大.

(2)按实验一方法将差动放大器调零.

(3)从实验台上引出四片金属箔式应变片,在电桥单元上组成全桥(注意应变片的相对受力状态).

(4)按图 16-9 的电路搭成工作电桥,图中 R_1 ~R_4 为应变片,w_1、w_2、c、r 为调平衡网络,电桥激励必须从 Lv 插口输出.

(5)将音频振荡器的幅度旋至适中位置.根据实验内容四方法调整好移相器.

(6)装上测微头,旋紧固定螺钉,旋动测微头使梁处于水平位置(目测).调整 w_1 与 w_2 使电压表指零.

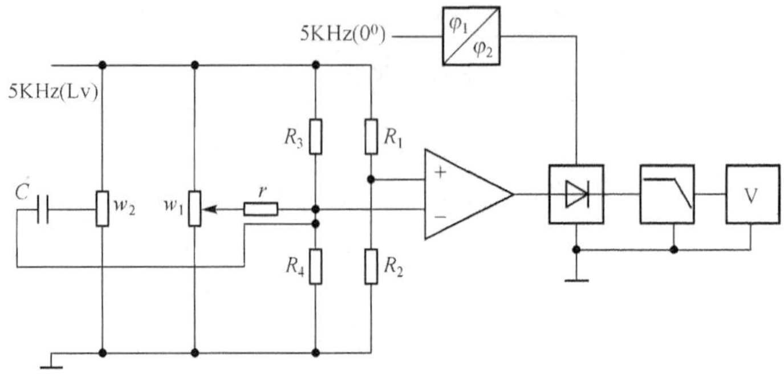

图 16-9　交流全桥实验线路

(7)旋转测微头,每隔 1.00mm 读数,并填入下表:

位移/mm										
电压/mV										

(8)根据所得数值根据所得数值,作出 X-V 曲线,并与前面支流电桥的结果相比较.

[注意事项]

(1)本实验也可用示波器观察各环节的波形.

(2)组桥时应注意应变片的受力状态,使桥路正常工作.

(3)差动放大器必须接成差动放大状态.

(4)如果紧接着做下面的实验,则不要变动音频振荡器的幅度旋钮及差动放大器的增益旋钮.

(5)如电压表跳动较大,请适当调整差动放大器之调零电位器.

[思考题]

交流电桥中必须有几个可调参数才能使电桥平衡,为什么?

(五)交流全桥的应用——振幅测量

[实验目的]

了解交流激励的金属箔式应变电桥的应用.

[实验仪器]

音频振荡器、电桥、差动放大器、移相器、相敏检波器、低通滤波器、低频振荡器 V/F 表,双线示波器.

[实验步骤]

(1)旋钮的初始位置:音频振荡器 5kHz,幅值适中,差放增益适中(差放应先调零).

(2)电路图 16-9 接线,得出灵敏度(可以直接利用实验内容四的结果,注意放大倍数和激励电压不能变).

$$S = \frac{\Delta V}{\Delta X}$$

(3)取下测微头,调节 w_1,w_2 使输出为零.

(4)开启示波器,准备观察差动放大器,低通滤波器的输出波形.

(5)接通激振器,将幅度旋钮旋至适当位置,此时低频振荡器的输出接到激振器的输入端,双平行梁开始振动,将幅度旋到适中位置.

(6)用示波器观察波形,并描下大致形状:

低通滤波器输出波形:为一______________ 波

差动放大器输出波形:为一______________ 波

(7)固定低频振荡器的幅度旋钮,调节频率,调节时用 F 表监测,用示波器读出低通滤波器的输出电压峰——峰值,填入下表:

f/Hz										
$V_{o\text{-}p\text{-}p}$/V										

根据实验可知,梁的自振频率大致为__________Hz.

[注意事项]

(1)低频振荡器的幅度旋钮应控制在不使梁的自由端碰到激振线圈架为宜.

(2)必须根据低通示波器的输出信号来调整扫描时间,否则从差动放大器输出的波形不能看出调幅现象.

(3)如果从低通滤波器输出的波形不光滑或线条太粗,则适当调节差动放大器的调零电位器.

(六)交流全桥的应用——电子秤之一

[实验目的]

了解交流供电的金属箔式应变电桥的实际应用.

[实验仪器]

音频振荡器、电桥、差动放大器、移相器、低通滤波器、V/F 表、砝码.

[实验步骤]

(1)按图 16-9 接线,调好移相器.

(2)将系统调零.

(3)在梁端上加不同重量的砝码进行标定,将结果填入下表:

W/g										
V/V										

(4)在梁端上加上一个重量未知的重物,记上电压表的读书:

(5)根据实验结果,得出重物的重量.

[注意事项]

(1)砝码应放在梁端的磁铁上.

(2)在悬壁梁系统的自由端部不得有与外部相碰擦的情况.

[参考文献]

黄贤武,郑莜霞.1999.传感器原理与应用.成都:电子科技大学出版社

实验 17 电感式传感器

[实验目的]

(1)理解自感式电感传感器的结构与原理.

(2)了解激励频率对自感式电感传感器的影响.

(3)理解差动变压器的结构与原理.

(4)了解用适当的网络线路对残余电压进行补偿.

(5)了解差动变压器测量系统的组成和标定方法.

(6)了解电涡流式传感器的结构与原理.

(7)了解被测体对涡流传感器的影响.

(8)了解电涡流式传感器测量振动的原理和方法.

[实验原理]

电感式传感器是利用电磁感应把被测量的物理量转换成线圈的自感系数 L 或互感系数 M 的变化,再由测量电路转换为电压或电流的变化量输出,实现非电量到电量的转换.

电感式传感器结构简单,没有活动电触点,避免了触点磨损造成的故障,因此工作可靠,使用寿命长.电感式传感器主要有自感式、互感式、涡流式三个类型.

1.自感式传感器

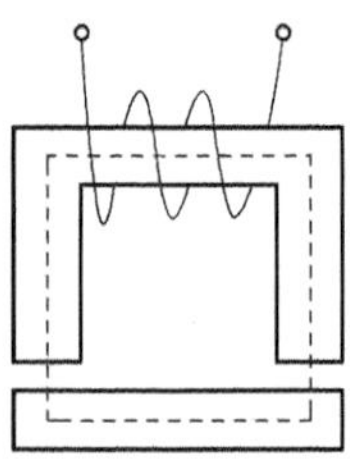

图 17-1 自感式传感器

自感式传感器由线圈、铁芯、衔铁三部分组成,如图 17-1 所示.自感式传感器是将被测量量的变化转换成自感线圈的电感量 L 的变化,通过测量电感量 L 的变化来进行测量的.自感式传感器的电感量 L

$$L=\frac{N^2}{R_m}=\frac{N^2}{R_r+R_\delta} \tag{17-1}$$

式中 N 为线圈匝数;R_m 为单位长度上磁路的总磁阻;R_r 为铁芯和衔铁磁阻;R_δ 为空气气隙磁阻.铁芯和衔铁、空气气隙磁阻为

$$R_r=\sum_{n=1}^{N}\frac{l_n}{\mu_n A_n} \tag{17-2}$$

$$R_\delta=\frac{1}{\mu_0}\sum_{n=1}^{N}\frac{\delta_n}{A_n} \tag{17-3}$$

式中 l_n 为铁芯或衔铁中磁通道的长度;A_n 为铁芯或衔铁横截面面积;μ_n 为铁芯或衔铁磁导率;δ_n 为气隙中磁通道的长度;A_n 为气隙横截面面积;μ_n 为空气磁导率.

从上式可以看出,改变磁路面积 A 或磁路长度 l 或 δ 都会使电感量 L 改变.当自感式传感器制好后线圈匝数和铁芯磁阻都是确定不变的.唯一能够改变的就是空气气隙磁阻.由于空气气隙磁阻远大于铁芯或衔铁的磁阻,所以传感器的电感可表示为

$$L\approx\frac{N^2}{2\delta/\mu_0 A}=\frac{\mu_0 AN^2}{2\delta} \tag{17-4}$$

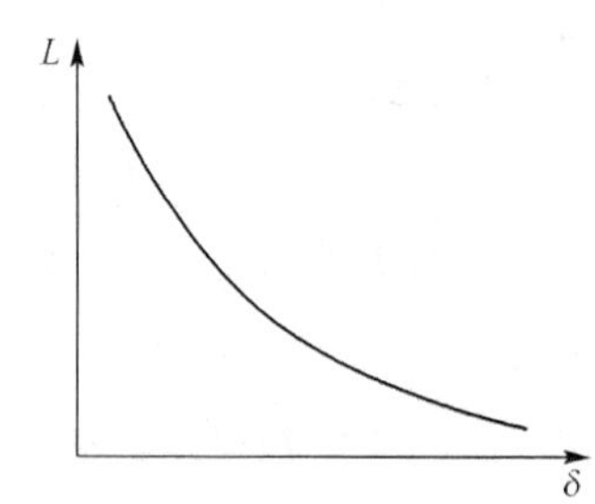

图 17-2 电感传感器输出特性曲线

当线圈匝数 N 和气隙截面积 A 不变时,电感传感器的输出特性决定于空气气隙的厚度 δ 的改变,输出特性曲线见图 17-2.从特性曲线可以看出,单线圈的电感传感器存在严重的非线性,只能在较小的变化范围内使用.

2.差动自感传感器

为克服单线圈自感传感器存在的严重的非线性,可将两个相同的单线圈电感传感器合在一块,共用一个衔铁,组成差动自感传感器.差动自感传感器的两个单一传感器部分完全对称,所有几何参数和电气参数完全一样,如图 17-3.当公用的衔铁活动时,两单一线圈传感器的电感 L 均

发生变化，一个变大，一个变小. 将差动自感传感器的两组电感作为差动电桥的两个桥臂接入电桥测量电路，它的灵敏度比单线圈的传感器高出一倍.

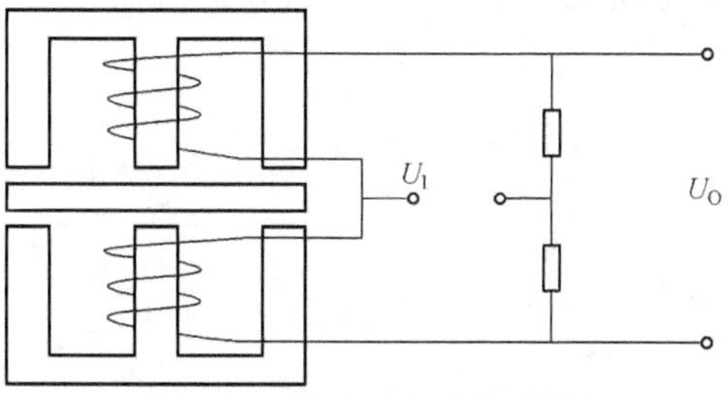

图 17-3　差动式自感传感器

3. 互感式传感器（差动变压器式传感器）

互感式传感器是将被测量量的变化转换成变压器的互感的变化. 当互感变压器的初级线圈加上交流电压时，次级则互感出与被测量相对应的电动势. 互感式传感器的输出通常设计成差动式输出，所以通常称为差动变压器传感器. 互感式传感器的结构和电原理图见图 17-4.

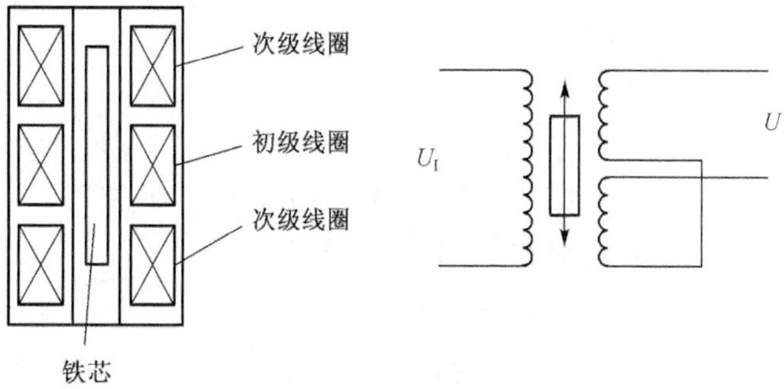

图 17-4　互感式传感器

如图 17-4，差动变压器的次级线圈按相反的极性串联. 当活动铁芯处于线圈中心时，两次级线圈的感应电动势大小相同，极性相反，互相抵消. 当铁芯离开中心位置，向两端移动时，两次级线圈中的一个与初级线圈的互感增大，输出电压升高；另一个则相反，输出降低. 由于次级两线圈反极性串联，总的输出电压增加，输出电压特性曲线见图 17-5.

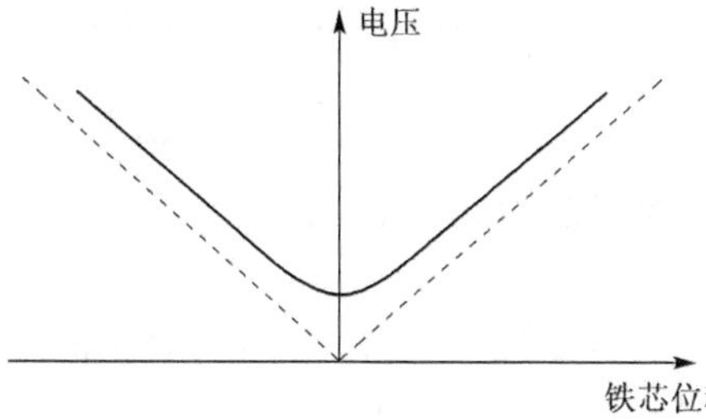

图 17-5　互感式传感器输出特性曲线

4. 电涡流式传感器

当电感线圈 L 产生的交变磁场通过金属导体时，金属导体会产生感应电动势，在金属导体内形成闭合的感应电流，称为电涡流，见图 17-6. 同时电涡流所产生的交变磁场又反过来作用在电感线圈上，这个磁场与 L 的磁场的方向相反，抵消了部分原磁场，我们称线圈 L 和电涡流之间存在互感. 互感 M 的大小与电感线圈与导体表面的距离，电感线圈的激励电压信号的频率，金属导体的电阻率，相对磁导率，导体厚度等参数相关. 若固定其中一部分参数的值，就可以得到电涡流与其他参数的关系，其等效电路见图 17-7. 我们可以通过测量电感线圈所受到的涡流影响的变化来测量被测量的变化.

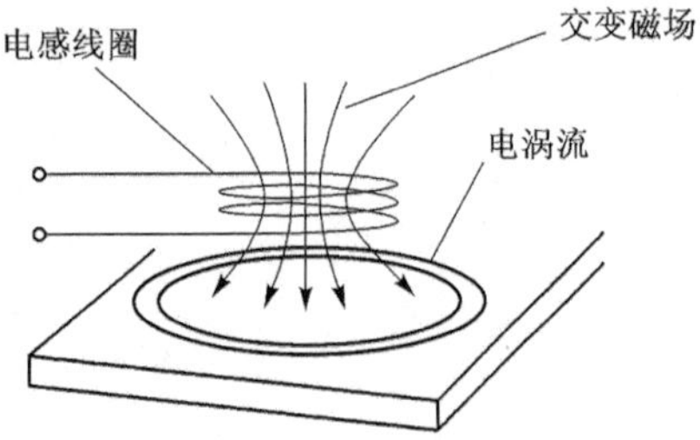

图 17-6　电涡流式传感器工作原理

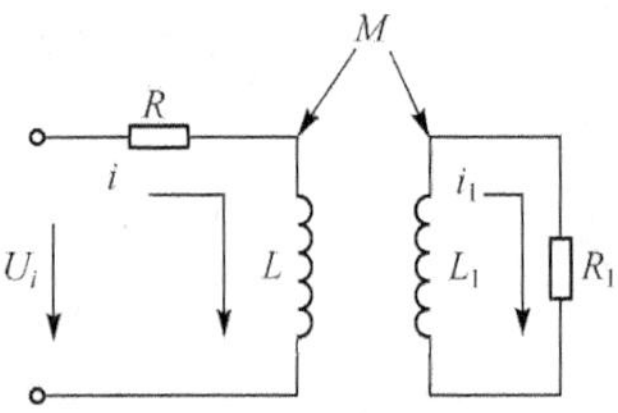

图 17-7　电涡流式传感器工作原理

(一)差动变压器性能

[**实验目的**]

了解差动变压器的原理及工作情况.

[**实验装置**]

实验设备为组合式传感器技术综合实验仪，面板布置见图 16-6.

所需单元及部件：音频振荡器、测微头、双线示波器.

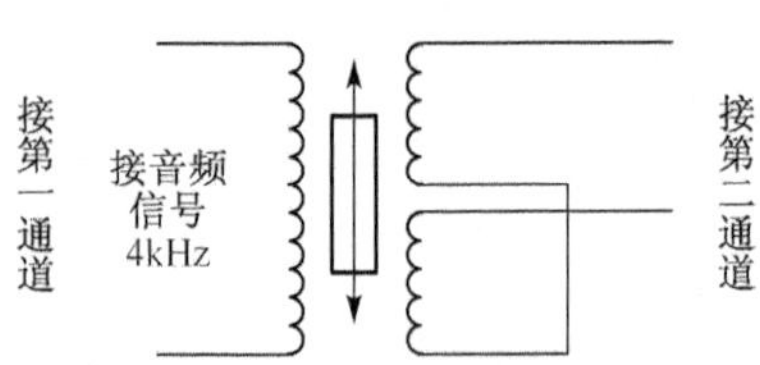

图 17-8　差动变压器式传感器性能测量电路

[**实验步骤**]

(1)旋钮初始位置：音频振荡器 4kHz，双线示波器第一通道灵敏度 500mV/，第二通道灵敏度 10mV/，触发选择打到第一通道.

(2)按图 17-8 接线，音频振荡器必须从 Lv 接出.

(3)调整音频振荡器幅度旋钮，使音频 Lv 信号输入到初级线圈的电压为 $V_{\lambda}=2V_{p\text{-}p}$.

(4)旋动测微头，从示波器上读出次极输出电压 $V_{p\text{-}p}$ 值填入下表：

位移/mm										
电压/mV										

(5)读数过程中应注意初、次级波形的相位关系. 当铁芯从上到下时，相位由____ 相变为______相.

(6)仔细调节测微头使次级的差动输出电压为最小，必要时应将通道二的灵敏度打到较高档，如 2mV/cm，这个最小电压叫作________，可以看出它与输入电压的相位差约为________，因此是________ 正交分量.

(7)根据所得结果画出 ($V_{op\text{-}p}$____X) 曲线，指出线性工作范围，并求出其灵敏度

$$S=\frac{\Delta V}{\Delta X}=\_\_\_\_\_\_\_\_\_\_$$

[**注意事项**]

(1)差动变压器的激励源必须从音频振荡器的电流输出插口(Lv 插口)输出.

(2)差动变压器的两个次级线圈必须接成差动形式.

(3)差动变压器与示波器的连接应尽量短一些,以避免引入干扰.

(二)差动变压器零点残余电压的补偿

[实验目的]

用适当的网络线路对残余电压进行补偿.

[实验仪器]

音频振荡器、测微头、电桥、差动放大器、双线示波器.

[实验步骤]

(1)旋钮的初始位置:音频振荡器 4kHz,双线示波器第一通道灵敏度 500mV/div,第二通道灵敏度 1V/div,触发选择打到第一通道,差动放大器的增益旋到最大.

(2)观察差动变压器的结构.按图 17-9 接好线,音频振荡器必须从 Lv 插口输出,w_1、w_2、w_{2r}、c 为电桥单元中调平衡网络.

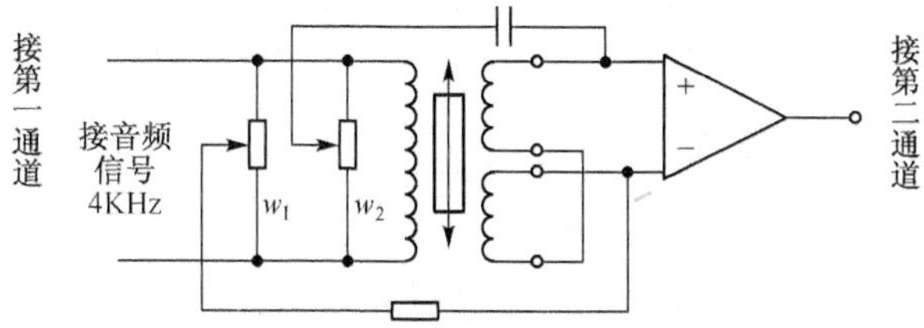

图 17-9　互感式传感器零点残余电压测量电路图

(3)利用示波器,调整音频振荡器的输出为 2 伏峰-峰值.

(4)调整测微头,使差动放大器输出电压最小.

(5)依次调整 w_1、w_2,使输出电压进一步减小,必要时重新调节测微头.

(6)将二通道的灵敏度提高,观察零点残余电压的波形,注意与激励电压波形相比较.经过补偿后的残余电压波形:

为一________ 波形,这说明波形中有__________分量.

[注意事项]

(1)由于该补偿线路要求差动变压器的输出必须悬浮.因此次级输出波形难以用一般示波器来看,要用差动放大器使双端输出转换为单端输出.

(2)音频信号必须从 Lv 插口引出.

(3)本实验也可用图 17-10 所示线路,试解释原因.

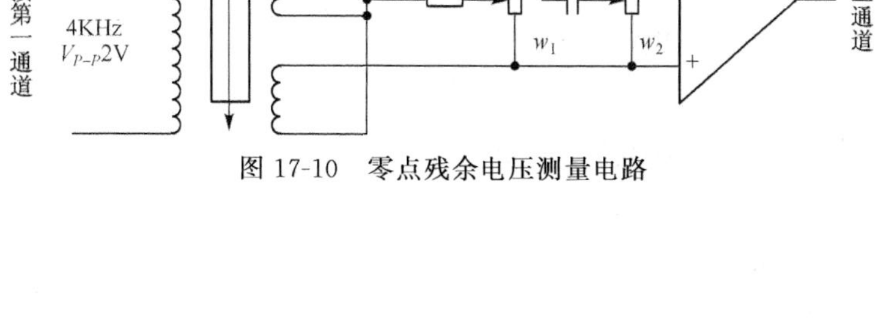

图 17-10　零点残余电压测量电路

(三)差动变压器的标定

[实验目的]

了解差动变压器测量系统的组成和标定方法.

[实验仪器]

音频振荡器、差动放大器、移相器、相敏检波器、低通滤波器、测微头、电桥、V/F 表、示波器.

[实验步骤]

(1)旋钮初始位置:音频振荡 4kHz,差动放大器的增益打到最大,V/F 表打到 V ±2V 挡.

(2)按图 17-11 接好线路.

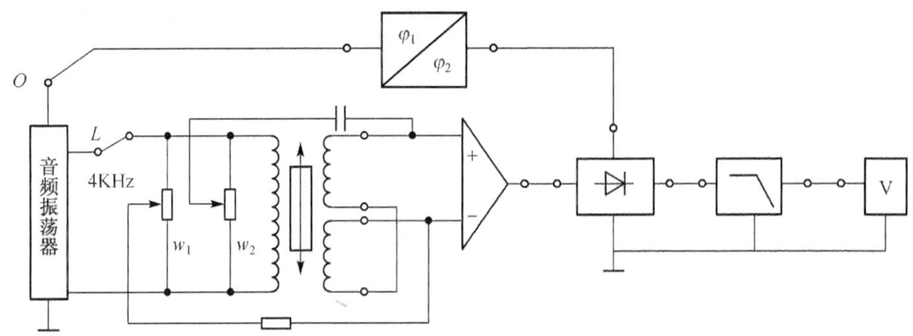

图 17-11　互感式传感器标定电路图

(3)装上测微头,上下调整便差动变压器铁芯处于线圈的中段位置.

(4)利用示波器,调整音频振荡器幅度旋钮,使激励电压幅值为峰-峰值 1.5V.

(5)利用示波器和电压表,调整各调零及平衡电位器,使电压表指零.

(6)给梁一个较大的位移,调整移相器,使电压表指示为最大,同时可用示波器观察相敏检波器的输出波形.

(7)旋转测微头,每隔 1.00mm 读数记录实验数据填入下表:

位移/mm										
电压/mV										

(8)作出 V-X 曲线,并求出灵敏度.

[注意事项]

如果接着做下一个实验则各旋钮及接线不得变动.

(四)差动变压器的应用——振动测量

[实验目的]

了解差动变压器的实际应用.

[实验仪器]

音频振荡器、差动放大器、移相器、相敏检波器、电桥、测微头、低通滤波器、V/F 表低频振荡器、激振器、示波器.

[实验步骤]

(1)旋钮初始位置:音频振荡器 4kHz,差动放大器增益适当.

(2)按图 17-11 接线,并调整好有关部分.

(3)利用示波器,使音频振荡器的输出为峰-峰 1.5V.

(4)将激振器接通,适当旋动幅度旋钮.

(5)保持低频振荡器的幅度不变,用示波器观察低通滤波器的输出,读出峰-峰电压值,记下实验数据,填入下表:

f/Hz										
$V_{p\text{-}p}$/V										

(6)根据实验结果作出梁的振幅——频率特性曲线,指出自振频率的大致值,并与用应变片测出的结果相比较.

[注意事项]

适当选择低频激振电压,以免梁在自振频率附近振幅过大.

[思考题]

如果用直流电压表来读数,需增加哪些测量单元,测量线路该如何.

(五)差动变压器的应用——模拟电子秤

[实验目的]

了解差动变压器的实际应用.

[实验仪器]

音频振荡器、差动放大器、移相器、相敏检波器、低通滤波器、V/F 表、电桥、砝码.

[实验步骤]

(1)旋钮初始位置:音频振荡器 4kHz、V/F 表打到 V ±2V 挡.

(2)按图 17-11 接线并调整好电路各个部分的零位.

(3)利用示波器,使音频振荡器的幅度为峰—峰 2V.

(4)将测量系统调零.

(5)适当调整差动放大器的放大倍数,使当在称重平台上放上一定数量的砝码时表指示不溢出.

(6)去掉砝码,必要的话系统重新调零.然后逐个加上砝码,读出表头读数,记下实验数据,填入下表:

V/V										
W/g										

(7)去掉砝码,在平台上放一个重量未知的重物,记下电压表读数.

(8)利用所得数据,求得系统灵敏度及重物的重量.

[注意事项]

(1)砝码不宜太重,以免梁端位移过大.

(2)砝码应放在平台中间部位.为使操作方便,可将测微头卸掉.

(六)差动螺管式电感传感器

[实验目的]

了解差动螺管式传感器的原理.

[实验仪器]

音频振荡器、电桥、差动放大器、移相器、相敏检波器、低频滤波器、V/F 表、测微头、示波器.

[实验步骤]

(1)旋钮的初始位置:音频振荡器 5kHz,幅度旋到适中位置,差动放大器增益适当.

(2)按图 17-12 接线,组成一个电感电桥测量系统.

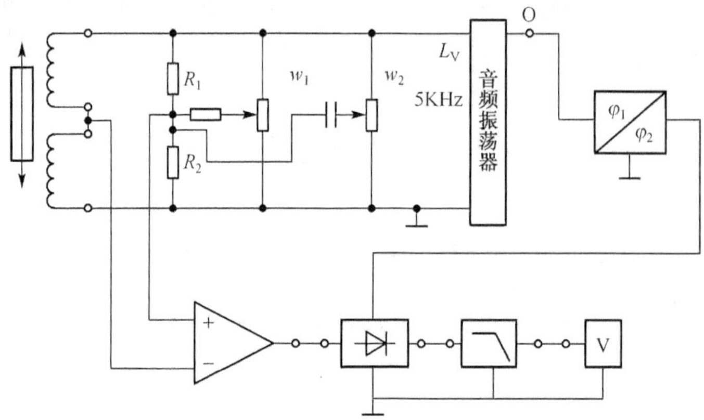

图 17-12 差动螺管式电感传感器测量电路

(3)装上测微头,调整铁芯到中间位置.

(4)用类似于实验四的方法,利用示波器和电压表,调整各平衡及调零旋钮,使电压表读数为零.

(5)转动测微头,同时记下实验数据,填入下表:

位移/mm										
电压/mV										

(6)作出 V-X 曲线,计算出灵敏度,比较此实验与实验三的异同.

[注意事项]

(1)此实验只用原差动变压器的两个次极线圈,注意接法.

(2)音频振荡器必须从 Lv 插口输出.

(3)铁芯的中间位置调整方法:断开调平衡的 w_1,w_2 电位器,旋动测微头,使输出最小.

(七)激励频率对电感式传感器的影响

[实验目的]

了解激励频率对差动螺管式电感传感器的影响.

[实验仪器]

音频振荡器、差动放大器、电桥、示波器.

[实验步骤]

(1)旋钮初始位置:音频振荡器幅度适当,差动放大器增益适当.

(2)按图 17-13 接线.

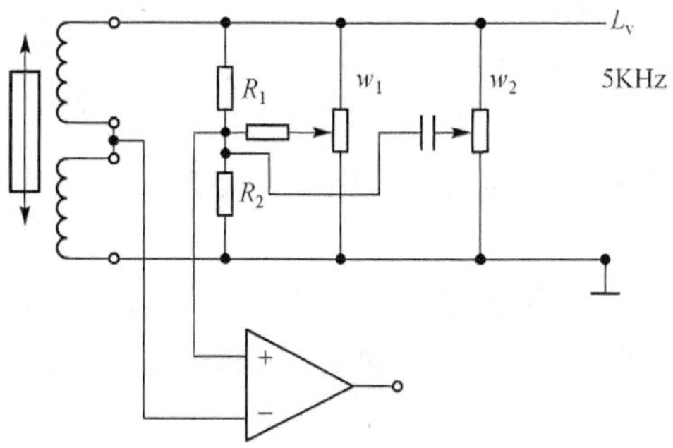

图 17-13 激励频率对电感式传感器影响的测量电路图

(3)装上测微头,按下表要求固定一个音频输出频率 f,调整铁芯至中间位置,然后调整 w_1,w_2使输出最小.

(4)用示波器观察差动放大器的输出波形.

(5)旋动测微头,每隔一个 ΔX 从示波器上读出输出电压峰—峰值,填入下表:

(6)改变频率 f,重复(2)、(3)、(4),并将结果分别填入下表:

X/mm $V_{p\text{-}p}$/V f/Hz								
1000								
3000								
5000								
7000								
9000								

(7)作出 V-X 曲线,计算灵敏度,作出灵敏度与频率的关系曲线.

[注意事项]

(1)音频振荡器必须用 L_V 插口,幅度调好后不得再变动.

(2)改变频率后应先调好零位和移相器,保证电路处于正常工作状态.

(八)电涡流式传感器的静态标定

[实验目的]

了解电涡流式传感器的原理及工作性能

[实验仪器]

涡流变换器,V/F 表,测微头,铁测片,涡流传感器,示波器.

[实验步骤]

(1)装好传感器和测微头.

(2)观察传感器的结构,它是一个平绕线圈.

(3)用导线将传感器接入涡流变换器的输入端,将输出端接至电压表,电压表初始位置置于 20V 挡,见图 17-14.

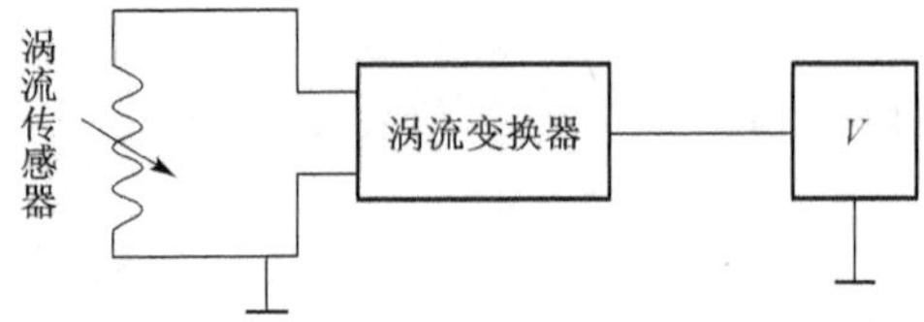

图 17-14　电涡流式传感器静态标定电路图

(4)用示波器观察涡流变换器输入端的波形，如发现没有振荡波形出现，再将被测体移开一些.

(5)可见：波形为______波形，示波器的时基为______ μS/cm，故波形频率约为______.

(6)适当调节传感器的高度，使其与被测铁片接触，从此开始读数，记下示波器及电压表的数值，填入下表：

X/mm								
$V_{p\text{-}p}$/V								
V/V								

(7)建议每隔 0.25mm 读一次数，到线性严重变坏为止. 根据实验数据，在坐标纸上画出V-X曲线，指出大致的线性范围.

(8)求出系统灵敏度 $S=\dfrac{\Delta V}{\Delta X}$(用误差理论的方法求出线性范围内的线性度，灵敏度).

(9)从实验可见，涡流传感器最大的特点是________，传感器与被测体间有一个最佳初始工作点，这里采用的变换电路是一种________.

[注意事项]

被测体与涡流传感器测试头平面必须平行，并将测头尽量对准被测体中间，以减少涡流损失.

(九)被测体材料对电涡流传感器特性的影响

[实验目的]

了解被测体对涡流传感器的影响.

[实验仪器]

涡流传感器、涡流变换器、铝测片、V/F 表、测微头.

[实验步骤]

(1)在双平行梁的端部装上铝测片，安装好涡流传感器，调整好位置，装好测微头.

(2)按图 17-14 接线.

(3)从传感器与被铝测片接触开始，旋动测微头改变传感器与被测体的距离，记录电压表读数，到出现明显的非线性时止.

(4)换上铁片重复上述过程，将所得结果填入下表：

X/mm								
V 铝/V								
V 铁/V								

(5)根据所得结果，在同一坐标纸上画出两条 V-X 曲线，参照实验(八)的方法分别计算出它们的灵敏度与线性度，比较它们的线性范围和灵敏度.

(6)从实验可见，这种电涡流传感器在被测体不同时必须重新进行______工作.

[注意事项]

(1)传感器在初始时可能会出现一段死区.

(2)此涡流变换线路属于变频调幅式线路，传感器是振荡器中的一个元件，因此材料与传感器输出特性之间的关系与定频调幅式线路不同.

(十)电涡流式传感器的应用——振幅测量

[实验目的]

了解电涡流式传感器测量振动的原理和方法.

[实验仪器]

电涡流传感器、涡流变换器、差动放大器、电桥、铁测片、直流稳压电源、低频振荡器、V/F 表、示波器.

[实验步骤]

(1)按图 17-15 接线，图中 w_1 为电桥单元中的交流平衡电位器，±4V 电源从主机面板上直流稳压电源上引出.

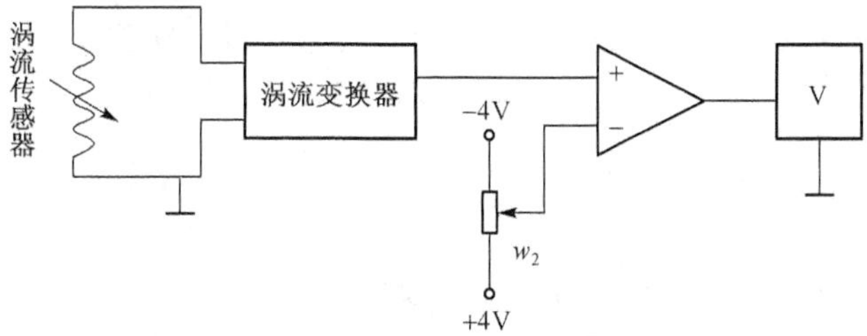

图 17-15　振幅测量电路图

(2)安装并调整好传感器，使其与被测体距离约为最佳工作点的位置(利用实验(八)的结果).

(3)将低频振荡器的频率旋到 30Hz，接通激振器.

(4)电压表打到±20V 挡，差动放大器增益旋到最小.

(5)旋动 w_2 使电压表读数为零.

(6)用示波器观察差动放大器的输出波形.

(7)将低频振荡器的幅度打大，观察波形，记下波形的峰-峰值.

(8)将低频振荡器的频率在 15～30Hz 范围变化，观察波形，记下峰-峰值，求出 x(利用实验(八)的结果进行计算).

(9)用示波器观察变换器的输入端的波形(时基应打到 50ms/cm 左右). 从实验可见示波器上的波形为__________.

F/Hz	15	20	30
$V_{p\text{-}p}$/V			
x/mm			

[注意事项]

(1)本实验中差动放大器组成了一个电平移动电路,使最佳工作点时系统的输出为零,以便反映出位移的正负值(以工作点为基准),也使实际使用更为方便.

(2)最好采用双线示波器,同时观察调幅波和输出波.

(3)如果加大传感器与被测体初始间距位置,可测较大的振幅,但会产生明显的失真.

(4)不能将激振幅度打得过高,以免产生过大的振幅.

[思考题]

(1)如果传感器的线性范围是 0～1mm,则振幅测量时的最佳工作点是在距离几毫米处?

(2)如果已知被测振幅峰-峰值为 0.2mm,传感器是否一定要安装在最佳工作点处?

(3)如果此传感器仅用来测量振动频率,工作点问题是否十分重要?

(4)用什么方法可以扩大此传感器的线性范围?

(5)利用现有电路单元,你是否有办法将涡流变换器的输出信号(为 15～30Hz 的交变信号)变换成直流电压信号,由表头直接读出振幅大小.

(十一)电涡流传感器应用——模拟电子秤

[实验目的]

了解电涡流传感器在静态测量中的应用.

[实验仪器]

涡流传感器、涡流变换器、V/F 表、砝码、差动放大器、电桥、铁测片.

[实验步骤]

(1)旋钮初始位置:电压表置于 20V 挡,差动放大器增益旋钮旋至最小.

(2)按图 17-15 的电路接线.

(3)调整传感器的位置,使其处于线性范围的起始距离处.

(4)开启电源,调整电桥单元上的电位器 w_1,使电压表为零.

(5)在平台上放上砝码,记下表头指示值,填入下表:

W/g								
V/V								

(6)在平台上放一重物,记下电压表读数.

(7)根据实验数据作出 V-w 曲线,计算出灵敏度及重物的重量.

[注意事项]

(1)砝码重物不得使位移超出线性范围.

(2)做此实验应与其他电子秤实验相比较.

[参考文献]

黄贤武,郑莜霞.1999.传感器原理与应用.成都:电子科技大学出版社

实验 18 漫反射全息照片的拍摄

1947 年英国科学家丹尼斯·伽伯(D. Gabor)为了提高电子显微镜的分辨本领提出了一种不用光学成像系统的成像方法,这种成像方法分成波前记录和波前再现两步进行.波前记录是将

被照物体发出的衍射光波与相干的参考光波发生干涉，并将干涉条纹记录在照相底板（全息干版）上，由于照相底板上的干涉条纹包含了物光波的振幅与位相信息，所以称之为全息照片. 波前再现是用原拍摄时的参考光波或其他相干光波再次照射全息照片时，光通过全息照片上复杂光栅的衍射和衍射光之间的干涉，重现与原物光波相似的波前，形成与原物十分逼真的立体像. 全息技术是在 1960 年出现了激光器以后，才得到迅速的发展和实际应用. 伽伯也因此在 1971 年获得诺贝尔物理学奖.

［实验目的］

（1）掌握全息照相的原理.

（2）掌握激光漫反射全息照片的摄制方法与全息片的冲洗技术.

［实验原理］

我们知道表征光传播的两个物理量是它的振幅（强度）和相位，即光波具有振幅和相位两种信息. 普通照相底片上所记录的图像只反映了物体上各发光点的强弱变化，就是只记录了物光的振幅信息，因而在照片上显示的是丧失了物体三维特征的二维平面图像. 全息照相则不同，它是借助于相干的参考光束 R 和物光束 O 相干涉的方法，记录下带有被摄物特征的光波振幅和相位信息. 如图 18-1 所示，在全息底片上记录的则是这两部分光束相互干涉形成的一系列的干涉图样. 干涉图样的微观细节与物体光束（物体）唯一地对应，不同的物光束（物体）将产生不同的干涉图样.

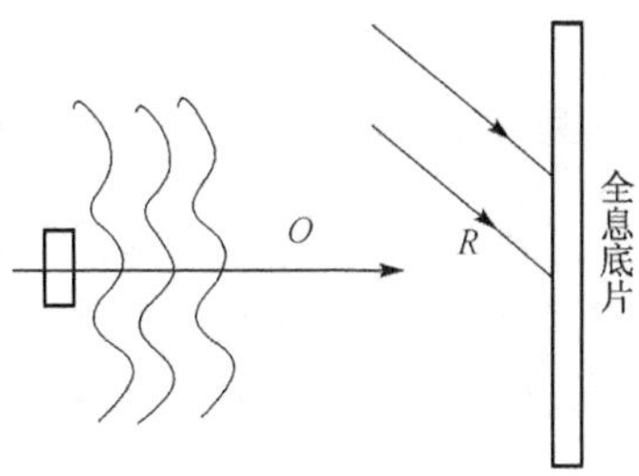

图 18-1　全息底片记录参考光束 R 和物光束 O 相干涉的图样

设涂有感光乳胶的全息底版底片上一点 (x,y) 处，物光 O 和参考光 R 的复振幅分布

$$O(x,y) = A_O(x,y)e^{i\varphi_O(x,y)} \tag{18-1}$$

$$R(x,y) = A_R(x,y)e^{i\varphi_R(x,y)} \tag{18-2}$$

式中 $A(x,y)$ 和 $\varphi(x,y)$ 分别表示振幅和相位分布. 由于它们系相干光束，所以全息底片上的光强 I 是它们合振幅的平方

$$\begin{aligned} I(x,y) &= |O+R|^2 = |O|^2 + |R|^2 + RO^* + R^*O \\ &= A_O^2 + A_R^2 + A_RA_Oe^{i(\omega_O-\omega_R)} + A_RA_Oe^{-i(\omega_O-\omega_R)} \\ &= A_O^2 + A_R^2 + 2A_RA_O\cos(\omega_O - \omega_R) \end{aligned} \tag{18-3}$$

由此可见，干涉图样的形状不仅反映了物光束（信息光）的振幅（光强度）还反映了物光束与参考光束的相位关系，而其明暗对比程度（又称反差）显示了物光束的光强分布，所以这样的照相把物光的振幅和相位，即物光的全部信息都记录下来了，因而称为全息照相.

全息照相底片上记录的不是物体的几何图形，而是一组记录着物光的振幅和相位全部信息的不规则的干涉图形，所以又称全息图. 当用同一参考光照全息图时，即可准确地重现原始的物光的波前，看到原始的不失真的三维立体图像. 这是因为用这样方式照明全息图时，透射光的一部分成为原始物光的精确复型.

拍摄好的全息底片，经过适当的显影，定影处理后，其上各点的振幅透射率可以由下式表示：

$$T(x,y) = K\ |O+R|^2 \tag{18-4}$$

式中 K 为比例常数，当将全息图准确复位，并用参考光 R 来照明，这时透过全息图的光场分布为

$$\begin{aligned}\varphi(x,y) &= T(x,y)\cdot R(x,y) \\ &= K(A_O^2+A_R^2)A_R e^{i\omega_R} + KA_R^2A_O e^{i\omega_O} + KA_R^2A_O e^{-i(\varphi_O-2\varphi_R)_R} \\ &= KR(|O|^2+|R|^2)+KR^2O* + K|R|^2O\end{aligned} \tag{18-5}$$

如果 R 是均匀平面波，这说明光束经全息图衍射后产生三个光波：第一项代表的直接透射波是强度衰减的透射参考光；第二项是原来物光的准确再现，波前发散形成物体的初级像是虚像；第三项则表示物光光波的相位改变，对应于初级像的共轭实像，如图 18-2 所示.

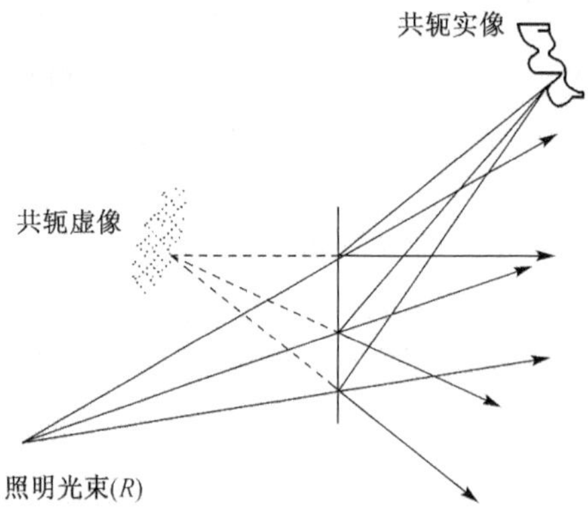

图 18-2　参考光 R 经全息照片衍射后产生的虚像和实像

全息照相所具有的主要特点是再现像形象逼真，立体感强的像与实物一样有完全相同的视效应. 全息照片上的每一部分，不论大小，都能再现原来物体的整个图像. 改变拍摄条件，例如改变参考光束的方向，一张全息照片经过多次的曝光拍摄可以记录多幅独立的全息图，这些都是普通照相所不能比的. 为了使全息图上干涉条纹稳定，拍摄时必须具备下列基本条件：

(1)参考光束与物光束必须具有“相干性”. 即两列波之间有稳定的相位关系. 实际上，两列光波均可从同一激光束利用分光的办法而获得.

一种实用的参考光路如图 18-3 所示，激光的一部分被分光镜 P 的一面反射形成参考光束 R，再由反射镜 M_1 反射，F 扩束镜扩束后直射全息底片 H 上，激光束的另一部分透过分光镜经 M_2 反射并由 F 扩束镜扩束后照到被摄物体上. 由物体表面的漫反射而形成物体的信息光束 O，投射到全息底片 H 上与 R 光相干涉形成全息图. 在此光路中，把分光镜 P 的反射光作为参考光，透射光作为物光. 但在实际拍摄时，应取分光镜 P 分出的光强大的那一束光作为物光，而不硬性规定是透射光还是反射光.

由于激光束太细锐，应用一短焦距透镜 F(显微物镜)以扩展光束的宽度并让物光束先经过一漫射器 G(如毛玻璃，不用也可以)再照射到物体上，以使光束分布均匀，这样，底片 H 上所接收的物光信息大为丰富，衍射场变得更加清晰均匀.

此外，在全息底片的光谱灵敏度范围内，激光器应有足够功率的单模输出.

(2)光学系统必须有足够的机械稳定性. 由于全息底片上记录的是精细的干涉条纹，如果在记录的过程中，因受各种干扰(地面振动，光学零件支架的自振和变形，以及空气的流动等)将引起干涉条纹的混乱和叠加，结果导致像的衍射亮度下降，甚至可能完全看不到物像. 因此，要求做到在曝光时间内，干涉条纹的移动不得超过条纹间距的 1/4，即物体移动的距离或光程的变化小

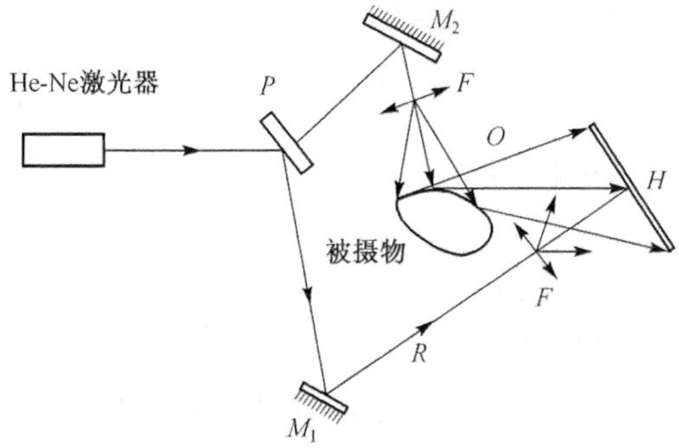

图 18-3　漫反射全息照相实验光路示意图

于八分之一波长，以 $\lambda=632.8\text{nm}$ 的氦氖气体激光为例，即不大于 $0.08\mu\text{m}$，这数值远大于一般建筑物振动的幅度. 因此，实验时，一方面设法增加激光的输出功率，以缩短曝光时间，另一方面还必须使整个拍摄系统装置在经济有效的防震台上.

(3)记录介质要有足够高的分辨率. 对所使用的激光波长有足够的感光灵敏度. 记录介质(感光乳胶)的分辨本领通常以每毫米能记录明暗相间的条纹数为标准(即每毫米多少线对)，这就要求恰当地选择物光束与参考光束之间的夹角 θ，如果全息底片放在与物光，参考光的照射方向对称的位置上，则干涉条纹的间距公式为

$$d=\frac{\lambda}{2\sin\left(\frac{\theta}{2}\right)} \tag{18-6}$$

可以看出夹角越大，干涉条纹的间距越密，这就要求底片具有较高的分辨率，目前国产的超微粒全息底片的分辨率可达 3000 条/毫米.

[实验装置]

1. 激光全息实验台

(1)仪器组成与安装.

激光全息实验台是一防震工作台. 防震工作台由厚海棉支撑着一块 1.0cm 厚钢板组成. 钢板上放置光学元件，包括全反镜、分光镜、扩束镜，支持被拍物体的小平台、底片夹、激光管、光开关等. 光学元件分别安装在各种调节夹上，并固定在支撑底座内，底座下面用磁钢吸在钢板上，以提高防震性能. 为了美观和清洁，防震工作台周围加上围框外罩.

做漫反射全息实验时，所需光学元件及规格如下：

全反镜：直径 20mm，两只；

分光镜：直径 20mm，反射光强 95%，透射光强 5%，一只；

扩束镜：40 倍两只；

减光器：透过率 10% ～ 90%；

He-Ne 激光器：≥1.2mW(或 5.0mW)，单模一根；

小平台一个，底片夹一个，毛玻璃一片，光开关一个.

安装全息防震工作台时，先检验台面是否水平，即把水准仪放在台面中心位置上，任意转动水准仪的方向，水泡均应居中，然后加上木制围框，围框不能接触钢板和海棉. 安装完后工作台应放置一两天，等海锦慢性变形稳定后，工作台就处在可使用状态.

(2)调整光路，检查工作系统稳定性.

在防震工作台上安排“迈克耳孙干涉仪”光路，见图 18-4 所示.

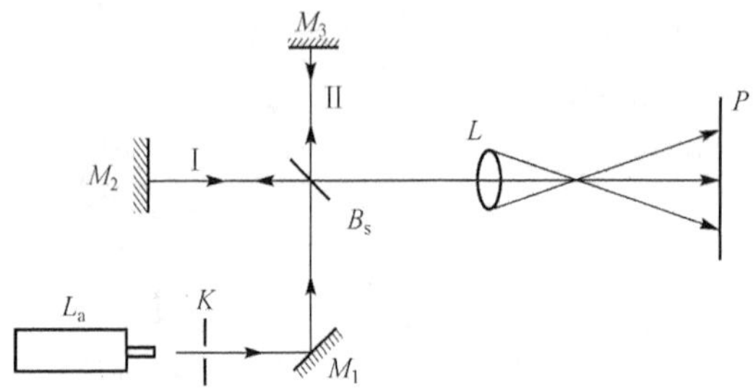

图 18-4 “迈克耳孙干涉仪”光路

激光束经全反射镜 M_1，改变方向到达分光镜 B_S，将光分成两束.一束经全反镜 M_3 反射后透过分光镜与另一束从全反镜 M_2 反射后，又经分光镜反射的光束重合，再经扩束镜 L 扩束后，在光屏上形成干涉条纹，仔细调节全反镜 M_3 或 M_2 的位置，使条纹为 5 ～ 6 条左右.观察条纹是否有漂移，如有漂移，在曝光时间(数秒钟)内是否超过 1/4 条纹间距.如果超过 1/4 条纹间距，则应检查海棉是否处于最佳状态，或光学元件是否夹紧，平台、支架等其他部分是否有应力变化，对这些问题逐个修正，以使漂移控制在 1/4 条纹以内.条纹稳定后，冲击地面或用手掸击一下桌面，观察条纹恢复所需的时间，恢复时间短(约 2 ～ 3 秒)说明衰减系数大.达到以上要求后，工作系统已可用于全息实验.

2. 数字曝光定时器

数字曝光定时器由两部分组成，一是定时控制器，二是光开关.定时控制器可设定光开关打开的时间，从而控制曝光时间.光开关也叫光快门，是一带小孔的金属盒，内部装一电磁铁，当定时控制器输出电流时，电磁铁就通电吸起遮闭小孔的铁片使激光束通过光开关.若定时控制器不输出电流，电磁铁就放开小铁片，关闭小孔，阻断激光束.

3. 数字式照度计

ST-80C 型数字式照度计由测光探头(硅光电池)和读数单元两部分组成，通过电缆和插座相连接.读数单元左侧的各按键功能如下.

电源：按下为电源接通状态，弹起电源断开.

保持：按下为数据保持状态，弹起为数据采样状态.测量时不应按下此键.

照度：进行照度测量时按下，同时注意将“扩展”键弹起.

扩展：可根据用户要求配件后进行功能扩展(比如亮度测量).进行扩展功能测量时按下此键，同时注意将“照度”键弹起

“×1”、“×10”、“×100”、“×1000”为四量程按键.

ST-80C 型照度计的使用方法如下：

测照度时先按下“电源”、“照度”和任一量程键，再将测光探头插入读数单元的插孔内.用探头盖遮住探头光敏面，检查显示是否为零，然后脱去盖子将探头放置在待测位置，根据光的强弱选择适宜的量程按键，此时显示窗口上显示数字乘以量程比率即为所测照度值，单位为勒克司(lx).如欲将测量数据保持，可按下“保持”键.读完数后应将“保持”键弹起，恢复采样状态，以便继续测量.测量完毕将“电源”键弹出，关闭仪器电源.

使用数字式照度计时，如果显示窗口的左端只显示“1”，则表明照度过载，应更换量程，或表明在按下量程键前已误将“保持”键先按下.当液晶显示器左方出现“LOBAT”字样或“←”符号时，应更换机内电池.

注意：ST-80C 数字式照度计的“电源”、“保持”键为自锁键，“照度”、“扩展”及四个量程键为互锁键.

4. 全息干板

全息干板是用极微细颗粒卤化银明乳剂涂布在玻璃板上制成，用于记录全息图像. 本实验使用全息Ⅰ型干板，其增感峰值为 630nm，增感范围为 530～700nm. 暗房安全灯使用暗绿色灯.

[实验内容]

(1)在防震工作台上组成“迈克耳孙干涉仪”光路检验全息工作系统的稳定性.

(2)用菲涅耳全息图拍摄光路(见图 18-3)，拍摄小动物的全息照片.

(3)用冲洗、干燥后的全息照片观察再现的原物虚像和实像.

[实验步骤]

(1)如图 18-3 所示布置好各光学元件，并进行光路调节，调节时要注意：

①物光与参考光的光程差必须小于所使用激光的相干长度，最好是使它们的光程大致相同，而光束的光程应自分光镜量起，光程差控制在一定范围(氦氖激光器相干长度较长).

②物光束与参考光束的强度比选择要适当，使全息照片具有最大的衍射效率，确切的比值应以全息底片的振幅透射率与感光特性曲线来确定，一般说来，比值 1:1～1:5 之间是合适的. 但不同底版片有不同的感光特性，必须通过实验测试，以得到最佳的效果. 由于投射到底片上的光强是物体漫反射后的部分光线，只有很少一部分物光信息. 因此，只有用足够强的光照明物体，而且距全息底片不太远时，才能在底片上获得适当的物光强度，物光与参考光的光强比可通过照度计进行对比.

(2)曝光. 将全息底片放置在支架上，药膜面向着被摄物体、放好底片后稍等几分钟，待整个系统稳定后开始曝光，曝光的时间由曝光定时器控制，时间长短视激光器的功率，物体的大小、底片感光灵敏度差异等确定. 对于一般小功率激光器，曝光时间从几秒到几分钟，最佳时间经过试拍后确定. 在本实验室系统配置情况下，一般曝光量为 26，实验者可根据底片位置上物光与参考光的总照度确定曝光时间.

(3)冲洗：包括显影和定影. 方法与冲洗普通照相底片完全相同，显影液用 D76 型，显形时间约 10 秒钟，再用酸性定影液定影 3 分钟. 底片定影后应用自来水冲洗数分钟，洗去药膜面上的滑腻物.

(4)将底片晾干，即得全息图底片. 注意，在底片干透前不得用手指触摸药膜面，以免印上指纹. 有时为了增加衍射效率，提高再现像的亮度，在定影后经过漂白，使原来的黑白条纹变为几乎完全透明、但照相感光乳胶的厚度和折射率的起伏仍然存在，它反映着物光对参考光的空间相位调制.

(5)重现：将拍摄好的全息图放回原照相框架，遮住物光和被摄物体，用参考光束照明，虚像即呈现在原物所在位置上，仔细观察再现像的特点.

如不将全息图复位，可用另一扩束的氦氖激光以拍摄时参考光的方位角照明之. 亦会再现原物的三维像. 用不经扩束的激光束照射在底片上，用光屏在透射方向寻找原物实像. 仔细观察实像的特点.

[思考题]

(1)能否用白光或钠光灯作为拍摄全息图的光源？为什么？

(2)拍摄漫反射全息图(菲涅耳全息图)时，在给定激光光源条件下，对物光光路、参考光路各有什么要求？

(3)当全息底片有一些破损时,能否再现原物完整的像?为什么?

(4)能否用照相机拍摄全息底片记录的原物像?为什么?

(5)应在底片的那个方向去寻找原物的实像,并画出光路图说明之.

[参考文献]

赖恒,赖发春,黄志高等.2001.近代物理实验.福州:福建教育出版社

林木欣.1994.近代物理实验.广州:广东教育出版社

于美.1996.光全息学及其应用.北京:北京理工大学出版社

赵凯华,钟锡华.1998.光学.北京:北京大学出版社

实验19 白光再现全息图的拍摄

一般全息图像的再现是用与参考光波长相同的再现光,因而其应用受到了较大的限制.现在全息技术正朝着激光记录,白光再现的方向发展,使全息图像的再现更加方便,从而在科学、艺术、医学、商业等方面获得了许多应用.目前白光再现全息术主要有反射全息、像面全息、彩虹全息及合成全息.本实验主要是了解白光再现全息图的拍摄原理及拍摄光路,并学会一种白光再现全息图的制作技术.

[实验目的]

(1)了解白光再现的原理及几种白光再现全息图的拍摄光路.

(2)学会制作像面、反射和彩虹全息图.

[实验原理]

1. 像面全息图

当被摄物体靠近全息干板,或被成像系统成像在全息干板附近时,制作的全息图称为像全息图.当被摄物成像在全息干板上时,就称为像面全息图.像面全息图可用白光再现.图19-1是一种像面全息图记录光路.

图中La为激光管,M为全反射镜,Bs为分光镜,K为光开关,Lo为扩束镜,L为成像物镜,H为全息底片,O为被拍摄物体.

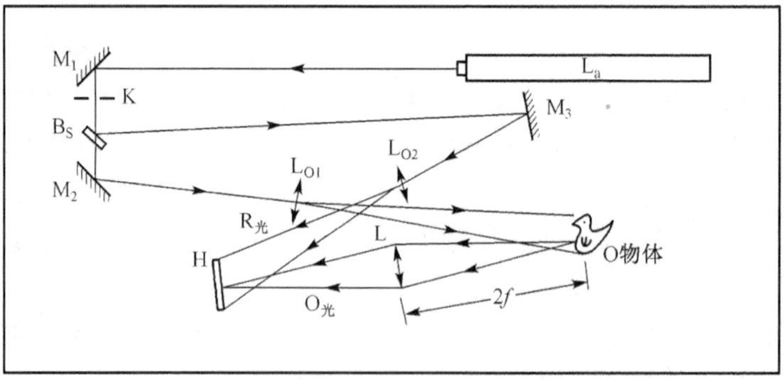

图19-1 像面全息图记录光路

像面全息图制作时,不管参考光是平行光波还是发散光波,都可以用扩展的白光光源(灯丝集中一些的白炽灯),按原参考光的方向照明再现清晰的全息像,但像面全息图不能分割.

2. 反射全息图

反射全息图是一种体积全息图，它利用厚层乳胶干板记录. 反射全息图的一种记录光路如图 19-2所示. 图中 SF 为小孔光阑，Lc 为准直物镜.

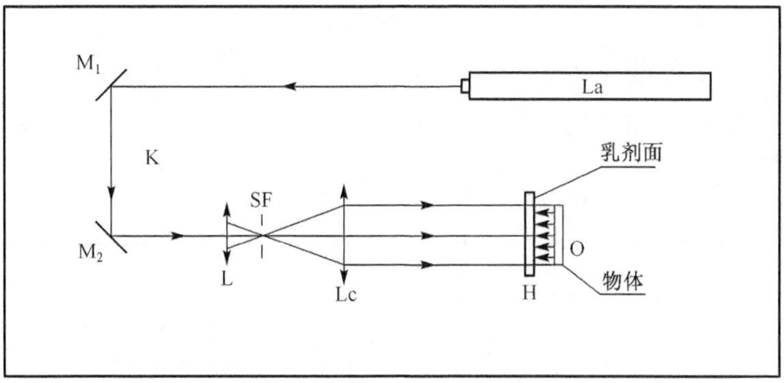

图 19-2　反射全息图记录光路

由记录光路可见，激光束经扩束后照在全息干版 H 上，形成参考光 R，透过 H 的激光照在被摄物上并经被摄物反射形成物光 O. 从全息干板 H 正反两面进入的 R、O 两束相干光在乳胶面中形成平行于乳胶面的一层层干涉面. 这些干涉面经过显影和定影形成银粒密度高，像镜面一样的一层层小反射平面，称为布拉格平面，相邻两布拉格平面之间的距离为 d. 当用白光再现时，白光以 φ 角掠射，衍射光除应满足反射定律外，相邻平面反射的光还必须满足布拉格衍射条件

$$2d\sin\varphi = k\lambda \tag{19-1}$$

(19-1)式中 k 为整数，如图 19-3.

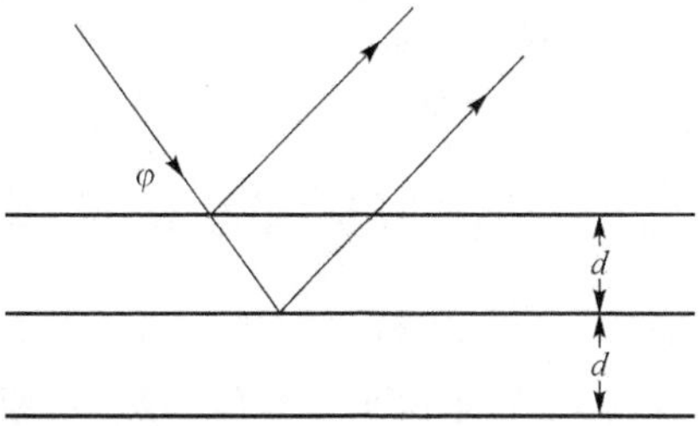

图 19-3　再现光波应满足布拉格衍射条件

于是再现像是与满足(19-1)式的波长相应颜色的. 白光中的其他颜色光由于不满足布拉格衍射条件而不参与再现，这就是反射全息图能用白光再现的原因.

3. 彩虹全息图

彩虹全息也是用激光记录全息图，用白光再现单色像，但随着观看角度的不同，再现像会显现不同的色彩，就像彩虹一样，故称彩虹全息. 彩虹全息图的制作有两步彩虹全息术和一步彩虹全息术两种. 图 19-4 是一种一步彩虹全息图记录光路.

图 19-4 的光路是真像彩虹全息记录光路，狭缝 F 的位置靠近被摄物体，成像透镜 L_1、L_2 把被摄物和狭缝 F 分别在全息干板前后成实像. 参考光 R 采用发散光束. 这种光路所记录的彩虹全息图视场受成像透镜相对孔径的限制，故把 L_1、L_2 两个成像透镜串接使用，以增大相对孔径. 再现时，采用与参考光束同方位的发散白炽点光源，可观察到七彩再现图像.

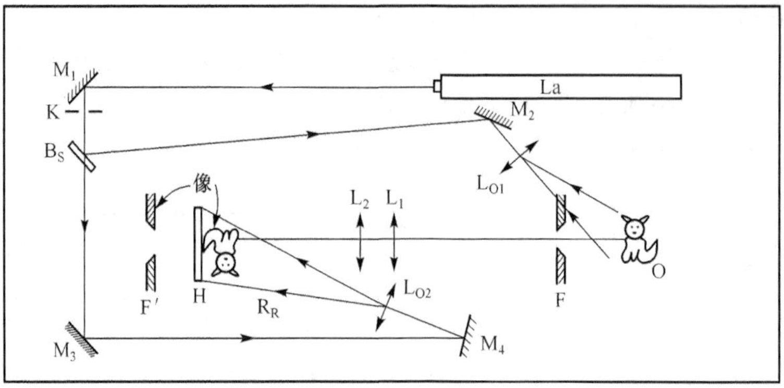

图 19-4　一步彩虹全息图记录光路

[实验内容]

详细阅读参考文献及有关资料，拟定实验开题报告(包括实验原理、实验光路、实验器材、实验步骤等)，经指导老师同意后，按以下要求完成实验：

(1)选择像面全息、反射全息及一步彩虹全息中的一种，制作出全息图.

(2)用白光再现图像，观察再现像的特点并做出解释.

[思考题]

详细说明像面全息图、反射全息图和彩虹全息图能用白光再现的原理.

[参考文献]

赖恒，赖发春，黄志高等. 2001. 近代物理实验，福州：福建教育出版社

林木欣. 1994. 近代物理实验. 广州：广东教育出版社

吴泳华. 1992. 大学近代物理实验. 合肥：中国科学技术大学出版社

于美文. 1996. 光全息学及其应用. 北京：北京理工大学出版社

实验 20　椭圆偏振光法测薄膜厚度

在近现代科学技术中各种薄膜材料的制备和应用一直是热门的研究方向，薄膜的厚度与折射率则是光电、光热薄膜材料与器件研制中两个重要的参数. 薄膜的厚度与折射率通常可以利用传统的几何光学方法和物理光学方法来测定，如使用布儒斯特角法测介质膜的折射率，使用白光干涉法测膜厚等等. 但当待测薄膜对光吸收强烈时(比如金属)或者待测薄膜的厚度远小于光波波长时，传统的几何光学方法和物理光学方法就不再适用. 对于这两种情形，目前应用最广的方法之一是利用椭圆偏振光在薄膜表面反射后偏振参数的变化来间接测量，这种测量方法简称为椭偏法. 椭偏法测厚具有独特的优点：灵敏度较高(可探测生长中的薄膜小于 0.1nm 的厚度变化)、测量范围宽(可达 10^{-10} 至 10^{-6}m)、应用范围广(金属、半导体、绝缘体等固体薄膜)、非破坏性、测量简单快速. 因而，目前椭偏法测量已在光学、生物、医学等多学科及半导体工业都得到广泛的应用. 椭偏法测厚的原理虽然几十年前就已被提出，但由于计算过程太复杂，一般很难直接从测量值求得方程的解析解. 直到计算机广泛应用以后计算才变得快捷，进一步推动了该方法的实际应用并不断发展.

[实验目的]

(1)掌握椭偏法测量薄膜厚度与折射率的基本原理.

(2)掌握椭圆偏振光测厚仪的基本结构与使用方法.

(3)学会测量纳米级薄膜的厚度和折射率.

[实验原理]

椭偏法测量薄膜厚度与折射率的基本原理是,起偏器产生的线偏振光经取向一定的1/4波片后成为等幅椭圆偏振光(圆偏振光),圆偏振光被待测薄膜样品表面反射后,反射偏振光束的振幅与相位将发生变化,而这种变化决定于待测薄膜样品的厚度和折射率,因此只要测出与反射前后偏振光束状态变化有关的参数,就能测定薄膜的厚度与折射率.如果能选择某些特殊的条件,还能使测量结果的计算更加简化.

1. 椭偏方程与薄膜折射率 n_2、厚度 d 的测量

图20-1所示为光学均匀和各向同性的单层介质薄膜.它有两个平行的界面,上部是折射率为 n_1 的空气(或真空 $n_1=1$).中间是一层折射率为 n_2,厚度为 d 的介质薄膜,下层是折射率为 n_3 的衬底,介质薄膜均匀地附在衬底上,当一束椭圆偏振光照射到介质薄膜上时,在界面1和界面2上形成多次反射和折射.

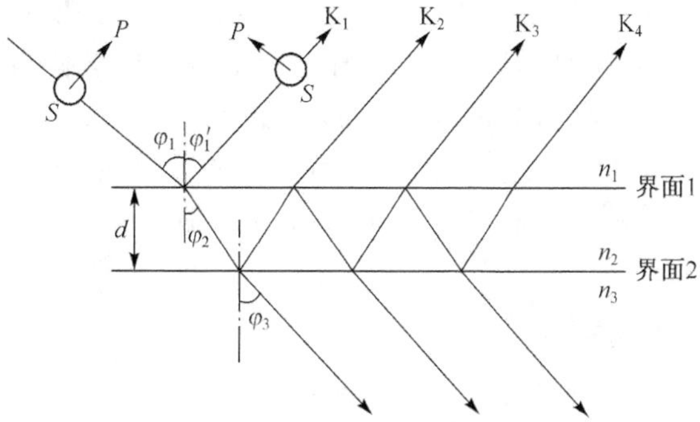

图20-1　光波在单层介质薄膜中的传播

设 φ_1 表示椭圆偏振光的入射角,φ_1' 是其在界面1上的反射角,φ_2 和 φ_3 分别是在界面1和2上的折射角.根据折射定律有

$$n_1\sin\varphi_1 = n_2\sin\varphi_2 = n_3\sin\varphi_3 \tag{20-1}$$

椭圆偏振光波的电矢量可以分解成在平行入射面且与光束垂直振动的 p 分量和垂直于入射面振动的 s 分量.设 r_{1p}、r_{1s} 为 p 或 s 分量在界面1上一次反射的反射系数,z_{1p},z_{1s} 为 p 或 s 分量在界面1上的透射系数,那么菲涅耳(Fresnel)反射系数与透射系数公式为

$$r_{1p}=\frac{\tan(\varphi_1-\varphi_2)}{\tan(\varphi_1+\varphi_2)},\qquad r_{1s}=-\frac{\sin(\varphi_1-\varphi_2)}{\sin(\varphi_1+\varphi_2)}$$

$$z_{1p}=\frac{2\cos\varphi_1\sin\varphi_2}{\sin(\varphi_1+\varphi_2)\cos(\varphi_1-\varphi_2)},\qquad z_{1s}=\frac{2\cos\varphi_1\sin\varphi_2}{\sin(\varphi_1+\varphi_2)} \tag{20-2}$$

又设 r_{2p}、r_{2s} 为透射光 p 或 s 分量在薄膜与衬底的界面2上反射的反射系数,z'_{1p},z'_{1s} 是薄膜内光线经界面1透射进入 n_1 的透射系数,它们的菲涅耳反射系数与透射系数公式为

$$r_{2p}=\frac{\tan(\varphi_2-\varphi_3)}{\tan(\varphi_2+\varphi_3)},\qquad r_{2s}=-\frac{\sin(\varphi_2-\varphi_3)}{\sin(\varphi_2+\varphi_3)}$$

$$z'_{1p}=\frac{2\cos\varphi_2\sin\varphi_1}{\sin(\varphi_2+\varphi_1)\cos(\varphi_2-\varphi_1)},\qquad z'_{1s}=\frac{2\cos\varphi_2\sin\varphi_1}{\sin(\varphi_2+\varphi_1)} \tag{20-3}$$

比较(20-2)式与(20-3)式可得

$$r_{2p}=-r_{1p},\quad r_{2s}=-r_{1s},\quad z_{1p}\cdot z'_{1p}=1-r_{1p}^2,\quad z_{1s}\cdot z'_{1s}=1-r_{1s}^2 \tag{20-4}$$

若用 E_{ip} 和 E_{is} 分别代表入射光的 p 和 s 分量，用 E_{rp} 及 E_{rs} 分别代表各束反射光 K_1, K_2, K_3，…中电矢量 p 分量和 s 分量的总和，则薄膜对 p, s 两个分量的总反射系数 R_p 和 R_s 定义为

$$R_p = \frac{E_{rp}}{E_{ip}}, \qquad R_s = \frac{E_{rs}}{E_{is}} \tag{20-5}$$

经过公式推导可以得出

$$R_p = \frac{r_{1p} + r_{2p}\mathrm{e}^{-\mathrm{i}2\delta}}{1 + r_{1p}r_{2p}\mathrm{e}^{-\mathrm{i}2\delta}}, \qquad R_s = \frac{r_{1s} + r_{2s}\mathrm{e}^{-\mathrm{i}2\delta}}{1 + r_{1s}r_{2s}\mathrm{e}^{-\mathrm{i}2\delta}} \tag{20-6}$$

式中 2δ 为任意相邻两束反射光之间的位相差. 根据图 20-1，由相邻两个反射光束之间的光程差可得出

$$2\delta = \frac{4\pi d}{\lambda} n_2 \cos\varphi_2 = \frac{4\pi d}{\lambda}\sqrt{n_2^2 - n_1^2 \sin^2\varphi_1} \tag{20-7}$$

式中 λ 为真空中的波长，d 和 n_2 是薄膜的厚度和折射率.

求(20-6)式的两个反射系数比得

$$\frac{R_p}{R_s} = \frac{(r_{1p} + r_{2p}\mathrm{e}^{-\mathrm{i}2\delta})(1 + r_{1s}r_{2s}\mathrm{e}^{-\mathrm{i}2\delta})}{(1 + r_{1p}r_{2p}\mathrm{e}^{-\mathrm{i}2\delta})(r_{1s} + r_{2s}\mathrm{e}^{-\mathrm{i}2\delta})} = \tan\psi\mathrm{e}^{\mathrm{i}\Delta} \tag{20-8}$$

上式简称为椭偏方程，其中的 ψ 和 Δ 是为了方便计算反射系数比引入的两个物理量，它们描述了反射光偏振态的变化，称为椭偏参数(由于具有角度量纲也称椭偏角). 由菲涅耳公式，(20-1)式、(20-7)式和(20-8)式可以看出，椭偏参数 ψ 和 Δ 是 n_1, n_2, n_3, λ 和 d 的函数. 由于反射系数 R_P, R_s 无法从实验直接测量，当 n_1, n_2, λ 和 φ_1 成为已知量时，如果能从实验中测出 ψ 和 Δ 的值，理论上就可以算出薄膜的折射率 n_2 和厚度 d. 这就是椭圆偏振法测量薄膜折射率 n_2 和厚度 d 的基本原理.

2. ψ 和 Δ 的物理意义和测量方法

用复数形式分别表示入射光和反射光的 p 和 s 分量

$$\begin{aligned} E_{ip} &= |E_{ip}|\exp(i\beta_{ip}), \quad E_{is} = |E_{is}|\exp(i\beta_{is}) \\ E_{rp} &= |E_{rp}|\exp(i\beta_{rp}), \quad E_{rs} = |E_{rs}|\exp(i\beta_{rs}) \end{aligned} \tag{20-9}$$

(20-9)式中各绝对值为相应电矢量的振幅，各 β 值为相应界面处的位相.

由(20-5)式，(20-8)式和(20-9)式可以得到

$$\tan\psi\mathrm{e}^{\mathrm{i}\Delta} = \frac{|E_{rp}||E_{is}|}{|E_{rs}||E_{ip}|}\exp\{i[(\beta_{rp} - \beta_{rs}) - (\beta_{ip} - \beta_{is})]\} \tag{20-10}$$

比较(20-10)式等号的两端可以得出

$$\tan\psi = \frac{|E_{rp}||E_{is}|}{|E_{rs}||E_{ip}|} \tag{20-11}$$

$$\Delta = (\beta_{rp} - \beta_{rs}) - (\beta_{ip} - \beta_{is}) \tag{20-12}$$

(20-11)式与(20-12)式分别表明，$\tan\psi$ 的物理意义是椭圆偏振光经薄膜反射后振幅的变化，Δ 的物理意义是椭圆偏振光电矢量 p, s 的相位差经薄膜反射后的变化. 由于 ψ 和 Δ 只与薄膜及其衬底的性质有关，为了能方便测量 ψ 和 Δ，可以将实验条件作某些设定，即要求入射光和反射光满足以下两个条件：

(1)待测薄膜面上的入射光为圆偏振光 ($|E_{ip}| = |E_{is}|$)，即 $\dfrac{|E_{ip}|}{|E_{is}|} = 1$.

(2)经薄膜面反射的偏振光是线偏振光，即 $(\beta_{rp} - \beta_{rs}) = 0$ (或 π). 满足(1)、(2)两个条件后(20-11)式与(20-12)式就简化为

$$\tan\psi = \frac{|E_{rp}|}{|E_{rs}|} \tag{20-13}$$

$$\Delta = -(\beta_{ip} - \beta_{is}) \quad 或 \quad \Delta = \pi - (\beta_{ip} - \beta_{is}) \tag{20-14}$$

可以证明,只要把 1/4 波片的快轴转到与 s 方向成 $45°(\frac{\pi}{4})$角,起偏器产生的线偏振光通过 1/4 波片后就成为圆偏振光.起偏器产生的线偏振光的偏振方向(也是起偏器的透光方向)与 s 方向的夹角称为起偏方位角 P.当起偏方位角为某些特定值 P 时,圆偏振光被待测薄膜反射后成为线偏振光,并且有 $(\beta_{ip} - \beta_{is}) = \frac{\pi}{2} - 2P$.

从图 20-2 可以看出(20-13)式中的 ψ 即是反射线偏振光偏振方向与 s 方向的夹角,称为偏振方位角.在检偏器处于消光状态时,它的透光方向垂直于反射线偏振光,故有 $\psi = A$,因此利用检偏器的消光状态可以测出 ψ 的值.

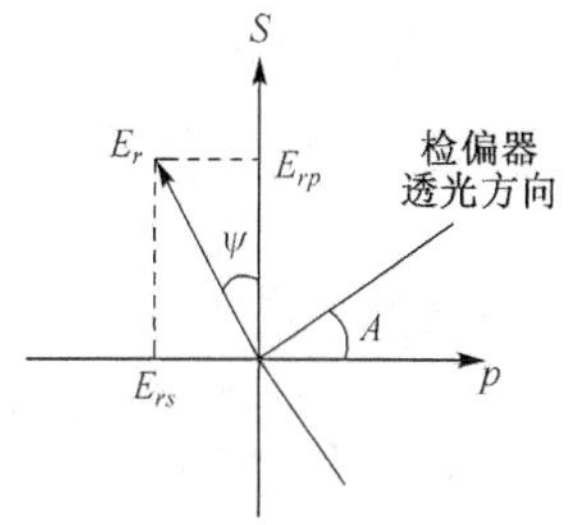

图 20-2　反射线偏振光的偏振方位角与检偏角的关系

测量 ψ 和 Δ 的方法是在满足条件(1)的情况下,调节起偏器的起偏方位角为 P,此时待测薄膜的反射光为线偏振光,转动检偏器到消光位置即得出检偏方位角 A.这样测出 P 就可确定 Δ,测出 A 就可确定 ψ.在实验中设定起偏方位角 P 以 s 方向为 0 度,面对光线行进方向顺时针旋转的角度为正,反之为负.检偏方位角 A 以 p 方向为 0 度,面对光线行进方向顺时针旋转的角度为正,反之为负.以下分为 $(\beta_{rp} - \beta_{rs})$ 等于 0 和 π 两种情况讨论:

(1) $(\beta_{rp} - \beta_{rs}) = 0$,此时 P 记为 P_1,反射线偏振光的 E_r 在第一与第三象限,所以 A 在第四象限记为 A_1,见图 20-3(a)所示.根据(20-13)式、(20-14)式及相关的讨论、角度设定可得

$$\psi = A_1, \qquad \Delta = 0 - \left(\frac{\pi}{2} - 2P_1\right) = 2P_1 - \frac{\pi}{2} \tag{20-15}$$

(2) $(\beta_{rp} - \beta_{rs}) = \pi$,此时 P 记为 P_2,反射线偏振光的 E_r 在第二与第四象限,所以 A 在第一象限记为 A_2,见图 20-3(b)所示.根据(20-13)式、(20-14)式及相关的讨论、角度设定可得

$$\psi = -A_2, \quad \Delta = \pi - \left(\frac{\pi}{2} - 2P_2\right) = 2P_2 - \frac{3}{2}\pi \tag{20-16}$$

从以上两种情况的讨论可知(A_1, P_1)和(A_2, P_2)之间的转换关系如下:

$$A_1 = -A_2, \qquad P_1 = P_2 - \frac{\pi}{2}$$

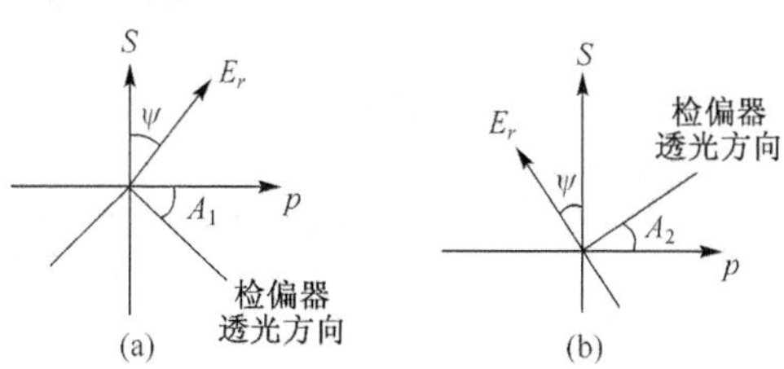

图 20-3　$(\beta_{rp} - \beta_{rs})$ 等于 0 和 π 两种情况下 ψ、A 关系

3. 折射率 n_2 和膜厚 d 的计算

1、2 点原理部分已经清楚表明待测薄膜的折射率 n_2 和膜厚 d 可以通过测量 ψ 和 Δ(实际是测量 A 和 P)后计算得出,但实际上要直接解出 (n_2, d) 和 (Δ, ψ) 的函数关系式是很困难的.一般在待测薄膜是透明介质时(n_1 和 n_2 均为实数),并且已知衬底折射率 n_3 (可以为复数)的情况下,将 (n_2, d) 和 (Δ, ψ) 的关系制成数值表或列线图来求得 n_2 和 d 的值.用这种查表(或查图)求 n_2

和 d 值的方法，虽然比较简单方便，但误差较大，所以目前已越来越多的采用计算机直接处理数据，较准确的得到 n_2 和 d 的值.

此外，求厚度 d 时还需要注意一点：当 n_1 和 n_2 为实数时，菲涅耳反射系数与透射系数公式中的 φ_2 为实数，两相邻反射光线间的位相差 2δ 也为周期为 2π 的实数，因而 2δ 可能随着 d 的变化而处于不同的周期中. 设定 $2\delta=2\pi$ 时对应的薄膜厚度为第一个周期厚度 d_0，由(20-7)式可以得到

$$d_0=\frac{\lambda}{2\sqrt{n_2^2-n_1^2\sin^2\varphi_1}} \tag{20-17}$$

由数值表、列线图和计算机算出的厚度 d 都是第一周期内的数值. 如果待测薄膜厚度大于 d_0，可用其他方法(如干涉法)确定其所在的周期数 j，则薄膜总厚度可由(20-18)式计算

$$D=(j-1)d_0+d_0 \tag{20-18}$$

[实验装置]

SGC-I 型 椭圆偏振光测厚仪(图 20-4)

一、规格与主要技术指标

1. 测量范围：1～300nm
2. 测量最小值：≤1nm
3. 入射角：30°～90°误差≤0.1°
4. 偏振器方位角读数范围：0°～180°
5. 度盘刻度：每格 2 度
6. 游标最小读数：0.05°
7. 光学中心高度：152mm
8. 工作台直径：；Φ50mm

二、仪器的结构

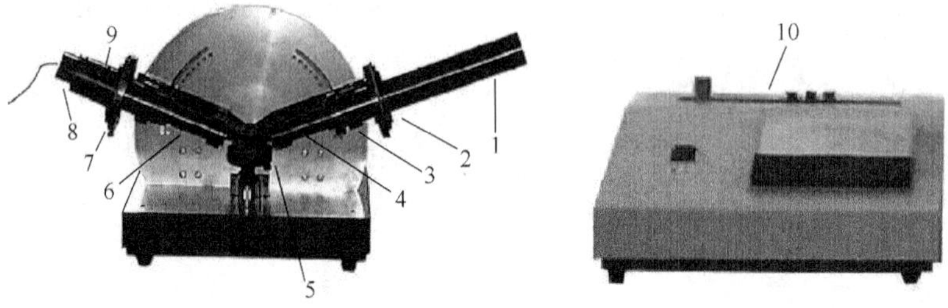

图 20-4 SGC-I 型椭圆偏振光测厚仪

1. 氦氖激光器(6328A°)；2. 起偏器；3. 1/4 波片；4. 入射管；5. 样品台；6. 反射管；7. 检偏器；8. 硅光电池；9. 消光观察窗；10. 直流放大器及激光电源

[实验内容]

测量硅衬底上二氧化硅(SiO_2)薄膜的厚度.

(1)SGC—I 型 椭圆偏振光测厚仪的实验光路如图 20-5 所示.

(2)椭偏仪的具体结构和使用方法，请参看仪器说明书.

已知衬底硅的折射率为 $n_3=3.85$，取入射角 $\varphi_1=\frac{7}{18}\pi$. 二氧化硅膜只有实部，膜厚在第一周期内($SiO_2$膜的一个周期厚度约为 283nm 左右).

(3)测出 Δ 和 ψ 后，在计算机软件中填入 A、P 角度值及衬底的折射率，由数值表求出 n_2和 d 的值.

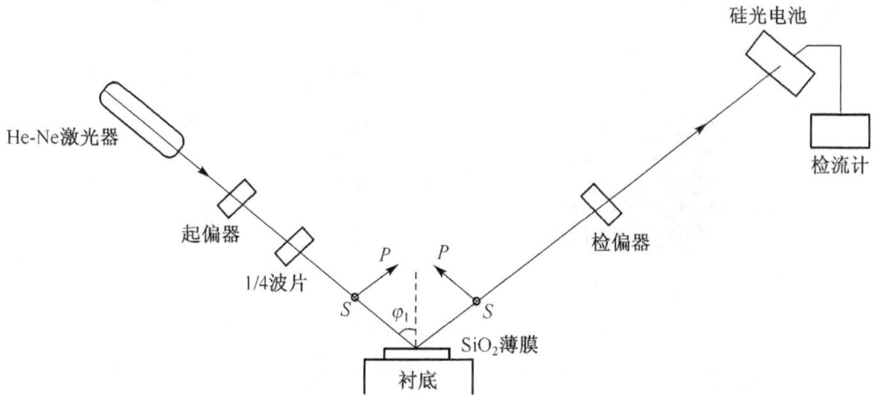

图 20-5　椭圆偏振光测厚仪的实验原理光路

注意：为了减小测量误差，不但应将样品台调水平，还应尽量保证入射角 φ_1 放置准确，保证消光状态判断的灵敏度.

[思考题]

(1) 使用椭圆偏振光测量薄膜材料的折射率与厚度时，对制备的样品有什么要求？

(2) ψ 和 Δ 的物理意义是什么？为什么测量消光状态下的起偏方位角 P 与检偏方位角 A 即可求得 ψ 和 Δ ？

(3) 说明如何将 (n_2, d) 和 (Δ, ψ) 的关系制成数值表或列线图.

[参考文献]

侯登录，郭革新. 2010. 近代物理实验，北京：科学出版社

李志超，轩植华，霍剑青. 2001. 大学物理实验. 第三册. 北京：高等教育出版社

吴思诚，王宜铨. 1995. 近代物理实验，北京：北京大学出版社

实验 21　LED 光电性能测试

[实验目的]

(1)理解光度学基本概念：光通量、色度学基本概念：色品坐标、色温.

(2)了解 LED 的结构和基本光参数、色参数、电参数.

(3)掌握 LED 参数的测量方法.

[实验原理]

1. 白光 LED

LED 是英文 light emitting diode(发光二极管)的缩写，它按通电后发射光色的不同分为红光、绿光、蓝光、白光等品种. 1993 年 GaN 蓝光 LED 技术上的突破，为白光 LED 的出现奠定了基础. 白光 LED 是一种新型固态照明光源，具有光效高、能耗低、寿命长、无污染等优点，具有重大的应用价值和开发前景.

白光 LED 的核心是一块电致发光的半导体材料，称为芯片. 芯片安置于一个有引线的支架上，覆盖以含荧光粉的树脂薄层，四周用环氧树脂密封，如图 21-1 所示. 通电后，芯片发出的光一部分激发荧光粉发光，另一部分与荧光粉发光混合，以得到白光.

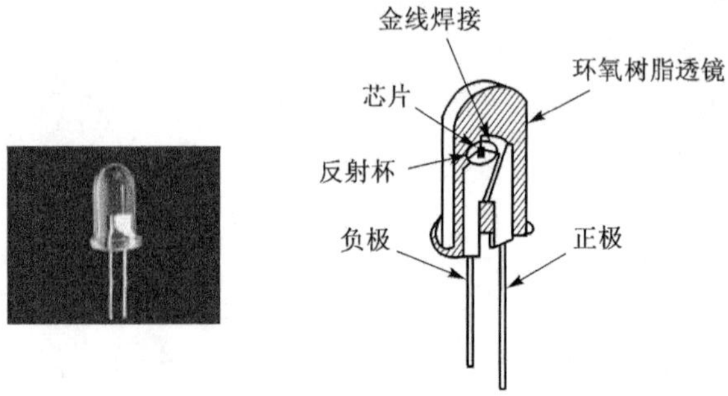

(a) 实物图　　(b) 结构图(荧光粉位于芯片上方)

图 21-1　直插式白光 LED

2. 色度学相关概念

(1)色品坐标.

实验证明:任何颜色可由三基色——红、绿、蓝以适当比例混合而成.由三基色表征颜色的色坐标系统称为 RGB 色坐标. CIE(国际照明委员会,International Commission on Illumination)在 1931 年将 RGB 表色系统变换成新的 XYZ 表色系统,称为 1931 CIE-XYZ 系统. XYZ 表色系统中引入色品坐标 x,y.对于一已知光谱分布为 $P(\lambda)\mathrm{d}\lambda$ 的光源来说,其三刺激值可表示为

$$\begin{aligned} X &= \int_{380}^{780} P(\lambda)\bar{x}(\lambda)\mathrm{d}\lambda \\ Y &= \int_{380}^{780} P(\lambda)\bar{y}(\lambda)\mathrm{d}\lambda \\ Z &= \int_{380}^{780} P(\lambda)\bar{z}(\lambda)\mathrm{d}\lambda \end{aligned} \tag{21-1}$$

$$\begin{aligned} x &= \frac{X}{X+Y+Z} \\ y &= \frac{Y}{X+Y+Z} \end{aligned} \tag{21-2}$$

$\bar{x}(\lambda),\bar{y}(\lambda),\bar{z}(\lambda)$ 分别为已知的 CIE-1931 的标准光谱三刺激值,CIE 给出了 380～780nm 的光谱范围内每隔 5nm 的各波长对应的此类数值,代入(21-1)式、(21-2)式中可以计算出光谱对应的色品坐标 x,y,并在色品图(图 21-2)上确定其位置.可以看出:白光范围是色品图中一个以(1/3,1/3)为中心的近似椭圆.

(2)色温.

在任何温度下能完全吸收入射的任何辐射的热辐射体,称为黑体.随着黑体温度的变化,黑体光谱对应的色坐标(x,y)的变化曲线称为黑体轨迹.在色品图上,某一照明光源的色坐标到黑体轨迹线上的最近距离所对应的黑体温度,称为该光源的相关色温.

我们通常说的某一光源的色温,实际上就是该光源的相关色温值.

3. LED 光电测量原理

(1)正向电压与反向漏电流.

原理框图如图 21-3 所示,给被测 LED 提供规定的正向工作电流,检测 LED 两极间产生的压降,即正向电压.在被测 LED 两端施加一个规定的反向电压 U,即可检测 LED 的反向漏电流.

(2)光谱与色度.

如图 21-4 所示,被测光源置于积分球内发出的光线,通过光纤后,被会聚在单色仪的入射狭

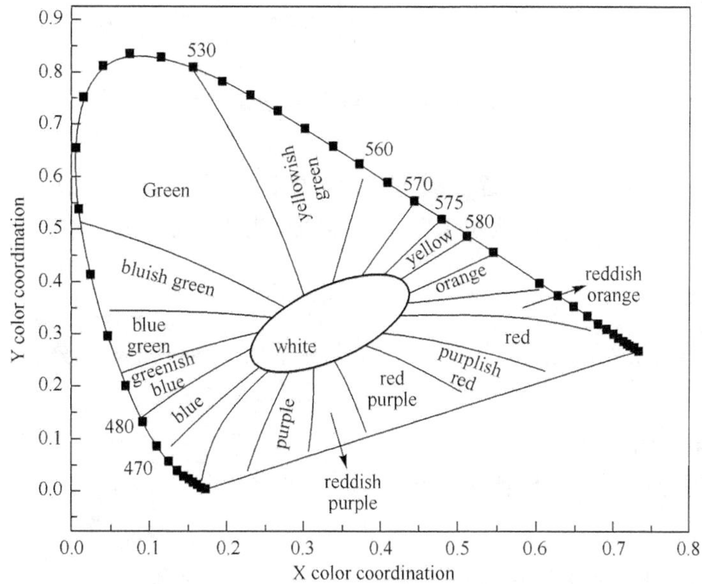

图 21-2　CIE-XYZ(1931)色品图

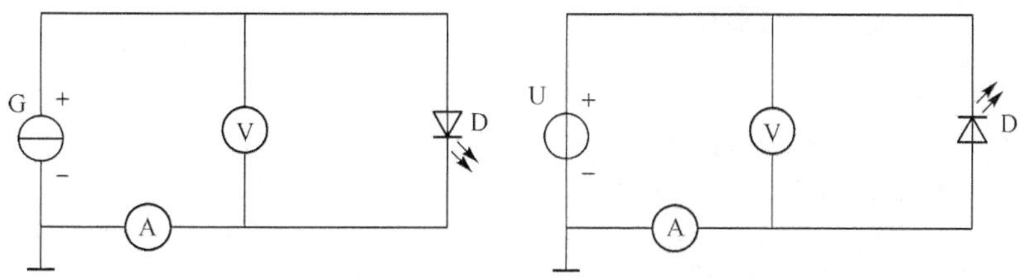

(a)正向电压测量框图；　　(b)反向漏电流测量框图

图 21-3　LED 光电测量原理框图

D. 被测 LED 器件；G. 恒流源；U. 恒压源；A. 电流表；V. 电压表

缝里，经单色仪分光，并由 CCD 转换成电信号，再经电路放大处理及 A/D 转换后送给微控制器，由微控制器将数字信号经 USB 接口送给计算机，由计算机上的软件系统计算得出各种色度参数.

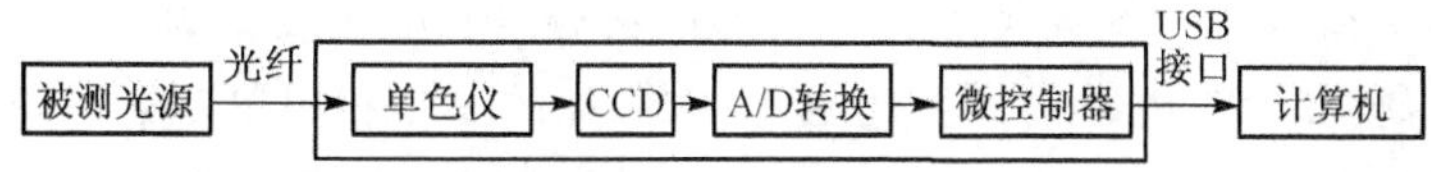

图 21-4　光谱测量原理框图

(3)光通量.

光通量测试(图 21-5)需要配一个积分球，积分球的主要功能是收集光作为漫反射光源. 光在积分球内经过多次反射后，非常均匀地散射在积分球内部，由光纤光谱仪通过阻光通道进行探测.

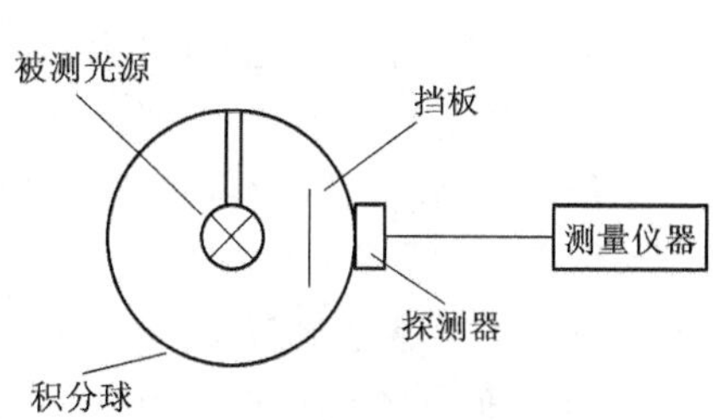

图 21-5　光通量测试示意图

在刚安装系统后，首先用光通量标准灯对整个系统进行定标，再对被测 LED 进行测量(在定标完成后，下次测量无须再定标，但探测器安装位置及球内结构发生改变后须再次定标).

[实验装置]

LED 若干、LED 光色电测试系统(含标准光源、积分球等).

[实验内容]

(1)准备工作.

启动 LED 光色电测试系统,用光通量标准灯对光通量测试系统定标.

(2)参数测量.

①将 LED 放入插座,电流从 0 逐步增大到额定电流,每隔 10mA 记录一组电压和电流值.

②在额定电流下,利用积分球测量 LED 的光通量、光谱功率分布 $P(\lambda)$、色品坐标 (x, y) 和相关色温 T_c,打印结果.

(3)数据处理.

绘制 LED 的正向伏安曲线.算出 LED 额定电流下的光效(lm/W).分析 LED 的光谱分布.

(4)注意事项.

①LED 极性不可接反.

②外加电流不能超过 LED 的额定电流.

[思考题]

(1)给定的白光 LED 发射谱由哪些谱峰组成?描述谱峰来源.

(2)能否单纯通过增大输入电压来提高 LED 功率?为什么?

(3)简述积分球在光通量测量中的作用.

[参考文献]

刘行仁. 2007. 白光 LED 固态照明光转换荧光体,发光学报,28:291

徐叙瑢,苏勉曾. 2004. 发光学与发光材料. 北京:化学工业出版社

Nakamura S, Mukai T, Senoh M. 1994. Candela-class high-brightness InGaN /AlGaN double-heterostructure blue-light-emitting diodes. Appl. Phys. Lett, 64: 1687

实验 22　太阳能电池特性实验

能源是人类社会发展的动力,能源技术的革新将带动人类社会日益进步,并对社会发展起着巨大的推动作用.目前人类所采用的化石燃料能源,在带来文明和进步的同时,却因排放大量的温室气体(CO_2、SO_2 和 NO_2),给人类生存环境造成灾难.因此"改变能源结构,保护地球"被全世界所关注.最新的研究表明,电解水产生的氢能、太阳光的充分利用包括光热和光伏发电,是最清洁、环保,取之不尽、用之不竭的.广义地说,太阳光的辐射能、水能、风能、生物质能、潮汐能都属于太阳能,它们随着太阳和地球的活动,周而复始地循环,几十亿年内不会枯竭,因此它们被称为可再生能源,推广使用这些可再生能源是今后的必然趋势.

太阳能发电有两种方式.光—热—电转换方式是通过利用太阳辐射产生的热能发电,一般是由太阳能集热器将所吸收的热能转换成蒸汽,再驱动汽轮机发电,太阳能热发电的缺点是效率很低而成本很高.光—电直接转换方式是利用光生伏特效应而将太阳光能直接转化为电能,光—电转换的基本装置就是太阳能电池.根据所用材料的不同,太阳能电池可分为硅太阳能电池,化合物太阳能电池,聚合物太阳能电池,有机太阳能电池等.其中硅太阳能电池是目前发展最成熟的,在应用中居主导地位.本实验研究单晶硅、多晶硅、非晶硅 3 种太阳能电池的特性.

[实验目的]

(1)理解太阳能电池工作的原理.

(2)掌握太阳能电池的暗伏安特性.

(3)掌握太阳能电池的开路电压、短路电流和光强之间的关系.

(4)掌握太阳能电池的输出特性测量.

[实验原理]

1.太阳能电池原理

太阳能电池的原理是基于半导体的光生伏特效应将太阳辐射直接转换为电能.太阳能电池的基本结构就是pn结,图22-1为pn结示意图.

众所周知,高纯半导体材料具有很大的电阻,如把一定数量的杂质掺入半导体内,可以形成n型半导体和p型半导体.在材料中电子数目总与核电荷数相一致,所以n型半导体和p型半导体对外部来说是电中性的.当p型材料和n型材料相接,将在p型和n型材料之间形成界面即pn结.此时在界面层n型材料中的自由电子和p型材料中的空穴,由于正负电荷之间的吸引力,n区的自由电子(带负电)向p区扩散,p区的空穴(带正电)向n区扩散,在pn结附近形成空间电荷区与势垒电场.势垒电场会使载流子向扩散的反方向作漂移运动,最终扩散与漂移达到平衡,使流过pn结的净电流为零.在空间电荷区内,p区的空穴被来自n区的电子复合,n区的电子被来自p区的空穴复合,使该区内几乎没有能导电的载流子,又称为结区或耗尽区.

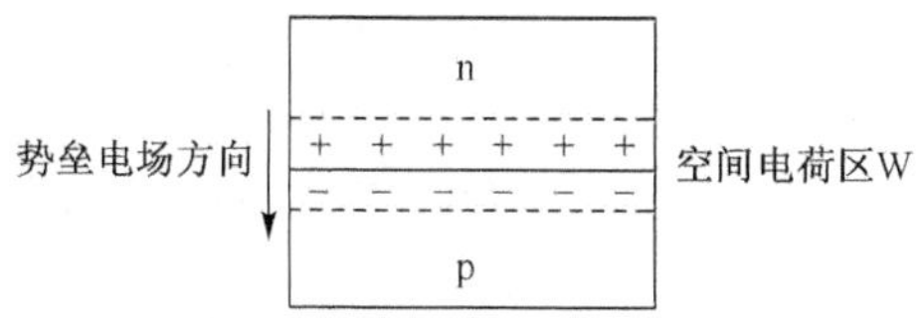

图22-1　半导体pn结示意图

太阳能电池大多是通过扩散工艺,在p型硅片上形成n型区,在两区交界就形成pn结,界面层处于硅片表面附近的位置,在界面层附近的空间电荷区的厚度一般为0.5～0.1μm.太阳能电池在无光照时,在界面层附近的相反的空间电荷相互作用,使载流子的继续交换停止.如果光照射在太阳能电池上并且光在界面层被吸收,具有足够能量的光子能够在p型材料和n型材料中将电子从共价键中激发,以致产生电子-空穴对,在结区激发的电子和空穴分别被势垒电场相互分离,推向n区和p区,使n区有过量的电子而带负电,p区有过量的空穴而带正电,pn结两端形成电压,这就是光伏效应,如图22-2所示.若将pn结两端接入外电路,就可向负载输出电能.

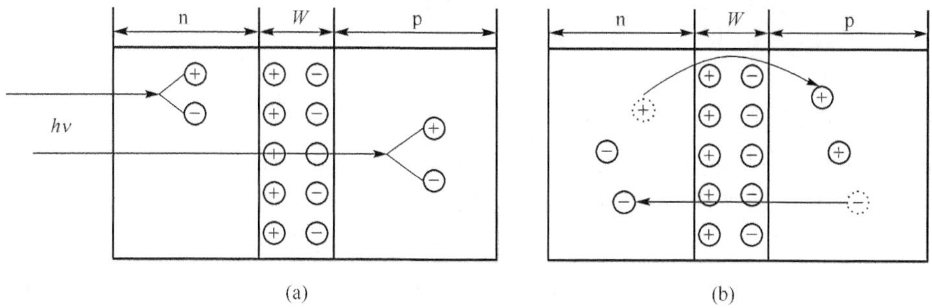

图22-2　光伏效应产生示意图

(a)光照产生电子-空穴对;(b)少子被pn结内建电场分离

2.太阳能电池的特性参数

开路电压V_{OC}、短路电流I_{SC}、填充因子$F.F$和转换效率η_s是描述太阳能输出的四个基本参数,它们是由太阳能电池电流-电压输出特性曲线得到的.

如图 22-3，在一定的光照条件下，太阳能电池工作时形成了从 n 型半导体到 p 型半导体的光电流 I_L，同时导致光生电势和光生电场的出现，正是光生电流和光生电势的产生，使得 pn 结向外电路提供电流 I 和功率. 但是光生电势降低了空间电荷区的势垒，类似于在 pn 结上加上正向电场，使 pn 结产生正向电流 I_F 的注入，方向与光生电流相反. 根据 pn 结整流方程，在正向偏压下，通过结的正向电流为

$$I_F = I_0[\exp(qV/kT) - 1] \tag{22-1}$$

式中 V 是光生电压；I_0 是反向饱和电流. 显然，如果将 pn 结与外电路相连，则光照时流过外加负载的电流为

$$I = I_L - I_F = I_L - I_0[\exp(qV/kT) - 1] \tag{22-2}$$

这就是负载电阻上的电流电压特性，即光照下 pn 结或太阳能电池的电流电压特性曲线如图 22-4 实线所示，图中虚线为无光照时的电流-电压输出特性.

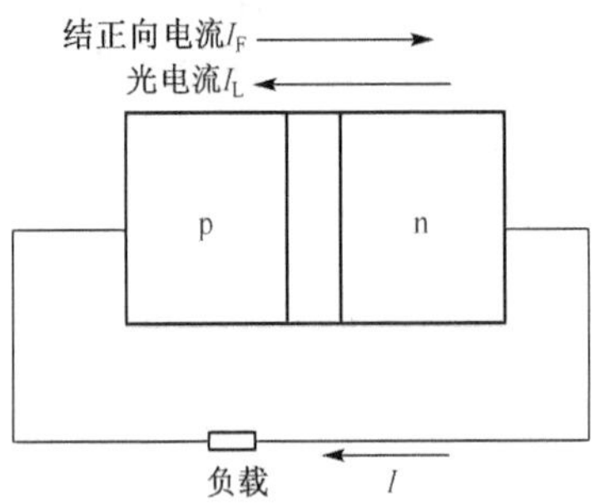

图 22-3　太阳能电池工作示意图

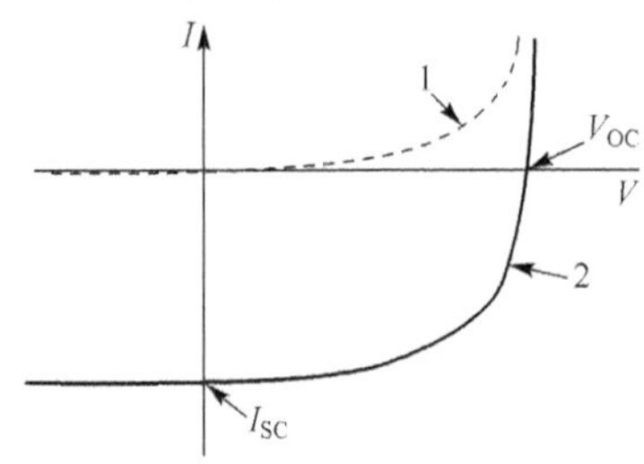

图 22-4　太阳能电池无光照与有光照时的电流-电压输出特性

由(22-2)式可得

$$V = \frac{kT}{q}\ln\left(\frac{I_L - I}{I_0} + 1\right) \tag{22-3}$$

将 pn 结开路，即负载电阻无穷大，负载上的电流 I 为零，则此时的电压称为开路电压，用 V_{OC} 表示，由(22-3)式可知

$$V_{OC} = \frac{kT}{q}\ln\left(\frac{I_L}{I_0} + 1\right) \tag{22-4}$$

将 pn 结短路，即负载电阻、光生电压和光照时流过 pn 结的正向电流 I_F 均为零，则此时的电流称为短路电流，用 I_{SC} 表示，由(22-2)式可知

$$I_{SC} = I_L \tag{22-5}$$

即光照时的 pn 结短路电流等于它的光生电流.

短路电流和开路电压时太阳能电池的重要参数，并随太阳光强度的增加而增加. 理论分析及实验表明，在不同的光照条件下，短路电流随入射光功率线性增长，而开路电压在入射光功率增加时只略微增加，如图 22-5 所示(图中是以光生电流为正的结果表示).

在相同的光照条件下，改变太阳能电池负载电阻的大小，可测量其输出电压与输出电流，得到输出特性曲线，如图 22-6 实线所示(图中是以光生电流为正的结果表示). 太阳能电池的输出功率为输出电压与输出电流的乘积. 同样的电池及光照条件，负载电阻大小不一样时，输出的功率是不一样的. 若以输出电压为横坐标，输出功率为纵坐标，绘出的 P-V 曲线如图 22-6 点划线所示.

输出电压与输出电流的最大乘积值称为最大输出功率 P_{max}. 填充因子 $F.F$ 定义为

$$F.F = \frac{P_{max}}{V_{OC} \times I_{SC}} \tag{22-6}$$

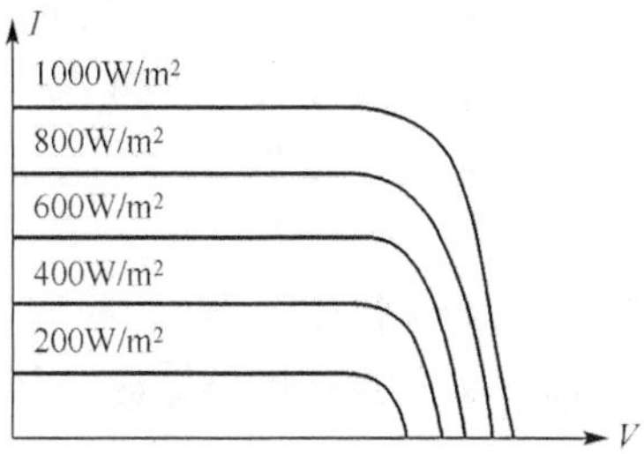

图 22-5　不同光照条件下的 *I-V* 曲线

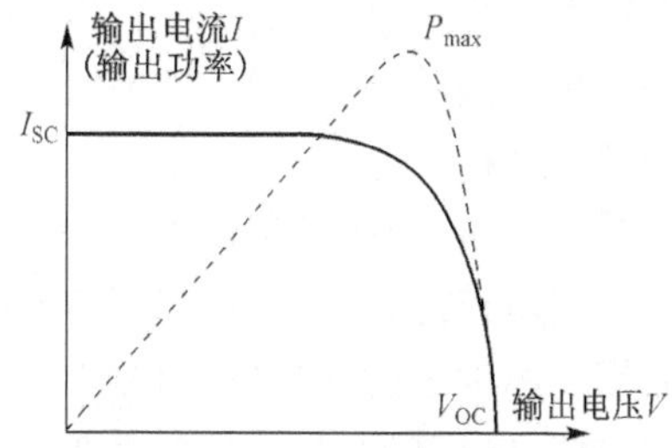

图 22-6　太阳能电池的输出特性

填充因子是表征太阳电池性能优劣的重要参数，其值越大，电池的光电转换效率越高，一般的硅光电池 $F.F$ 值在 0.75～0.8 之间.

转换效率 η_s 定义为

$$\eta_s(\%) = \frac{P_{max}}{P_{in}} \times 100\% \tag{22-7}$$

P_{in} 为入射到太阳能电池表面的光功率.

硅太阳能电池分为单晶硅太阳能电池、多晶硅薄膜太阳能电池和非晶硅薄膜太阳能电池三种. 单晶硅太阳能电池转换效率最高，技术也最为成熟. 在实验室里最高的转换效率为 24.7%，规模生产时的效率可达到 15%. 在大规模应用和工业生产中仍占据主导地位. 但由于单晶硅价格高，大幅度降低其成本很困难，为了节省硅材料，发展了多晶硅薄膜和非晶硅薄膜作为单晶硅太阳能电池的替代产品.

多晶硅薄膜太阳能电池与单晶硅比较，成本低廉，而效率高于非晶硅薄膜电池，其实验室最高转换效率为 18%，工业规模生产的转换效率可达到 10%. 因此，多晶硅薄膜电池可能在未来的太阳能电池市场上占据主导地位.

非晶硅薄膜太阳能电池成本低，重量轻，便于大规模生产，有极大的潜力. 如果能进一步解决稳定性及提高转换率，无疑是太阳能电池的主要发展方向之一.

[实验装置]

太阳能电池实验装置如图 22-7 所示.

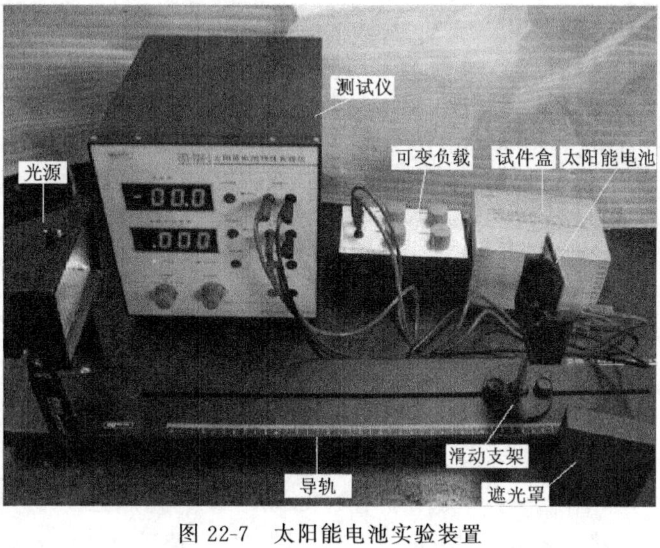

图 22-7　太阳能电池实验装置

太阳能电池的基本结构是一个大面积平面 pn 结，单个太阳能电池单元的 pn 结面积已远大于普通的二极管. 在实际应用中，为得到所需的输出电流，通常将若干电池单元并联. 为得到所需输出电压，通常将若干已并联的电池组串联. 因此，它的伏安特性虽类似于普通二极管，但取决于太阳能电池的材料，结构及组成组件时的串并联关系.

光源采用碘钨灯，它的输出光谱接近太阳光谱. 调节光源与太阳能电池之间的距离可以改变照射到太阳能电池上的光功率，具体数值由光功率计测量. 测试仪为实验提供电源，同时可以测量并显示电流、电压以及光功率的数值.

电压源：可以输出 0～8V 连续可调的直流电压. 为太阳能电池伏安特性测量提供电压.

电压/光强表：通过“测量转换”按键，可以测量输入“电压输入”接口的电压，或接入“光强输入”接口的光强探头测量到的光强数值. 表头下方的指示灯确定当前的显示状态. 通过“电压量程”或“光强量程”，可以选择适当的显示范围.

电流表：可以测量并显示 0～200mA 的电流，通过“电流量程”选择适当的显示范围.

［实验内容］

1. 硅太阳能电池的暗伏安特性测量

暗伏安特性是指无光照射时，流经太阳能电池的电流与外加电压之间的关系. 测试原理图如图 22-8 所示. 用遮光罩罩住太阳能电池. 将待测的太阳能电池接到测试仪上的“电压输出”接口，电阻箱调至 50Ω 后串联进电路起保护作用，用电压表测量太阳能电池两端电压，电流表测量回路中的电流.

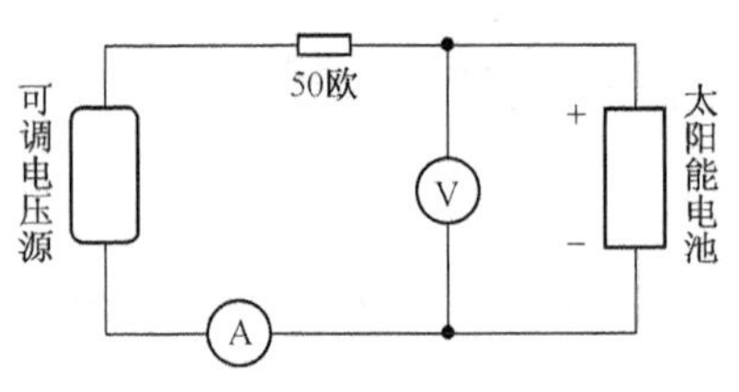

图 22-8　伏安特性测量接线原理图

本实验提供的组件是将若干单元并联. 要求测试并画出单晶硅，多晶硅，非晶硅太阳能电池组件在无光照时的正反向暗伏安特性曲线.

2. 开路电压，短路电流与光强关系测量

打开光源开关，预热 5 分钟.

打开遮光罩. 将光强探头装在太阳能电池板位置，探头输出线连接到太阳能电池特性测试仪的“光强输入”接口上. 测试仪设置为“光强测量”. 由近及远移动滑动支架，测量不同位置光源的光强.

将光强探头换成单晶硅太阳能电池，测试仪设置为“电压表”状态. 按图 22-9(a)接线，测量不同光强时太阳能电池的开路电压. 按图 22-9(b)接线，记录不同光强时太阳能电池的短路电流值. 将单晶硅太阳能电池更换为多晶硅、非晶硅太阳能电池，重复测量步骤，并记录数据. 根据测量数据，画出三种太阳能电池的开路电压、短路电流随光强变化的关系曲线.

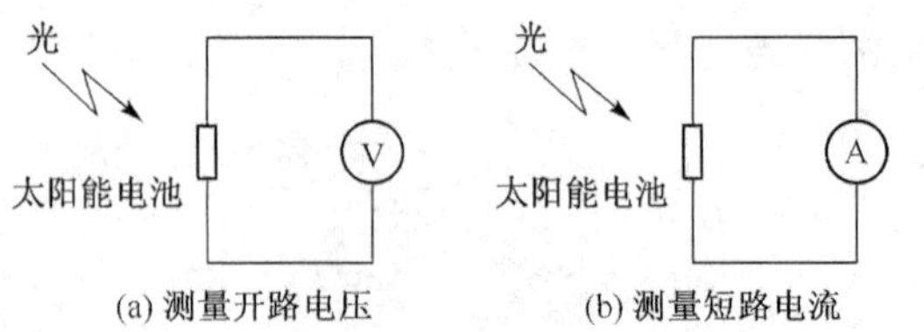

(a) 测量开路电压　　(b) 测量短路电流

图 22-9　开路电压、短路电流与光强关系测量原理图

3. 太阳能电池输出特性实验

按图 22-10 接线，以电阻箱作为太阳能电池负载. 在一定光照强度下(将滑动支架固定在导轨上某一个位置)，分别将三种太阳能电池板安装到支架上，通过改变电阻箱的电阻值，记录太阳

能电池的输出电压 V 和电流 I，并计算输出功率 $P_O=V\times I$，填于自行设计的表中. 作三种太阳能电池的输出伏安特性曲线及功率曲线. 找出最大功率点，对应的电阻值即为最佳匹配负载. 由(22-6)式计算填充因子. 由(22-7)式计算转换效率. 入射到太阳能电池板上的光功率 $P_{in}=I\times S_1$，S_1 为太阳能电池板面积.

若时间允许，可改变光照强度(改变滑动支架的位置)，重复前面的实验.

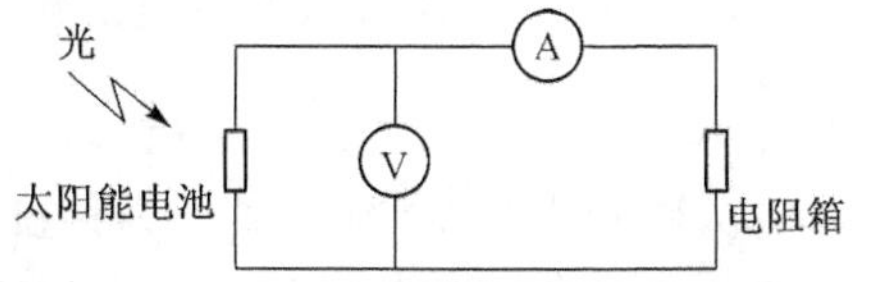

图 22-10　太阳能电池输出特性测量原理图

[注意事项]

(1)在预热光源的时候，需用遮光罩罩住太阳能电池，以降低太阳能电池的温度，减小实验误差.

(2)光源工作及关闭后的约 1 小时期间，灯罩表面的温度都很高，请不要触摸.

(3)可变负载只能适用于本实验，否则可能烧坏可变负载.

(4)20V 电源需可靠接地.

[思考题]

讨论太阳能电池的暗伏安特性与一般二极管的伏安特性有何异同.

[参考文献]

安其霖，曹国琛. 1984. 太阳电池原理与工艺. 上海：上海科学技术出版社

熊绍珍，朱美芳. 2009. 太阳能电池基础与应用. 北京：科学出版社

杨德仁. 2007. 太阳电池材料. 北京：化学工业出版社

第 5 章
材料制备技术

能源、信息和材料被誉为现代国民经济的三大支柱. 材料是人类进化史的里程碑，是现代文明的重要表征，是发展高新技术的基础和先导. 材料一般分为传统材料和新材料. 新材料是指那些新出现或已在发展中的、具有传统材料所不具备的优异性能和特殊功能的材料. 新材料与传统材料之间并没有截然的分界，新材料在传统材料基础上发展而成，传统材料经过组成、结构、设计和工艺上的改进从而提高材料性能或出现新的性能都可发展成为新材料.

新材料作为高新技术的基础和先导，应用范围极其广泛，它同信息技术、生物技术一起成为 21 世纪最重要和最具发展潜力的领域. 同传统材料一样，新材料可以从结构组成、功能和应用领域等多种不同角度对其进行分类，不同的分类之间相互交叉和嵌套. 材料的作用是与材料的制备和加工紧密联系在一起的，因此材料制备技术的突破往往是新产品能否问世、新技术能否产生的关键.

材料制备，目前尚未形成一个准确的定义，主要是对其所包括的内容和范畴的观点有些不同. 一种说法认为材料制备即指材料的合成和加工，其中材料合成是指通过一定的途径，从气态、液态及固态原材料中得到化学性质与原材料不同的新材料，材料加工是指通过一定的工艺手段使新材料在物理性质上处于与原材料不同的状态. 另一种说法是指通过材料制备过程获得的新材料应在化学成分、元素分布或组织结构上与原材料有明显的不同. 无论哪一种说法，材料制备都包含了广泛而重要的材料科学内容. 材料制备是新材料的获取和应用的关键，也是对材料进行加工、成形和应用的品质保证，现在已成为材料研究与材料加工领域非常引人注目和活跃的技术热点.

先进的材料制备技术主要包括薄膜材料制备技术、纳米材料制备技术、极端条件下材料的制备技术(超高真空、超高温、超低温、高应力、强腐蚀等)、金属基材料的制备技术、高能束技术(包括激光束与材料的作用、离子束与表面改性、电子束、物理化学气相沉积等)、凝固技术(快速凝固技术、非晶态合金和准晶制备定向凝固技术、定向凝固共晶合金制备、单晶材料制备技术、新型大块非晶及纳米晶材料制备技术)、半导体芯片的制造技术、超导材料加工工艺等.

本章主要是介绍纳米材料、新型功能材料如薄膜材料、非晶态合金和波导材料等的用途、制备原理、方法及其各自的优缺点.

[参考文献]

顾家琳，邓海金，杨志刚，曾照强. 2005. 材料科学与工程概论. 北京：清华大学出版社

李言荣，恽正中. 2001. 材料物理学概论. 北京：清华大学出版社

王章忠. 2005. 材料科学基础. 北京：机械工业出版社

朱张校. 2001. 工程材料. 北京：清华大学出版社

实验 23　真空的获得与测量——真空镀膜

地球上一切生命活动都离不开大气，没有大气万物就无法生存，然而在很多的场合，大气的存在往往是不利的，例如，在含有过多的空气和水蒸气的环境中，金属元件就容易氧化而丧失功能，热电子器件灯丝就容易烧毁. 许多精密仪器、元件必须在高真空条件下才能进行制造和功能运行. 在真空状态下，由于气体稀薄，分子之间或分子与其他质点之间的碰撞次数减少，分子在一

定时间内碰撞于固体表面上的次数相应减少，这导致其具有一系列新颖的物化特性.真空技术是基本实验技术之一，真空技术在近代高端科学技术，如表面科学、薄膜技术、纳米科学、自旋电子学等工作中占据重要地位，在工业生产和人们日常生活中也具有深远的影响.

薄膜技术和薄膜材料是当代真空技术和材料科学中最活跃的研究领域，在现代科学技术和工业生产中具有举足轻重的作用.作为特殊形态材料的薄膜业已成为微电子、信息、太阳能利用等技术的基础，渗透到高新科技领域的各个角落，而且具有特殊功能.特殊用途的薄膜材料的研发一直是高新研究领域的热点，交换偏置材料、自旋阀、记忆合金薄膜、磁性半导体薄膜和光电二极管等，这些材料的研发及产品性能无一不和薄膜制备技术及其工艺条件有关.

薄膜制备的方法主要有真空蒸发、DC/RF 溅射、分子束外延、脉冲激光沉积和化学气相沉积等.真空镀膜，是指在真空条件中采用蒸发和溅射等技术使镀膜材料气化，并在一定条件下使气化的原子或分子牢固地凝结在被镀的基片上形成薄膜.真空镀膜是目前用来制备薄膜最常用的方法，是表面工程技术领域的重要组成部分.

[实验目的]

(1)了解真空技术的基本知识.

(2)了解真空泵、真空计的工作原理.

(3)掌握低、高真空的获得、测量的基本原理及方法.

(4)了解真空镀膜的基本知识.

(5)学习掌握蒸发镀膜的基本原理和方法.

[实验原理]

1. 真空的基本概念

所谓的真空，统指在给定的空间内气体压强低于 1 个大气压的气体状态.人类接触的真空通常分为两种：一种是宇宙空间所存在的真空称为“自然真空”；另一种是人们利用真空泵抽取容器中的气体所获得的真空称为“人为真空”.完全没有气体的空间状态称为“绝对真空”，就目前科学技术发展状况而言，即使用最先进的真空泵也不可能达到“绝对真空”，日常我们所说的真空都是“相对真空”.

在真空技术中，常用“真空度”术语和“压强”物理量表示某个空间的真空程度，压强越低意味着真空度越高；反之，压强高的空间则真空度低.表 23-1 给出了目前真空技术中常用的压强单位及它们的换算关系.

表 23-1 压强单位及换算关系

项目	帕/Pa	托/Torr	毫巴/mbar	标准大气压/atm
1Pa	1	7.5×10^{-3}	1×10^{-2}	9.87×10^{-6}
1Torr	133.3	1	1.333	1.316×10^{-3}
1mbar	100	0.75	1	9.87×10^{-4}
1atm	1.013×10^{5}	760	1.013×10^{3}	1

通常按照气体空间的物理特性，常用真空泵和真空规的有效使用范围以及真空技术应用特点，将真空定性地划分为如下几个区段，如表 23-2 所示(这种划分并非唯一).

就物理现象来说，粗真空以分子相互碰撞为主；低真空中分子相互碰撞和分子与器壁碰撞不相上下；但高真空时主要是分子与器壁碰撞；超高真空下分子碰撞器壁的次数减少而形成一个单分子层的时间已达到数分钟以上；极高真空时分子数目极为稀少，以致统计涨落现象比较严重(大于 5%)，经典统计规律产生了偏差.

表 23-2　真空区域的划分及其物理特性、获得和测量真空的方法

真空区间	物理特征	采用主要真空泵	主要真空计	应用
粗真空 $1\times10^5\sim1\times10^3$ Pa	$\lambda\leqslant d,\tau_1\geqslant\tau,n$ 很大服从统计规律	机械真空泵，各种粗真空泵	U 形压力计，薄膜压力计，火花枪	真空浓缩，脱色，脱真空成型，真空输送
低真空 $1\times10^3\sim1\times10^{-1}$ Pa	λ 接近于 d 其他同上	机械泵，油压泵，吸附泵	麦氏压力计热偶(阻)真空计	真空蒸馏，干燥，烧结真空浸漆绝热
高真空 $1\times10^{-1}\sim1\times10^{-6}$ Pa	$\lambda>d$，气体分子与器壁碰撞为主	扩散泵涡轮分子泵	电离规及 B—A 型热阴极电离规	真空冶炼热处理，真空器件如：激光器件，加速器，真空镀膜
超高真空 $1\times10^{-6}\sim1\times10^{-10}$ Pa	$\tau_1\leqslant\tau$，气体在固体上吸附为主	加陷扩散泵各种吸气剂，离子泵	各种改进型热阴电离规	薄膜和表面物理，热核反应和等离子体物理，超导体技术，宇宙航行

上表中的 d 为容器线度，n 为气体密度，τ 为分子碰撞在壁面的平均吸附时间，τ_1 为气体分子在空间飞行时间，λ 为分子平均自由程.

2. 真空的获得

真空的获得就是人们常说的“抽真空”，即利用各种真空泵将被抽容器中的气体抽出，使该空间的压强低于一个大气压. 用来获得真空的设备称为真空泵，按其工作原理不同可分为排气型和吸气型两大类：排气型真空泵是利用内部的各种机构，将被抽容器中的气体排出泵体之外，如机械泵、扩散泵和分子泵等；吸气型真空泵则是在封闭的真空系统中，利用各种表面吸气的方法将被抽空间的气体分子长期吸附在吸气剂的表面上，使被抽容器保持真空，如分子筛吸附泵、钛升华泵、溅射离子泵和低温泵等.

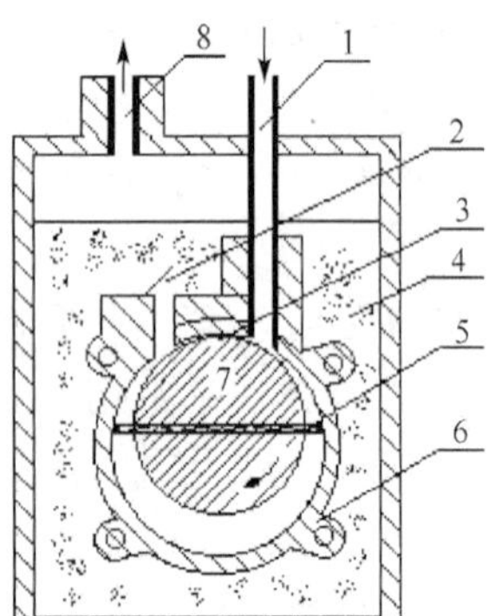

图 23-1　机械泵的结构示意图

1. 进气管；2. 排气阀门；3. 顶部密封；4. 机械泵油；5. 旋片；6. 定子；7. 转子；8. 出气口

真空泵的主要性能可用极限真空度、抽气速率和启动压强来衡量.

(1)极限真空度：无负载(无被抽容器)时泵入口处可达到的最低压强(最高真空度).

(2)抽气速率：在一定的温度与压力下，单位时间内泵从被抽容器抽出气体的体积，单位(升/秒).

(3)启动压强：泵能够开始正常工作的最高压强 .

本实验重点介绍油封机械泵(2XZ-4 型)和喷嘴油玻璃扩散泵的结构和工作原理等方面的内容.

(1)油封机械泵工作原理.

油封机械真空泵是用油来保持运动部件的密封，依靠体腔容积的变化而抽气，其中旋片泵是目前使用最广，生产系列最全的泵种之一，它的结构如图 23-1 所示. 这是一种油封机械真空泵，利用偏心转子(7)上的活动旋片(5)在泵体腔内旋转，使工作体积发生周期变化. 由于工作容积的扩大和缩小，气体吸入并经压缩而排出，而达到抽气的目的.

如图 23-2，装在转子槽内的旋片(5)由于弹簧的作用使旋片的端角面始终紧贴着泵腔，并将泵腔分成为 A、B、C 三个部分，旋进气管(1)到旋片分隔的空间称为空腔 C，两旋片分隔出的空间称为空腔 B，排气阀到旋片分隔的空间称为空腔 A. 当旋片位于垂直位置时，把泵腔分为 A、C 两部分，但不管旋片旋到什么位置，它都把进气管(1)与排气口(8)分隔开. 我们把腔 C 称为吸气空

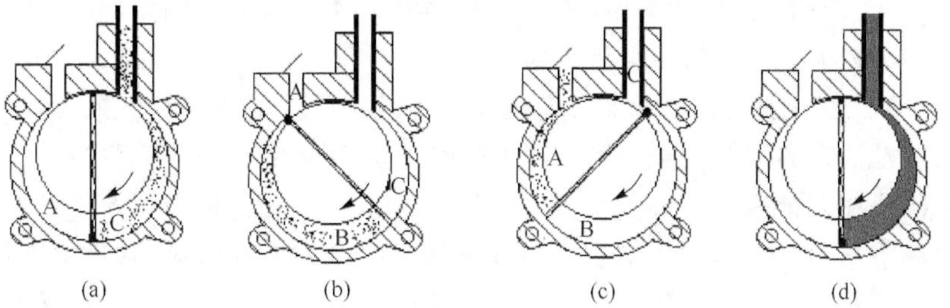

图 23-2　旋片泵排气过程

间，当转子(7)转动时，空腔 C 的体积逐渐增大因而把被抽空间的气体吸进来. 与此同时腔 A 的体积逐渐减少，气体被压缩，从而使压力升高. 当压力足够大时，就能弹开排气阀门上的弹簧片，使被抽气体穿过密封油层经排气管(8)排出泵外，排气阀被油封着以防大气返回泵内.

旋片泵详细的排气过程描述如下：

图 23-2(a)：旋片处于垂直位置，吸气过程尚未开始.

图 23-2(b)：旋片转过一定角度，C 空间的气体被压到 B 空间.

图 23-2(c)：B 空间的气体被压到 A 空间，并不断被压缩直至顶开排气阀门排出.

图 23-2(d)：排气结束，并进行新一轮的吸气.

以后转子及旋片重复上面的过程，可见转子转动一圈时，旋片总起来完成两次吸气和两次排气过程. 转子不断旋转，就实现连续抽气的目的.

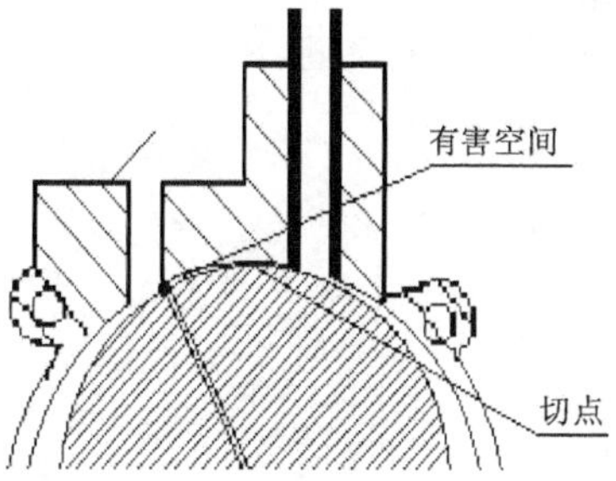

图 23-3　真空泵有害空间

单级旋片泵一般极限真空度为10^{-1} Pa，这主要是泵体结构上存在有害空间，如图 23-3 所示，在该空间中，它的压强很高，会通过各种途径突破到吸气空间去，从而使真空度下降. 为了提高泵的真空度，除了提高泵体，转子、旋片的加工精度尽量减少装配间隙和有害空间外，最有效办法是将两只单级泵串联起来，组成双级泵，这些极限真空度将大大提高，可达到10^{-2} Pa，本实验中采用的是 2XZ-4(2 表示双级泵，X 表示旋片式，油封机械真空泵，4 表示在一个大气压时的抽速 4 升/秒，Z 表示直接联式). 2XZ-4 机械泵还采用了气镇装置，它可以帮助机械泵抽除被抽容器中含有容易凝结的蒸气，如水蒸气.

在机械泵中的真空油有着如下的作用：

①防止大气通过排气阀进入泵腔. 帮助排气阀闭合后密封性良好，从而可以隔绝大气. 如果油量不足，阀门暴露在大气中，大气就会冲入泵腔，使真空度抽不上去.

②少量的油通过泵的装配间隙渗透到各运动部位，对运动部件、旋片、轴承、轴封起润滑、密封、冷却作用.

③在真空度很高，气体量很少时，可以帮助顶开排气阀门以进行排气.

真空泵用油的要求，原则上是油的饱和蒸气压要低，而挥发成分要少并有一定的黏度，而且随温度的变化要小. 当然，机械真空泵的种类还有罗茨泵、往复泵等，但工作原理大体相似.

(2)高真空泵.

到目前为止，抽气机大概有三种类型，分为机械运动类、蒸气流类和吸附作用类(它又分物理吸附和化学吸附两种). 机械泵、增压泵，属机械运动；油扩散泵、蒸气流泵等属于蒸气流型；物理吸附泵主要有澡冷泵、低温冷凝泵、冷吸附泵、化学吸附泵、吸气剂离子泵、升华泵、溅射离子泵.

扩散泵按结构形式来分有立式、卧式、单级、多级扩散泵.本实验使用的是四级立式玻璃结构油扩散泵，一般可以获得$10^{-3}\sim10^{-8}$Pa 的超高真空.

扩散泵的主要优点有抽气能力大、抽速范围宽广，对各种气体包括惰性气体(氩、氖、氦)有相同抽速(这是其他泵无法比拟的优点)，结构简单，便于维护，使用寿命长，易获得高真空，故常被采用.

油扩散泵比机械泵能获得更高的真空度，它的工作压力范围是 $10^{-1}\sim10^{-6}$Pa，起始压力正好是机械泵的极限压力，因此，油扩散泵通常要利用机械泵作为前级泵，将真空度抽到 10^{-1}Pa 后扩散泵才能开始工作.

扩散泵的结构示意如图 23-4，扩散泵的工作原理是利用高速油蒸气流的作用，在被抽容器和扩散泵之间建立起被抽气体的分压强差，这样被抽气体的分子便不断扩散到高速定向蒸气流中，被压缩到前级空间，最后被前级泵所抽走.当前级机械泵达到预备真空后，即可用电炉将泵内工作液(油)加热沸腾，使它产生大量蒸气，蒸气通过泵心导流管分透各级喷嘴，蒸气在喷嘴处改变方向，从喷口喷出后形成速度很高的定向密集蒸气流.由于处于蒸气流上方的被抽气体的分子压强大于蒸气流内该气体的分压强，故被抽气体不断由较高分压强区向低分压强区的蒸气流中扩散.当被抽气体与超音速的蒸气流分子相碰撞后，气体分子获得了一个与高速蒸气流运动方向大体相同的速度分量.从客观上来看，气体分子被逐级向下推逐，经几级蒸气流压缩后，到达前级空间，以成为体积小，压强高(10^{-1}Pa 以上)的气体，随即被前级机械泵抽走，而从喷口喷出的蒸气落在水冷泵壁上，被冷却成液体流回到分馏锅内，再受热变成蒸气，如此反复循环，被抽容器内的气体压强便不断下降.

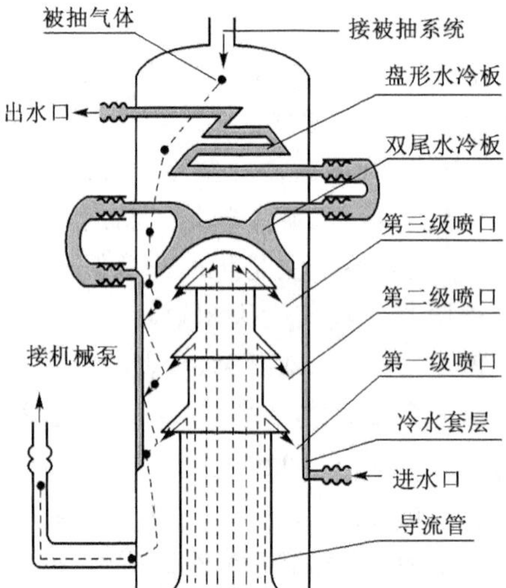

图 23-4　扩散泵的结构示意图

高速蒸气流对前级真空室里的高压强气体来说如同一道屏障，阻止它返回高真空端.

扩散泵所能获得的真空度，关键在于扩散泵本身结构，返流控制，及低蒸气压的泵流.

扩散泵在加热前要先通冷却水，关机前要断开加热炉的电源，冷却 20 分钟以后再关冷却水，然后关上通往机械泵的阀门，最后停止机械泵的工作.如果让热的油和油气遇到大量的空气，油就会被氧化而变性，不能达到 10^{-6}Pa 的真空度.

至于其他扩散泵，可以参阅相关资料，这里不再叙述.

机械真空泵和油扩散泵并接及串联(用真空活塞实现)，即可组成真空泵组.

本实验用玻璃真空泵，用约 0.13 L 的 275＃硅油，电炉加热功率为 800 瓦.

3. 真空的测量

真空测量是真空技术中的一个重要组成部分. 真空测量是指利用特定的仪器和装置，对某一特定空间内真空度的测定. 考虑到真空环境的特殊性，真空的准确测量是困难的，尤其是高真空和超高真空环境的测量. 测量真空度的装置称为真空计. 真空计的种类很多，大致可分为绝对真空计和相对真空计. 绝对真空计是通过测量物理参数直接获得气体压强且测量的物理参数与气体成分无关，例如 U 形压力计；相对真空计则通过测量与压强有关的物理量并与绝对真空计进行比较来获得压强值，例如放电真空计、电离真空计等.

由于被测量的真空度范围很广，一般采用不同类型的真空计分别进行相应范围内真空度的测量，常用的有热偶真空计和电离真空计. 热偶真空计通常用来测量低真空，可测范围为 10～10^{-1}Pa，它是利用低压下气体的热传导与压强成正比的特点制成的. 电离真空计是根据电子与气体分子碰撞产生电离电流随压强变化的原理制成的，测量范围为 10^{-1}～10^{-6} Pa，当压强高于 10^{-1}Pa 或系统突然漏气时，电离真空计中的灯丝会因高温很快被氧化烧毁，因此必须在真空度达到 10^{-1}Pa 以上时，才能开始使用电离真空计. 为了使用方便，常把热偶真空计和电离真空计组合成复合真空计.

本实验中用到的真空计是热电偶真空计和热阴极电离真空计，又叫做热耦规和电离规，它们的工作原理分别简述如下.

(1)热电偶真空计.

其结构原理是利用气体的热传导与压强成正比这一特点做成的. 它利用一对热丝和接触热电偶，通过测量热电偶的热电势来间接反映压强的变化，如图 23-5. 把加热丝接入真空系统，并通入一定的电流使丝加热. 由于热丝的温度取决于输入功率与气体分子的散热，当加热电流恒定不变时，热丝与热电偶的交点(A)的温度就决定于气体的压强. 热电偶的电势差的大小与热电偶热端(A)与冷端(B)的温度差. 热电偶产生的热电压用毫伏表测量. 系统刚抽气时，mV 表的示值为零，随着压强的降低，A 点温度逐渐上升，mV 表指示的热电势逐渐增大，当压强降到 1×10^{-1}(Pa)以下时，气体热传导作用大大减弱，A 点温度几乎不变，表针便停止在最大值处不动(称为饱和).

但是，气体的压强与毫伏表的读数之间的关系是很复杂的，不能直接计算，只能用绝对压强计(绝对真空计)校准，校准曲线用图 23-6 表示. 这种真空计能测出系统的压强，结构简单，使用方便，可以连续测量，规管不怕大气，寿命长，缺点是读数与气体种类有关，测量范围窄(20～10^{-1}Pa)，受环境温度影响大，有一定的误差会造成测量不准.

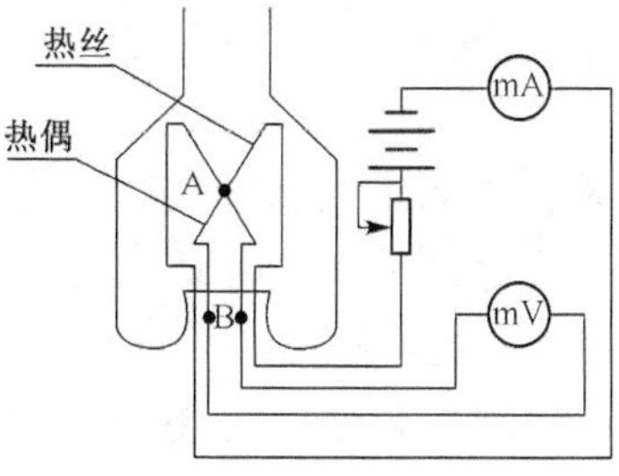

图 23-5　热电偶原理图

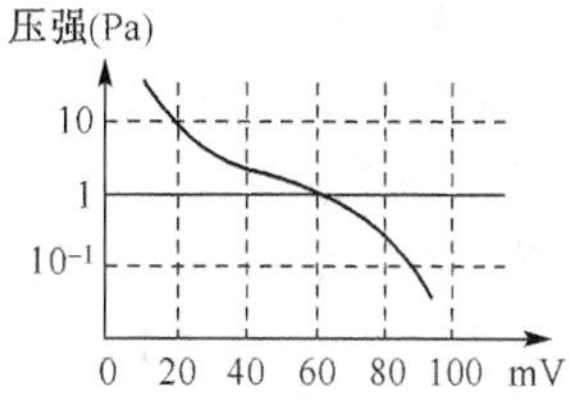

图 23-6　热电偶真空计校准曲线

(2)电离真空计.

电离真空计从规管阴极的角度分有热阴极电离计和冷阴极电离计两种，它的优点很多，用途很广，本实验所用的真空计为热电离真空计，绝大多数用 DL-2 型规管，量程在 1×10^{-3}～

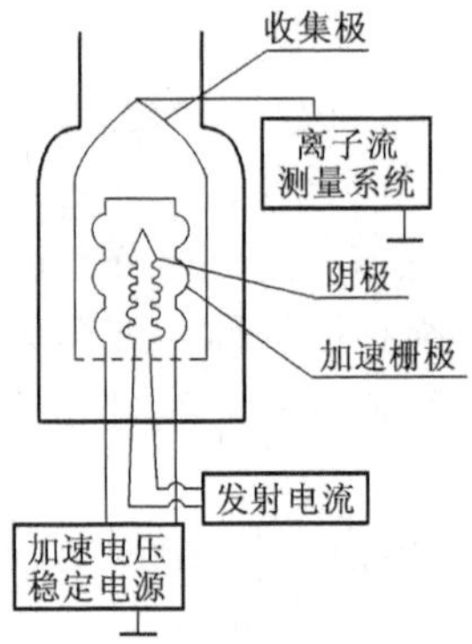

图 23-7　电离规管的原理图

10^{-8} mmHg，由它演变而制成的 B-A 规管可测 10^{-10} mmHg. DL-2 规管的结构如图 23-7 所示，中央有“V”型热丝，外面有旋形栅极，再外为一金属圆筒的离子收集极. 当灯丝被加热时(6.1V，1.3A)而发射电子，电子飞经栅极(正 200V 电位)时被加速，高速电子与气体分子碰撞，使气体分子电离，形成离子. 正离子被加有负电位(负 25V)的圆筒状的收集极所收集，产生离子电流 I_i，电子被栅极所吸引形成电子电流，气压越高，分子密度越大，离子流就越大. 当电离真空规管内的压强 p 小于 10^{-3} mmHg 时，离子流 I (μA)与发射的电子流 I_e (mA)与管内压强 p(mmHg)有以下关系：

$$I = K \cdot I_e \cdot p \tag{23-1}$$

K 是规管灵敏度，与规管结构、所加电压、气体种类有关，它是一特征常数. I_e 是灯丝发射的电子流(mA)，p 是被测系统的气压. 当 I_e 保持在一校准值(5mA)时，离子流就与压强成正比.

低真空范围内，电离规的灯丝和阳极很容易被烧掉，所以一定要避免在低真空情况下使用电离规.

表 23-3　常用真空计及其测量范围

真空计名称	测量范围/Torr	真空计名称	测量范围/Torr
水银 U 形真空计	760～0.1	高真空电离真空计	10^{-3}～10^{-7}
油 U 形真空计	100～0.01	高压强电离真空计	1～10^{-6}
光干涉油微压计	10^{-2}～10^{-4}	B-A 超高真空电离计	10^{-5}～10^{-10}
压缩真空计(一般型)	10～10^{-5}	分离规、抑制规	10^{-9}～10^{-13}
压缩真空计(特殊型)	10～10^{-7}	宽量程电离真空计	10^{-1}～10^{-10}
静态变形真空计	760～1	放射能电离真空计	760～10^{-3}
薄膜真空计	10～10^{-4}	冷阴极磁控放电真空计	10^{-2}～10^{-7}
振膜真空计	1000～10^{-4}	磁控管型放电真空计	10^{-4}～10^{-8}
热传导真空计	1～10^{-3}	克努曾真空计	10^{-3}～10^{-7}
热传导真空计	1000～10^{-3}	分压强真空计	10^{-3}～10^{-5}

4. 真空镀膜

真空镀膜技术是一种新颖的材料合成与加工的新技术，是表面工程技术领域的重要组成部分，已经广泛应用于电子学、光学、能源开发、现代仪器、建筑机械、表面科学、原子能工业和空间技术领域中. 真空蒸发沉积薄膜具有简单便利、操作容易、成膜速度快、效率高等特点，是薄膜制备中最为广泛使用的技术.

真空蒸发镀膜就是在气压低于 1.3×10^{-3} Pa 的真空室中进行的. 将待蒸镀材料(金属或电介质)置于真空室内的蒸发源中，通过电流加热蒸发源使待蒸镀材料蒸发成为原子或分子，当蒸气分子的平均自由程大于真空室的线性尺寸时，从蒸发源表面逸出的原子或分子受到其他原子或分子的碰撞概率降低，可以直接到达被镀的基片表面上，由于基片温度较低，这些到达基片表面上的原子或分子便凝结成膜. 根据蒸发源不同，真空蒸发镀膜法又可以分为四种：电阻蒸发源蒸镀法；电子束蒸发源蒸镀法；高频感应蒸发源蒸镀法；激光束蒸发源蒸镀法. 本实验采用电阻蒸发源蒸镀法制备金属薄膜材料.

真空蒸发沉积过程由三个步骤组成：

(1)待蒸镀材料的气化，由凝聚相转变为气相.

(2)蒸发原子或分子在蒸发源与基片之间的输运.

(3)蒸发原子或分子在基片上的凝结、成核、生长和成膜.

绝大多数材料都可以在真空中蒸发,表 23-4 给出了一些金属的熔点及其相应的蒸发温度.

表 23-4　一些金属的蒸发温度(蒸气压为 10 帕)

金属	熔点/℃	沸点/℃	蒸发温度/℃	金属	熔点/℃	沸点/℃	蒸发温度/℃	金属	熔点/℃	沸点/℃	蒸发温度/℃
Mg	648.8	1090	433	Fe	1535	2750	1447	Al	660.3	2467	1148
Sb	630.7	1750	678	Au	1064	2807	1465	Sn	231.9	2270	1189
Pb	327.5	1740	718	Ti	1660	3287	1546	Cu	1083	2567	1273
In	156.6	2080	952	Ni	1453	2732	4566	Si	1410	2355	1343
Ag	961.9	2212	1049	Pt	1772	3827	2090	C	3550	4827	2681
Ga	27.78	2403	1093	Mo	2617	4612	2533	W	3410	5660	3309

(1)真空蒸发镀膜的沉积条件.

①真空度.

为了获得高质量的薄膜,要求从蒸发源出来的蒸发原子或分子到达基片的距离要小于真空室内残余气体分子的平均自由程 λ.

只有这样才能确保:

a)待蒸发材料的蒸气压超过真空室内残余气体的压强,从而产生快速蒸发.

表 23-5　各种真空度下气体的典型参量(常温下)

气体平均压强 $\bar{P}$/Pa	平均自由程 $\bar{\lambda}$/m	气体密度 N/m^{-3}	碰撞速率/1/m^2・s
10^5	6×10^{-8}	2.7×10^{13}	3.8×10^{19}
10^{-1}	5×10^{-2}	3.2×10^{7}	3.8×10^{13}
10^{-2}	5×10^{-1}	3.2×10^{6}	3.8×10^{12}
10^{-3}	5×10^{0}	3.2×10^{5}	3.8×10^{11}
10^{-4}	5×10^{1}	3.2×10^{4}	3.8×10^{10}
10^{-12}	5×10^{91}	3.2×10^{-4}	3.8×10^{2}

b)降低蒸发原子或分子向基片运动过程中受到残余气体碰撞的概率,减小蒸发原子或分子与残余气体分子之间的反应,尤其是氧等气体分子容易被基片吸附后改变薄膜的结构和成分,进而得到组分确定、纯净且牢固的薄膜.

任意两次连续碰撞间一个分子自由运动的平均路程称为平均自由程,用 λ 表示,其大小反映了分子间碰撞的频繁程度.气体分子运动平均自由程公式

$$\lambda = \frac{kT}{\sqrt{2}\pi d^2 p} \cong \frac{3.67\times10^{-3}}{p}(\mathrm{m}) \tag{23-2}$$

式中 k 为玻尔兹曼常量,d 为分子直径,T 为环境温度(K),p 为气体压强(Pa).

对于蒸发源到基片的距离为 0.15～0.25m 的镀膜装置,镀膜室的真空度须在 10^{-3}～10^{-4}Pa 之间才能满足.

②蒸发速率、凝结速率.

一定温度下,任何物质总有一些原子或分子从凝聚相变成气相离开物质表面.当真空室内待蒸镀材料的温度与真空室温度一致时,部分气相原子或分子因杂乱运动而返回凝聚相,经历一段时间后达到平衡状态.薄膜的沉积过程实际上是物质气相与凝聚相相互转化的一个复杂过程.

在一定温度下,薄膜材料单位面积的质量蒸发速率

$$G = P_v\,(M/2\pi kT)^{1/2} \cong 4.37\times10^{-3}P_v\sqrt{\frac{M}{T}}(\mathrm{kg\cdot m^{-2}\cdot s^{-1}}) \tag{23-3}$$

式中 P_v 为蒸发材料的饱和蒸气压，M 为蒸发材料的摩尔质量，T 为蒸发材料的温度.

到达基片表面的气态蒸气原子或分子，一部分以一定的凝结系数结成膜，另一部分按一定的概率被基片反射重新回到气相状态. 蒸气粒子凝结成膜的凝结速率主要取决于蒸发速率、蒸发源相对于基片的位置和凝结系数. 一般情况下，凝结速率越高，膜层结构越均匀紧密，机械牢固性越好，膜层纯度越高.

③预熔.

预熔，就是将待蒸镀材料中的杂质预先蒸发掉的过程. 实验中，为了提高薄膜的质量，必须将待蒸镀材料中蒸发温度低于待蒸镀材料的其他杂质预先蒸发掉，使其不能蒸发到基片表面上. 预熔时，用活动挡板将待镀基片与蒸发源隔开，使待蒸镀材料中的杂质不能蒸发到基片表面. 由于在预熔过程中吸附在待蒸镀材料和电极上的气体被释放出来，真空室的真空度会降低，此时不能马上进行蒸镀，应继续抽气直至真空度达到要求后，方可移开挡板，再加大蒸发电极的加热电流，进行正式蒸镀.

④被镀基片温度.

基片温度对薄膜结构有很大影响，基片温度的选择要根据具体情况而定.

a)基片温度愈高，吸附在其表面的残余气体分子将愈少，进而增加基片与沉积分子之间的结合力，使膜层附着力、机械强度增加，结构更紧密.

b)基片温度高，使吸附原子的动能增大，跨越表面势垒的概率增多，容易结晶化，并使薄膜缺陷减少，同时薄膜内应力也会减少；基片温度低，则易形成无定形结构膜.

c)提高基片温度可促进凝结分子与剩余气体的化学反应，改变膜层的结晶形式和结晶常数，从而改变膜层光学性质.

d)蒸镀金属一般采用冷基片，这可减少大颗粒结晶引起的光反射和氧化反应引起的光吸收，提高膜层反射率.

e)蒸镀比较厚的膜层，通常要求基片温度要高一些，可以减少薄膜内应力.

⑤蒸发源材料的选择与形状.

选择蒸发源材料应考虑以下几个原则：

a)蒸发源材料具有良好的热稳定性，化学性质不活泼，达到蒸发温度时加热器本身的蒸气压要足够低.

b)蒸发源材料的熔点必须高于待蒸材料的蒸发温度，加热器要有足够大的热容量.

为避免蒸发源材料作为杂质进入薄膜，必须了解蒸发源材料的蒸气压. 如果蒸发温度时加热器本身的蒸气压要足够低，可以减少蒸发源材料的蒸发分子的数目. 蒸发物材料的蒸发温度必须小于表 23-6 中的平衡温度.

表 23-6　蒸发源材料的熔点及平衡温度(蒸气压为 10^5 Torr)

蒸发源材料	熔点/℃	平衡温度/℃
钨 Wu	3410	2567
钽 Ta	2996	2407
钼 Mo	2617	1957
铂 Pt	1772	1612

蒸发物质和蒸发源材料的互熔性必须很低，不易形成合金，否则会造成蒸发源的断裂.

a)蒸发物材料应尽可能与蒸发源具有“湿润性”，有较大的表面张力. 材料的“湿润性”与材料表面的能量有关. 在湿润的情况下，由于蒸发物材料的蒸发是从大的表面上发生的，状态比较稳定. 如果是难以湿润的材料，就不能用丝状蒸发源蒸发，例如银在钨丝上熔化后就会掉下来.

b)不同蒸发物材料的蒸镀方式不一样，所选择的蒸发源的几何形状和尺寸亦不同，对于不易制成丝状、或蒸发材料与丝状蒸发源的表面张力较小时，可采用舟状蒸发源. 图 23-8 展示了几种蒸发源的几何形状. 本实验蒸镀金属铝膜采用丝状钨蒸发源，蒸镀 MgF_2、ZnS 介质膜可采用舟状钼蒸发源.

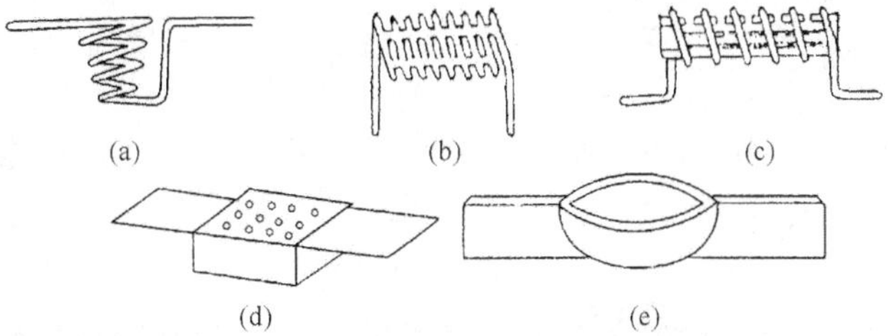

图 23-8　各种不同几何形状的蒸发源

⑥蒸发源的位置.

蒸镀法制备的薄膜，一般要求膜厚均匀，组分纯净、附着力大等特点. 其中薄膜厚度一般可通过调节蒸发物的数量和时间以及基片和蒸发源的相对位置来控制. 如果 d_0 为刚好在蒸发源正上方的基片上沉积的厚度，d 是任意位置的厚度，则点蒸发源和微小平面蒸发源相对厚度分布可以表示为

$$\frac{d}{d_0}=\frac{1}{[1+(x/h)^2]^{3/2}} \quad \text{（点源）} \tag{23-4}$$

$$\frac{d}{d_0}=\frac{1}{[1+(x/h)^2]^2} \quad \text{（面源）} \tag{23-5}$$

d/d_0 和 x/h 的关系曲线见图 23-9.

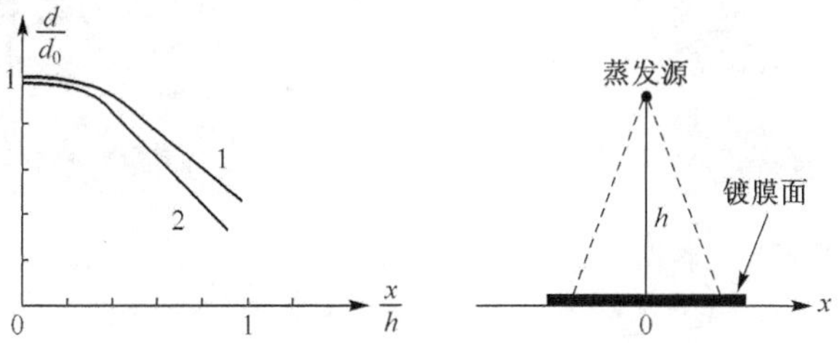

图 23-9　d/d_0 和 x/h 的关系曲线

1. 点源；2. 小面积

(2)干涉法测量膜厚.

利用光的干涉效应可以测量薄膜(3～2000nm)的厚度. 干涉显微镜实际上是迈克耳孙干涉仪和显微镜的组合，其结构原理如图 23-10 所示：由光源发出的一束光经聚光镜和分光镜分成强度相同的 B、C 两束光，分别经反射镜和样品反射后汇合发生干涉. 两条光路光程基本相等，当它们间有一夹角时，就可能产生明暗相间的干涉条纹. 将薄膜制成台阶状，则光束 C 中从薄膜反射和从基片表面反射的光程不同，它们和光束 B 干涉时，由于光程差而造成同一级次的干涉条纹平移，如图 23-11 所示. 由此可求出台阶高度(即薄膜厚度)为

$$d=\frac{\Delta l}{l}\times\frac{\lambda}{2} \tag{23-6}$$

式中 Δl 为同一级次干涉条纹的移动距离，l 为明暗条纹间距，λ 为单色光源的波长.

为了清晰确定条纹移动距离，测量时选用白光光源，这样容易确定零级干涉条纹. 其零级条纹两侧是彩色的，便可明确测定条纹移动距离，白光的平均波长取 $\lambda=540\text{nm}$. 计算公式为

$$d=\frac{\lambda}{2}\times\frac{\Delta l}{l}=0.27\,\frac{\Delta l}{l}(\mu\text{m}) \tag{23-7}$$

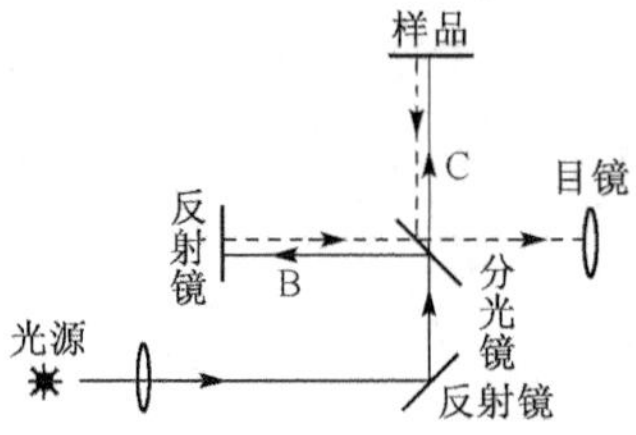

图 23-10 干涉显微镜光路图

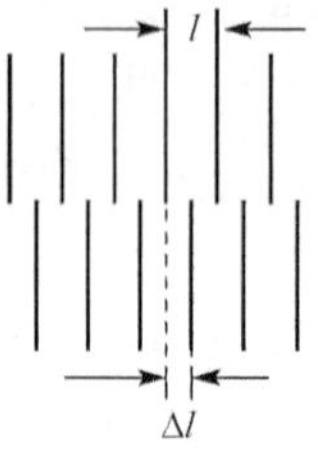

图 23-11 干涉条纹移动

[实验装置]

DH2010 型多功能真空实验仪、光学干涉显微镜、基片及镀膜材料等. DH2010 型多功能真空实验仪由真空室和真空系统两大部分组成. 图 23-12 和图 23-13 分别给出了真空系统和真空室的实物图,其中由旋片式机械泵与玻璃质油扩散泵构成的二级真空抽气系统,极限真空度可以达到 9.6×10^{-4} Pa.

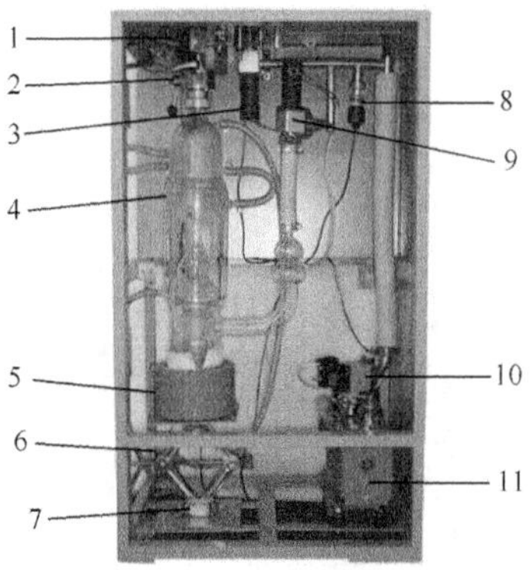

图 23-12 真空系统实物图

1. 充气阀;2. 高真空蝶阀;3. 低真空阀;4. 扩散泵;5. 扩散泵加热器;6. 扩散泵冷却水进、出接口;7. 加热器升降架;8. 前级管路热偶规管;9. 前级阀;10. 机械泵放气阀;11. 机械泵

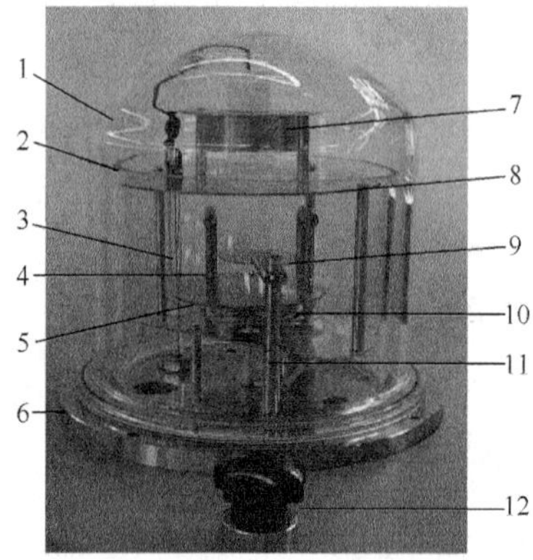

图 23-13 真空室实物图

1. 玻璃钟罩;2. 蒸发衬套;3. 高压电极;4. 蒸发电极;5. 蒸发基片台;6. 真空室底板;7. 溅射靶;8. 溅射基片台;9. 蒸发挡板;10. 烘烤加热器;11. 挡板转轴;12. 挡板转轴旋钮

[实验内容]

动手操作前认真学习讲义及有关资料,熟悉镀膜机和有关仪器的结构及功能、操作程序与注意事项.

(1)实验前准备.

① 清洗镀膜室和镀膜室的玻璃钟罩.

② 清洗衬底玻璃基板、蒸发源和待蒸镀材料,以钨丝为蒸发源和金属铝丝为待蒸镀材料为例:

a)玻璃基片. 先用水洗灰尘,再用 10%NaOH 液煮沸数分钟,然后用蒸馏水及超声波清洗,最后用酒精乙醚棉球轻拭并用氮气吹干.

b)金属基片. 先用水洗,再用酸或碱洗,然后用纯水和酒精洗,用氮气吹干. 对于洗净的基片,一定要用金属镊子夹着,切不可用手去拿或摸.

c)铝丝置于 10%NaOH 溶液中煮沸约 1 分钟,铝丝表面氧化层发生剧烈反应而脱落,用镊子将铝丝从 NaOH 溶液取出,用去离子水冲洗若干遍后吹干,置于无水乙醇中保存.

③ 将缠绕有蒸发物质(铝丝)的蒸发加热源(钨丝)固定到蒸发电极上.

④ 放置真空玻璃钟罩；

⑤ 接通循环冷却水.

(2)真空室抽真空.

①设置高真空蝶阀于“关闭”状态；

②对真空室进行粗抽：

a)开启总电源，工作方式选择“机械泵”，启动机械泵进行抽真空.

b)几分钟后，开启复合真空计电源观察真空室气压的变化.

③真空室真空度(热偶计示数)达到 5Pa 以下时，关闭低抽阀，工作方式选择“扩散泵”，机械泵对扩散泵抽真空.

④当热耦 II 单元显示的压强到 3Pa 时，将工作选择至扩散泵工作，接通扩散泵加热电源.

⑤待扩散泵正常工作(硅油剧烈沸腾)且真空室的压强降到 1Pa 以下，真空计自动开启电离规管测量真空室压强.

(3)烘烤真空室.

扩散泵正常工作约 50 分钟后，可通过开启基片加热电源对真空室内进行烘烤除气.

① 除去因清洗而残留在真空室内的酒精等清洗液.

② 除去吸附在真空室玻璃罩壁上的气体分子或水分子等.

(4)测量系统的漏气率.

① 设置高真空蝶阀于“关闭”状态.

② 记录真空室的压强与时间的关系.

a)开始每隔 2 秒记录一次，真空度变化慢时视情况适当调节测量时间间隔.

b)到真空度降低至 10^{-1} Pa 数量级，停止记录，做系统漏率曲线.

③ 测量完系统的漏气率后，打开高真空蝶阀，对真空室抽气.

(5)蒸镀铝膜.

当真空室内的真空度达到 10^{-3} Pa 时，可开始蒸镀铝膜.

①移动挡板，将待蒸镀材料与基片隔开.

②电压开关选择至“蒸发”挡，通过调节电压调节旋钮调节蒸发电压，逐步增大蒸发电源的电流.

③在增大蒸发电源的电流过程中，会出现两个气压先上升后下降的过程.

a)第一个过程. 当蒸发电源的电流很小时，蒸发源温度很低，此时的压强先上升后下降可能是因为吸附在蒸发源或待蒸镀材料表面上的空气或水分子受热蒸发.

b)第二个过程. 当蒸发电源的电流较大时，蒸发源温度较高(～500℃)，此时的压强先上升后下降可能是因为吸附在蒸发源或待蒸镀材料表面上的有机物的分解，并被真空机组抽出真空室.

④继续缓慢升高加热电流，待蒸发材料表面出现软化，随着时间的持续，原本固态的待蒸发物质熔化并在蒸发加热物质上铺展开来.

⑤待预熔一段时间后，移开蒸发挡板开始蒸发.

⑥达到要求时间后迅速降低电流到 0，蒸发过程结束.

⑦蒸镀铝膜完毕后，将电压选择开关至“断”挡，切断蒸发电源.

(6)关闭真空系统.

①关闭真空计.

②关闭高真空蝶阀，将工作方式选择打到“扩散泵”挡.

③当扩散泵的泵油的温度降低至室温时，将工作方式选择打到“机械泵”挡.

④工作方式选择打到“关闭”挡.

(7)薄膜性能表征.

薄膜质量和性能取决于制备方法和处理工艺,薄膜材料的微结构对材料的性能具有重要的影响.利用X射线衍射仪、原子力显微镜、四探针电阻测试系统和荧光光谱仪等测试薄膜的结构、形貌、光学和电学等性能.

(8)拓展研究性实验.

在熟练掌握真空镀膜工艺后,可根据调研结果开展其他拓展性选题实验,如蒸镀半导体材料、有机材料、光电材料等.

表 23-7 系统漏气率的测量,即钟罩内的压强随时间变化情况

时间 t/s								
压强 P/Pa								
时间 t/s								
压强 P/Pa								
时间 t/s								
压强 P/Pa								
时间 t/s								
压强 P/Pa								

[注意事项]

(1)使用前所有电器旋钮及开关状态都要处于"断"状态.

(2)确保冷却水的通畅,保证循环水系统的正常工作.

(3)玻璃扩散泵工作(加热泵油)前,必须先通冷却水,再逐步升温.

(4)用复合真空计的电离计部分测量时,一定要在系统真空度高于 $1\times10^{-3}\tau$ 时进行,否则易烧坏电离计规管灯丝.

(5)蒸发镀膜结束后,应首先切断高真空测量,再关闭高阀,然后充气以免电离规管损坏及扩散泵油氧化.

(6)中途突然停电,应立即切断高真空测量,同时关闭高真空蝶阀,将工作选择开关至扩散泵,来电后,待机械泵工作 2~3 分钟后,再恢复正常工作.

(7)只要真空室充过气,即使前次已"预熔"过或蒸发过的材料也必须重新预熔.

[思考题]

(1)试述机械泵、扩散泵、热偶计和电离真空计的工作原理.

(2)机械泵的极限真空度是如何产生的?能否克服?

(3)为什么机械泵停止运转时要往机械泵内放入大气?

(4)油扩散泵的启动压强是多少?为什么?若没有前级泵,扩散泵能工作吗?

(5)使用电离真空计应注意哪些事项?

(6)在使用热偶计和电离真空计测量时,为什么要先调加热电流和发射电流?

(7)进行真空镀膜为什么要求一定的真空度?本实验中蒸发镀膜的本底真空度如何确定?

(8)为什么在蒸发镀膜要进行预熔?

(9)选择蒸发源材料要依据哪些原则?

实验 24 磁控溅射法制备薄膜材料

[实验目的]

(1)了解磁控溅射方法制备薄膜的原理.

(2)掌握磁控溅射制备高质量薄膜的方法.

[实验原理]

1. 磁控溅射镀膜原理

(1)辉光放电.

溅射是建立在气体辉光放电的基础上,辉光放电是在真空度约为几帕的稀薄气体中,两个电极之间加上电压时产生的一种气体放电现象.辉光放电时,两个电极间的电压和电流关系不能用简单的欧姆定律来描述,接下来以 1.33Pa 的 Ne 气中的电压和电流关系(如图 24-1)为例来分析.

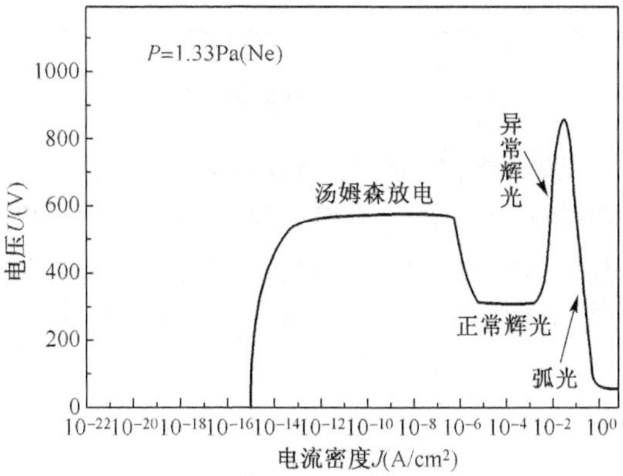

图 24-1 气体直流辉光放电的形成

如图 24-1 所示,当两个电极加上一个直流电压后,由于宇宙射线产生的游离离子和电子有限,开始时只有很小的溅射电流.随着电压的升高,带电离子和电子获得足够能量,与中性气体分子碰撞产生电离,使电流逐步提高,但是电压受到电源的高输出阻抗限制而为一常数,该区域称为"汤姆森放电"区.一旦产生了足够多的离子和电子后,放电达到最大值,气体开始起辉,出现电压降低.进一步增加电源功率,电压维持不变,电流平稳增加,该区称为"正常辉光放电"区.当离子轰击覆盖了整个阴极表面后,继续增加电源功率,可同时提高放电区内的电压和电流密度,形成均匀稳定的"异常辉光放电",这个放电区就是通常使用的溅射区域.随后继续增加电压,当电流密度增加到约 $0.1A/cm^2$ 时,电压开始急剧降低,出现低电压大电流的弧光放电,而弧光放电是在溅射过程中要尽量避免.

(2)溅射.

通常溅射所用的工作气体是纯氩,辉光放电时,电子在电场的作用下加速飞向基片的过程中与氩原子发生碰撞,电离出大量的氩离子和电子,电子飞向基片,氩离子在电场的作用下加速轰击靶材,溅射出大量的靶材原子,这些被溅射出来的原子具有一定的动能,并会沿着一定的方向射向衬底,从而沉积在衬底上形成薄膜.这就是简单的"二级直流溅射".

(3)磁控溅射.

直流溅射方法的沉积效率不高,为了提高溅射效率,经常采用磁控溅射的方法.磁控溅射的目的是增加惰性气体的离化效率,其基本原理是在靶面上建立一个与电场方向垂直的环形封闭磁场,将电子约束在靶材表面附近,延长其运动轨迹,提高它与气体分子碰撞概率和增加氩电离的概率,从而显著提高溅射效率和沉积速率,同时也大大改善靶材的利用率,其基本原理示意见图 24-2.

磁控溅射能极大地提高薄膜的沉积速率,改善薄膜的性能.这是由于在磁控溅射时气体压力减小了,使薄膜中嵌入的气体杂质减少,薄膜表面气孔减少而更加密实,膜面均匀一致.

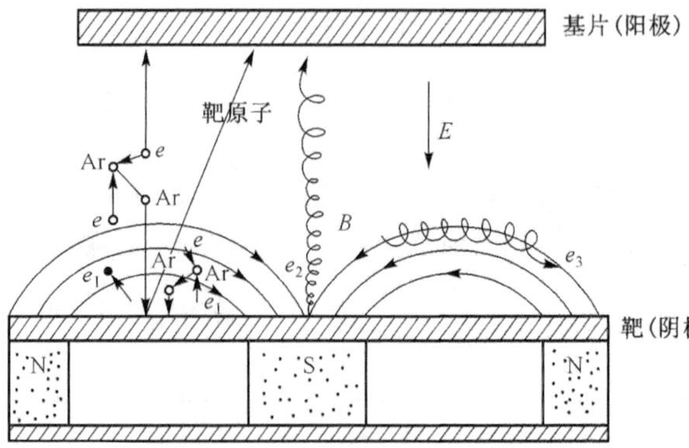

图 24-2　磁控溅射镀膜原理

磁控溅射又可以分为直流磁控溅射和射频磁控溅射，射频磁控溅射中，射频电源的频率通常在 5～30MHz. 射频磁控溅射相对于直流磁控溅射的主要优点是：它不要求作为电极的靶材是导电的. 因此，在理论上利用射频磁控溅射可以溅射沉积任何材料. 溅射过程中还可以同时通入少量活性气体(如氧气)，使它和靶材原子在基片上形成化合物薄膜(如氧化物薄膜)，这就是反应溅射.

2. 溅射设备

以平面溅射方式为例，如图 24-3 所示的溅射装置图. 在真空室中，基片与圆形靶表面正对且用带孔挡板隔开，其中阴极靶用循环水冷却，基片架上附有加热或通冷却水装置. 在真空室外，配备有所需的高压气源、抽真空的系统、冷却水循环系统及电源系统等.

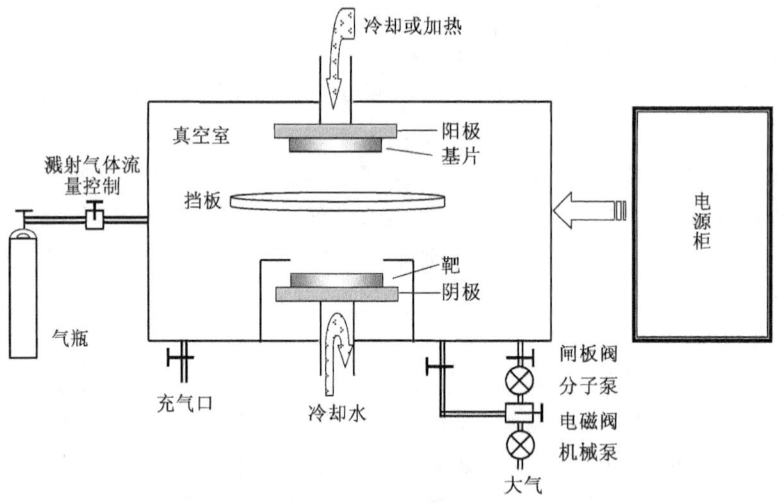

图 24-3　简单的溅射装置图

[实验装置]

磁控溅射设备 1 套、靶若干个.

[实验内容]

1. 透明导电氧化物薄膜的特性研究

透明导电氧化物薄膜是功能薄膜材料中比较特别的一种光电薄膜，它具有可见光区域高透过率和低电阻率的独特光电学特性. ITO 即掺锡氧化铟(In_2O_3: Sn)薄膜是最常用的一种透明导电薄膜；近年来，随着低功耗的液晶显示板、等离子体显示装置以及电子照像等新技术的发展，透明导电薄膜作为一种重要的材料在电子产业中得到越来越广泛的应用.

另外，由于 Zn 具有资源丰富、廉价和无毒等优势，ZnO∶Al(AZO)透明导电膜的开发研究发展迅猛，其性能正逐渐接近 ITO，掺杂 ZnO 基透明导电薄膜被认为是取代 ITO 的最佳候选材料. 本实验有以下内容：

(1)利用磁控溅射在玻璃基片上沉积系列掺锡氧化铟透明导电薄膜(注：可以改变制备参数，如溅射功率、气压、氧气的浓度、衬底温度等).

(2)利用分光光度计测量薄膜的光学性质.

(3)利用 van der Pauw 方法测量薄膜的电学性质(电阻率、载流子浓度和迁移率).

(4)根据测试结果，分析样品的特性与制备工艺的关系.

2. 磁性薄膜材料的特性研究

随着计算机和因特网技术的发展，人类已步入飞速发展的数字信息化时代，需要处理和保存大量数据和信息，这使得人们对信息存储的要求向着高密度、大容量、高速度、低成本和微小型化的方向发展，信息记录产品也随之不断更新换代. 在众多的存储介质中，磁记录介质因具有性能可靠、使用方便、成本低廉、易于保存和可重复使用等特点，成为当今信息社会必不可少的信息记录材料.

随着硬盘面密度的不断提高，要求记录介质有良好的抗热扰能力，传统的纵向记录介质由于其固有的局限，难以克服超顺磁极限，已不能够满足超高密度磁记录的要求. 特别是在硬盘的面密度超过 $120Gb/in^2$ 后，传统的记录介质 CoCrTa 和 CoCrPt 等材料已不能满足应用要求，需研制出新的记录介质以期获得更高的记录密度和存储容量. SmCo、PtCo、SmFe 基等系列薄膜材料因具有优异的磁各向异性、较大的矩形比和很小的稳定磁颗粒尺寸等特点，而成为超高密度磁记录介质的候选材料，是国内外磁记录材料研究的热点材料. 本实验有以下内容：

(1)利用磁控溅射在石英基片上沉积系列 SmCo 磁性膜(注：可以改变参数，如成分配比、溅射功率、气压、衬底温度和厚度等).

(2)利用振动样品磁强计测试该薄膜的磁性及磁化特性.

(3)根据测试结果，分析样品的特性与制备工艺的关系.

[思考题]

(1)透明导电薄膜的主要特性是什么，有哪些方面的应用？

(2)根据你的实验结果分析，ITO 薄膜的性质与制备工艺关系如何？

(3)作为超高密度磁记录的材料应具有哪些特征？

(4)根据你的实验结果分析，SmCo 膜的性质与制备工艺关系如何？

[参考文献]

陈瑶，周玉琴，张群芳，朱美芳，刘丰珍，刘金龙，陈诺夫. 2007. 掺 Sn 的 In_2O_3 透明导电膜生长优先取向对其光电性能的影响. 半导体学报，28(6)：883～886

范丽琴，裴瑜，林丽梅等. 2008. 溅射功率对掺铝氧化锌薄膜光电学性质的影响. 福建师范大学学报(自然科学版)，24(5)：44～48

王华. 2005. 透明导电氧化物薄膜及其制备方法. 材料工程，9：59～63

闫宏，赵福庭. 2004. 光学薄膜领域反应磁控溅射技术的进展. 光学仪器，26(2)：109～114

杨文茂，刘艳文，徐禄祥，冷永祥，黄楠. 2005. 溅射沉积技术的发展及其现状. 真空科学与技术学报，25(3)：204～210

易健宏，彭元东. 2004. 2：17 型 SmCo 稀土永磁材料的研究现状与趋势，稀有金属材料与工程，33(4)：337～342

Takei S, Morisako A, and Matsumoto M. 2000. Effect of underlayer thickness on magnetic properties of SmCo film. J. Appl. Phys., 87(9): 6968～6970

实验 25　电化学方法制备磁性薄膜

电化学是一门既古老又崭新的技术，古老在于它所具有的悠久历史，崭新指的是在现代高科技产业中的应用已掀开新的篇章. 此外，电化学也是一门重要的边沿科学，与其他学科领域中如电子学、固体物理学、生物科学、环境科学等有密切联系，这些学科涉及能源、交通、材料、生命等，推动着国民经济和尖端科技的发展. 这是因为电化学反应包括了一切的氧化还原反应. 此外，电化学以其低成本、低投入、可批量生产等优势，为制备各类先进功能材料提供了有效手段. 可以说，电化学应用范围十分广泛，远远不止局限于某单个学科中. 本实验中，将以低温尿素熔盐为电解液体系，通过电沉积制备单质 3d 过渡金属(Fe、Co、Ni)薄膜、稀土-3d 过渡金属合金磁性薄膜，作为一个学习的切入口，获得本领域的一点点新的知识和认识.

[实验目的]

(1)学习电化学沉积金属的基本原理及其电化学行为的判断.

(2)掌握电化学工作站的使用步骤和操作.

(3)了解 VSM 的使用及磁性薄膜的磁机制.

[实验原理]

(1)电化学是从研究电能与化学能的相互转化开始形成的. 如图 25-1 所示，利用在氯化钠水溶液中进行电解实验，来理解电化学原理和应用的基本名词术语，进而建立相关的知识框架.

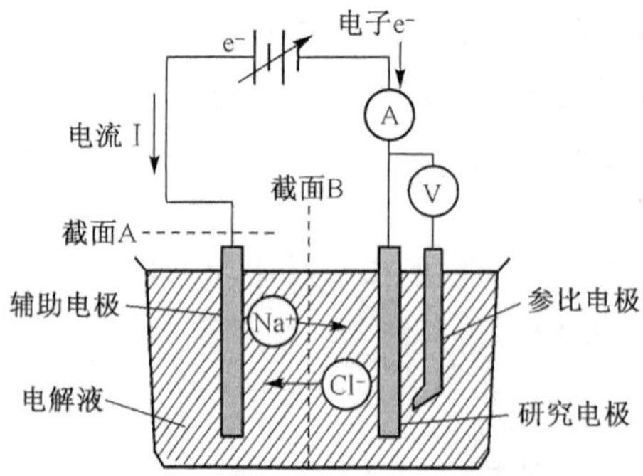

图 25-1　氯化钠水溶液电解池

电流的流向和电荷流向，单位时间内通过导线截面 A 的电子电量等于单位时间通过电解液截面 B 的 Na^+ 和 Cl^- 离子电量之和

电解时，必须将两个电极互不接触地插入电解液，接上电源并通电. 如图 25-1，电极和电解液不同物质的交界处，叫做界面. 电极与电解液的交界处，称为电极界面. 电极上电子的迁移是电化学反应的基础，从溶液流进电子的电极称为阳极(anode)，亦如图 25-1 中的辅助电极；与此相反的叫做阴极(cathode)，亦为电解过程中的研究电极；在阳极进行的是氧化反应，在阴极反应的是还原反应. 而如图 25-1 所示的参比电极，其作用则是作为测量进行这些反应的电极电位的一个基准电极. 参比电极的引入和规定一般电路的电压以接地为基准一样，是为了能够比较不同状态下的电极电位. 普通使用的有标准氢电极(NHE)、饱和甘汞电极(SCE)和银一氯化银电极(Ag/AgCl)等，一般设定标准氢电极的电位为 0.0V. 其中，表 25-1 给出了部分实验相关的元素标准电极电势值.

表 25-1　标准电极电势(25.0℃,101.325kPa)相对于标准氢电极电势的值

元素	Fe	Co	Ni	La	Ce	Pr	Nd	Pm	Sm
E/V	−0.447	−0.28	−0.257	−2.522	−2.483	−2.462	−2.431	−2.423	−2.414
元素	Eu	Gd	Tb	Dy	Ho	Er	Tm	Yb	Lu
E/V	−2.407	−2.397	−2.391	−2.353	−2.319	−2.296	−2.278	−2.267	−2.255

注:标准氢电极电势被规定为零伏特(0.0V).

(2)电沉积制备磁性膜是一种用电解方法进行镀膜的过程.它研究的重点是"阴极沉积",电沉积时待被覆的金属基片浸于电解液中,以它作为阴极;通常把石墨、玻碳和铂片等惰性导电材料亦浸于同一电解液中作为阳极;在外加电源直流电场的作用下,电解液中的金属离子则跑向阴极,获得电子后变为金属原子,而沉积在阴极上成膜.在一定的阴极电位下,金属离子在阴极基片上获得电子并还原沉积为膜,亦即在一定的电位下电极界面表现出一定电流值.通常,可以用循环伏安法来研究电极界面的电化学氧化还原行为,如图 25-2 给出的是 Pt 电极在乙酰胺-尿素-NaBr-KBr 体系中的循环伏安曲线.对 Pt 电极,阴极极限电位为−1.00V,阳极极限电位为+0.90V,电化学窗口为 1.90V.图 25-3(a)给出了由上海辰华 CHI660C 电化学工作站所测得的 353K 下 Co^{2+} 在尿素熔盐电解液中的循环伏安特性曲线.从图 25-3(a)中可以看到,Pt 电极上负扫时出现还原峰,起峰电势为−0.60V, 峰电位在−0.83V.与图 25-2 比较,可认为此峰对应于 Co^{2+} 的还原, 这可由电极上得到的有金属光泽的沉积物证实.回扫时在−0.28V 左右出现氧化峰, 峰电位在 0.02V,此氧化峰对应于 Co 的溶出.从表 25-1 和图 25-3(a)可知,只有选取合适的阴极电位才能从电解液里电沉积还原出金属离子.

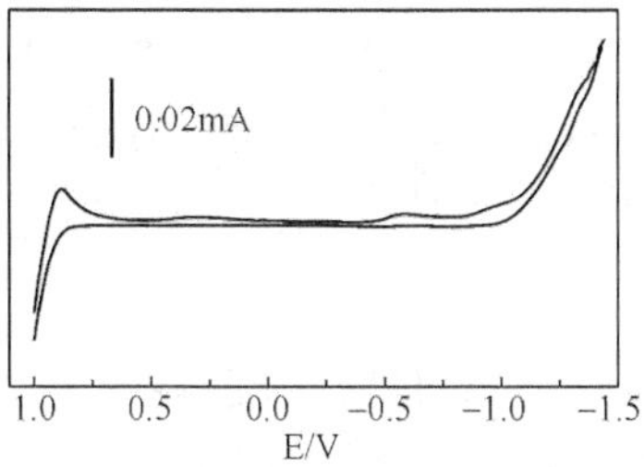

图 25-2　Pt 电极在乙酰胺-尿素-NaBr-KBr 体系中的循环伏安曲线(T=353K,ν=100mV·s^{-1})

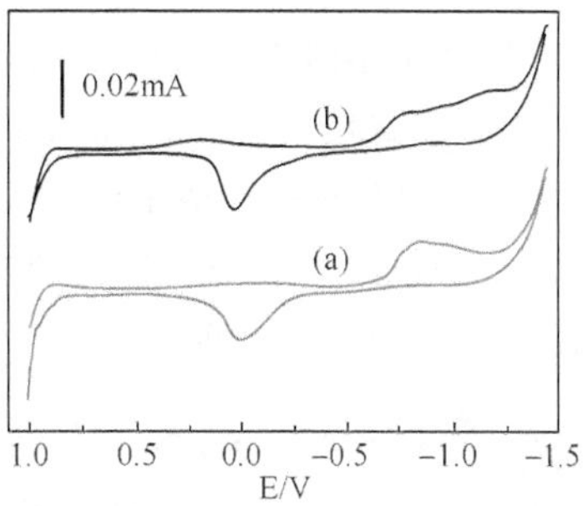

图 25-3　Pt 电极在 $CoCl_2$-乙酰胺-尿素-NaBr-KBr 和 $SmCl_3$(0.100mol·L^{-1})-$CoCl_2$(0.040mol·L^{-1})-尿素-乙酰胺-NaBr-KBr 熔体体系中的循环伏安曲线(T=353K,ν=100mV·s^{-1})

两种或两种以上金属离子在阴极上共沉积形成均匀细致镀层的过程叫合金电沉积.沉积合金的第一个条件是两种金属至少有一种金属能够单独从其盐的溶液中沉积出来,第二个条件是两种金属的沉积电位必须接近.促进两种金属沉积电位接近的措施常有:①降低电位较正金属离子的浓度和提高电位较负金属离子的浓度;②选用适当的络合剂,并调节适当的络合剂浓度;③选用适当的添加剂,调节适当的电流密度.

Brenner 把合金电镀分为两类,第一类是正常共沉积包括:①规则共沉积(处于扩散控制下的共沉积);②不规则共沉积(由于阴极电位造成的共沉积);③平衡共沉积(与镀液的化学平衡相关的共沉积);第二大类是异常共沉积,它又包括变异共沉积(溅金属优先析出)和诱导共沉积,例

如不能从尿素熔盐电解液中单独沉积的Sm、Gd、La等稀土金属，但它可以和铁族金属(Fe、Co、Ni)实现共沉积.

同样，可以用循环伏安特性曲线来说明合金的共沉积机制，如图25-3(b)给出了353K下Sm^{3+}、Co^{2+}在尿素熔盐电解液中的循环伏安特性曲线. 由图25-3中可见，图中出现的还原峰不是非常突出，但相比图25-3(a)，其还原电流明显增大，峰位有明显的负移，说明熔体中加入$SmCl_3$后所发生的还原反应与未加入时的不同，这应该是钐与钴已共沉积出来. 选择电位为−1.00V，以纯铜片为阴极，进行恒电位电解30min，所得为沉积物薄膜既为Sm-Co合金. 由ICP测定其组分表明，此还原峰为Sm^{3+}和Co^{2+}的共沉积，从而证明Co^{2+}诱导Sm^{3+}发生了诱导共沉积.

(3)通过上面两部分的学习，可以获得关于电解池的初步认识，以及初步理解了单质金属/合金的电沉积与检测的最基本手段和原理；下文将对于本实验有密切相关的尿素低温熔盐电解液的基本物理化学性质做些介绍. 尿素低温熔盐体系的熔点通常为常温～423K，使操作要比高温熔盐简单许多，还具有如下特点：①具有较大的交换电流密度，因此除可使用高浓度溶质外，电沉积速度也快，可在不规则表面上获得均匀镀层. ②熔融盐的分解电压高，稳定性高，气体溶解度低，可减轻电镀过程中副作用的影响，因而具有高的电流效率. ③不易发生水解，镀层能有较好的抗腐蚀性能，而且晶体生长时无应力，可得到高纯度且具有延展性的镀层，并可在多种基体上镀出厚的镀层. ④多种熔融盐均可溶解金属基体上的氧化膜和水膜，所以镀层与基体金属间结合力好. ⑤熔融盐具有良好的离子导电性，阴极过电位低也是有利的因素等. 在本实验中，将选取尿素-乙酰胺-NaBr-KBr熔盐体系作为电解液主体.

[实验装置]

化学分析纯试剂[RE_2O_3(RE＝ Sm、Gd、La…)、$TMCl_2\cdot6H_2O$(TM＝Ni，x＝6；TM＝Co，x＝6；TM＝Fe，x＝4)、HCl、NaBr、KBr、尿素、乙酰胺等)]、铜片(99.99%)、玻璃杯电解池、DF-202B型磁热搅拌仪、HH-2型水浴锅、DHG-9076型干燥箱、上海辰华CHI660C型电化学工作站、GSL-1400型烧结炉、Sartorius型电子分析天平、样品振荡磁强计.

[实验内容]

在充分准备的基础上，自拟出实验的开题报告(包括原理、实验路线、仪器要求、注意事项等)，经指导老师同意后，进入实验室进行电化学行为的测试和磁性膜的电沉积实验制备，并写出完整的实验汇报.

(1)用电化学工作站测量不同组分熔体(已配好)的电化学行为，对结果做初步分析并初步理解沉积的机理.

(2)在铜基片上利用电沉积方法在不同阴极电位和不同时间下沉积磁性薄膜，与其他制备条件保持一致.

(3)用样品振荡磁强计测量薄膜的磁性能，并进行结果的初步分析.

(4)以上电沉积实验可以选单质或合金膜进行电镀，任选一个实验即可.

[实验步骤]

(1)在硅油浴控温353K和氩气氛下进行电沉积和电化学测量.

(2)实验所用的无水$RECl_3$由RE_2O_3(99.9%)和HCl(A・R级)反应得到的含水氯化物，在393K真空条件下脱水干燥10h制得. $TMCl_2$由$TMCl_2\cdot xH_2O$(A・R级)在393K下真空脱水干燥10h制得. NaBr(A・R级)和KBr(A・R级)使用前需在343K下真空干燥5h. 尿素(A・R级)和乙酰胺(A・R级)需经338K下真空干燥5h处理.

(3)电解池组分为乙酰胺(34%,wt%)-尿素-NaBr(14.5%)-KBr(1.5%),将电解池置于353K的油浴中搅拌加热,直至熔化成为液态状共熔体.后将金属盐加入电解池中,搅拌使其全部溶解.

(4)最后,取样进行电化学行为的测量,即利用电化学工作站测量其不同组分熔体的循环伏安特性曲线,选择合适的沉积电位,进行制备3d过渡金属单质或稀土合金磁性膜.整个过程需在流动的氩气氛下进行.

[思考题]

(1)依测量所得的CV电化学循环伏安特性曲线,初步解释电沉积还原和诱导共沉积的相关机理.

(2)如何依据循环伏安特性曲线来定电沉积的阴极电位?

(3)调研磁性薄膜的磁性机理的来源和实践中有哪些应用?

[参考文献]

[日]腾岛昭,相泽已男,井上辙.1995.电化学测定方法.陈震,姚建年译.北京:北京大学出版社

李加新,赖恒,张志城等.2007.低温熔盐中电沉积Sm-Co合金膜及其磁性能.物理化学学报,23(8):1301~1305

上海辰华仪器有限公司 http://chi.instrument.com.cn

杨绮琴,方北龙,童叶翔.2001.应用电化学.广州:中山大学出版社

[附录]

1.振动样品磁强计(VSM)结构原理

振动样品磁强计(VSM)具有高灵敏度、准确可靠、结构简单、使用方便等特点,已广泛的应用于物质的磁性研究中.本实验工作中,采用南京大学仪器厂生产的振动样品磁强计(VSM),其装置示意图如图25-4所示.

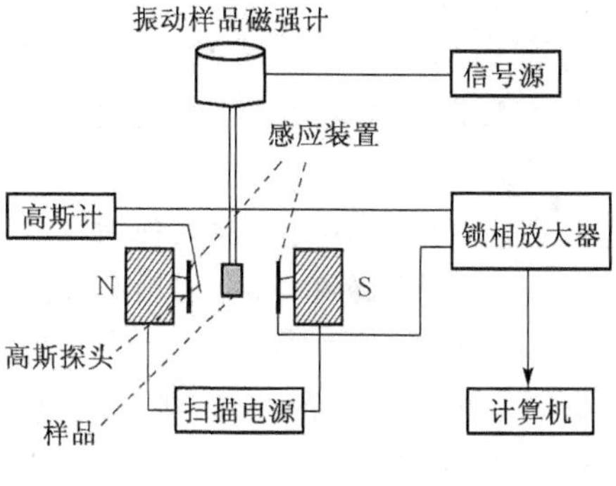

图25-4 VSM实验装置示意图

振动样品磁强计(VSM)工作时,先将样品放置在磁场中,再对样品夹具的振动子输入振动功率信号(由信号发生器输出振动信号),使振动子驱动振动杆作周期性的上下震动,从而带动夹在振杆下端的样品作一定振幅的上下振动.这样,被测样品即可切割磁场线,通过感应装置可得到与被测样品磁矩成正比的电信号,后反馈输入X-Y记录仪的Y轴.另一方面,特斯拉计所测量的磁场输出信号则反馈输入到记录仪的X轴.当扫描直流电源按正弦函数变化一个周期后,记录仪将X-Y信号耦合后输入计算机软件终端,即可获得磁滞回线.

2.CHI660C电化学工作站

(1)技术参数.

CHI660C系列为通用电化学测量系统(图25-5).内含快速数字信号发生器,高速数据采集系

统，电位电流信号滤波器，多级信号增益，iR 降补偿电路，以及恒电位仪/恒电流仪. 电位范围为±10V，电流范围为±250mA. 电流测量下限低于 50pA. 660C 也是十分快速的仪器，信号发生器的更新速率为 5MHz，数据采集采用 16 位高分辨模数转换器，速率为 1MHz. 某些实验方法的时间尺度可达十个数量级，动态范围极为宽广. 循环伏安法的扫描速度为 500V/s 时，电位增量仅 0.1mV，当扫描速度为 5000V/s 时，电位增量为 1mV. 又如交流阻抗的测量频率可达 100kHz，交流伏安法的频率可达 10kHz. 仪器可工作于二，三，或四电极的方式. 四电极可用于液/液界面电化学测量，对于大电流或低阻抗电解池(例如电池)也十分重要，可消除由于电缆和接触电阻引起的测量误差. 仪器还有外部信号输入通道，可在记录电化学信号的同时记录外部输入的电压信号，例如光谱信号等.

CHI600C 仪器的内部控制程序采用了 FLASH 存储器. 仪器软件的更新不再需要通过邮寄并更换 EPROM，而可以通过网络进行传送并通过程序命令写入. 这使得软件更新更加快捷方便. CHI600C 系列增加了一些新的实验技术，例如积分脉冲电流检测，多电流阶跃等. 多电流阶跃允许 12 个电流设定并循环. 现有的多电位阶跃也由 6 个电位的循环增至 12 个电位的循环.

图 25-5　CHI660C 电化学工作站实物示意图

(2)CHI660C 使用规程及注意事项.

①将电极夹头夹到实际电解池上. 设定实验技术和参数后，便可进行实验.

电极线连接：工作电极(绿色夹头)；感受电极(黑色夹头)；参比电极(白色夹头)；辅助电极(红色夹头).

②如果实验过程中发现电流溢出(Overflow，经常表现为电流突然成为一水平直线或得到警告)，可停止实验，在参数设定命令中重设灵敏度(Sensitivity). 在 CV 扫速低于 0.01V/s 时，参数设定时可设自动灵敏度控制(Auto Sens).

③实验结束后，可执行 Graphics 菜单中的 Present Data Plot 命令进行数据显示. 要存储实验数据，可执行 File 菜单中的 Save As 命令.

④若要切换实验技术，可执行 Setup 菜单中的 Technique 命令，选择新的实验技术，然后重新设定参数.

(3)注意事项.

①仪器的电源应采用单相三线，其中地线应与大地连接良好，地线的作用不但可起到机壳屏蔽以降低噪声，而且也是为了安全，不至由漏电而引起触电.

②仪器不宜时开时关，但晚上离开实验室时建议关机.

③使用温度 15～28℃，相对湿度 0～80%，此范围外也能工作，但会造成漂移和影响仪器寿命.

④电极夹头长时间使用造成脱落，可自行焊接，但注意夹头不要和同轴电缆外面一层网状的屏蔽层短路.

实验 26　真空热蒸发制备氧化物纳米线

1959 年，被誉为“纳米技术之父”的诺贝尔奖获得者、理论物理学家 Richard P. Feynman 预言，人类可以用小的机器制作更小的机器，最后将变成根据人类意愿，逐个地排列原子，制造“产品”. Feynman 在当时看似荒诞的奇思妙想，揭开了人类认识和掌握纳米科技的序幕. 而在此后的几十年，由于微观测量和操纵技术的不断进步，Feynman 的预言正在逐步成为现实.

纳米即十亿分之一米. 纳米材料就是指在三维空间里至少有一维处于纳米尺度范围(1～100nm)的材料. 纳米材料表现出一些不同于大块材料的物理效应，导致了纳米材料宏观的声、光、电、磁、热、力学等的物理效应与大块材料有所不同，如量子尺寸效应、小尺寸效应、宏观量子隧道效应、表面与界面效应等. 纳米材料在光、电、磁、力学、敏感及催化等方面所呈现的许多奇异的物理和化学性能大多与这些基本物理效应有关. 一维纳米材料，指在空间中有二维处于纳米尺度的材料，如纳米线、纳米棒及纳米管. 一维纳米材料(线、棒、带及管)具有特殊的结构和各向异性的物理化学性能，它们有希望成为微型连接器或功能元件，在制备纳米尺度的电子、光电、电化学以及机械装置方面发挥重要的作用.

[实验目的]

(1)了解纳米材料的基础知识.

(2)学习热蒸发制备纳米材料的基本原理.

(3)掌握热蒸发制备氧化物纳米线的基本步骤.

[实验原理]

制备纳米材料的方法很多，根据制备材料的系统状态来分，制备纳米材料的方法一般可以分为气相法、液相法和固相法. 在较高温度下，使用原材料蒸发成蒸气或直接使用气体原料，经过化学反应或者直接使其蒸发达到过饱和状态凝聚成固态结构纳米微粒并收集获得纳米材料的方法称之为气相法.

化学气相沉积法(chemical vapor deposition，简称 CVD)制备纳米材料是利用物质的蒸气，通过化学反应生成所需要的化合物，在保护气体环境下快速冷凝，从而得到各类物质的纳米材料. 用气相反应法制备纳米材料具有很多优点，可广泛应用于多个领域.

利用化学气相沉积法可以进行多种纳米材料的合成，具有灵活性和互换性，其反应形式可以表示为以下形式：

$$\mathrm{A(gas)+B(gas)\rightarrow C(solid)+D(gas)\uparrow}$$

以制备氧化锌(ZnO)纳米线为例.

若 ZnO 和碳粉末(1000～1400℃)按一定比例(一般为 1∶1)作为蒸发源材料反应过程如下：

$$\mathrm{ZnO(solid)+C(solid)\leftrightarrow Zn(vapour)+CO(gas)\uparrow}\ (T>970℃)$$

$$2C+O_2=2CO$$

$$2CO+O_2=2CO_2$$

$$\mathrm{2Zn(vapour)}+O_2=\mathrm{2ZnO}$$

若 Zn 粉末(500～700℃)作为蒸发源材料反应如下：

$$\mathrm{2Zn(vapour)}+O_2=\mathrm{2ZnO}$$

实验原理如图 26-1 所示，其制备纳米材料的过程主要包括原料处理、反应操作参数控制、成核与生长控制.

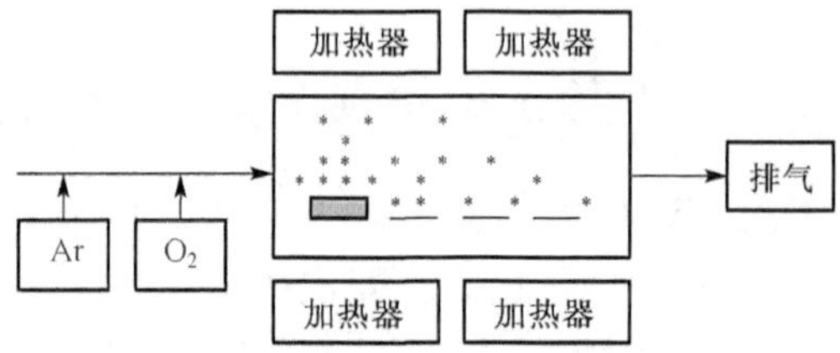

图 26-1 热蒸发制备氧化物纳米线实验原理示意图

1.原料处理

原料处理主要包括原料的纯化和蒸发.为了保证产品的纯度,在合成反应前要对各路反应气体与惰性气体以及蒸发源材料进行纯化处理.这样可以在一定程度上避免高温下某些副反应的发生和某些杂质污染,提高产品的纯度.对于气体,纯化一般是对反应气体和惰性气体中的杂质氧和水分进行过滤处理.对于氧化物可选用纯度较高的氧气进行供应,注意接入系统气路的密闭性.对于蒸发源材料(一般为固态材料),为了实现高温下的气相合成反应,需对其进行加热蒸发处理.

为了提高原料的利用率,增加反应速率,可根据需要对各路反应气体进行预热处理.此外,混气是在合成反应前对各路气体进行均匀化混合,在一定温度下使反应气体达到分子级的均匀混合,从而为高温下的均匀成核反应创造条件,因此在气体与反应室之间应设计一个混气室.

2.反应操作参数控制

化学气相沉积制备纳米材料的主要参数有:①蒸发源材料的组成与质量;②加热速率与反应温度;③催化剂与基片;④蒸发源与基片距离;⑤反应气压与反应气配比;⑥反应持续时间即沉积时间.这些参数变化对相应纳米材料的产率和物性都有重要影响.

在管式炉加热合成纳米材料的过程中,一般都采用接触式的热电偶来测量反应区的温度并配备相应的温控仪,例如本实验采用硅碳管进行加热.反应气压控制主要以各路气体的流量控制为基础,一般在各路气体导入反应器前安装质量流量控制器实现对反应气、保护气和载气的精确控制,从而达到控制各反应气体气压的目的.反应气体流量配比通常是以气相反应所需要的化学计量比来确定的,根据这一比例要求的各反应气的摩尔比或体积比换算成相应的气体流量比.

3.成核与生长控制

成核与生长控制是化学气相沉积合成纳米材料的关键技术.影响成核的因素很多,包括基片、反应温度、反应气压,反应气流速和反应体系的平衡常数与过饱和比.其中,基片的选择可以根据材料的晶向选择一定晶向排列的基片或者镀上金属催化剂便于成核生长,例如制备 ZnO 纳米线,在(100)硅基片表面上磁控溅射 Au 膜可以得到好的纳米线;反应温度可以通过温控系统按反应要求调节;反应压力与反应气流速可以分别通过机械泵的抽气速度和流量控制器调节.而反应体系的平衡常数与过饱和比属于反应设计问题,为了得到纳米材料,反应体系的平衡常数和过饱和比要大.

控制核的生长在合成纳米材料中同样是一个关键技术.通过控制反应物的浓度(特别是金属反应物)和载气流量来实现对纳米线生长的控制.此外,为了使成核与生长尽量均匀,还要考虑成核与生长区温度的控制及反应系统的结构设计.

根据生长机理,可把热蒸发制备纳米线分为气相-液相-固相生长法(vapor-liquid-solid,VLS)和气相-固相生长法(vapor-solid, VS).

(1)气相-液相-固相生长法.

VLS 可分为三个阶段,如图 26-2 所示.

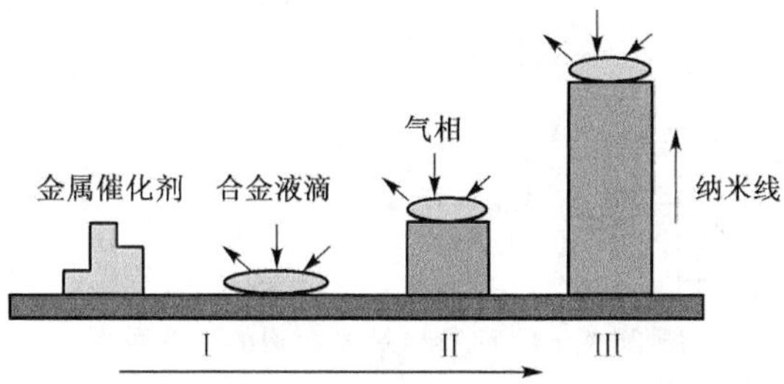

图 26-2　VLS 原理图

①合金形成(alloying)阶段.欲合成的产物与金属催化剂共溶形成合金液滴.产物的前驱物,可以是含有该元素的单质或化合物.在适当的条件下,单质蒸气或化合物的分解会形成反应所需的前驱物.

② 成核(nucleation)阶段.当反应的前驱物持续溶入合金球中,会逐渐达到饱和状态,液态合金球的组成会因为持续溶入其中,达到过饱和的状态而析出.

③生长(axial growth)阶段.当溶质因为过饱和而析出的时候,这个最先析出产物的地方可以视为结晶核,使得之后的产物会偏于此地方析出.当物质持续析出,就形成了一维尺度的纳米线.

以制备氧化锌(ZnO)纳米线为例.图 26-3 给出了 ZnO 一维纳米结构的生长方向.生长速率 $[0001]>[01\bar{1}0]$,因此 ZnO 易于沿(0001)方向择优生长形成纳米线,若对生长条件加以干涉亦可使 ZnO 沿其他晶向生长得到纳米带之类的一维纳米结构.

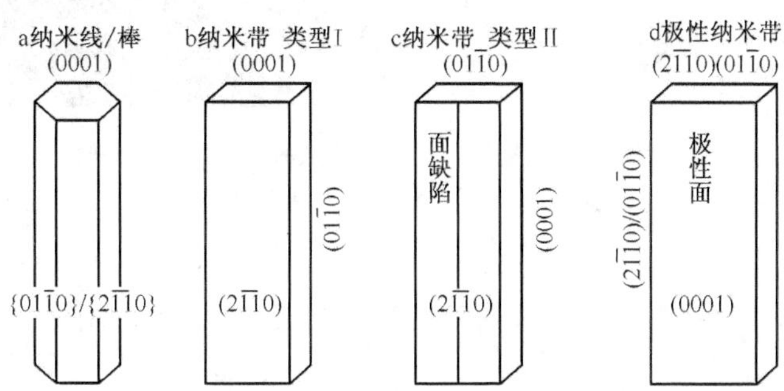

图 26-3　ZnO 纳米线的生长方向

因此,ZnO 纳米线的生长可以概括为以下几个步骤:①高温下从蒸发源材料获得了气相 Zn.②气相 Zn 被 Ar 传输到基片处,与基片表面的金属(例如 Au)催化剂颗粒溶合形成 Zn-金属合金.③Zn 不断的被吸附到 Zn-金属合金的表面,当 Zn 过饱和后就会从合金中析出.由于合金有很强的抗氧化能力,因此可以认为,O 不会被合金液滴所吸附,而是等合金液滴中 Zn 析出后和其发生反应生成 ZnO,最终在 Zn-ZnO 界面上通过自组织有序化过程外延形成单晶纳米线.图 26-4 给出的是 ZnO 纳米线生长的一些因素.

(2)气相-固相生长法(vapor-solid, VS).

气相-固相生长法(vapor-solid, VS)最大优点是简单易行.首先蒸气核通过蒸发、化学还原及其他气相反应生成;接着这些蒸气核被传输并沉积到固态基片表面,基片放置在低于源材料区域温度的位置.只要正确控制蒸气核的过饱和度,就能很容易制备大量的一维纳米结构.

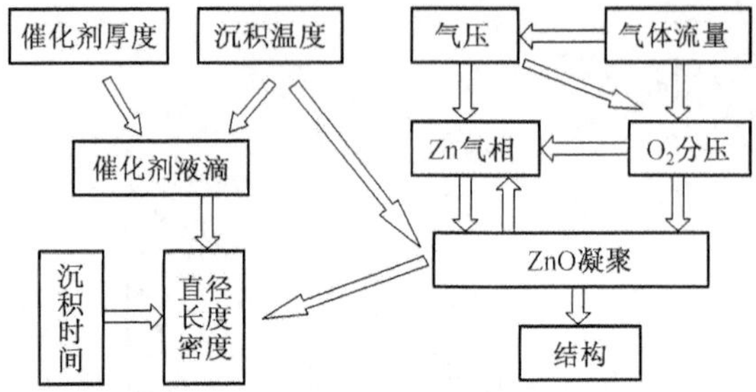

图 26-4　影响 ZnO 纳米结构的一些因素

图 26-5(a)给出的是 VS 生长机制示意图,图 26-5(b)是用此方法制备的 ZnO 纳米线的扫描电子显微镜图片. ZnO 纳米结构的 VS 机制具体过程如下:

①反应室中生成 Zn 原子或者 Zn 的亚类氧化物(ZnO_x, $x<1$),Zn 和 ZnO_x 的混合物有更低的熔点(419℃).

②Zn 和 ZnO_x 的混合气传输到基片上温度相对低的区域,形成了纳米尺寸的液滴. 这些纳米液滴作为最初的晶核,然后在这个晶核上继续沉积得到不同的 ZnO 纳米结构.

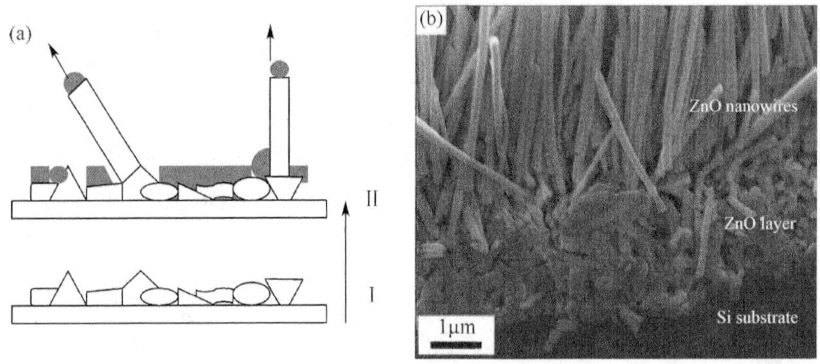

(a)VS 生长机制示意图　　(b)生长的 ZnO 纳米线的扫描电子显微镜图

图 26-5　气相-固相生长法

[实验装置]

本实验装置采用双区高温真空管式热处理炉系统,其装置简图如图 26-6 所示.

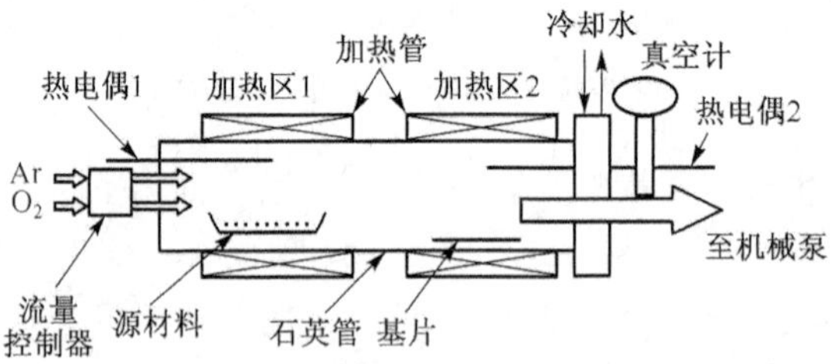

图 26-6　双区高温真空管式热处理炉简图

[实验步骤]

1. 实验准备

(1)先在酒精丙酮溶液中超声清洗瓷舟与基片,然后用蒸馏水超声清洗,之后烘干.

(2)用天平称取一定质量的蒸发材料,将蒸发材料与基片分别放置于瓷舟里.

(3)将装有蒸发材料和基片的瓷舟分别推入管式炉的石英管内相应位置.

2. 实验过程

(1)先后开启电源、真空阀与机械泵,达到一定的真空度后开启水路准备加热.

(2)水路接通后开启加热电源,按照事先设定好的加温程序加热管式炉,并预热质量流量计.

(3)当蒸发材料温区温度达到预先设定的温度时,接入输运气体和反应气体,按照预先设定好的流量设定流量计.

(4)蒸发结束后,先后关闭流量计(包括气路)、机械泵、真空阀,加热电源.

3. 实验结束

(1)当管式炉温度降至300℃以下时,关闭水路、电路.

(2)当管式炉温度降至室温时,对管式炉进行放气,然后取出瓷舟与样品.

[注意事项]

(1)在使用前应熟练掌握各种仪器(包括质量流量计,加热电源,机械泵和真空计)的原理、操作方法和注意事项,然后方能实验.

(2)实验前应先检查电路、水路、气路是否连接正确.

(3)加热过程中,切忌触碰硅碳管与刚玉管.

(4)对瓷舟、基片等要置于真空系统内的器件,切忌用手触碰以免沾染油脂,可戴手套进行操作.

(5)在推入与取出瓷舟的过程中应小心不要碰到热电偶,以免造成热电偶的断路.

(6)实验过程中若碰到断电断水情况,应立即停止实验,并关闭电路、水路、气路.

[实验内容]

(1)学习加热温控器的编程控制方法,掌握温度控制程序的写入.

(2)学习机械泵、真空计、流量控制器、高压气体瓶的使用方法.

(3)按照实验步骤,完成热蒸发制备ZnO纳米线,用X射线衍射仪测量制备样品的结构特性,用扫描电子显微镜、原子力显微镜观察制备样品的形貌及尺寸,用紫外可见分光光度计测量样品的光学吸收特性.

(4)分析实验结果,写出实验报告.

[思考题]

(1)什么是一维纳米材料,一维纳米材料包括那些种类?

(2)什么是化学气相沉积,何谓纳米材料的VLS和VS生长?

(3)如何在光学显微镜下比较准确地判断你的样品是否为纳米结构?

(4)基片温度是如何影响最终样品的结果?

[参考文献]

王世敏,许祖勋,傅晶. 2002. 纳米材料制备技术. 北京:化学工业出版社

Dala S H, Baptista D L, Teo K B K, Lacerda R G, Jefferson D A, Milne W I. 2006. Controllable growth of vertically aligned zinc oxide nanowires using vapour deposition. Nanotechnology, 17:4811

Wang Zhonglin. 2004. Zinc oxide nanostructures growth, properties and applications. J. Phys.: Condens Matter., 16:829

Wei Ming, Zhi Dan, MacManus-Driscoll J L. 2005. Self-catalysed growth of zinc oxide nanowires. Nanotechnology, 16:1364

Xia Younan, Yang Peidong, Sun Yugang, Wu Y, Mayers B, Gates B, Yin Y, Kim F and Yan H. 2003. One-dimensional nanostructures synthesis, charasteriazation, and application. Adv. Mater., 15:353

实验 27　用溶胶-凝胶法制备纳米颗粒

1846 年法国化学家 J. J. Ebelmen 用 SiC_{14} 与乙醇混合后，发现在湿空气中发生水解并形成了凝胶. 20 世纪 30 年代，W. Geffcken 证实了用金属醇盐的水解和凝胶化可以制备氧化物薄膜. 之后，Roy 及其同事在 1948 年提出可由凝胶制得高度均匀的新型陶瓷材料的设想. 并在 1950～1970 年间采用溶胶-凝胶法合成了含铝、硅、钛、锆等的氧化物陶瓷. 随着科学技术的不断发展，溶胶-凝胶的理论和技术日臻完善. 1971 年德国 H. Dislich 报道了通过金属醇盐水解制备了 SiO_2-B_2O-Al_2O_3-Na_2O-K_2O 多组分玻璃. 1975 年 B. E. Yoldas 和 M. Yamane 制得整块陶瓷材料及多孔透明氧化铝薄膜. 自 20 世纪 80 年代以来，溶胶-凝胶法已广泛应用于制备多组分玻璃、纳米微粉、异相复合材料、非金属纤维以及多孔材料(用于催化剂、气体过滤器)等，尤其是传统方法难以制备的复合氧化物，成为一种重要的功能材料特别是复合材料的制备方法.

[实验目的]

(1) 了解溶胶-凝胶的基本概念和原理.

(2) 了解制备纳米材料的一般方法及过程.

(3) 利用溶胶-凝胶法制备纳米颗粒并分析其结构.

[实验原理]

1. 溶胶-凝胶法相关概念和原理

溶胶是指微小的有一定结构的固体颗粒悬浮，分散在液相中，并不停地发生布朗运动的亚稳态液状体系. 根据粒子与溶剂间相互作用的强弱，通常将溶胶分为亲液型和憎液型两类. 由于界面原子的吉布斯自由能(G)比内部原子高，因此溶胶是热力学不稳定体系. 若无其他条件限制，胶粒倾向于自发凝聚或聚合，从而达到较低比表面积的稳定溶胶状态. 若上述过程为可逆，则称为絮凝；若不可逆，则称为凝胶化. 稳定溶胶中的粒子大小通常在 1～5nm，因此有较大的比表面积.

溶胶中有一定结构的固体颗粒称为胶粒，胶粒的结构和形态由于胶粒间的相互作用可能随时处在变化之中.

凝胶是指胶体颗粒或高聚物分子相互交联. 空间网络状结构不断发展，最终使得溶胶液逐步失去流动性，成为一种呈网状结构、其中充满液体的非流动半固态(在干凝胶中的分散介质也可以是气体)的分散体系. 凝胶在干燥后形成干凝胶或气凝胶，这时，它是一种充满孔隙的结构.

并非所有的溶胶都能转变为凝胶，溶胶是否向凝胶发展，决定于胶粒间的作用力是否能够克服凝聚时胶粒-溶剂间的相互作用势垒，因此，增加胶粒的电荷量，利用位阻效应和利用溶剂化效应等，都可以使溶胶更稳定，凝胶更困难，反之则产生凝胶.

对于热力学不稳定的溶胶，增加体系中粒子间结合所需克服的势垒可使之在动力学上稳定. 增加粒子间势垒有 3 个途径. 使胶粒带表面电荷、利用空间位阻效应和利用溶剂化效应. 溶胶颗粒的表面电荷来自胶粒的一种晶格离子的选择性电离，或选择性吸附溶剂中的离子. 对金属氧化物水溶胶，一般优先吸附 H^+ 或 OH^-. 胶粒表面呈电中性时的 pH 值称为零电点(PZC)，当 pH＞PZC 时，胶粒表面带负电荷；反之，则带正电荷. 带电胶粒周围的溶剂中由等量的反电荷形成扩散层. 相邻胶粒的扩散层重叠产生推斥力，此外，胶粒间相互作用还有分子间范德瓦耳斯引力和由表层价电子重叠引起的短程斥力. 若扩散层斥力与范德瓦耳斯引力相比足够大，则两个相邻胶粒的总势能如图 27-1 所示. 胶粒靠拢的过程中，能垒可达一个最大值 E_m. 此外，还有两个能量最小值，次极小 E_S（对应絮凝状态）和主极小 E_P（对应凝胶化状态）. 在胶粒间距一定的情况下，任何一种减少排斥力的措施，如减少表面电荷或增加扩散层中反离子浓度等，都会降低势垒的高度，导致凝聚，形成凝胶. 空间位阻效应，如使胶粒表面吸附短链聚合物，也可使溶胶稳定化，这主要有两方面的原因. ①当胶粒相互靠近时，吸附的聚合物熵减少，体系自由能增加，这与胶粒间产生推斥力是等效的；②胶粒间聚合物层重叠部分浓度增加，产生浓压差，使胶粒互斥. 溶剂化作用也能稳定溶胶. 破坏胶粒周围的有序溶剂层，使胶粒表层脱除溶剂并相互接触需要一定的溶剂化能量. 由于这种溶剂化能的存在，亲液溶胶比憎液溶胶更稳定.

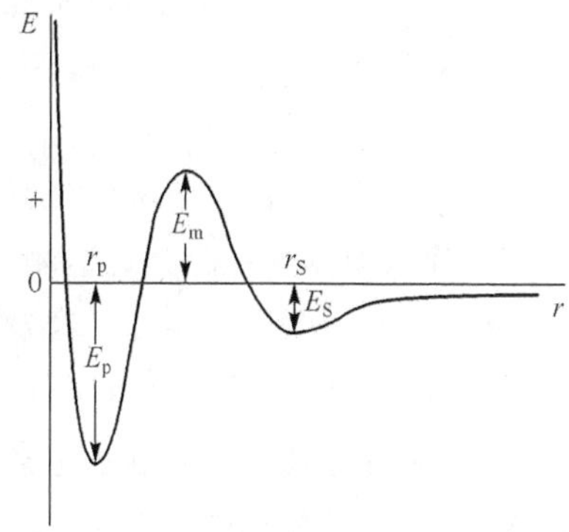

图 27-1　两个相邻胶粒的总势能与相邻胶粒间距之间的关系

由溶胶制备凝胶的具体方法有：

(1)使水、醇等分散介质挥发或冷却溶胶. 使之成为过饱和液. 而形成冻胶.

(2)加入非溶剂，如在果胶水溶液中加入适量酒精后，即形成凝胶.

(3)将适量的电解质加入胶粒亲水性较强（尤其是形状不对称）的憎液型溶胶，即可形成凝胶.

(4)利用化学反应产生不溶物，并控制反应条件可得凝胶.

由以上说明，溶胶-凝胶法就是用液体化学试剂（或将粉末试剂溶于溶剂）为原料（这种原料是高化学活性的含材料成分的化合物前驱体），在液相下将这些原料均匀混合，并进行一系列的水解、缩合（缩聚）的化学反应，在溶液中形成稳定的透明溶胶液体系（尺寸为 1～5nm），溶胶经过陈化，胶粒间缓慢聚合，形成由氧化物前驱体为骨架的三维聚合物或者是颗粒空间网络，其间充满失去流动性的溶剂，这就是凝胶. 凝胶再经过低温干燥，脱去其间溶剂而成为一种多孔空间结构的干凝胶或气凝胶，最后，经过烧结固化制备出致密的氧化物材料.

概括起来，溶胶-凝胶法中反应的基本原理、过程如下：

(1)溶剂化

$$M(H_2O)_n^{z+} = M(H_2O)_{n-1}(OH)^{(z-1)} + H^+$$

(2)水解反应

$$M(OR)_n + xH_2O = M(OH)_x(OR)_{n-x} + xROH—M(OH)_n$$

(3)缩聚反应

失水缩聚：-M-OH＋HO-M－＝-M-O-M-＋H_2O

失醇缩聚：-M-OR＋HO-M-＝-M-O-M-＋ROH

溶胶-凝胶过程常分为两类，①金属盐在水中水解成胶粒，含胶粒的溶胶凝胶化后形成凝胶；②金属醇盐在溶剂中水解缩合形成凝胶.

溶胶-凝胶法制备材料的核心就是通过溶胶这种湿化学法，将物质通过形成溶胶，再经过凝胶、固化处理等过程形成最终材料.

2. *溶胶-凝胶法中主要的测试项目及方法*

用溶胶-凝胶法制备材料时，为了达到预期的目的，在实验过程中常常需要对中间过程及产物进行测定，其中主要的测试项目及方法如下：

(1)测定前驱物金属醇盐的水解程度（采用化学定量分析法）.

(2)测定溶胶的物理性质（黏度、浊度、电动电位等）.

(3)测定胶粒尺寸大小(采用准弹性光散射法、电子显微镜观察).

(4)溶胶或凝胶在热处理过程中发生的物理化学变化(采用 XRD、中子衍射、DTA-TG 等).

(5)反应中官能团及键性质的变化(红外分光光度计、拉曼光谱仪).

(6)溶胶、凝胶粒子中的结构(GC-MS).

(7)固态物体的核磁共振谱测定-M-O-结构状态.

以上的测试项目视实际材料及研究需要而定.

有关溶胶-凝胶法的更多内容,读者可以查阅材料科学领域相关期刊资料.

3.复合纳米颗粒及其制备方法

纳米材料通常指尺寸介于 1～100nm 的颗粒材料和包含尺寸介于 1～100nm 的纳米结构的宏观材料.制备纳米颗粒的方法大体可分为两种:一种是粉碎式,即把材料由大化小,将块状物质粉碎而获得超微颗粒;另一种是构筑式,其思路是在低温下由小到大合成纳米颗粒,即由原子或者分子通过成核和长大两个阶段合成超微颗粒.前一种方法是在"硬环境"中进行,所获得材料的过程必须处于热力学平衡态;后一种方法则在较低温度的软环境中进行,称之为"软化学"法,可以得到多种具有"亚稳"材料的体系因而更具应用潜力.软化学法中应用最为广泛的是溶胶-凝胶法.

溶胶-凝胶法制备材料与其他方法相比具有许多独特的优点.

(1)由于溶胶-凝胶法中所用的原料首先被分散到溶剂中而形成低黏度的溶液,因此,就可以在很短的时间内获得分子水平的均匀性,在形成凝胶时,反应物之间很可能是在分子水平上被均匀地混合.

(2)由于经过溶液反应步骤,那么就很容易均匀定量地掺入一些微量元素,实现分子水平上的均匀掺杂.

(3)与固相反应法相比,溶胶-凝胶法中的化学反应将更容易进行,而且仅需要较低的环境温度,一般认为溶胶-凝胶体系中组分的扩散在纳米范围内,而固相反应时组分扩散是在微米范围内,因此反应容易进行,温度较低.

作为例子,图 27-2(a)、(b)分别给出用溶胶-凝胶法制备得到的 $La_{2/3}(Ca_{0.6}Ba_{0.4})_{1/3}MnO_3$ 纳米磁性材料的 X 射线衍射(XRD)图和磁、电测量结果,从图中可以看出材料具有很好的钙钛矿结构和良好的磁电特性.

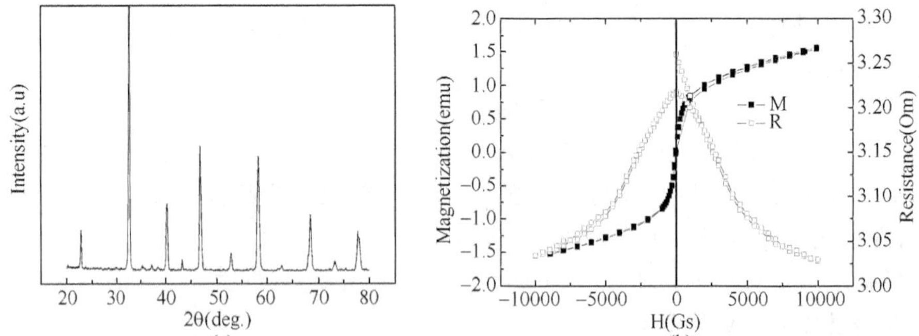

图 27-2 $La_{2/3}(Ca_{0.6}Ba_{0.4})_{1/3}MnO_3$ 样品的测量结果

(a)XRD 图;(b)磁滞回线和电阻-磁场关系

而图 27-3 则给出了利用溶胶-凝胶法制备得到的纳米结构异质复合材料 $La_{0.7}Sr_{0.3}MnO_3$:$0.4Zn_{1-y}Co_yO$表面的扫描电子显微图(SEM).

本实验采用溶胶-凝胶法制备纳米材料，具体样品可结合实验室条件选择.

图 27-3 $La_{0.7}Sr_{0.3}MnO_3$: 0.4$Zn_{1-y}Co_3O$ 表面的扫描电子显微图

[**实验要求**]

(1)在充分调研和准备的前提下，选取实验样品以及制备方法，自拟出实验的开题报告(包括原理、实验方法、实验材料和仪器、实验步骤、实验注意事项等)，与教师讨论，制定完整实验方案，即可进入实验过程.

(2)在实验中涉及实验实现的一些问题，如有关实验设计以及实验条件的选取与改变等，应积极思考(查阅相关文献资料尝试解决)，努力培养分析与解决问题的能与，提高实验技能. 对于无法解决的困难，可以寻求指导、帮助(与指导教师及同学讨论).

[**参考文献**]

曾庆冰，李效东，陆逸. 1998. 溶胶-凝胶法基本原理及其在陶瓷材料中的应用. 高分子材料科学与工程，2:139

Brinker C. J, Soberer G. W. 1990. Sol-Get Science-The Physics and Chemistry of S-G processing. New York: Academic Press Inc

Dislich H, Sol-Gel 1984 → 2004(?), J. Non-Crist Soilds, 1985, 73:599

Jin S, Tiefel T H, McCormack M, Fastnacht R A, Ramesh R and Chen L H. 1994. Thousandfold Change in Resistivity in Magnetoresistive La-Ca-Mn-O Films. Science, 264:413

Mehrotra R. C. 1988. Synthesis and reactions of metal alkoxides. J. Non-Crist Solids, 100:1

Moshnyaga V, Damaschke B, Shapoval O, Belenchuk A, Faupel J, Lebedev O I, VerbeeckJ, van Tendeloo G, Mücksch M, Tsurkan V, Tidecks R and Samwer K. 2003. Structural phase transition at the percolation threshold in epitaxial($La_{0.7}Ca_{0.3}MnO_3)_{1-x}$:$(MgO)_x$ nanocomposite films. Nat. Mater., 2:247

实验 28 磁性纳米线的制备及其结构、磁性研究

磁性纳米线有序阵列已经成为低维纳米结构材料中的重要一类. 由于制备的纳米线直径在 5～200nm，处于磁性材料的单畴尺寸范围，因此具有单畴结构材料具备的一些特性，如高矫顽力、良好矩形比等. 纳米线具有天然的形状各向异性，使得其易轴一般沿着纳米线的轴线方向，也就是说垂直于膜面，这使它在垂直磁记录材料方面有很好的应用前景. 下面介绍磁性纳米线阵列的研究历史.

早在 1985 年，日本 Shiraki 所在的研究小组制备并研究了铁、钴、镍纳米线阵列的磁特性，但他们制备的纳米线并不是有序的. 直到 1993 年，Whitney 和 Chien 等在高分子模板中用电化学的方法沉积镍、钴纳米线阵列，有序的磁性纳米线阵列高矫顽力、高矩形比以及它在超高密度磁

存储方面的潜在应用引起人们的注意.从那时起,纳米线阵列的模板合成技术受到人们的特别关注.这是因为,制备纳米线有序阵列的核心是获得孔径一致、孔洞分布均匀的模板.传统的制备周期排列纳米线的方法是刻蚀法,如径迹刻蚀(nuclear track etching)、电子束刻蚀(electron beam lithography)和光学刻蚀(optical lithography).虽然这些刻蚀技术可以很容易刻出所需的图案,但是存在价格昂贵、耗时等不足,使得它不可能真正制备大面积的有序磁记录介质,这些缺点阻止了它们在工业上的大规模应用.此外,现在的光刻技术能够加工的最小线宽为130nm,也无法满足人们对磁记录密度的加工要求.因此,非刻蚀的纳米制备方法是纳米科技中的研究热点.近几年,关于磁性纳米线的电化学制备和研究已经吸引了人们的注意,研究取得了很大的进展,有望在近几十年来实现超高密度磁存储材料的广泛应用.1995年,Masuda等利用两步阳极氧化法制备了有序的多孔阳极氧化铝(anodic aluminum oxide,AAO)模板,引发了AAO模板法制备纳米线有序阵列的新热潮.AAO的纳米孔洞是有序六角阵列体系,具有孔径大小5~200nm一致可调、孔间距60~500nm均匀可调、孔的长径比可大于1000、孔密度高达1011个/cm^2以及耐高温等优点,被广泛地应用于光、电、磁、生物医学模板.此外,纳米线阵列的AAO模板合成方法还具有设备操作简单、成本低廉等优点,同时模板的制备可以很好的锻炼实验技能.因此,在本实验中选择AAO模板制备磁性纳米线阵列.

不仅在超高密度磁存储方面有着潜在的应用,有序的磁性纳米线阵列的制备,还为研究纳米线微观尺寸的变化对宏观磁性参数和磁化反转过程的影响提供了可能.Hinzke和Nowak利用蒙特卡罗数值模拟和快速傅里叶变换法研究了纳米线的偶极场,结果表明体系的磁化反转机制依赖于其几何形状而呈现出一致转动(coherent rotation)、成核(nucleation)和卷曲(curling)的模式.对于纳米线阵列的磁化反转机制以及磁性质的研究,仍是当今磁性材料研究的热点课题.纳米线的直径大小,线间距变化,以及纳米线本身的缺欠、晶体结构等因素引起研究的系统具有一定的复杂性,增加了理论计算偶极相互作用,形状各向异性能和磁晶各向异性能的难度,因此磁性纳米线阵列的制备与磁性能研究仍是一项既有挑战性又有意义的工作.

[实验目的]

(1)了解纳米线的相关知识以及纳米线的特性.

(2)学习纳米线的几种制备方法.

[实验原理]

1.纳米线有序阵列的模板制备法

从原理上讲,只要采用适当的化学途径及方法,几乎任何一种固态物质都能被组装到AAO模板的纳米孔中.但是,在进行AAO模板组装时,应该解决以下三个核心技术问题.

(1)浸润性问题.前驱液应该能够浸润模板的孔壁,也就是说,要有足够的驱动力使得前驱体溶液进入孔道.实验表明,前驱体溶液的极性以及AAO的表面结构是影响溶液进入纳米孔洞的重要因素.根据液体与固体界面(前驱体与介观孔洞之间)的张力和液体与气体界面(前躯体与周围气体之间)的张力二者的竞争关系,溶液在孔洞中浸润性呈现三种不同的状态,如图28-1(a)、(b)、(c)示意图所示.

(2)堵塞问题.如果沉积过程中,反应速度过快或者组装物质的颗粒太大,就会造成孔道堵塞,不利于得到均匀、长度一致的纳米线.在小尺寸孔洞模板中,这个问题应该引起特别的注意.

(3)组装物质不能与模板起反应.这一点是显而易见的,否则,模板将在纳米线生长的过程中被破坏.

图 28-1　液体在 AAO 孔洞浸润性示意图

2. AAO 模板的化学组装方法

AAO 模板的化学组装主要采用电化学沉积法、化学沉积法、溶胶-凝胶法、水压注入法、化学聚合法、化学气相沉积法等方法. 利用这些方法可以组装出纳米线、纳米管、同轴纳米管和“三明治”结构等纳米材料及其纳米复合材料. 下面重点介绍前三种方法.

(1)电化学沉积法.

以 AAO 模板为阴极,含有待镀金属阳离子的溶液为电解液,在合适的电压、温度和 pH 值条件下进行电沉积. 总的来说,电化学方法具有如下优点. 反应的温度基本在室温,成本低、耗能小,沉积速率高,能够实现三维的一致沉积. AAO 模板的电沉积方法包括直流电沉积,交流电沉积和脉冲电沉积.

直流电沉积(direct current electrodepositon, DC electrodeposition)的优点是,能够从溶液或者溶盐中获得大部分的金属和合金纳米线,由于其不间断沉积的特点使得其填充率比较高,容易获得性能优越的纳米线. 然而,由于 AAO 结构中存在一层绝缘的氧化铝阻挡层,需要提高电位来使电子隧穿过这一绝缘层以达到电沉积的目的. 一般地,壁垒型 AAO 模板的直流电沉积非常不稳定甚至是不可能的. 这是由于阴极副反应引起阻挡层的局部破坏,从而导致金属离子首先在这些孔洞中优先生长,阻止了电沉积的正常进行. 因此,直流电沉积之前需要进行以下三步准备工作. 其一是把多孔氧化铝层从铝基底剥离出来,一般是用饱和氯化铜或者氯化汞溶液把基底的铝金属置换出来(注意,鉴于汞对环境的危害,一般情况用前者来置换铝);第二是获得通孔的 AAO 模板,也就是利用降电压减薄和化学刻蚀的办法,腐蚀掉靠近铝基底的氧化铝阻挡层,从而使孔洞是双通的,这一步难度较大而且容易导致模板的破坏;其三,由于氧化铝是绝缘体,通孔后 AAO 还需要在其背面溅射或者蒸镀一层导电金属,如金、银、或者铜. 此外,由于上述三个步骤所致,要求 AAO 应该足够厚(>20μm),能够自由竖立和承受手持.

由于直流电沉积繁琐、费时费力的特点,人们纷纷探索其他的电沉积工艺. 其中, AAO 的交流电沉积方法(alternating current electodeposition, AC electrodeposition),引起人们的广泛青睐. 交流电沉积法最初广泛地应用于阳极氧化铝的涂料工业. 该法无需获得通孔的 AAO 模板,而是允许氧化铝留在铝基底层上而不是剥离出来,当施加交流电时,金属从 AAO 孔洞底部的阻挡层处开始沉积,此后金属沿着孔洞结构生长而形成纳米线. 一般认为,用交变电流沉积时,电镀有电镀和退镀两个过程. 当镀件作为阴极时是电镀过程,作为阳极时是退镀;在电镀过程中,金属被沉积入纳米孔洞;在退镀过程中,金属被溶解. 由于交流电的波形是对称分布的,使得退镀过程抵消了电镀过程. 但是,由于 AAO 结构的特殊性,利用阻挡层的整流作用,交流电沉积纳米线得到广泛的应用. 阻挡层具有类似二极管的作用,电镀时的电流大于退镀时的电流,从而产生了静余电镀,故而可以把金属沉积到纳米孔洞. 纳米线的长度由电沉积的时间决定,时间越长,线也就越长. 交流电沉积法有效地抑制了系统在直流电沉积过程中经常发生的极化作用. 显然,阻挡层的厚度非常关键. 如果太厚,将没有电流,也就是上面所讲的极化现象. 为了成功地电沉积金属纳米线,阻挡层的厚度应该保持在 10～20nm.

尽管如此,交流电沉积也存在一些不尽如人意之处. ① 一般情况,沉积的产物是金属的化合物而非金属单质；②由于沉积是交替进行而非连续，形成的纳米线是松散而非致密，这影响了纳米线的机械性能；③能够通过交流电沉积获得的金属及其合金的种类比较有限；④交流电沉积的在 AAO 中的填充率往往不高，交流电频率对其有很大的影响.

(2)化学沉积法.

也称化学镀或者无电沉积，其最严格的定义是指从含有还原剂的溶液中沉积金属，它不是整个溶液中无控制地沉积而是仅在催化活性的表面上沉积金属.除非特别说明，本实验提到的化学镀指的是这种严格的定义. AAO 模板的化学镀，首先使孔壁键合上一些胺基、碳基等极性官能团，这些极性官能团再与敏化剂(如 Sn^{2+})作用而使模板敏化，接着将该模板浸入活化剂中($PdCl_2$ 或者 $AgNO_3$ 溶液等)使模板的表面和孔壁具有化学活性，然后再将活化的 AAO 模板浸入到含有预镀金属阳离子的镀液中，金属就会在孔壁上生长，形成金属纳米管或纳米线.化学镀的特点是金属的沉积是从孔壁开始的，这种方法与电化学还原沉积显著不同在于不需要外加电源，金属沉积之前不需要使膜表面导电.此外，化学镀优于电化学方法还体现在，其一，化学镀能够制备大面积均一的纳米线阵列；其二，化学镀对 AAO 的质量没有“完美性”的苛刻要求，因为在电化学沉积过程中，即使是 AAO 某个局部的破损或者不均匀性都会引起整个电沉积的失败.化学镀，事实上是敏化和活化过的基片表面发生氧化还原反应，主要发生如下反应(式中 M 表示金属单质，M^+ 表示金属阳离子)：

$$Sn^{2+} + Pd^{2+} \rightarrow Sn^{4+} + Pd$$

$$2M^+ + Pd \rightarrow 2\ M\ ^+ Pd^{2+}$$

(3)溶胶-凝胶法(sol-gel method).

首先将欲组装物质的前驱液制成溶胶，再将 AAO 模板浸到溶胶中，这时溶胶在孔壁上优先沉积，经热处理后就可以得到纳米管或纳米线.采用溶胶-凝胶法进行 AAO 模板组装有许多技术难点，如溶胶颗粒大小的控制，前驱液对模板孔壁浸润性的控制，溶胶粒子在模板孔壁凝胶速度的控制等，但最关键的问题之一是溶胶粒子进入 AAO 模板孔洞的驱动力.胶体进入纳米孔洞的根本原因是带负电荷的孔壁易于吸附带正电荷的溶胶粒子，并存在快速凝胶化的趋势，胶粒在孔壁上的吸附造成了溶胶局部浓度的增大可能是膜孔壁上的凝聚速度比本体溶液快的原因.因此，实验中控制溶胶的稠度是一个至关重要的因素，它直接影响着纳米线连续性与否以及结晶性.已有报导用溶胶-凝胶模板法制备了 $CoFe_2O_4$ 纳米线，实验表明后处理的退化升温速率对纳米线的结晶性能也有很大的影响.这是因为在退化的过程中，AAO 中溶胶变成凝胶，同时释放出水蒸气和 CO_2 气体.升温速度快，在很短的时间内产生大量的气体，这些气体冲出 AAO 孔洞，从而引起颗粒密度变低；当升温速率降低时(小于 0.6℃/min)，气体也就比较缓慢，有利于越来越多的钴铁氧体纳米团簇的缓慢形成，因而钴铁氧体的密度显著增加并最终形成连续完整的纳米线.

利用氧化铝模板组装磁性纳米阵列材料的研究重点是纳米阵列结构与磁性能的关系，它主要包括三个方面.① 磁性材料的选择，因为磁的固有性质是由材料本身的电子结构等特性决定的；② 磁各向异性和磁化反转机制，因为它是选择垂直记录方式来提高存储密度的前提；③磁性纳米线的尺寸大小和离散特性(即线间距)，因为这是降低噪声、提高信噪比和避免超顺磁限制的有效手段.

[实验内容]

1. 电化学法制备纳米线

(1)有序 AAO 模板的制备.

为了制备有序的 AAO 模板，采用高纯度的铝片(99.99%)，采用两步阳极氧化法制备

AAO. 两步阳极氧化的原理图如图 28-2、图 28-3，流程如下.

①把预处理好的高纯铝第一次阳极氧化，形成氧化铝多孔结构，孔的成核是随机的，孔洞排列无序，如图 28-2(a)所示.

②用 6 wt%磷酸和 1.8 wt%铬酸混合的腐蚀液在 60 ℃下去除去图 28-2(a)上部分的无序孔洞，留下底部的有序凹槽作为第二步阳极氧化的基底，如图 28-2(b)所示.

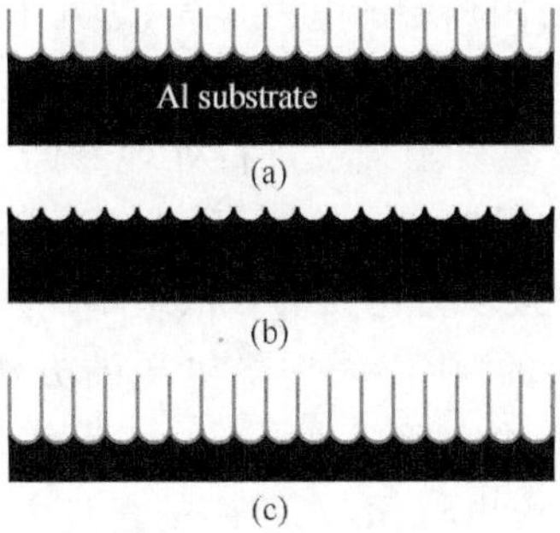

图 28-2 两步阳极氧化法制备有序 AAO 示意图

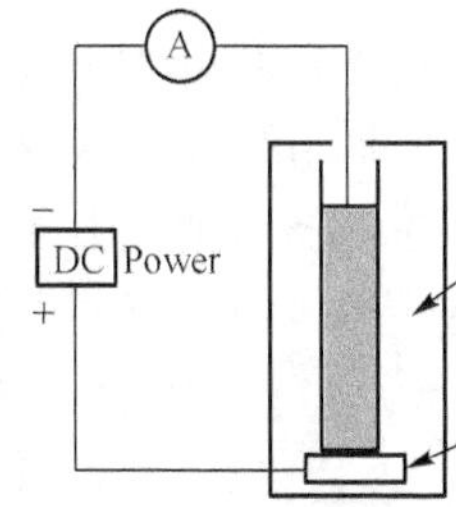

图 28-3 阳极氧化实验装置

③最后以腐蚀后的有序织构为“面罩”，进行第二次阳极氧化，条件同第一步阳极氧化，随着氧化时间的延长，在电场和材料内应力的共同作用下，孔的排列趋近有序，如图 28-2(c).

有序 AAO 模板的制备的具体步骤如下.

①预处理：铝片用超声清洗机在丙酮中清洗 10mins，以除去铝表面的油污；接着铝在 400 ℃恒温下，空气氛围中退火 4h.

②把退火后的铝片先后用丙酮、乙醇超声清洗 5mins，然后放入 1M 的 NaOH 溶液中浸泡，直至铝表面有大量气泡产生以除去表面的氧化膜.

③然后在硫酸、磷酸的混合水溶液(三者质量比为 4:4:2)中 60℃下电化学抛光 10min，用蒸馏水在超声清洗机中清洗 5min，准备阳极氧化.

④一步阳极氧化. 保持 27V 恒电压，环境温度为 0 ℃，电解液采用 0.4M 的硫酸，以处理过的铝片为阳极，一小片铝为阴极，进行第一步阳极氧化，时间为 9h，实验装置如图 28-3.

⑤腐蚀除去无序层. 把一步阳极氧化的铝在 6 wt%磷酸和 1.8 wt%铬酸腐蚀液中 60℃浸泡 9h 以除去第一步阳极氧化形成的无序孔洞.

⑥二步阳极氧化. 和一步阳极氧化相同的条件下，第二次阳极氧化 12h. 两步阳极氧化法可以获得孔径大小一致，孔洞排列有序的 AAO 模板. 以硫酸、草酸为电解液制备有序孔洞结构的 AAO 模板，效果达到了如图 28-4 所示的有序孔洞.

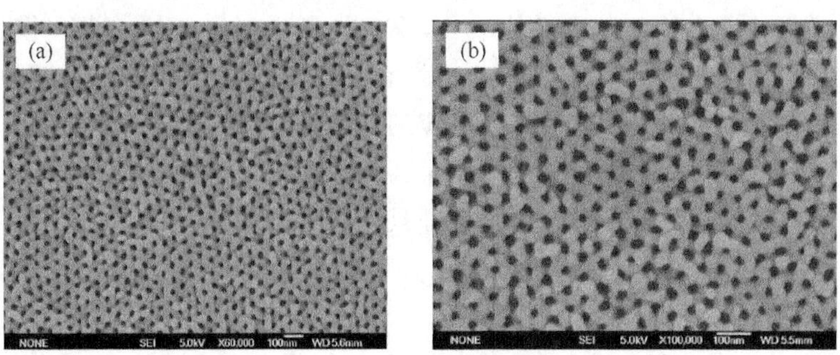

图 28-4 两步阳极氧化法制备的 AAO 的 SEM 图，样品分别扩孔(a)10min;(b)30min

(2)交流电沉积 Co、Ni 纳米线.

采用交流电沉积的方法，在带有铝基底的 AAO 模板上直接电沉积磁性纳米材料. 交流电沉积主要是利用了阻挡层的整流作用，AAO 只在一个方向上有利于导电(作为阴极)，Co^{2+} 在 AAO 作为阴极时被还原成 Co 金属单质而沉积到纳米孔洞，在 AAO 作为阳极过程中并没有被完全退镀，这样就在 AAO 产生了净余电镀. 阳极氧化后，在铝箔的表面上形成了纳米孔洞，底部仍为金属铝，而孔洞和底部铝之间有一层氧化铝阻挡层. 阻挡层的电阻很大，达到 $10^{10}\sim10^{12}\,\Omega/cm$. 为了电子能够隧穿通过阻挡层实现交流电沉积，阻挡层的最佳厚度为 10～20nm. 而阻挡层随着电解电压而增大满足 1.3nm/V 的线性关系，因此一般要对阻挡层进行处理修饰. 阻挡层的修饰多用变电压法来处理，由于高氧化电压制备的 AAO 其阻挡层比较厚，所以通过逐步降低电压的方法来减薄阻挡层；而对于低电压制备的模板，则采用逐步升电压的方法来增加阻挡层的厚度以利于电沉积. 由于是在 27V 的恒压下制备 AAO 模板的，所以采用降电压的方法减薄阻挡层；从 27V 每次降低 2V 直至 18V，每次降电压都是在电流稳定后再执行下一步操作，最后电压稳定在 18V 持续 5min. 经这样处理，AAO 模板适合进行交流电沉积. 在相同的条件下制得 AAO 模板，通过控制扩孔时间制备了孔径分别为 20nm、30nm、40nm 的 AAO 模板. 利用双电极交流电沉积的方法，交流电频率为 50Hz，电流保持在 10mA，温度 30℃，交流电沉积实验装置如图 28-5 所示. 沉积时间保持 20min，这段时间内沉积电流均未出现突变的情况，说明纳米线仍在纳米孔道中生长，长度未超出孔洞. 采用的电解液浓度如下.

(1)Co 纳米线电沉积电解液浓度

$[CoSO_4\cdot7H_2O]=252\ g/L$；$[NaCl]=7\ g/L$；$[H_3BO_3]=50\ g/L$；$pH=5.0$

(2)Ni 纳米线电沉积电解液浓度

$[NiSO_4\cdot6H_2O]=270\ g/L$；$[NiCl]=40\ g/L$；$[H_3BO_3]=40\ g/L$；$pH=4.0$

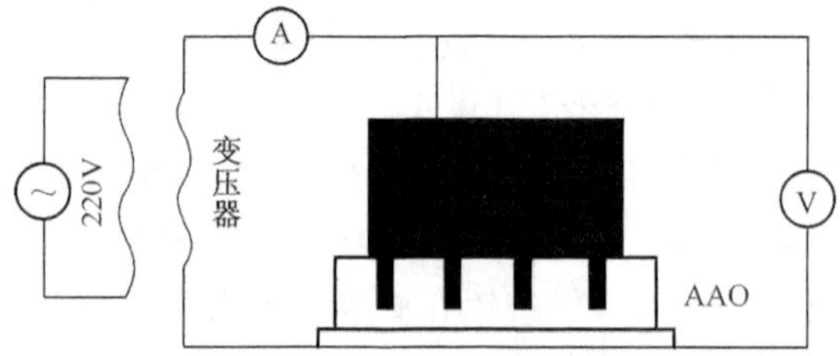

图 28-5　双电极交流电沉积实验装置图

(3)化学沉积法制备磁性纳米线阵列.

①AAO 模板的预处理.

由于 AAO 模板的孔道处于纳米级的尺寸，很容易发生堵塞而使材料在模板表面而非孔洞中生长，模板的预处理显得特别重要. 这种重要性在化学镀过程中显得尤为明显，因为相对于电化学沉积而言，化学镀没有外加电场来维持反应的进行，而是在具有表面活性的基底上发生自催化的氧化还原反应. 故此，实验中，引进超声波振荡技术来增强溶液进入纳米孔道的驱动力. 模板的制备与上一节电沉积实验相同，超声振荡处理具体步骤如下.

a)AAO 模板在乙醇溶液中超声清洗 3min，超声有效地赶走模板中存在的气泡以及其他微粒.

b)把超声清洗完的模板在 10^{-3}Pa 的真空下，60℃恒温干燥 1h.

c)将真空干燥的 AAO 浸入 10g/L 的 $SnCl_2$ 水溶液中超声敏化 2min.

d)由于敏化剂附在孔壁的同时不可避免地附在模板的表面，这会导致后续的化学镀发生在

AAO 表面而堵塞孔道，因而用擦镜纸轻轻地擦除模板表面的敏化剂.

e)接着把敏化过的样品浸入 1g/L 的 $PdCl_2$ 水溶液中超声活化 1mins，使孔洞具有化学活性；同样地，用擦镜纸轻轻地擦除模板表面的 $PdCl_2$，避免化学镀首先在模板表面发生而堵塞孔洞.

②化学沉积法的实施.

经超声振荡敏化和活化后的 AAO 模板，纳米孔道的孔壁具有化学活性，可以实施化学镀. 化学镀没有外加电场的作用，但一般需要外界提供能量才能进行，可以通过 85℃水浴加热来实现. 电解液采用铁、镍盐的混合水溶液，实验参考参数如下：

$$NiSO_4 \cdot 6H_2O : 18\ g/L, FeSO_4 \cdot 7H_2O : 2\ g/L, NaH_2PO_2 : 20\ g/L$$

$$H_3BO_3 : 30\ g/L, C_6H_5O_7Na_3 \cdot 2H_2O : 60g/L, pH = 8.5$$

2. 纳米线结构表征及特性测量

(1)结构表征.

对于采用上述方法制备得到的有序孔洞结构 AAO 模板，可利用扫描电子显微镜观察其基本形貌，分析不同条件对制备有序孔洞结构 AAO 模板的影响. 利用 XRD 对制备得到的纳米线结构进行分析.

(2)特性测量.

本实验采用振动样品磁强计测试不同方法制备得到的纳米线的磁特性，分析纳米线的磁滞行为、孔径大小对矫顽力的影响、纳米线的各向异性等. 测量方法可参考实验 38 中的相关内容.

[实验要求]

(1)在充分调研和准备的前提下，选取实验样品以及制备方法，自拟出实验的开题报告(包括原理、实验方法、实验材料和仪器、实验步骤、实验注意事项等)，与教师讨论，制定完整实验方案，即可进入实验过程.

(2)在实验中涉及实验实现的一些问题，如有关实验设计以及实验条件的选取与改变等，应积极思考并尝试解决，努力培养分析与解决问题的能力，提高实验技能. 对于无法解决的困难，可以寻求他人帮助或与他人(包括指导教师)讨论.

[思考题]

(1)化学法实验过程应注意的主要问题有哪些？

(2)在本实验中，AAO 模板的成功制备是关键问题之一，你对制备 AAO 模板有何体会？是否有改进的方法？

(3)在成功实现制备纳米线基础上，从哪几方面分析纳米线的特性，各采用什么方法？

[参考文献]

胡中爱. 2004. 金属及其氧化物纳米线的控制合成.［兰州大学博士论文］

杨绍光. 2000. 纳米线有序阵列.［南京大学博士后研究工作报告］

张志城. 2007. 磁性纳米线有序阵列的制备及磁特性研究.［福建师范大学硕士论文］

朱祖芳. 2004. 铝合金阳极氧化与表面处理技术. 北京：化学工业出版社

Jessensky O, Muller F, and Gosele U. 1998. Self-organized formation of hexagonal pore arrays in anodic alumina. Appl. Phys. Lett., 72(10):1173～1175

Li A P, Muller F, Birner A, Nielsch K and Gosele U. 1999. Fabrication and microstructuring of hexagonally ordered two-dimensional nanopore arrays in anodic alumina. Adv. Mater., 11(6):483～487

Li A P, Muller F, Birner A, Nielsch K, and Gosele U. 1998. Hexagonal pore arrays with a 50～420nm interpore distance formed by self-organization in anodic alumina. J. Appl. Phys., 84(1):6023～6026

Li Nan, Li Xiaotian, Yin Xiaoju, Wang Wei, Qiu Shilun. 2004. Electroless deposition of open-end Cu nanotube arrays.

Solid State Communications, 132(12):841～844

Masuda H and Fukuda K. 1995. Ordered metal nanohole arrays made by a two-step replication of honeycomb structures of anodic alumina. Science, 268:1466～1468

Paulus P M, Luis F, Kroll M, Schmid G, De Jongh L J. 2001. Low-temperature study of the magnetization reversal and magnetic anisotropy of Fe, Ni, and Co nanowires. J. Magn. Magn. Mater., 224(2):180～196

Shiraki M, Wakui Y, Tokushima T and Tsuya N. 1985. Perpendicular magnetic media by anodic oxidation method and their recording characteristics, IEEE Trans. Magn., 21(5):1465～1467

Whitney T M, Searson P C, Jiang J S, and Chien C L. 1994. Fabrication and magnetic properties of arrays of metallic nanowires. Science, 261:1316～1319

实验 29　非晶/纳米晶合金的制备、微结构和磁性质研究

[实验目的]

(1)了解非晶/纳米晶的形成过程,熟悉利用真空非晶/纳米晶联合制备系统制备非晶/纳米晶材料.

(2)了解不同的制备条件对材料的组织影响.

(3)掌握材料热处理方法,了解材料热处理对材料性能的影响.

[实验原理]

随着科技进步,人们对客观世界的认识不断深入. 首先从肉眼能够直接看到的事物开始,然后不断深入,逐渐发展为两个层面:一是宏观领域;二是微观领域 . 宏观领域的研究从肉眼能够看到的物体开始,上至无限大的宇宙天体;微观领域则是以分子和原子为最大起点,下至无限的领域. 然而,在宏观和微观领域之间的介观领域近年来才引起人们的极大兴趣. 介观领域包括微米、亚微米、纳米到团簇的范围,不仅是宏观和微观的连接地,更由于尺寸细小,而呈现出许多崭新的物理性能. 从广义上讲,凡是出现量子相干现象的体系统称为介观体系,包括团簇、纳米体系和亚微米体系. 通常 1～100nm 范围的纳米体系是细微尺度的事物的主角,这类材料统称纳米材料. 纳米材料从崛起到在各个领域的拓展,它的发展之快,对社会经济影响之深,超出了人们的意料,纳米冲击波正在冲击着各个领域.

纳米材料是指三维空间中至少有一维处于纳米尺度范围或由它们作为基本单元构成的材料. 如果按照维数,纳米材料的基本单元可以分为三类:①零维,指在空间三维尺度均在纳米尺度,如纳米尺度颗粒、原子团簇等;②一维,指在空间有两维处于纳米尺度,如纳米线、纳米棒和纳米管等;③二维,指在三维空间中有一维为纳米尺度,如超薄膜、多层膜、超晶格等. 图 29-1 所示为一系列不同形态的纳米材料,如纳米晶、纳米颗粒自组装体系、纳米多层膜和 MgB_2 纳米弹簧等. 纳米结构大部分是人工材料,但自然界中早就存在纳米微粒和纳米固体,如蜜蜂、鸽子和海龟体内用于定位的“罗盘仪”均是纳米结构的磁性颗粒.

纳米材料科学是原子物理、凝聚态物理、胶体化学、固体化学、配位化学、化学反应动力学、表面界面科学等多学科交叉汇合而出现的新学科生长点. 纳米材料中涉及一些未知过程和新奇现象很难用传统的物理和化学理论解释. 纳米材料为凝聚态物理提出了许多新的课题,由于纳米材料尺寸小,可与电子的德布罗意波长、超导相干波长以及激子玻尔半径相比拟,电子被局限在一个体积十分微小的纳米空间,电子输运受到限制,电子的平均自由程很短,电子的局域性和相干性很强. 尺寸减小,使得纳米体系包含的原子数目大大减小,宏观固体的准连续能带消失,而表现出分立的能级,量子尺寸效应十分显著,这使得纳米体系的光、热、电、磁等物理性质与常规材料不同,出现许多新奇的特性. 如金属纳米材料的电阻率随尺寸减小而增大,绝缘体纳米材料电阻

率反而减小；纳米氧化物和氮化物在低频下，介电常数增大；纳米材料氧化物对红外和微波有良好的吸收特性；铁磁金属微粒在10～25nm时，其矫顽力是块体材料的1000倍，但10nm以下时，矫顽力接近零，呈现出超顺磁性；多孔硅发光现象等.上述现象充分说明了纳米体系大大丰富了21世纪凝聚态物理学的研究范围.

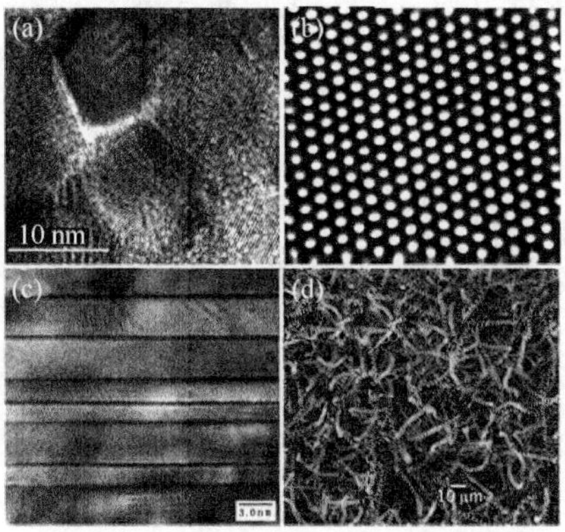

图 29-1 不同形态的纳米材料

(a)类赵氏碳纳米晶；(b)8nm ZnO颗粒自组装阵列；(c)TaNiFe/Cu多层膜；(d)MgB_2纳米弹簧

纳米微粒由于其尺寸特点而呈现出许多不同于块体材料的特殊的性质，主要表现在：①电子能级的不连续性.当颗粒尺寸进入纳米级时由于量子尺寸效应原来大块金属的准连续的能级产生离散现象.这种能级的不连续现象，可以用久保(Kubo)公式来描述

$$\delta = \frac{4}{3}\frac{E_F}{N} \propto V^{-1} \tag{29-1}$$

式中δ为纳米粒子的能级间隔，N为一个超微粒的总导电电子数，V为超微粒的体积，E_F为费米能级，它可以用下式表示

$$E_F = \frac{\hbar^2}{2m}(3\pi^2 n_1)^{2/3} \tag{29-2}$$

式中n_1为电子密度，m为电子质量.由(29-1)式可见，当粒子为球形时，$\delta \propto \frac{1}{d^3}$，即随着粒径的减小，能级间隔增大.②量子尺寸效应.当粒子尺寸下降到某一值时，金属费米能级附近的电子能级由准连续变为离散能级的现象和纳米半导体微粒存在不连续的最高被占据分子轨道和最低未被占据的分子轨道能级，能隙变宽现象均称为量子尺寸效应.能带理论表明，宏观尺寸或高温条件下，金属费米能级附件的电子能级一般是连续的.但对于只有有限个导电电子的超微粒子来说，低温下能级是离散的.由久保公式(29-1)式可知，宏观物体包含无限个原子($N\to\infty$)，所以能级间隔$\delta\to 0$，即对于大粒子或宏观物体能级间隔几乎为零；而纳米微粒包含有限个原子，导致δ有一定的值，即能级发生分裂.当能级间距大于热能、磁能、静磁能、静电能、光子能量或超导态的凝聚能时，就必须考虑量子尺寸效应带来的影响，这将导致上述性质明显不同于宏观物体的性质.例如，纳米微粒的比热、磁化率、光谱线的频移、催化性质、导体变绝缘体等，与所包含的电子奇偶性有关.直径小于20nm的Ag，当温度低于1K时，其电阻率很高，类似于绝缘体.图29-2所示为拉伸导线测量到的电导率随线的直径变化.可见，导线电导率呈现出量子效应.③小尺寸效应.当纳米微粒的尺寸与光波波长、德布罗意波长以及超导态的相干长度或透射深度等物理特征尺寸相当或更小时，晶体的周期性边界条件被破坏，导致声、光、电、磁、热、力学等性质呈现小尺寸效应.例如，光吸收增强，并伴有吸收峰的等离子共振频移；磁有序向无序转变；超导态向正常相

转变;声子谱发生改变;熔点降低等.④表面效应.随着粒径减小,表面原子数迅速增加.例如,粒径为 10nm 时,比表面积为 $90m^2/g$;粒径为 5nm 时,变为 $180m^2/g$;当 2nm 时,比表面积猛增到 $450m^2/g$.由于表面原子数增多,原子配位不足以及高的表面能,使得表面原子具有很高的活性,极不稳定,很容易与其他原子结合.例如,金属纳米粒子在空气中会燃烧,无机的纳米粒子暴露在空气中会吸附气体,并与气体进行反应.此外,宏观量子隧道效应、库仑阻塞与量子隧道效应、介电限域效应等都是纳米微粒和纳米固体的特性.这些效应使纳米微粒和纳米固体呈现许多奇异的物理、化学性质,出现一些"反常现象".

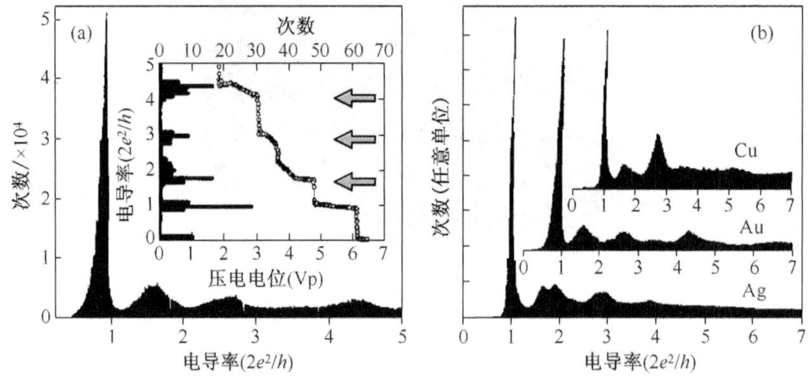

(a)在拉伸试验中测得的金纳米导线的电导率变化　(b)金、银、铜纳米导线电导率均呈现出类似的性质

图 29-2　电导率随直径的变化

纳米材料的出现是材料测试水平提高的体现,正是由于当今材料测试手段的提高才带来纳米材料的蓬勃发展,同时,纳米材料的研究又进一步促进了测试技术的提高.纳米材料的测试包括以下几个方面:化学成分、物理性能指标(包括粒度大小及分布、材料形貌、物相、晶体结构等)、纳米粒子的表面分析.纳米材料的测试技术主要有以下几种:①定性和定量成分分析.对材料的组成成分的定性/定量分析,包括材料由哪些元素组成,每种元素的含量.分析仪器主要有:微区电子探针(EPMA)、等离子体耦合光谱分析(ICP)、X 荧光光谱分析(XRFS)、电子能谱分析(EDS)等.②颗粒分析,包括颗粒形状、粒度、粒度分布、颗粒结晶结构等.主要仪器有:激光粒度分析仪、原子力显微镜(AFM)、扫描电镜(SEM)、透射电镜(TEM)、X 射线衍射仪(XRD)等.③结构分析,包括三维、二维纳米结构的结晶结构,物相组成,物相形态,组分之间的相界面,表面结构,表面原子吸附和物相键接形式等.主要分析仪器有:XRD、SEM、TEM、高分辨 TEM(HR-TEM)、扫描隧道显微镜(STM)、AFM、俄歇电子能谱(AES)、Raman 散射、红外傅里叶变换分析(FTIR)、X 射线光电子能谱(XPS)等.④热分析,主要利用差热分析(DTA)、示差扫描量热计(DSC)、热重分析(TGA)等与其他分析手段联合,研究相变化,相分解、表面吸附、化学键强弱、升温过程中的粒径变化等通过热/失重效应反映出来的变化.⑤性能分析.物理性能分析包括纳米材料的电、磁、声、光和其他新性质分析.化学性能分析包括化学反应性、反应能力、催化性能、在空气和其他介质中的化学性能等.主要分析仪器有:物理性能测试系统(PPMS)、超导量子相干磁强计(SQUID)、振动样品磁强计(VSM)、光谱分析仪、原子发射/吸收光谱等.

近年来,随着纳米科技的发展,发明了多种制备纳米材料的方法.例如,制备纳米微粒的方法有:①气相法:蒸发法、溅射法、通电加热法、混合等离子法、激光诱导化学气相沉积法、爆炸丝法等.图 29-3 所示为磁控溅射法的原理图.②液相法:沉淀法、雾化法、水热法、溶胶-凝胶法、熔体快淬法等.图 29-4 为熔体快淬法制备纳米条带的原理示意图.纳米固体制备方法:惰性气体蒸发-原位加压法、高能球磨法、甩膜法和各种沉积方法等.图 29-5 为惰性气体蒸发-原位加压法制备纳米固体的装置图.图 29-6 为高能球磨法制备纳米颗粒的原理示意图.

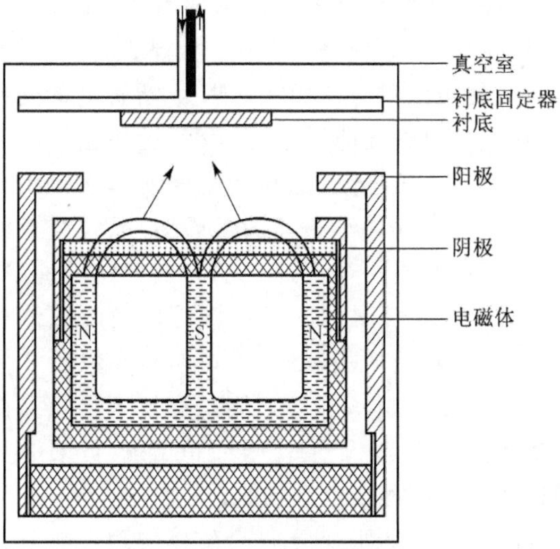

图 29-3　磁控溅射法制备薄膜的原理示意图

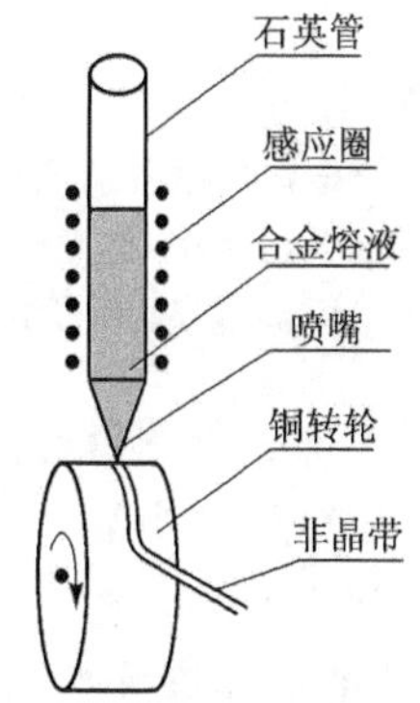

图 29-4　熔体快淬法制备非晶条带的原理示意图

本实验着重介绍利用熔体快淬法制备 NdFeB 纳米复合永磁合金,并对其微结构和磁性质进行研究.近年来,低 Nd 含量的 NdFeB 复合永磁合金由于其高的永磁性能和低成本引起研究人员的极大兴趣.Skomski 等报道各向异性取向的纳米复合永磁体的理论磁能积可以高达 1090 kJ/m^3 远高于单相 $Nd_2Fe_{14}B$ 的理论磁能积.NdFeB 复合永磁合金材料可以用于制备形状复杂的黏结磁体,在机电设备小型化、多功能化等领域有广阔的应用前景.对于交换耦合永磁体,高的磁性能只有在纳米尺度的晶粒体系才能获得,因为作为永磁性能起源的交换耦合作用是一种近程相互作用.纳米复合交换耦合磁体的显著特点是剩磁比 $m_r(=M_r/M_s)$ 远高于 Stoner-Wohlfarth 理论计算值 0.5.通过软硬磁性相晶界的交换作用提高剩磁的机理得到广泛研究.剩磁比偏离 Stoner-Wohlfarth 理论计算值的原因归结为晶粒间的交换作用.在纳米晶磁体中,剩磁显著提高是由于交换耦合作用造成磁矩沿饱和磁化方向排列.在很大程度上交换作用使得软磁晶粒克服静磁效应影响的程度高于硬磁晶粒.所以,随着软磁相比例的提高,剩磁提高.Schrefl 等报道高的矫顽力、高剩磁和高磁能积在软磁相尺寸小于硬磁相畴壁厚度的两倍时可以获得 .交换耦合作用削弱了每个晶粒磁晶各向异性的影响,使晶粒界面处的磁矩取向从一个晶粒的易磁化方向连续地改变为另一个晶粒的易磁化方向(类似于畴壁内的磁矩取向变化),从而使磁矩沿外磁场方向的分量增加,使混

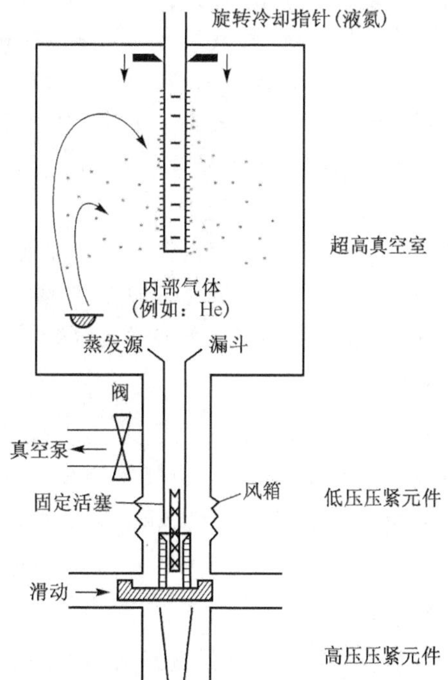

图 29-5　惰性气体蒸发-原位加压法制备纳米固体的装置图

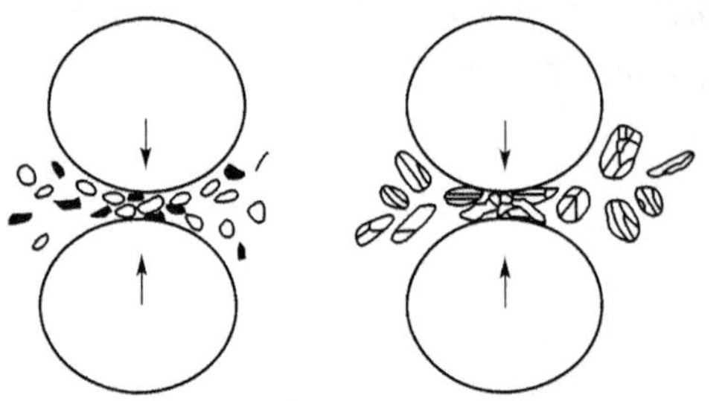

图 29-6　机械合金化法制备纳米材料示意图

(a)颗粒在球磨过程中不断碰撞和冷焊合；

(b)颗粒逐渐形成层状微观结构

乱取向的晶粒磁矩趋于平行排列，产生剩磁增强效应. 交换相互作用的强弱与晶粒间耦合程度和晶粒的尺寸及相对取向有关. 晶粒界面磁矩间直接耦合越多，交换作用越强；晶粒尺寸越小，其表面积与体积之比越大，界面处的交换相互作用对磁性能影响越显著；近邻晶粒的易磁化方向夹角越大(晶粒混乱取向)，交换相互作用越明显地减小磁体的矫顽力. 晶粒交换耦合相互作用使晶粒界面处的有效各向异性减小. 烧结 NdFeB 磁体的晶粒混乱取向的磁体没有明显的剩磁增强效应，这说明对晶粒尺寸为微米量级，晶粒之间大部分为非磁性层所隔离的烧结 NdFeB 磁体，晶粒之间的交换耦合相互作用对磁体性能没有显著影响. 当晶粒尺寸减小到纳米数量级时，粒子的比表面积增加，界面原子所占比例增加，晶粒间交换耦合相互作用对材料磁性能的影响程度逐渐增强.

纳米复合磁体的交换耦合作用区域主要发生在晶界区，因此纳米复合磁体的磁性能对微结构，例如，晶粒尺寸及分布、晶粒表面、晶粒形状、晶粒的错取向度等十分敏感. 另外，晶粒间的相互作用、晶粒边界的磁参数，如交换作用常数 A、磁晶各向异性常数 K 等都对磁性能起决定性的作用. 由于晶界对磁性能的决定性作用，许多理论和实验研究工作都围绕着晶界相展开.

元素添加是改善 NdFeB 磁体综合性能的有效手段. 许多其他元素可以替代 Nd、Fe 和 B 而不改变 NdFeB 的晶体结构. 这些元素的添加可以帮助我们进一步弄清 $R_2Fe_{14}B$ 系统磁性能，确定哪些可以提高永磁体的内禀磁特征. 主要掺杂类型有：①替位型元素. 替位型元素是指用稀土金属元素、过渡族元素及类金属元素替代硬(或软)磁相中的 Nd、Fe、B 原子以提高其内禀磁性. 如 Tb、Dy、Pr 等替代 Nd；Co、Al、Ga、Si、Ni、Mn、Cu、Sc、Ru、Cr、V、Mg 等替代 Fe；C、N 等替代 B. ②掺杂型元素. 添加掺杂型元素，是指添加的元素原子不取代软、硬磁相中的相应原子，而是以脱溶物的形式析出于晶粒边界，阻止晶粒长大，使晶粒细化，改善晶粒的微结构和磁性能. 常用的掺杂型元素有 Ga、Al、Cu、Co、Nb、Zr、V 等. ③复合添加. 单纯添加某一种元素会使磁体的某一磁性能得到改善和提高，但同时可能使磁体的其他磁性能降低. 为了全面提高磁体的综合永磁性能，经常采用复合添加元素的方法，使其对磁体性能的有利影响优势互补，如(Nb,Ga)、(Ga,Mo)、(Co,Mn)、(Dy,Co,Ga)等的复合添加.

[实验装置]

实验仪器：高真空非晶纳米晶联合制备系统，磁性测量仪器(VSM 等)，热分析仪(DSC、DTA 和 TGA)，微结构分析仪器(XRD、SEM 和 HRTEM 等)、研磨机和真空热处理炉等.

实验材料：高纯度金属和非金属原料(如 Nd、Pr、Dy、Tb、Fe、Co、Ni、Cu、Ga、Zr、Nb、B、Si 等)、高纯度石英喷管、高纯度惰性气体(如 Ar)、研磨砂纸和抛光材料等.

[实验内容]

本实验的重点是通过选择适当的添加元素得到合理的合金成分，然后通过制备和后续热处理工艺的控制，得到理想的微结构. 理想的微结构应该是软硬磁性相晶粒细小，二者界面耦合好. 遵循如下基本的实验过程，可以顺利实现这个目标，获得好的综合磁性能.

1. 合金成分选择

纳米复合 NdFeB 永磁合金主要分为富铁体系和富硼体系两类. 前者矫顽力较大，磁能积较大，但成本高，抗腐蚀性差；后者虽然磁性能稍弱，但成本低，抗腐蚀性好. 根据不同类型的特点，如何扬长避短，就要选择合适的添加元素.

2. 非晶条带的制备和热处理

控制水冷转轮的转速可以改变冷却速率，从而得到非晶或不同晶粒度的纳米晶材料. 初始制备态度样品磁性能往往不够理想，主要表现为矫顽力较低，方形度很差. 这是由于其微结构不理想造成的. 为了改善微结构，获得好的磁性能，需要进行后续热处理. 但由于合金晶化和晶粒长大速度很快，制定合理的热处理工艺也成为能够获得高性能的关键.

3. 微结构和性能分析

利用 XRD、TEM 等微结构分析手段，分析材料晶粒尺寸大小和分布、相组成、晶界结构等，指导获得理想的交换耦合界面. 利用 DSC/DTA 等热分析手段，研究材料的热行为，指导制定合理的热处理工艺. 利用 VSM 等磁测量工具，研究材料磁性和微结构的关系，探讨获得高的磁性能的途径.

[实验步骤]

本实验涉及磁学和材料学等多方面的知识，实验前一定要了解各实验和分析仪器的原理、使用方法. 充分调研文献，拟定科学的实验方案. 具体实验要求如下：

(1)利用高真空非晶/纳米晶联合制备系统制备不同成分、不同结晶状态的合金，掌握合金熔炼和熔体快淬方法制备不同结晶状态材料的方法.

(2)研究不同的制备条件(如冷速、滚轮转速、滚轮和石英喷嘴间距等)和合金成分对合金结晶状态以及性质(包括热学性质、磁性和电输运性质等)的影响.

(3)利用真空热处理方法研究和改变材料的结晶状态，研究此过程中材料合金相的变化规律.

(4)利用 VSM、XRD 和 DSC 电等分析仪器对材料性质进行全面研究，找出规律和性能改进方法.

[思考题]

(1)为什么合金在不同的冷却速度下会出现不同的结晶状态?

(2)不同的结晶状态对材料的磁、电、热和机械性质的影响的机制是什么?

(3)如何通过制备条件、合金成分和热处理条件等改变和控制材料性能?

(4)材料永磁性质与其晶粒大小的关系是什么? 为什么对纳米材料研究这么热门?

[参考文献]

李玲，向航. 2002. 功能材料与纳米技术. 北京：化学工业出版社

李山东. 2003. 纳米磁性材料交换耦合机制研究(博士论文). 南京大学

张立德，牟季美. 2005. 应用物理丛书——纳米材料和纳米结构. 北京：科学出版社

张立德，谢思深. 2005. 纳米材料和纳米结构——国家重大基础研究项目新进展. 北京：化学工业出版社

[日]纳米技术手册编委会. 2005. 纳米技术手册. 王鸣阳，郭成言，葛璜，刘彬译. 北京：科学出版社

Fischer R and Kronmüller H, 1998. The role of grain boundaries in nanoscaled high-performance permanent magnets. J. Magn. Magn. Mater., 184(2): 166～172

Fischer R and Kronmüller H. 1996. Static computational micromagnetism of demagnetization processes in nanoscaled permanent magnets. Phys. Rev. B, 54(10): 7284～7294

Fukunaga H and Inoue H. 1992. Effect of intergrain exchange interaction on magnetic properties in isotropic Nd-Fe-B magnets. Jpn J. Appl. Phys., Part I 31: 1347～1352

Kneller E F and Hawig R. 1991. The exchange-spring magnet: a new material principle for permanent magnets. IEEE

Trans. Magn., 27(4): 3588～3560

Kobayashi T, Yamasaki M and Hamano M. 2000. Mössbauer study on intergranular phases in the bcc-Fe/NdFeB nanocomposite alloys. J. Appl. Phys., 87(9): 6579

Li S D, Huang Z G, Lü L Y, et al. 2007. Ferromagnetic chaoite macrotubes prepared at low temperature and pressure. Appl. Phys. Lett., 90(23):232507

Manaf A, Buckley R A, and Davies H A. 1993. New nanocrystalline high-remanence Nd-Fe-B alloys by rapid solidification. J. Magn. Magn. Mater., 128(3): 302～306

Schrefl T, Fidler J, and Kronmüller H. 1994. Remanence and coercivity in isotropic nanocrystalline permanent magnets. Phys. Rev. B, 49(9): 6100～6110

Schrefl T, Fischer R, Fidler J, and Kronmüller H. 1994. Two-and three-dimensional calculation of remanence enhancement of rare-earth based composite magnets. J. Appl. Phys., 76(7): 7053

Schrefl T, Kronmüller H and Fidler J. 1993. Exchange hardening in nano-structured two-phase permanent magnets. J. Magn. Magn. Mater., 127(3):L273～L277

Skomski R and Coey J M D. 1993. Nucleation field and energy product of aligned two-phase magnets-progress towards the '1 MJ/m3' magnet. IEEE Tras. Magn. 29(6): 2860～2862

Skomski R and Coey J M D. 1993. Giant energy product in nanostructured two-phase magnets. Phys. Rev. B, 48(21): 15812～15816

Skomski R. 1994. Aligned two-phase magnets:Permanent magnetism of the future. J. Appl. Phys., 76(10):7059-1-6

Stoner E C and Wohlfarth E P. 1998. A mechanism of magnetic hysteresis in heterogeneous alloys. Philos. Trans. Roy. Soc. Lond., 240(826): 599～642

实验 30　块体非晶态合金的制备及其热学行为研究

[实验目的]

(1)了解非晶合金的形成原理,初步学会用电弧真空熔炼及真空吸铸制备非晶合金.

(2)掌握真空基本设备的操作.

[实验原理]

非晶态合金材料具有优异的性能,如高屈服强度、大弹性极限、良好的加工性能,并具有超塑性、耐腐蚀、抗疲劳及优异的软磁和硬磁性能等受到科学界高度重视.非晶合金在航空航天、兵器工业、精密机床和信息技术等领域均具有广阔的应用前景.合金中非晶态合金材料是一类新型的固体合金材料,其原子排列呈短程有序而长程无序状态,类似于普通玻璃的结构,因而也称为金属玻璃.金属玻璃是被冷却下来的液态金属.

金属溶液即使在接近凝固温度时仍然黏度很小,而其晶体结构又较为简单,故在快速冷却时仍要发生结晶,在固态通常都是晶体.1960 年,美国加州理工学院 Duwez 小组发明了冷速高达 10^5～10^6 K/s 的急冷淬火法,并成功制备了 $Au_{75}Si_{25}$ 非晶态合金.这是非晶态合金的首次报道.非晶态合金过去只有通过快速凝固、气相沉积、固相反应、机械合金化或离子注入等手段获得,生产效率低,有很大的局限性,作为材料缺乏市场竞争力.20 世纪 80 年代,Turnbull 以 10 K/s 的冷速制备出了厘米级的 PdNiP 非晶玻璃棒,成为块体非晶材料的新突破.A. Inoue 等在日本东北大学成功发现了主要由普通元素组成的新多元合金系,如 La-Al-Ni、La-Al-Cu、La-Al-Cu-Ni-Co、Mg-Y-Cu、Mg-Y-Ni、Zr-Al-Ni-Cu 等,具有极大的玻璃形成能力,在很低的冷速下即可形成块体非晶.目前,$Pd_{40}Cu_{30}Ni_{10}P_{20}$ 合金可以形成块体非晶的最低冷速为 0.1 K/s,其最大样品直径可达 75mm.现在已有几十个体系、几百种成分的合金可以形成块体非晶.

非晶态材料所具有的许多优异的物理、化学性能是由它的微观结构决定的.非晶态与晶态比较，可以明显看出非晶态材料的结构具有以下两方面的主要特征.①长程无序性和均匀性.晶体结构的最基本特点是原子排列的长程有序性，即晶体的原子在三维空间的排列，沿着每个点阵直线的方向，原子有规则的重复出现.而在非晶态结构中，原子的排列从总体上是无规则的.但是，近邻原子的排列是有一定规律的(见图 30-1).一般说来，非晶体结构的短程有序区的线度约为 1.5nm.由于非晶态结构的长程无序性，因而可以把非晶态材料看作是均匀的和各向同性的结构.②亚稳态性.晶态材料在熔点以下一般是处在自由能最低的稳定平衡态.非晶态则是一种亚稳态.亚稳态是指该状态下系统的自由能比平衡态高，有向平衡态转变的趋势.但是，从亚稳态转变到平衡态必须克服一定的势垒.因此，非晶态及其结构具有相对的稳定性.

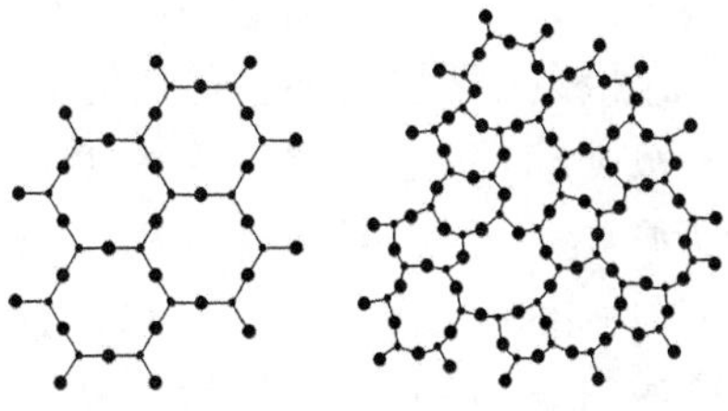

(a) (b)

图 30-1 (a)晶体合金结构的规则网格；(b)非晶体合金结构的无规则网格

与传统的晶态合金材料相比，块体非晶合金材料中多项使用性能方面具有十分明显的优势，主要表现在：①具有更为优异的力学性能，如高屈服强度、大弹性应变极限、屈服前基本上完全弹性、屈服时基本上完全塑性、无加工硬化现象、高疲劳强度和耐磨性等.例如，Mg 基非晶强度 800MPa，Cu 基非晶合金强度超过 2000MPa，特别是 Co 基合金达到了 5000MPa，创造了自然界中金属材料强度的最高纪录.非晶合金的强度与组元类型有关，金属-类金属型强度高，而金属-金属型则低一些.非晶合金的塑性较低，在拉伸时小于 1%，但在压缩、弯曲时有较好塑性，压缩塑性可达 40%，非晶合金薄带弯达 180 度也不断裂.②良好的加工性能.在玻璃转变温度附近，La 系非晶合金的延伸率轻易可达 15000%，其他一些块体非晶合金在塑性变形时也呈现出不同程度的超塑性.③具有更优良的抗多种介质腐蚀的能力.许多非晶态合金具有极佳的抗腐蚀性，这是由于其结构的均匀性，不存在晶界、位错、析出相，以及在凝固结晶过程产生的成分偏析等能导致局部电化学腐蚀的因素.Fe-Cr-Mo-B-P 非晶的耐蚀性比不锈钢高 10000 倍，因此，可以在一些更为恶劣的环境长期使用.非晶合金的力学性能主要表现为高强度和高断裂韧性.④具有优异的软硬磁性、导电性以及热膨胀特性等物理性质.非晶合金易于磁化、磁矫顽力甚低且涡流损失少，是极佳的软磁材料，其中代表性的是 Fe-B-Si 合金.有些非晶合金具有很好的硬磁性能，其磁化强度、剩磁、矫顽力、磁能积都很高，是重要的永磁材料.例如，Fe 基非晶合金饱和磁化强度大于 1.5T，而矫顽力小于 1A/m.当一些块体非晶材料经后续热处理成为纳米晶合金后，显示出更为优异的软磁和硬磁性质.非晶合金一般具有高的电阻率和小的电阻温度系数，有些非晶合金如 Nb-Si，Mo-Si-B 等，在低于其临界转变温度可具有超导电性.

具有高的玻璃形成能力的非晶合金的成分选择，依据以下三个经验规律：①由三个或三个以上的主要元素组成；②组成合金的元素之间有大的原子尺寸差，其中主要组成元素之间的原子尺寸比率应大于 12%；③主要组成元素之间的混合热为负值.作为对非晶合金玻璃形成能力的评定，目前是用非晶合金的过冷液相区过冷度 ΔT 和约化玻璃温度 T_{rg} 的大小来描述.过冷度 $\Delta T = T_m - T_g$，其中 T_m 表示晶化温度，T_g 表示玻璃转变温度.如图 30-2 所示，玻璃 2 的冷却速率比玻璃 1 的冷却速率要小，玻璃的热学行为依靠过冷速率.

Turnbull 提出了约化玻璃转变温度准则，即 $T_{rg} = T_g / T_m$.在用约化玻璃转变温度对玻璃转

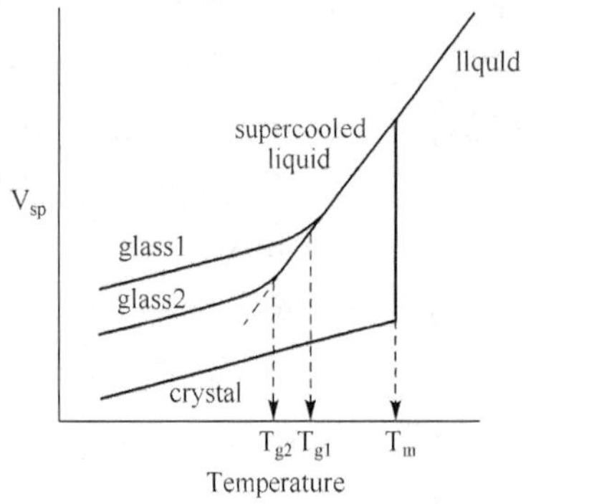

图 30-2 从液体到结晶和形成非晶的比容 V_{sp} (specific volume)随温度的变化. 玻璃 2 比玻璃 1 在更低的冷却速率下形成

变能力评价时,由于 T_g变化不大,而 T_m往往变化很大,Turnbull 预测,随着约化玻璃转变温度从 1/2 增加到 2/3,均质形核将变得非常迟缓. $T_{rg}=1/2$ 时,形核率为 $10^6\ cm^{-3}s^{-1}$量级,此时玻璃形成困难,但是如果 $T_{rg}=2/3$,形核率就变为 $10^{-30}\ cm^{-3}s^{-1}$量级,在可能的冷却速率下玻璃相就可能形成.

非晶态合金的结构和热稳定性是决定其使用性能的重要材料性质. 通过合金成分、样品尺寸和制备条件等研究非晶态与晶态之间的界线,是非晶态合金研究的重要课题. 获得尺寸满足使用要求,并且热稳定性好的非晶材料是非晶态材料使用的关键. 非晶态材料结构和热稳定性研究的手段主要用 X 射线衍射仪(XRD)、扫描电镜(SEM)透射电子显微镜(TEM)或高分辨透射显微镜(HRTEM)、视差扫描量热计(DSC)、差热分析(DTA)等. XRD 是简单有效的微结构分析方法. 图 30-3 所示为不同成分和不同尺寸条件下的 La 系合金的 XRD 曲线. 具有单个漫散峰的 XRD 曲线(如直径 20mm,$y=64$ 的样品中 30°附近的衍射峰)代表非晶材料的衍射峰. 而多个衍射峰的出现代表有晶态相生成(如直径 30mm,$y=64$ 的样品). 扫描电镜主要用于材料端口分析,判断非晶材料断裂类型,分析断裂机制,对提高材料力学性质起重要的指导作用. 利用 SEM 对断裂机理分析归类,明确断裂类型,其次是对裂纹源位置和扩展方向的判定,如图 30-4 所示为断口 SEM 形貌照片,从高分辨像很容易判断晶态和非晶物质. 如图 30-5 所示为 Al/Pb 多层膜的 HRTEM 照片. 晶态物质具有有序的原子排列,所以其原子相也呈现出规则的排列,例如 Al 和 Pb 的高分辨像,而非晶(Amorphous)层由于不存在长程序,高分辨像中没有特殊的结构,见图 30-5 中的“Amor”层. 除了从形貌上可以区别晶态和非晶态外,二者可以通过电子衍射花样更加明显地区分出来. 如图 30-6 所示,非晶往往呈现为一个或两个较宽的晕环,而晶态物质呈现出明锐的多个衍射环. 非晶态合金的热行为和热稳定性,可以通过 DSC 热分析手段来判定和研究. 图 30-7 所示为不同成分 La 系非晶合金的 DSC 曲线. 可见,非晶合金在溶化过程中存在放热峰(T_x),并存在玻璃转变温度(T_g).

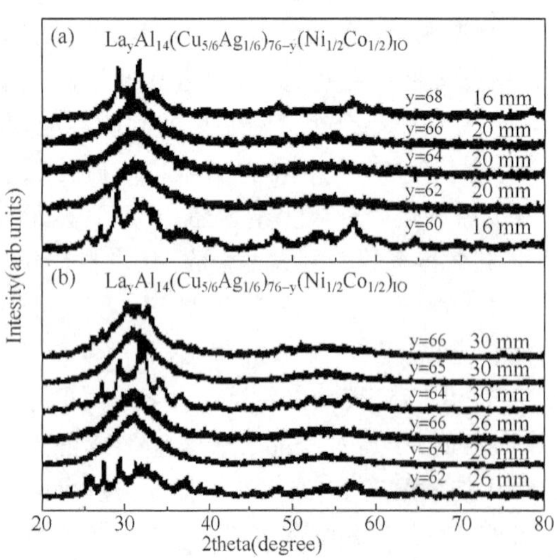

图 30-3 不同尺寸 LaAlCuAgNiCo 的 XRD 曲线

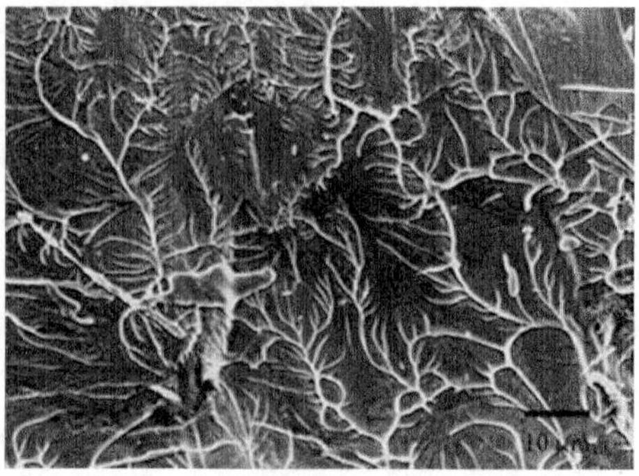

图 30-4 断口形貌 SEM 照片

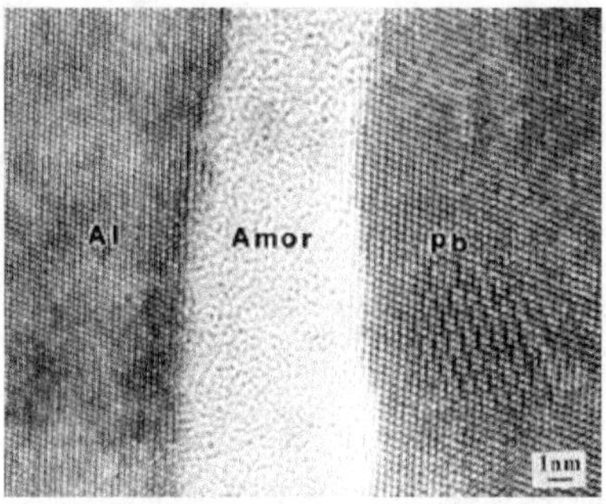

图 30-5　Al/Pb 多层膜 HRTEM 照片

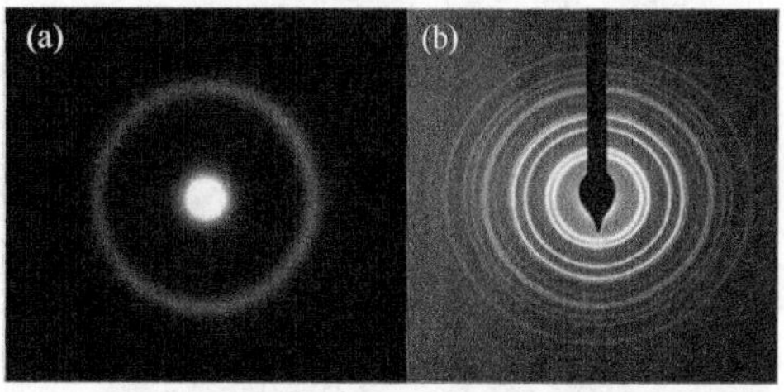

图 30-6　非晶(a)和多晶(b)材料的电子衍射照片

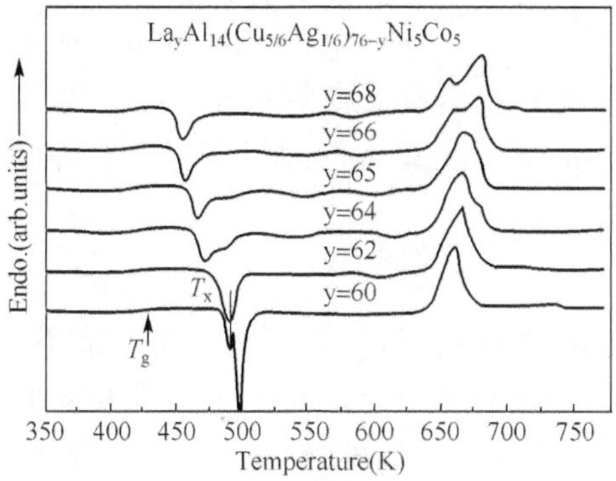

图 30-7　不同成分 LaAlCuAgNiCo 合金的 DSC 曲线

目前制备大块非晶合金的主要技术有水淬法、喷铸-吸铸法、电弧熔炼吸铸法、定向凝固法、非晶粉末挤压法等.

1. 水淬法

水淬法由于设备简单，工艺容易控制，是制备块体玻璃的最常用的方法之一. 其基本的工作原理是，将母合金置于一石英管中，将合金熔化后连同石英管一起淬入流动的水中，以实现快速冷却，进而形成大体积玻璃. 此方法由于冷却速率较低，因而适合玻璃形成能力特别大的合金体系.

2. 喷铸-吸铸法

喷铸-吸铸技术是制备块体玻璃最长用的，也是最方便的一种方法. 这种方法在制备共熔点的块体玻璃方面具有其他方法所不能比拟的独特优势. 利用铜模的优良的导热性能和高压水流强烈的散热效果，以及吸取吸铸压铸的特点，可以制备出各种体系块体非晶合金.

喷铸-吸铸技术的优点是，采用高频或中频感应加热，合金熔化速度快，电磁搅拌作用使合金成分更加均匀，同时，熔炼的合金质量可以从几克到几千克，适合大尺寸玻璃样品的制备.

3. 电弧熔炼吸铸法

这项技术将电弧熔炼合金技术与铜模铸造技术融为一体，如图 30-8 所示. 利用电弧熔炼合金的无污染、均匀性好的优点，又利用了吸铸技术熔体充型好的特点. 最大的好处是，这种技术使合金的熔炼、充型、凝固过程在真空腔内通过一次抽真空来完成，属于一种短流程制备方法. 由于目前电弧熔炼的能力相对比较低，所以制备的样品尺寸比较小，适合在实验室内进行研究用. 目前国内许多大学和研究单位都配备了这种块体合金制备设备.

图 30-8 真空块体非晶合金吸铸成形以及非晶条带制备装置

4. 定向凝固法

定向凝固法是一种可以连续获得大体积玻璃的方法. 定向凝固有两个主要的控制参数，即定向凝固速率 V 和固液界面前液相温度梯度 G. 定向凝固方法所能够达到的冷却速率可以用下面的方程计算，即 $R_c=GV$. 可见，温度梯度 G 越大，定向凝固速率 V 越快，冷却速率就越大，可以制备的非晶态合金的直径就越大.

定向凝固法制备块体非晶合金使用的电弧炉包括一个钨阴极电极和一个水冷铜模. 采用电弧作为热源，通过控制钨阴极电极的移动速度，可以连续生产尺寸较长的非晶态合金棒. 此方法的冷却速度足以抑制 Zr 基合金中的非均匀形核，使其在较大的尺寸时完全形成玻璃相，Inoue 等用此方法制备大块的 $Zr_{60}Al_{10}Ni_{10}Cu_{15}Pd_5$ 合金，其尺寸达 10mm×12mm×170mm，为连续制备块体非晶合金提供了一种可行的方法.

5. 非晶粉末挤压法

非晶粉末挤压法是将预先制备好的球状非晶粉末在低于晶化温度下挤压成型的方法. 这是通过利用过冷液相区中的大黏性流动和原子扩散性，将雾化粉末形成高致密的块体非晶合金.

另外还有其他的实验方法，如熔剂包敷法、金属模铸造法、高压铸造法和挤压铸造法等.

本实验采用的是真空电弧熔炼＋吸铸方法制备块体非晶棒材. 电弧熔炼均匀的母合金，通过吸铸在铜模中冷却成形，配有多种直径的铜模，以备不同实验研究之需.

[实验装置]

实验仪器：高真空非晶纳米晶联合制备系统、物理性质测量仪、电子拉伸机、热分析仪（DSC、DTA 和 TGA）、微结构分析仪器（XRD、SEM 和 HRTEM 等）、研磨设备、切片机和真空热处理炉等.

实验材料：高纯度金属和非金属原料（如 Fe、Co、Ni、Cu、Ga、Zr、Nb、B、Si 等）、石墨吸铸嘴、高纯度惰性气体（如 Ar）研磨砂纸和抛光材料等.

[实验内容]

在了解了块体非晶材料的基本知识的基础上，重点掌握块体非晶材料的制备方法、分析技术以及热行为，然后对当今该领域的研究现状和发展趋势做深入的调研，选择研究体系，设计实验路线，与指导老师一同分析实验设计方案的可行性，然后着手实施实验研究. 基本的实验研究过程如下：

(1)选择实验研究体系.

在总结前人工作基础上，提出自己的研究成分体系.

(2)合金熔炼与吸铸.

根据设计的成分配制相应的合金. 配制合金时应该考虑到不同原材料的烧损比，将合金中高真空电弧熔炼设备中熔炼均匀后，准备吸铸实验. 根据实验设计，选择不同直径的铜模.

(3)微结构分析和性能测试.

将制备好的棒材，进行微结构和性能测试. 例如，利用 XRD 进行相组成分析，判断是否形成非晶合金；SEM 进行断口分析，判断断裂类型和机理；TEM 细微结构分析，研究材料的更深入的结构变化；利用电子拉伸机研究材料的强度；利用物理性能测量系统研究材料的电磁性质.

(4)利用热分析手段研究材料的热稳定性和非晶形成能力等.

通过上述分析过程,找出设计合金的非晶形成能力,临界尺寸和进一步提高非晶形成能力的途径.改进合金配比,重复上述研究过程.

[实验步骤]

通过上述实验过程达到如下基本要求:

(1)掌握合金熔炼和吸铸法制备大块非晶材料的方法,利用高真空非晶纳米晶联合制备系统制备块体非晶合金.

(2)研究不同的制备条件(如冷速、样品大小等)和合金成分对合金结晶状态以及性质(包括机械性质、热学性质、磁性和电输运性质等)的影响.

(3)利用 VSM、XRD、SEM、TEM、DSC 等分析仪器对材料性质进行全面研究,找出规律和性能改进方法.

[思考题]

(1)为什么合金在不同的冷却速度下会出现不同的结晶状态?

(2)影响合金非晶形成能力的因素有哪些? 如何提高合金的非晶形成能力?

(3)不同的结晶状态对材料的磁、电、热和机械性质的影响的机制是什么?

(4)如何通过制备条件、合金成分等的控制获得更大临界尺寸的非晶合金材料?

[参考文献]

陈伟荣,王吉军,董闯,2000. 大块非晶态合金. 大连:大连大学学报,12(6):8~11

何圣静,高莉如. 1987. 非晶态材料及其应用.北京:工业出版社

胡赓祥,蔡珣. 2000.材料科学基础.上海:上海交通大学出版社

惠希东,陈国良. 2007. 块体非晶合金. 北京:化学工业出版社

王正品,张路,要玉宏.2004.金属功能材料.北京:化学工业出版社

Clement W, Willens R H, and Duwez P. 1960. Non-crystalline structure in solidified gold-silicon alloys. Nature, 187: 869~870

Flores K M, Dauskardt R H. 1999. Enhanced toughness due to stable crack tip damage zones in bulk metallic glass. Scripta Mater., 41(9,8): 937~943

Inoue A, Shen B L, Koshiba H, Kato H and Yavari A R. 2004. Ultra-high strength above 5000 MPa and soft magnetic properties of Co-Fe-Ta-B bulk glassy alloys. Acta Mater., 52(6): 1631~1637

Inoue A. 1995. High strength bulk amorphous alloys with low critical cooling rates. Mater. Trans. JIM, 36(7): 866~875

Inoue Akihisa, Zhang Wei, Zhang Tao, and Kurosaka K. 2002. Cu-based bulk glassy alloys with high tensile strength of over 2000 Mpa. J. Non-Cryst. Sol., 304(1-3): 200~209

Jiang Q K, Zhang G Q, Yang L, Wang X D, Saksl K, Franz H, Wunderlich R, Fecht H and Jiang J Z. 2007. La-based bulk metallic glasses with critical diameter up to 30mm. Acta. Mater., 55(13): 4409~4418

Schroeder V, Gilbert C J and Ritchie R O. 1998. Comparison of the corrosion behavior of a bulk amorphous metal, $Zr_{41.2}Ti_{13.8}Cu_{12.5}Ni_{10}Be_{22.5}$, with its crystallized form. Scripta Mater., 38(10): 1481~1485

Turnbull D. 1969. Under what conditions can a glass be formed. Contemp. Phys., 10(5): 473~488

实验 31 聚合物光波导的制备及传输特性测量

[实验目的]

(1) 了解波导参数测试仪的结构、使用方法和光波导相关参数的测量原理.

(2)用旋转涂覆法制备聚合物光波导.

(3) 测量聚合物光波导的膜厚、折射率及传输损耗.

[实验原理]

1. 旋转涂覆法

旋转涂覆法(spin-coating)是一种简便而普遍采用的将材料涂覆在基底上并得到较为规则的涂覆薄层的技术,用来涂覆的材料必须能够在某种溶剂中溶解,把溶解后的溶液沉积在基底表面,基底旋转把溶液甩开形成规则的薄层以满足后续的使用.旋转涂覆法的典型操作程序包括:在某种溶剂中溶解涂覆材料,在基底中心沉积适量的胶状液体并使基底以其中心为轴高速旋转(一般在 1000~3000rpm),旋转的向心加速度导致胶状液体散布开来,用加温等方法蒸发材料中的水分,最终在基底上形成一层薄的胶状材料层.薄层的厚度及均匀性等特性依赖于胶状材料的自身特性,如黏度、干燥速率、溶解度或表面压力等因素,同时薄层的特性也依赖于最终转速、加速度、水分蒸发等涂覆过程所选择的参数.对聚合物光波导,溶剂的沸点和挥发性对于涂膜的质量是很重要的,所选用的溶剂沸点过低和挥发性较强,在甩膜的过程中尚未形成均匀的薄膜溶剂就有可能挥发完,使部分区域黏度过大,难以形成均匀的薄膜;反之,若选用过高沸点和难挥发的溶剂,则烘干时温度较高,会破坏聚合物材料,严重时可使高分子链断裂.使用旋转涂覆法最重要的因素是可重复性,实验过程中参数的微小变更将会导致涂覆薄层性质的巨大改变.

2.介质平板波导理论

介质平面波导是一个三层结构,如图 31-1 所示,在衬底和覆盖层之间有一层波导层,通常覆盖层为空气.设衬底、导波层和覆盖层的折射率分别为 n_2、n_1 和 n_0,且设 $n_1>n_2>n_0$,h 为导波层厚度(μm 量级).构成波导的必要条件是 $n_1>n_2$, n_0,如果 $n_0=n_2$,则称该波导为对称平板波导,当 $n_0\neq n_2$ 则波导为非对称的.光在导波层中光场是振荡的,在衬底和覆盖层中以指数衰减的形式存在.

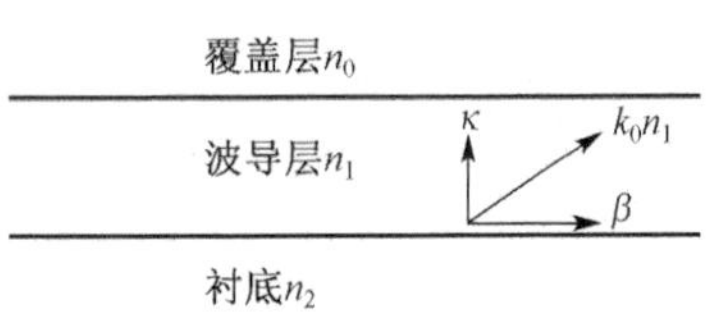

图 31-1 三层平板波导结构

图 31-2 是非对称平板波导结构示意图,薄膜—衬底分界面上的全反射临界角设为 θ_s,而薄膜—覆盖层分界面上的全反射临界角设为 θ_c,显然有 $\theta_c<\theta_s$.随着入射角的逐渐增大,存在三种情况.① $\theta<\theta_c<\theta_s$,入射光按照费涅耳定律进行折射,并穿过覆盖层从波导逸出,此时光没有受到限制,成为"辐射模";②当 $\theta_c<\theta<\theta_s$,光自衬底入射,在薄膜—衬底分界面上被折射,而在薄膜—覆盖层分界面上全反射,然后在折射回到衬底,最终逸出波导;③当 $\theta_c<\theta_s<\theta$,光在两个分界面上都发生全反射,被封闭在波导中,沿 Z 字形路径传播,并构成导模.

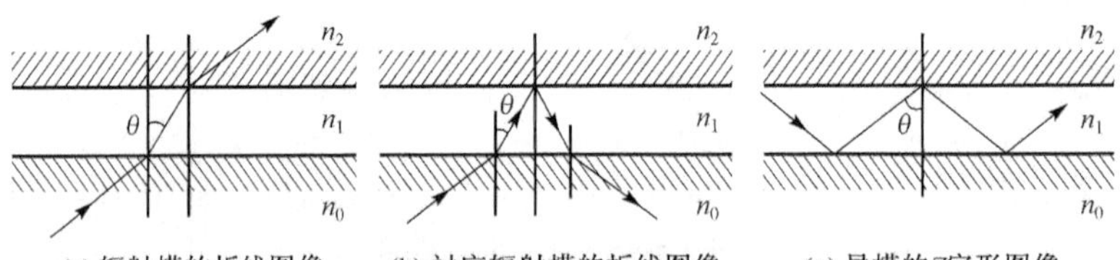

图 31-2 平面波导中的图像

导波层中的导模满足色散方程,对于 TM 模,色散方程可写为

$$\kappa h=m\pi+\tan^{-1}\left(\frac{n_1^2}{n_2^2}\frac{p}{\kappa}\right)+\tan^{-1}\left(\frac{n_1^2}{n_0^2}\frac{q}{\kappa}\right) \tag{31-1}$$

对于 TE 模

$$\kappa h=m\pi+\tan^{-1}\left(\frac{p}{\kappa}\right)+\tan^{-1}\left(\frac{q}{\kappa}\right) \tag{31-2}$$

式中

$$\kappa = (k_0^2 n_1^2 - \beta^2)^{1/2} \tag{31-3}$$

$$p = (\beta^2 - k_0^2 n_2^2)^{1/2} \tag{31-4}$$

$$q = (\beta^2 - k_0^2 n_0^2)^{1/2} \tag{31-5}$$

式中 β 为传播常数，k_0 为真空中的波矢，$k_0 = 2\pi/\lambda$，λ 为实验中所用激光的波长，m 为模序数. 导模有效折射率 n_{eff} 定义为

$$n_{\text{eff}} = \frac{\beta}{k_0} \tag{31-6}$$

因而测得了导模有效折射率 n_{eff}，便知道了传播常数 β. 对于多模波导，若知道了三个模的 β_{m-1}，β_m，β_{m+1}，便可联立当模序数为 $m-1$，m，$m+1$ 时的超越方程(31-1)式，以 TM 模式色散方程为例，可得到

$$\begin{cases} \kappa_{m-1}h = (m-1)\pi + \tan^{-1}\left(\dfrac{n_1^2}{n_2^2}\dfrac{p_{m-1}}{\kappa_{m-1}}\right) + \tan^{-1}\left(\dfrac{n_1^2}{n_0^2}\dfrac{q_{m-1}}{\kappa_{m-1}}\right) \\ \kappa_m h = m\pi + \tan^{-1}\left(\dfrac{n_1^2}{n_2^2}\dfrac{p_m}{\kappa_m}\right) + \tan^{-1}\left(\dfrac{n_1^2}{n_0^2}\dfrac{q_m}{\kappa_m}\right) \\ \kappa_{m+1}h = (m+1)\pi + \tan^{-1}\left(\dfrac{n_1^2}{n_2^2}\dfrac{p_{m+1}}{\kappa_{m+1}}\right) + \tan^{-1}\left(\dfrac{n_1^2}{n_0^2}\dfrac{q_{m+1}}{\kappa_{m+1}}\right) \end{cases} \tag{31-7}$$

借助计算机求解上述超越方程就可求得波导薄膜的厚度 h、折射率 n_1 和模式数 m.

3. 棱镜耦合原理

对于图 31-2 的三层平板波导，导模传播常数 β 必须满足

$$k_0 n_0, k_0 n_2 < \beta < k_0 n_1 \tag{31-8}$$

当光束直接从介质覆盖层向波导入射时光束能量转化为导模能量需满足波矢匹配条件

$$\beta = k_0 n_0 \sin\theta \tag{31-9}$$

其中 θ 为入射角，由(31-8)式、(31-9)式可知这种耦合是不可能，同样光束也不能从衬底层耦合进波导. 棱镜耦合法是在波导中激发导模的一种重要方法，棱镜耦合的原理如图 31-3 所示. 若在波导层上放置一块高折射率(n_p)的棱镜，这时棱镜底部与导波层的表面之间有一层空气隙. 当入射角以大于棱镜和空气的全反射临界角入射于棱镜底部时，在空气隙中产生迅衰场，与波导的迅衰场耦合，可使光束能量耦合转化为导模的能量，耦合的强弱与空气隙的厚度密切相关. 耦合波导的匹配条件为

$$\beta = k_0 n_p \sin\theta_p \tag{31-10}$$

由于 n_p 一般比 n_1 大，根据(31-8)式、(31-10)式可知，这种耦合是完全可以的. 满足(31-10)式的入射角 θ_p 称为共振角.

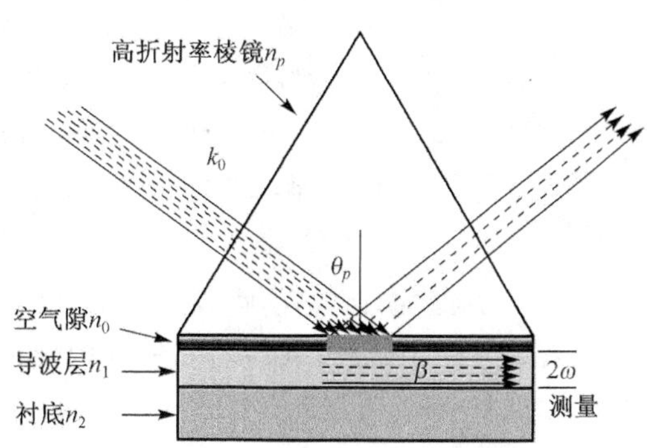

图 31-3　棱镜耦合原理图

在棱镜的底部和波导薄膜的表面之间有一层很窄的空气间隙，约有几分之一个激光波长，当激光束的入射角满足匹配条件进入棱镜后，在棱镜底部发生全反射，在空气间隙中产生迅衰场．由于空气间隙很窄，迅衰场的尾部可以到达空气—薄膜界面．同时由于薄膜表面的反射作用，在空气—薄膜界面形成一相反的迅衰场．正是由于这两个相反方向的迅衰场的相互作用，才使入射光耦合进波导．

4．光波导折射率和薄厚的测量原理

传统的测量导模有效折射率的方法是 m 线方法，其测量精度不够高，m 线最低光强值完全靠人眼判断，角度测量误差大．而本实验采用的是改进的 m 线方法，该方法大大提高了测量精度．其实验装置如图 31-4 所示．其测量原理是，一束激光入射到棱镜上，棱镜和波导同时固定在一旋转平台上，在转台转动的过程中，棱镜的反射光由光探测器实时接受，并输入计算机，通过计算机软件给出光强随棱镜入射角度的变化．当角度满足棱镜和波导耦合条件 $k_0 n_p \sin\theta_p = \beta_m$ 时，光被耦合进波导形成导模，同时光探测器接受到的光强会有突然的下降，在计算机上记录下如图 31-5 所示的棱镜反射强度随光在棱镜上入射角 θ_p 变化的图形，因为形状比较像“m”，所以称为 m 线测量法．一个下降峰值对应波导的一个导模模式．实验中，通过观测出射光束的强度变换，寻找导波模式的共振角，并利用波导模式的本征方程(31-7)式，计算波导薄膜的折射率和厚度．

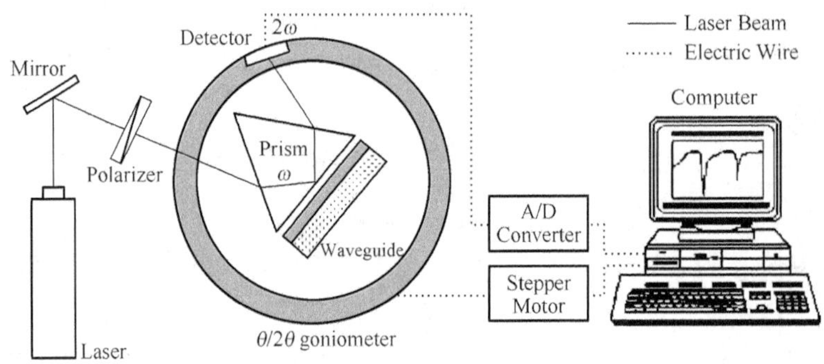

图 31-4　光波导参数测量装置

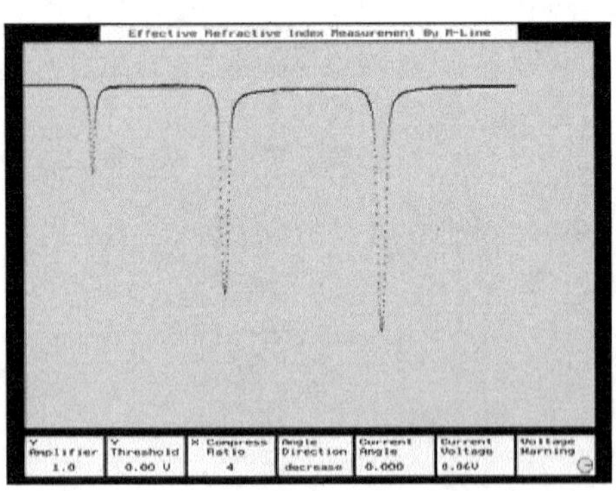

图 31-5　m 线法实测的曲线

5．光波导传输损耗的测量的基本原理

一般情况下，光波在介质中传输，在传输方向上光的强度将会被衰减，同样，在光波导中传输的光波的强度随着传输过程也将被衰减，造成能量的损失，这种光波在传输过程中造成的能量衰减称为传输损耗．光波导的传输损耗是波导特性的一个重要参数，也是判断该波导是否具有应用价值的重要指标．

在波导传输导模时，产生传输损耗的类型大致有三种，散射损耗、辐射损耗和吸收损耗．散射损耗由折射率分布不均匀或波导界面的粗糙度引起的，而吸收损耗是波导材料的点阵离子、杂质离子或电子吸收引起的，波导弯曲或光学隧道引起辐射损耗．对于这些损耗可用衰减系数 α 或损耗系数 L 来描述，波导的导模功率随传播距离的衰减可以表示为

$$P_z = P_0 \exp(-\alpha \cdot z) \tag{31-11}$$

式中 P_0 是 $z=0$ 处的初始入射光强，P_z 是光传输到 z 处的光强．波导的衰减系数 α 可由下式求得

$$\alpha = (z_2 - z_1)^{-1}\ln(P_{z1}/P_{z2}) \tag{31-12}$$

式中 P_{z1},P_{z2}分别是 z_1,z_2处的光强,因此光波导的传输损耗 L 为

$$L = -10\alpha(\log e) \tag{31-13}$$

测量传输损耗 L 广泛采用的方法有端面耦合法及滑动棱镜耦合法.端面耦合法及滑动棱镜法测量波导传输损耗的原理如图 31-6 所示.端面耦合法和滑动棱镜耦合法在测量准确性和方便性方面均存在着一定的问题,端面耦合法是一种破坏性的测量方法,而且只能通过少数有限次数的取样来测量损耗,因而准确性不足.滑动棱镜法虽然可以将传播过程中任意位置的光强用棱镜耦合出来进行测量,但由于难以保持滑动过程中各点的耦合效率完全一样,而耦合效率直接对耦合光强有决定性的影响,所以测量的人为误差较大.因此本实验用 CCD(电荷耦合器件)摄像法测量波导的传输损耗.

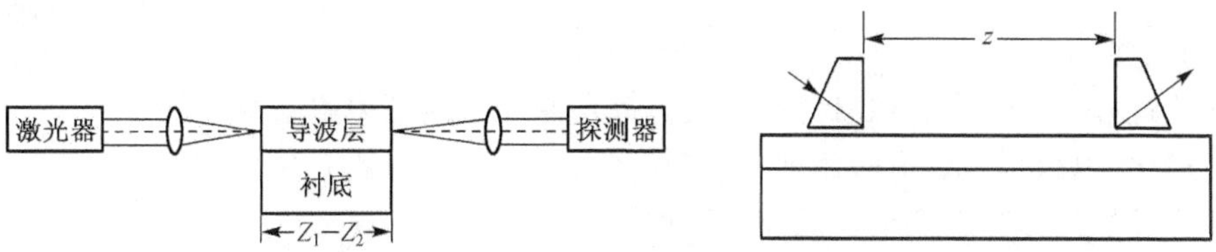

(a) 端面耦合法　　(b) 滑动棱镜法

图 31-6　波导损耗测量的基本方法

理想的平板波导是不存在外部散射光的,而真实波导由于界面不平整以及波导内部杂质散射,使导模转变为辐射模.可以认为,某一位置散射出来的光强主要受到该点的传输光强、界面不平整程度、杂质多少的影响.由于整块波导是在特定条件下一次性制备,后两因素的影响可以认为在整块波导中平均分布,即使由于杂质大小有涨落而出现某点散射光特别强,也可以在后期的图像处理中采用数字滤波技术加以消除,因此,散射光强将只和该处的实际传输光强线性相关.据此,可以采用数字成像器 CCD 对传输线上各点的散射光强进行记录,转换成内部传输光强,拟合出传输衰减曲线并计算衰减系数或损耗系数.光波导传输损耗测量装置如图 31-7 所示.测量原理是,一束 650nm 的激光通过偏振片(用于选择对 TE 或 TM 模式进行测量)入射到棱镜上,棱镜和波导的膜面通过螺钉控制空气隙厚度,将待测波导用棱镜耦合方法耦合至出现导模传输线,然后用 CCD 进行摄像,即可获得一张波导传输线的数字照片.

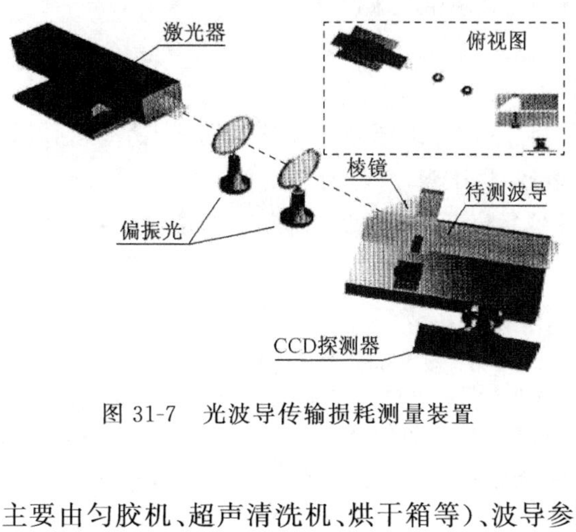

图 31-7　光波导传输损耗测量装置

[实验装置]

波导制备相关仪器(主要由匀胶机、超声清洗机、烘干箱等)、波导参数测试仪.

[实验内容]

在充分阅读有关参考文献及相关资料的基础上，学生自己拟出实验的开题报告(包括原理、实验线路、仪器使用、实验步骤、注意事项等)，经教师同意后，按下列内容进行实验、分析数据及撰写报告.

(1)熟悉聚合物平面光波导的制备过程，用旋转涂覆法制备聚合物光波导.

(2)掌握波导参数测试仪的结构、主要性能、使用方法和常用附件，用该测试仪测量聚合物光波导的膜厚和折射率.

(3)了解光波导传输损耗的原因及测量方法，熟悉 CCD 摄像法测量传输损耗的原理及方法，测量聚合物光波导的传输损耗.

(4)选择合适条件及方法制备传输损耗小的聚合物光波导.

[注意事项]

(1)实验过程中，应注意自我保护(尤其是避免激光直接照射眼睛).

(2)所用化学材料易燃，应注意远离火源.

(3)注意保护波导参数测试仪的相关配件.

(4)仪器使用的相关注意事项.

(5)波导损耗测量中应注意.

①入射光束不可太弱也不宜过强. 光束太弱，传输线亮度太低，有可能低于 CCD 的阈值光强或被背景噪声淹没. 光束过强，有可能使 CCD 的响应饱和，影响拟合精度；

②CCD 探头不宜离波导太近，否则探头通过波导的玻璃衬底所成像也会被拍摄下来，从而带来不必要的噪声. CCD 除镜头外最好用黑布包裹，减小反射光干扰.

③在靠近棱镜与波导的耦合点附近，由于散射光特别强，传输线显得又粗又亮. 这显然不能真实反映波导内部光场强度，因此最好用黑纸条将这一部分遮起来.

[思考题]

(1)预习及实验过程思考题.

①调节波导参数测量仪时应注意的事项？

②在测量共振角实验中如何确定角度的零点？

③如何把实验中测得的外角转化为耦合角？

④如何在实验中区分辐射模和导模在波导片上产生的亮线？

(2)实验报告思考题.

①实验中采用最小二乘法拟合，确定光波导传输损耗，请写出具体的拟合计算方法.

②波导制备过程中，溶剂、烘干温度及时间如何选取？

③如果波导只能容纳 2 个导模，如何确定薄膜的厚度和折射率？

[参考文献]

曹庄琪. 2007. 导波光学. 北京：科学出版社

蒋毅. 2001. 衰减型全反射型光电子器件的研究. 上海交通大学，博士学位论文

明海，张国平，谢建平. 1998. 光电子技术. 合肥：中国科技大学出版社

孙晓红. 2003. 掺铕聚合物光电子材料的近场光学特性研究. 中国科技大学，博士学位论文

Informations come from：http://www.mse.arizona.edu/faculty/birnie/Coatings/index.htm and http://www.cise.columbia.edu/clean/process/

Tien P K, and Ulrich R. 1970. Theory of prism-film coupler and thin-film light guides. J. Opt. Soc. Am., 60(10)：1325～1337

第 6 章 材料测试实验

6.1 材料结构测试

材料科学的重要领域是研究结构、成分与性能的关系.研究材料的组成、结构等是材料科学的实验基础,又是进行材料设计的重要依据.以往在应用领域,人们总是不太注意材料结构,但是人们已经逐渐认识到,即使是同一种材料,当它的结构存在差异时,性质可以有明显的差别,这就是所谓材料的结构敏感性.所谓材料的结构(structure),是指材料的组元及其排列和运动方式.它包括形貌、化学成分、相组成、晶体结构和缺陷等内涵.材料结构表征对于系统地发展新材料及了解其在实际应用中的行为是很重要的.通过对材料结构的测试可以对各种材料进行微观分析和成分分析,表征材料的表面形貌、表面特征,来研究材料的结构形态与材料生产工艺、性能的关系以及材料的微观结构、物相组成与其性能的关系,进而寻找改进材质的途径和研制预见性的新材料.因此已经成为材料科学、生命科学和各生产部门质量控制中不可缺少的一部分.

人们可以通过对材料性能的测试来认识材料的结构,包括各种物理的和化学的测试方法.其中,利用光束、电子束或者其他粒子束与样品的相互作用,产生表征材料微观结构特征的各种信息,检查并处理这些信息,从而给出形貌、成分和结构的丰富资料,是材料结构分析的主要方法.而与材料结构有关的测试技术和仪器主要有透射电子显微分析、扫描电子显微分析、表面分析等,如 X 射线衍射技术俄歇电子能谱分析(auger electron spectrometry,简称 AES)、离子探针、场离子显微镜和原子探针、低能电子衍射等等.这些测试技术和仪器把材料的微观形貌和特征有机地联系在一起,为探索和澄清许多理论和工艺问题作出了重要的贡献,在研究新材料,开发新工艺乃至进一步深化材料科学基础理论等方面也发挥了重要的作用.事实上,任何一种技术在应用中都会有存在这样或者那样的局限性.因此,有关材料的结构,只能在不同的层次和不同侧面上进行描述.但正是这些材料结构测试方法,已经成为材料研究中一个重要的依据.因此,在材料科学、物理学、化学、化工、冶金、矿物、药物、塑料、建材、陶瓷以至考古、侦探、商检等众多学科和行业中都有广泛的应用,是理工科院校和材料研究、生产的科研机构、厂矿等单位必备的大型分析设备.

本节有 3 个实验,主要是介绍应用 X 射线衍射技术对材料进行分析、原子力显微镜测量薄膜样品的表面形貌及扫描隧道显微镜测量导电样品的表面特征.

[参考文献]

阿斯克兰,刘文西,王鲁.1989.材料结构电子显微分析.天津:天津大学出版社

卡恩 R W,哈森 P,克雷默 E J.1998.材料科学与技术丛书.北京:科学出版社

利弗森 E.1998.材料科学与技术丛书之材料特征检测第 II 部分.也恒强等译.北京:科学出版社

王昆林.2003.材料工程基础.北京:清华大学出版社

余焜.2000.材料结构分析基础.北京:科学出版社

周玉.2004.材料分析方法.北京:机械工业出版社

实验 32　多晶 X 射线衍射实验技术

1895 年德国物理学家伦琴(W. C. Rontgen)在研究阴极射线时发现了 X 射线，这个发现揭开了 20 世纪物理学革命的序幕. 1912 年劳厄(M. V. Laue)想到如果晶体中的原子排列是有规则的，那么晶体就可以当作 X 射线的三维衍射光栅，夫里德希(Friedrich)和尼宾(Knipping)做了这个实验，并且取得成功. 于是证实了 X 射线是一种电磁波，以及晶体原子是有规则排列的. 劳厄还推导出著名的劳厄方程，奠定了 X 射线衍射学的基础. 1915 年布拉格父子(w. H. Bragg 和 w. L. Bragg)利用 X 射线分析晶体的结构，导出了著名的布拉格方程，发展了 X 射线晶体结构分析方法. 目前 X 射线晶体结构分析的理论已相当成熟，是物质结构研究的重要工具，得到越来越广泛的应用，进一步推动了晶体学、材料科学、矿物学、化学、分子生物学等学科的发展. X 射线晶体衍射分析，不仅成为物质结构研究的重要手段，而且在技术上也有广泛的应用，例如用于研究金属热处理、机械加工中的轧制、拉伸等工艺过程对材料性能和结构的影响等. 本实验主要介绍 X 射线实验技术、X 射线晶体衍射基础知识及使用德拜(P. Debye)相法研究晶体结构的基本方法.

实验(1)　X 射线实验技术

[实验目的]

(1)学习 X 射线晶体衍射基础知识.

(2)掌握 X 射线的原理及使用方法.

(3)学会德拜相机的调整、装片，并拍摄出铜晶体的 X 射线衍射照片，为测量、分析做准备.

[实验原理]

1. X 射线的产生

X 射线是一种波长极短的电磁波，它的波长介于紫外线与 γ 射线之间，其范围一般定为 10^{-3}～50nm，在晶体结构分析中常用的 X 射线波长为 0.05～0.25nm. 铜靶的 K_{a1} 特征谱的波长 $\lambda_{cuka1}=0.154056$nm.

X 射线的产生主要有两种方法：一是利用高速电子和物质原子的碰撞来实现，即用很强的电场加速电子，使获得高速的电子撞击阳极金属靶，当电子突然受阻后把部分动能转化为 X 射线能量，金属原子就发射 X 射线，根据这个原理制作的 X 射线源是 X 射线管；二是同步辐射，它是电子在电子储存环或电子同步加速器中做圆周运动时所产生的电磁辐射. 同步辐射具有方向性强、广宽平滑的连续谱、高强度、高亮度、高稳定性、偏振等优点，因而是一种理想的 X 射线源，但同步辐射设备成本高、规模大，还无法作为一般实验室的 X 射线源，故一般实验室仍使用 X 射线管.

2. X 射线谱

X 射线的典型线谱分布如图 32-1 所示. 曲线明显地分成两部分：一是平滑连续的曲线；二是当加速电压足够大时，在平滑连续的曲线上叠加上几个尖锐的高峰. 分别称为连续谱和标志谱(如图 32-1 中的 K_α、K_β)，它们产生的机制是不同的.

(1)连续光谱.

连续光谱是高速运动的电子受阳极突然阻止所引起的韧致辐射. 高速运动的每一个电子并不是循着同样的方式而减速的，其中一些电子在一次撞击中即被制止，从而全部转化为 X 射线能量；而更多的电子，则需要和靶中的原子碰撞多次，从而逐次部分地转化为 X 射线能量，直至被制止，这便是构成连续谱的机理，从能量守恒关系可以知道连续谱的短波限是由一次撞击中的电子能量所决定的. 设加速电压为 V，电子的电量为 e，当电子在电场加速下与靶相撞时，其速度突然降到零，则其在外加电场中获得的能量 eV 全部转化为 X 射线能量 E，那么它的短波限的波长为

$$\lambda_{短波限}=\frac{E}{V_{上限}}=\frac{hc}{eV}$$

$$\lambda_{短波限}=\frac{1.2400}{V}(\text{nm}) \tag{32-1}$$

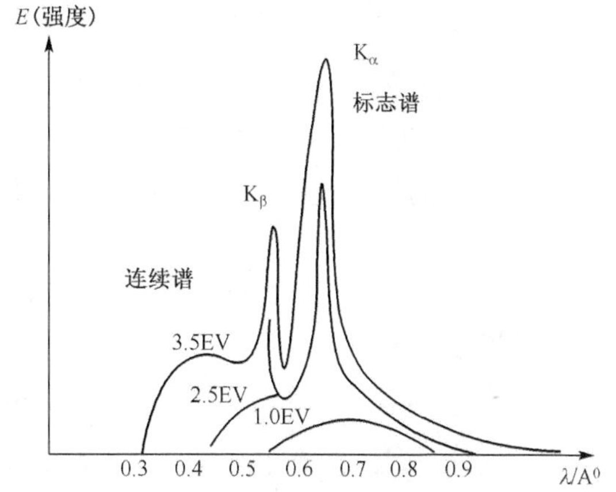

图 32-1　X 射线的典型线谱

式中 V 为加速电压(单位:伏特)，c 为光速，h 是普朗克常数. 该式表明短波限为加速电压的函数. 电压越高，短波限越短. 图 32-1 中曲线越向左侧挪动.

实验得出，阳极发射连续谱的总强度 E_Σ 正比于 X 射线管中电流强度 I，正比于极间的电压平方和阳极材料元素的原子序数 Z.

$$E_\Sigma \propto \text{I}V^2\text{Z} \tag{32-2}$$

X 射线管所消耗的电功率为 IV，因而发射连续谱的效率正比于乘积 VZ. 由此可见，当实验需要强度大的连续谱(“白色辐射”)时，必须选用原子序数大的材料(如钨：$Z=74$)作为阳极(靶)，并尽可能提高极间电压. 即使是这样，效率还是不高($Z=74$，$V=100$kV)，转换率还不到 1%，即绝大多数电子的能量转换成热能. 因而阳极必须用水冷却，否则在短时间内高能量的电子束就能将阳极轰击熔化.

(2)特征光谱.

当施加在 X 射线管上的电压提高到某一定的临界值以后，便会在连续谱中的一定波长处出现尖锐的(即界限分明)强度高峰，叠加在连续谱上，见图 32-1 中 25kV 的曲线. 临界值是由阳极材料元素所决定的，所以称它为特征电压，而对应的尖锐强度的波长则称为该元素的特征波长. 由于这些特征谱线非常狭窄(谱线宽度不及 0.001 埃)，它的强度约为连续光谱中波长和它紧邻波长辐射的 90 倍，很多的 X 射线衍射实验，其所以可以实现，完全是依靠这种强而窄的特征谱线，尤其是 Kα 谱线. 因为这些实验中都要求采用单色的或近乎单色的辐射.

标志谱线产生的机理：由于高速电子对原子的非弹性碰撞，而使原子内层的电子电离出去，原子处于激发态. 被激发的原子，它的外壳层电子及时地跃迁至内层轨道填补空位，便辐射出确定的波长——不连续的 X 射线谱. 这种不连续谱的分布形式对不同元素虽然相似，但相应波长却不相等，它服从莫塞莱定律

$$\nu = c(z-\sigma) \tag{32-3}$$

式中 ν 是标志谱线的频率，Z 是原子序数，C 及 σ 为常数. 常常把标志谱线分成若干线系，分别称为 K、L、M 等线系，如图 32-2 所示. 其中 K 线强度最大，在 X 射线结构分析中常常用它作为单色光源，它的强度随着工作电压增高而增大. 对 K 线系，辐射强度与工作电压的关系如下：

$$E = K_2 I(V-V_K)^n \tag{32-4}$$

式中 E 为标志谱线强度，I,V 分别是 X 射线管的工作电流和电压，V_K 是阳极材料的元素特征电压(临界电压)，若 $V<V_K$ 不能激发 K 系标志谱线，K_2 是比例系数，n 约为 1.5.

K 系谱线由 k_α，k_β 组成. K_α 又由 $k_{\alpha1}$ 与 $k_{\alpha2}$ 组成，二者波长仅差 0.005Å，$k_{\alpha1}$ 强度是 $k_{\alpha2}$ 两倍. k_β

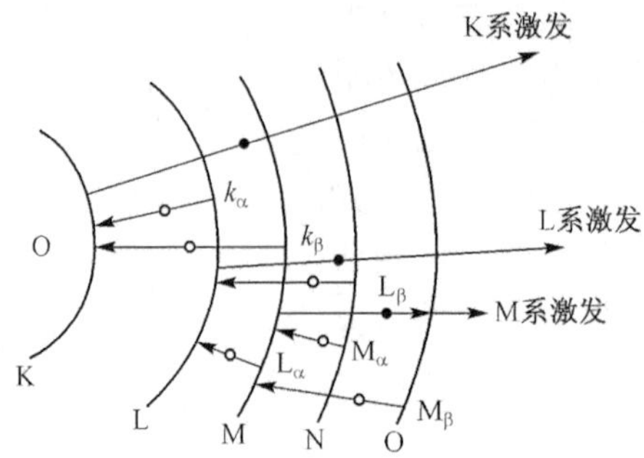

图 32-2　标志谱产生的机理

的波长比 k_α 的波长短，强度仅为 k_α 的 1/5 左右. 为了分析方便，通常用滤波片吸收它，使德拜底片上不出现它的衍射条纹.

(3)标志谱线与连线谱线的相对强度.

根据不同实验需要，有的必须选用标志谱线(如晶格常数测定)，有的必须选用连续谱线(如单晶定向). 根据不同需要，把(32-2)式与(32-4)式相比较，可以选择工作电压和阳极材料，使 X 射线管辐射出的特征谱线与连续谱线有不同的强度比值. 它们的相对强度与工作电压，阳极材料的原子序数关系见图 32-3. 在同一比值 U/U_k 条件下，Z 越大连续谱线相对强度越大. 因此单晶定向实验常选原子序数大的钨靶，而且 Z 越大，转化为 X 射线能量效率也高. 对于给定的阳极材料，要使特征谱线相对强度大，可选择适当工作电压. 从图 32-3 可以看出，工作电压为临界电压 4 倍时，特征谱线相对强度最大，这样选择有利于降低德拜片的本底黑度.

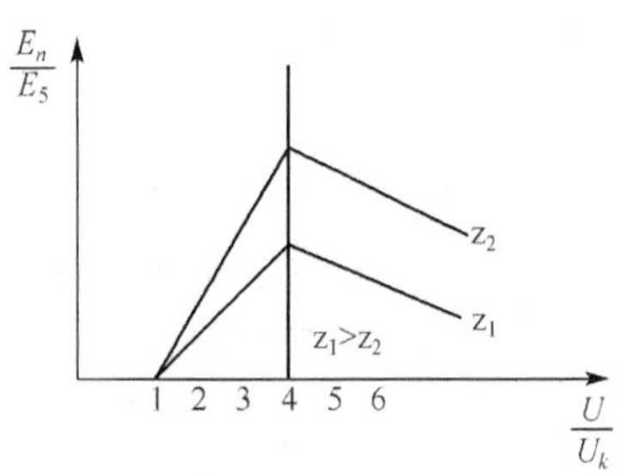

图 32-3　标志谱与连续谱的相对强度

3. X 射线与物质的相互作用

当 X 射线射到物体(样品或滤片)上时，部分 X 射线光子被吸收，部分被散射，因而透过物体的原射线被减弱(吸收)了.

(1)吸收：X 射线通过物质后强度减弱的现象称为吸收. 一般情况下物质对 X 射线的吸收程度随射线波长的增大而增大，即波长越短，贯穿本领越强，所以常称短波长 X 射线为硬射线，长波长的 X 射线为软射线. 若入射 X 射线的强度为 E_0，通过厚度为 d 的物质后的强度为 E，则有

$$E = E_0 e^{-\mu d} \tag{32-5}$$

式中 μ 为材料的线吸收系数，单位是 cm^{-1}. 铅的 μ 值很大，所以常用铅制成护屏来阻挡 X 射线，保护实验人员.

滤波片的原理是，选用适当的元素薄片，使得

$$\lambda k_\alpha > \text{滤波片的吸收系数峰值所对应的} \lambda > \lambda k_\beta$$

因而 k 线将被滤去，只留下最强的 k_∂ 线，这样就能改善 X 射线的单色性. 选做滤波片的材料一定要对 k_β 线和连续谱有强烈吸收，而对 k_∂ 线吸收较小. 一般可选用原子序数比 X 射线管阳极材料元素的原子序数小 1 的元素作滤波片. 例如要滤去铜靶($Z=29$)辐射的 k_β 线，需用薄 Ni 片($Z=28$). 图 32-5 是 Ni 片对铜靶 X 射线的吸收情况.

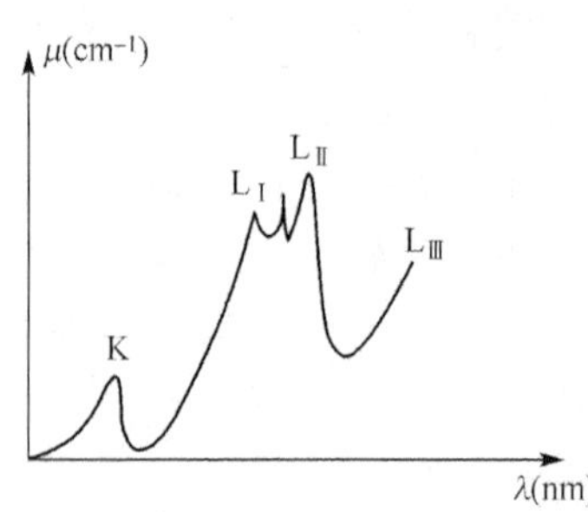

图 32-4　吸收系数与波长的关系

图 32-5 中，未加 Ni 片时，k_β 线的辐射强度约为 k_∂ 的 20%，加一定厚度的 Ni 片(约 20μm 厚)后，可以使之变成约 0.2%.

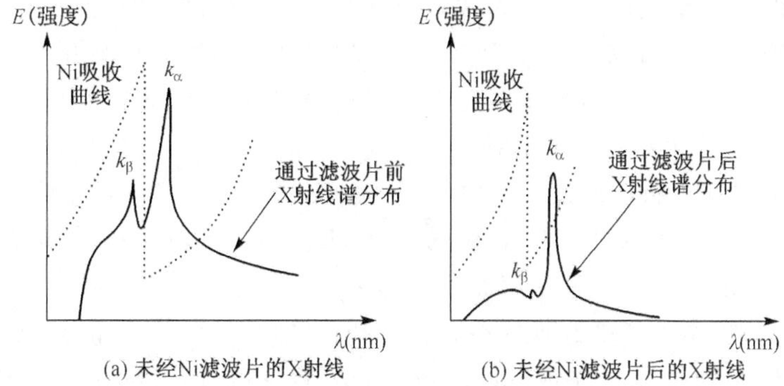

图 32-5　Ni 滤波片对铜靶 X 射线的吸收

(2)相干散射:当物质(样品)中的电子被原射线的光子撞击时,就开始振动,成为新辐射源.这样所产生射线的波长与原射线的波长相同,位相决定于原射线的位相.因为在物质中被 X 射线光子所撞击的原子构成一群相干波源,它们产生的辐射是相干的,所以称为相干散射.

晶体中原子是规则排列的,因而相干散射线的能量集中在某些方向上,而形成衍射花样.从这些衍射花样可以推测晶体中原子的排列,这就是 X 射线晶体学的基础.

(3)荧光辐射:它是(样品的)原子吸收射线光子而被激发后,回到正常状态时所产生的.波长及相对强度与由阴极射线激发标志线的情形完全一样.荧光辐射在实验中起着有害的作用.所以应设法避免它,这可用适当选择阳极材料来实现.荧光辐射产生的射线中,有些属于可见光,所以在安装调整仪器时,就能使用荧光屏.

物质吸收 X 射线后,一般会引起物理、化学上的变化,还会引起生物变异及辐射损伤等,故会对人体造成伤害,所以在实验中要注意防护.

[实验装置]

1. JF-2 型 X 射线晶体分析仪

JF-2 型 X 射线晶体分析仪由 X 射线管、高压电源、控制台及管套组成,管套的外围装有铅防护玻璃.

控制台内装有高压发生器及各种控制电路.高压发生器把 220V 交流电压升至高压 10～50KV,再经整流后加到 X 射线管上.控制台的面板如图 32-6 所示.

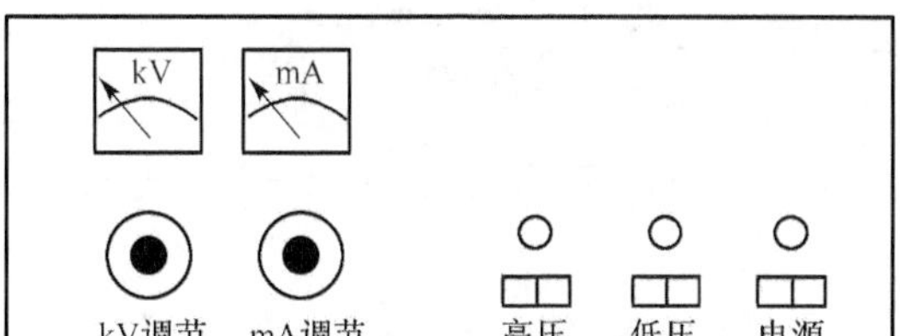

图 32-6　JF-2 型 X 射线晶体分析仪控制面板

面板上的两个电表分别用于指示加到 X 射线管上的高压和流过管子的电流.低压开关是接通 X 射线管灯丝电压的开关.高压开关按下后,高压就加到 X 射线管的两端,起始高压为 10KV.高压调节(kV 调节)按钮用于连续升降加在管子上的高压.mA 调节是一多挡波段开关,用于调节流过管子的电流,当管子两端加上起始高压时,流过管子的起始电流为 4mA.面板上的时钟仅用于指示时间.

方形立式管套在控制台面上方，X射线管装在管套中，立式管套有四个窗口，可同时向四个方向放射出X射线，其中三个窗口外有带数个小圆孔的圆金属盘，小圆孔上可贴上薄金属片用于滤波. 圆金属盘可旋转，使不同的小圆孔对准出射窗口，故可选择不同的滤波片，当不需要X射线时，就用圆金属盘的无孔处关闭出射窗.

JF-2型X射线晶体分析仪的使用条件如下：海拔不超过1000M；环境温度为+10℃～40℃，相对温度不大于85%；单相220V，50Hz交流电源；应使用交流稳压器，使电源电压波动不超过±10%；要有良好的接地装置；冷却水的流量不低于3.5公斤/分；入水温度不超过30℃.

分析仪每次使用前都要仔细检查仪器有否良好接地，冷却水是否符合要求，立式管套上的四个X射线出射窗有否关闭，控制面板上的电流开关有否复位(向左调到最低位). 仪器开机时应先接通交流稳压器稳压后方可按下低压按钮，预热三分钟后才可打开高压. 按下高压开按钮时，若仪器无故障高压就可加到X射线管的两极，否则由于仪器的自动防护作用高压无法加上. 加到X射线管上的初始高压是10KV. 高压加上后，再按高压调节升、降按钮，把X射线管上的高压加到实验所需的设定值，然后转动电流开关(mA)调节电流到所需值. 实验结束后要按开仪器的逆过程降低电流、高压，再关闭高压、低压，最后并闭交流稳压电源.

JF-2型X射线晶体分析仪有两重保护措施：一是无水时高压无法加到X射线管上，当实验中途断水时，仪器自动切断高压，并且讯响器发出报警声，此时应尽快关闭低压，稳压电源；二是开仪器过程中电流开关要调在最低位置，毫安表指示初始电流为4mA，此时才能加上高压，若电流开关未打到最低，高压无法加上. 注意，在仪器使用过程中要经常查看出水口流水情况，以防仪器保护电路失灵烧坏X射线管.

2. X射线管

X射线管是X射线仪的关键部分. X射线管是一种两极电子管，阴极是灯丝，阳极是金属靶. 灯丝加热后发射出电子，在两极间高压的作用下，电子被加速后轰击金属靶产生X射线. X射线通过用薄玻片或铝箔制成的窗口射到管外. X射线管必须抽成高真空(10^{-6} Pa以上)，阳极通常也使用Cu、W、Mo、Fe、Co、Cr等导热性较好、熔点较高的金属材料制成，并用流动的水冷却. 国产XJ系列结构分析X射线管的构造剖面示意图如图32-7所示.

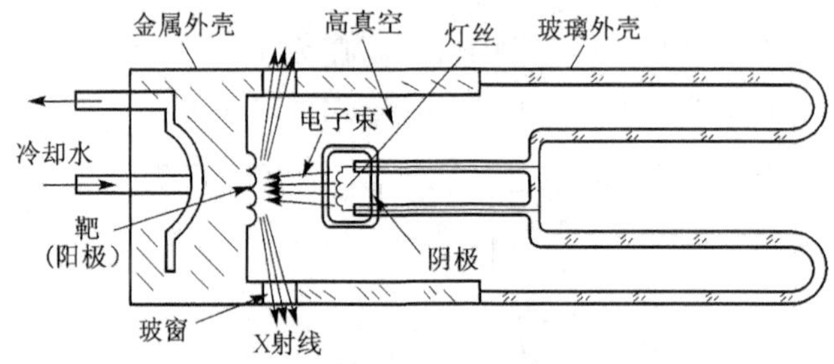

图 32-7　结构分析X射线管的构造

管子的冷却要求为流动水冷，水流量应大于3.5升/分，最高入水温度小于35℃，冷却水必须是蒸馏水或优质自来水，水质要求为：浑浊度不超过5度，不得含有肉眼可见物，pH值为5.5～7.5(偏酸性较好)，溶解物质总含量不得超过250mg/升. 良好有效冷却是X射线管正常大功率使用必不可少的条件，若水质不好、流量不足时，应降低功率使用. 如果使用时环境湿度很大，而冷却水的水温过低，X射线管的壳体金属上会出现露珠，以致损坏X射线管. 此时，必须提高冷却水的温度，使其高于环境空气的露点，但水温不能高于35℃. 或者降低环境的湿度. 为防止缺水断水烧坏X射线管，每次使用前都要检查水流是否通畅，仪器的流量开关或水压开关是否灵敏可靠.

X 射线管在使用时要选择合适的工作条件，其管电压、管电流应在工作区域内选取，不能超过任何一项额定值，应尽量避免在低电压、大电流的情况下长期使用. 特别要注意当 X 射线管预热完毕(三分钟)而未加高压时，加到 X 射线管上的灯丝电压已大于灯丝所允许的电压，这样不但会大大缩短 X 射线管的寿命，而且加高压时会出现极大的过电流冲击，影响仪器工作的可靠性，所以在仪器灯丝变压器的初级一般都串联一个 500Ω/30W 的可调限流电阻，对 X 射线管和仪器加以保护. 另外，使用时调节管电流的开关在加高压前应打在最低档(4mA)，灯丝预热完毕后应马上加上高压.

X 射线管长期不用时，要存放在清洁、干燥、通气、无腐蚀性气体的地方，环境温度应保持在 −10～40℃之间. X 射线管输出窗在保管使用时要严防触及，其上的污物只能用乙醇轻轻擦洗. 新的或长期没有的 X 射线管，使用前要进行老练，这对管子工作稳定，延长寿命十分必要. 可按表 32-1 的方法老练到高于正常使用电压 5～10kV 便可.

表 32-1　X 射线管程序表

管电压/kV	管电流/mA	时间/min
25	5	5
30	5	5
35	5	5
40	5	5
45	5	5
50	5	5
55	5	5

3. X 射线粉末照相机(德拜相机)

德拜相机是用 X 光胶片拍摄 X 射线在晶体或粉末试样上衍射后的衍射图样的相机，其外观及结构示意图如图 32-8(a)、(b)所示. 它是一个圆柱形的金属盒，盒壁中部沿直线方向有两个对称的孔，当照相上盖板正对实验者时，左侧孔可插入一细长圆锥形金属光栏，称为入射光栏. 入射光栏使射入相机内的 X 射线变成细平行束，并正对圆柱形相机盒的中心轴. 右侧孔也插入一细长圆锥形金属光栏，称为出射光栏，出射光栏可避免原入射线照射在底片上使本底增强. 出射光栏上还加有荧光屏和铅玻璃可在 X 射线照射下观察样品影像，以便判断样品是否处于相机盒的中心轴上. 相机盒底盘中部是可转动的样品架，实验样品就安装在样品架上，样品架可由相机盒后板外侧的转轴带动旋转，样品架还可在后板中间的小圆槽内平移，这样就可用调节顶针(在后盖板壁内，从相机盒顶一直伸到小圆槽内)调整样品架，使架上的样品与相机中心轴共轴.

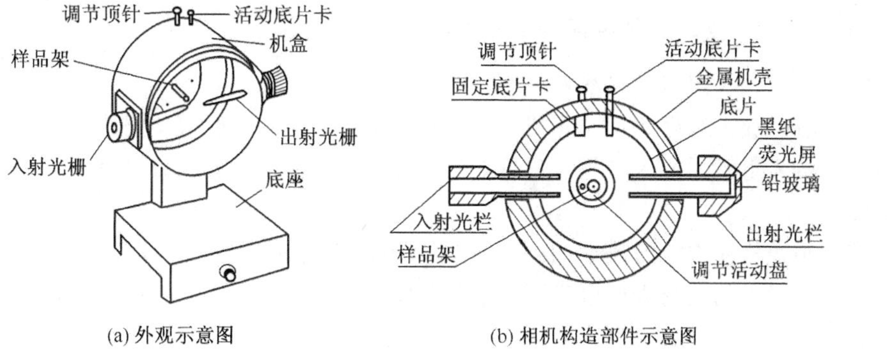

(a) 外观示意图　　(b) 相机构造部件示意图

图 32-8　X 射线粉末照相机

调节样品与转动轴共轴的方法如下:拨去相机盒的出射光栅,打开前盖板,对着光源侧放相机盒,用调节顶针把样品架压到圆槽底部.从出射光栅孔向内观察,同时转动样品架,此时可看到样品在观察方向上,上下摆动.把样品调到观察方向的最上方,然后用调节顶针把样品架下压,使样品位于入射光栅的中部.再次旋转样品架,又使样品位于最上方,同样用调节顶针把样品下压到入射光栅中部.重复以上调节直至样品不再上摆动,而是在原地旋转,此时样品就与相机中心轴共轴.调节时应注意每次下压样品后,调节顶针应上旋离开圆槽,以免再次转动样品架时碰到顶针,使样品架偏离刚才调好的位置.

样品调好后,就可安装感光底片.底片预先用专用打孔机打好孔,以使装入相机后可容纳前后光栏.安装底片时把长条形底片弯曲,两端卡在相机盒内侧上部的两个金属卡子上,两个金属卡子的一个是可以侧移的,并与相机盒上部外侧的滑块相连,用手推动滑块使底片紧贴在盒内壁上.

注意,底片安装应在暗室进行.

[实验内容]

(1)了解 X 射线晶体分析仪的结构原理,掌握操作步骤.

(2)掌握德拜相机的调节方法,学会安装底片.

(3)拍摄铜样品的德拜相衍射底片,为测量分析做准备.

(4)掌握底片的冲洗技术.

[实验步骤]

1. X 射线晶体分析仪的开机准备

(1)打开水源开关,检查通水情况.

(2)检查仪器机壳是否妥善接地.

(3)检查仪器操作面板上电流开关有否向左转到最小.

(4)关闭 X 射线四个出射窗口.

2. X 射线晶体分析仪的开机步骤

(1)打开电子交流稳压电源,使输入电压稳定到 220V.

(2)按下控制面板上的低压开关,预热 X 射线管灯丝三分钟.

(3)按下高压开关,若高压电压表指示初始高压为 10kV,电流表指示为 4mA,则表明仪器正常.若高压开关无法打开,就表明仪器有故障(未通水,或电流开关未复位、或高压保护继电器、交流接触器接触不良).

(4)按下高压升降按钮升高压至选定值.

(5)向右旋转电流开关,调电流为选定值.

3. 拍摄德拜相 X 射线衍射照片

(1)在导轨上放入装好底片的相机,相机的入射光栏对准 X 射线出射窗口.

注意:相机入射光栏的入口是一斜面,应转动入射光栏使斜面与 X 射线出射窗口的圆盖板平行贴紧.

(2)转动圆盖板使选定滤波片的圆孔转到 X 射线出射窗口上.

(3)通过相机上的出射光栏观察,并调整相机在导轨上的位置,使绿色的荧光圆斑位于出射光栏中间.

(4)转动相机后板上的转动轴,检查样品是否仍与中心轴共轴(出射光栅中部样品暗影不上下摆动).

注：拍摄时间约为 1 小时.

4. 关机

关机步骤是开机步骤的逆过程.

5. 冲洗底片

在暗室中取出底片，冲洗底片的步骤是浸水→显影→定影. 显影使用 D76 显影液，显影的时间约为 1～3 分钟，当在红灯下可较清楚地看见底片上背射区强度较弱的衍射线时，即可停止显影. 定影使用酸性定影粉，定影时间为三分钟. 定影后的底片用水冲洗数次后，浸入清水中 15 分钟，然后取出夹入片架凉干.

[思考题]

(1)在 X 射线实验中应采取哪些措施防止造成人身或仪器损害？

(2)为了降低摄德拜底片的本底黑度，应如何选择工作电压？

[参考文献]

褚圣麟. 1997. 原子物理学. 北京：人民教育出版社

刘德镇. 1999. 现代射线检测技术. 北京：中国标准出版社

吴思诚，王宜铨. 1986. 近代物理实验. 北京：北京大学出版社

吴泳华. 1992. 大学近代物理实验. 合肥：中国科学技术大学出版社

实验(2)　用德拜法判断晶体晶格类型并测量多晶体晶格常数

德拜相法也称德拜—谢乐粉末法，是粉末法中应用较广的一种方法，主要用于测量晶格常数、确定晶格类型和测定物相等，因此是材料科学研究中常用的手段. 德拜相法利用单色 X 射线入射多晶试样而产生衍射，单色 X 射线是使用 X 射线管发生的 X 射线谱中的标识谱经滤波后得到. X 射线通过多晶体产生的衍射线使固定在德拜相机中的底片感光形成德拜环，故通过测量德拜环可得知布拉格角，然后通过指标化，并用图解法求出晶格常数，确定多晶试样的晶格类型.

[实验目的]

(1)了解晶体学基本知识，掌握晶体中 X 射线衍射的理论.

(2)掌握使用德拜相法判断晶体晶格类型并测量多晶体晶格常数的实验方法.

[实验原理]

1. 晶体学基本知识

(1)晶格.

晶体是由许多质点(包括原子、离子或原子群等)在三维空间作有规则排列而成的固体，其特点是具有三维的周期性. 在自然界中存在的晶体可以单独存在(单晶体)也可以和其他晶体聚合形成晶体(多晶体). 由于形成过程的条件不同，可以有一定的几何外形，也可能没有一定的几何外形. 所以晶体与非晶体的固体区别在于它的内部质点在空间是否作规则的周期性排列. 这种周期性排列形成空间点阵即晶格，如图 32-9 所示，图中 $\boldsymbol{a}$，$\boldsymbol{b}$，$\boldsymbol{c}$ 是代表晶格重复单元三个棱边长度与方向的矢量，称为平移矢量.

(2)晶胞.

由于晶格具有周期性，就可以在晶格中以一个格点为顶点，以点阵三个方向上的周期长度为边长的平行六面体作为重复单元，这个平行六面体就称为晶胞，整个晶格可以看成是同一晶胞沿三个方向重复排列而成. 在同一晶体的晶格中，可由晶格中不同的格点连结而成为形状、大小不

同的各种晶胞，其中体积最小，格点只在平行六面体顶角上的晶胞称为固体物理学原胞，或称为单晶胞，图 32-10 是体心立方晶格的原胞.

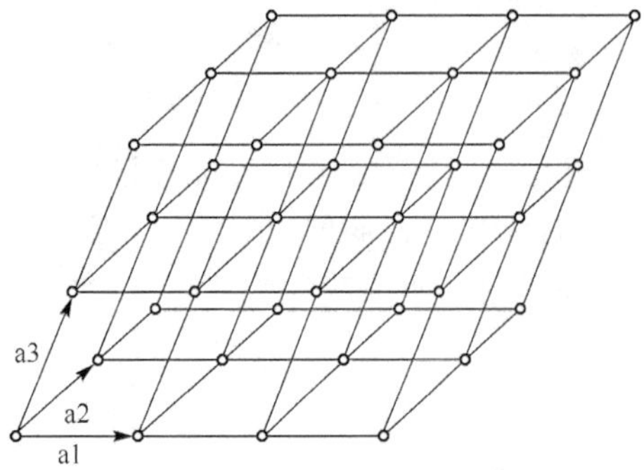

图 32-9　晶格

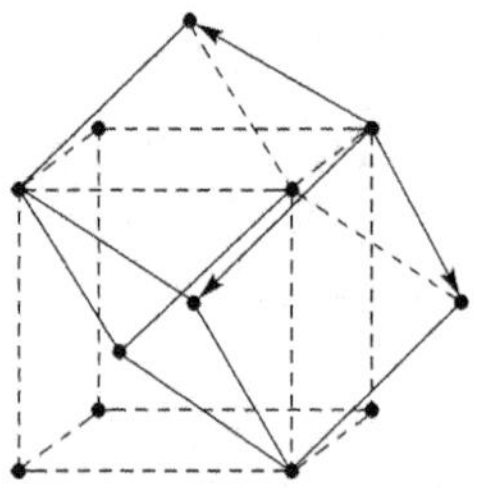

图 32-10　体心立方晶格(虚线)的原胞(实线)

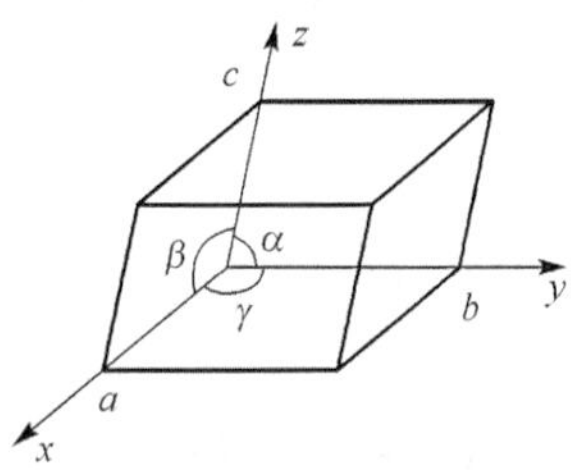

图 32-11　点阵常数示意图

在结晶学中实际晶体除了周期性特征外，选取的晶胞还应反映晶体的对称性，这样的晶胞不一定体积最小，格点可在平行六面体的顶角上，还可以在面心、体心上，这样的晶胞称为结晶学原胞，或称为复晶胞. 晶胞大小和形状，可以用它三个棱的长度 a,b,c 及三个棱间的夹角 α,β,γ 等六个量来表征，称为晶体点阵常数. 如图 32-11所示.

若用 $\boldsymbol{a},\boldsymbol{b},\boldsymbol{c}$ 代表晶胞三个棱边之长与取向的矢量，则称为基矢(基本平移矢量). 经研究得知：只需七种不同的晶胞形状便可以包括在自然界中存在的所有点阵，这七种晶胞形成七个晶系，这些晶系如表 32-2 所列. 表中的布拉格点阵是每个晶系又根据其晶胞的面中心或体中心上有无格点细分成的 14 种类型晶胞，也称为 14 种布拉格晶胞. 14 种布拉格晶胞如图 32-12 所示.

表 32-2　七个晶系与 14 种类型晶胞

晶体	晶轴长度与夹角	布拉格点阵
立方系	三根轴互相相等而呈直角. $a=b=c,\gamma=\beta=\alpha=90°$	简单 面心 体心
正方系	三根轴互呈垂直角，其中有二根相等. $a=b\neq c,\gamma=\beta=\alpha=90°$	简单 体心
斜方系	三根轴互呈垂直角，但互相不相等. $a\neq b\neq c,\gamma=\beta=\alpha=90°$	简单 面心 体心 底心
菱方系	三根轴互相相等，并以相等的交角斜交. $a=b=c,\gamma=\beta=\alpha\neq 90°$	简单
六方系	二根共面轴相等，并相交呈 120°，第三根轴相交呈直角. $a=b\neq c,\alpha=\beta=90°,\gamma=120°$	简单
单斜系	三根轴互不相等，一对轴不呈直角. $a\neq b\neq c,\alpha=\gamma=90°\neq\beta$	简单 底心
三斜系	三根轴不相等，交角互不相等，并且其中没有一个是直角. $a\neq b\neq c,\gamma\neq\beta\neq\alpha\neq 90°$	简单

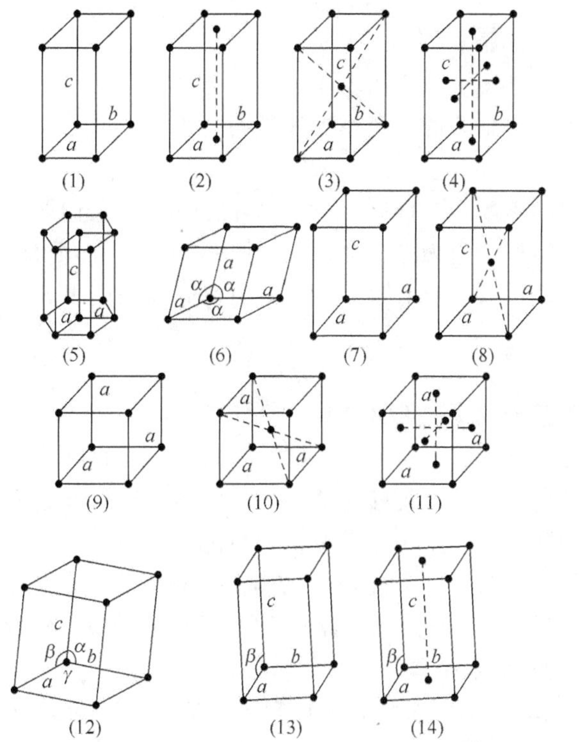

(1) 简单正交 (2) 底心正交 (3) 底心单斜 (4) 面心正交 (5) 简单六方
(6) 简单三方 (7) 简单四方 (8) 体心四方 (9) 简单立交 (10) 体心立方
(11) 面心立方 (12) 简单三斜 (13) 简单单斜 (14) 底心单斜

图 32-12　14 种布拉格晶胞

(3)晶列：亦称阵列，是连接晶体中任意两个格点的直线. 相互平行，且格点排列周期相同的晶列构成同一晶列族. 在晶体中有不同取向的晶列，且用晶列指数$[h\ k\ l]$(方括弧)表示晶列在晶体中的取向.

某一晶列指数可以用下列步骤求出，如图 32-13 所示.

①作一条通过晶胞原点且平行于该列的直线.

②在这直线上取任一点，求出它在 x，y，z 轴上的坐标值，例如 B 点，$x=1/3$，$y=1$，$z=1$，化它们为最小整数，则为 $h=1$，$k=3$，$l=3$，用$[1\ 3\ 3]$表示晶列 OB 方向.

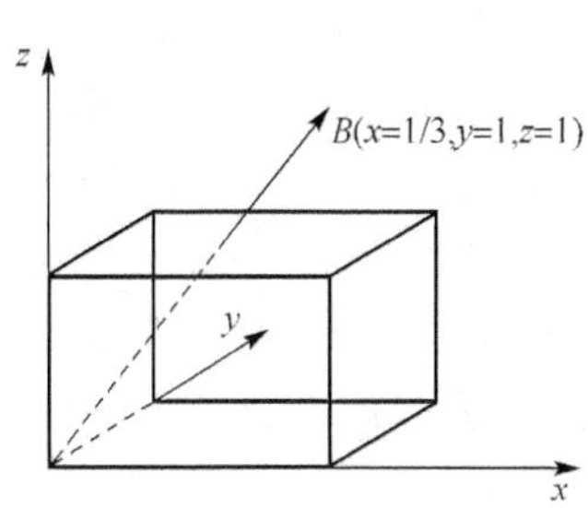

图 32-13　晶列指数

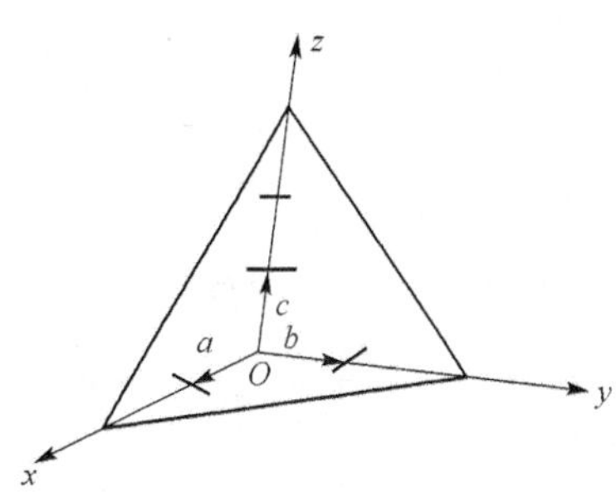

图 32-14　晶面指数

(4)晶面：亦称点阵面，是任意三个不共线的格点所决定的平面. 晶面通常可用一种晶面指数表示，晶面指数又称为密勒(Miller)指数，其确定方法如下：

①写出该晶面 ABC(与 x，y，z 轴相交的长度，用 $\boldsymbol{a}$，$\boldsymbol{b}$，$\boldsymbol{c}$ 的倍数 $\boldsymbol{r}$、$\boldsymbol{s}$、$\boldsymbol{t}$ 表示). 如图 32-14 所示. 例如

$$\frac{AO}{a}=r=2,\frac{OB}{b}=s=2,\frac{OC}{c}=t=3$$

②将它们取倒数 $1/r,1/s,1/t$ 即 1/2，1/2，1/3. 然后将它们通分以最小公倍数作分母，即 3/6，3/6，2/6；取通分后三个分数的分子作为该晶面的指数，即(3 3 2)(用圆括弧以便与晶列指数方括弧区别开).

若该指数都乘以相同整数，将得到一系列新的晶面指数. 它们之间距离相等且互相平行，如(3 3 2)，(6 6 4)，(9 9 6)，称它们为同一晶面族，并用它们最小晶面指数(3，3，2)表示. 同一晶面族一般用字母($h\ k\ l$)表示，不同晶面族($h\ k\ l$)是不同的. 晶面间距 d 与晶格常数有如下关系：

$$d=\frac{a}{\sqrt{h^2+k^2+l^2}} \tag{32-6}$$

立方晶系晶列[$h\ k\ l$]与晶面($h\ k\ l$)是相互垂直的.

(5)晶体的对称法.

晶体经过一定的几何变换——旋转，镜面反射，中心反演后能自身重合，称为具有一定的对称性，如果一个晶体绕某一轴转 $2\pi/n$ 角及其倍数后能与自身重合，这个轴称为晶体的 n 重旋转轴. 如果简当旋转又附加反演，就称为旋转-反演轴. 一个物体的旋转或旋转-反演轴统称为物体的对称素. 而对于任一坐标面(如 $z=0$)的镜面反射，看作是先绕 z 轴旋转 π 再作中心反演得到，因此，可以通过所具有的对称素来概括晶体的对称性.

立方晶体中：立方轴即[1 0 0]常常是四重旋转轴或四重旋转-反演轴，而对角线即[1 1 0]常常是二重旋转轴，而体角对角线即[1 1 1]则是三重旋转轴.

2. 晶体中 X 射线衍射的理论(布拉格方程)

X 射线与物质相互作用的一种形式是相干散射，当 X 射线入射晶体时，格点上各粒子发出的各相干散射波发生干涉，在空间某些方向上形成相互加强的衍射线，这些方向称为衍射方向. 劳厄方程和布拉格方程都可以给出衍射可能发生的方向，在本实验中只讨论布拉格方程.

研究 X 射线在晶体中的衍射时，可以把晶体看成由许多间隔为 d 的晶面叠加而成的晶面族. 不管各粒子在晶面上如何排列，波长为λ 的平行 X 射线束以 θ 角入射任一晶面时，衍射线就是入射线在该晶面上的反射线(惠更斯原理). 这是因为只有在反射方向上各格点的散射线才是同位相的，满足相干加强条件，出现衍射极大.

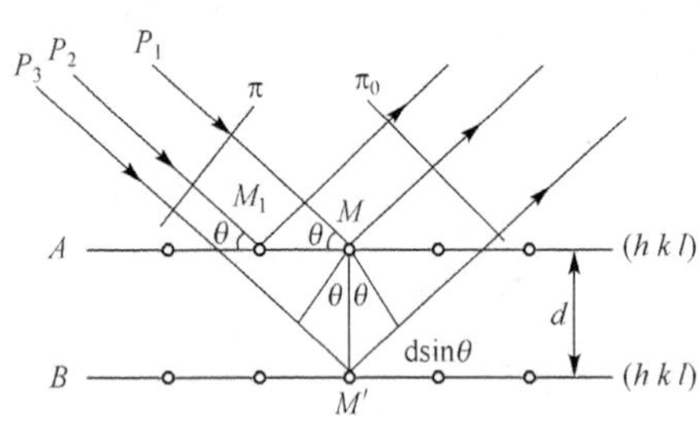

图 32-15 X 射线在晶面族($h\ k\ l$)上的衍射

由于 X 射线具有透射能力，不仅来自同一晶面的反射线同位相，来自相继晶面 A、B 的反射线之间的位相差满足入射线波长λ 整数倍时，也互相加强形成衍射极大，这样任一晶面族($h\ k\ l$)对 X 射线就起到了三维光栅的作用. 由图 32-15 不难证明，通过晶面 A 上两格点 M、M_1 的两条 X 射线 P_1、P_2 等光程. 而通过晶面 A、B 同一法线上两个格点 M 和 M' 的两条 X 射线 P_2、P_3 的光程差为 $2d\sin\theta$，因而有关系

$$2d\sin\theta=n\lambda \qquad (n\text{ 为整数}) \tag{32-7}$$

满足时，所有晶面散射波的位相才一致，反射线才相互加强形成衍射极大. 这个决定衍射线存在条件的关系式称为布拉格方程.

布拉格定律完整的表述如下：一波长为λ 的平行 X 射线射到间距为 d 的晶面族($h\ k\ l$)上，掠射角 θ，当满足条件

$$n\lambda = 2d\sin\theta \quad (n \text{ 为整数})$$

时发生衍射，衍射线在所考虑的晶面的反射线方向.

注意，平常说晶面反射线，指的是上述含义. 但很清楚，这种反射的实质是衍射. 对于第 n 级衍射，布拉格方程可写成

$$\lambda = \frac{2d}{n}\sin\theta = 2d'\sin\theta \tag{32-8}$$

式中 $d' = \dfrac{d}{n} = \dfrac{a}{\sqrt{(nh)^2+(nk)^2+(nl)^2}} = \dfrac{a}{\sqrt{h'^2+k'^2+l'^2}}$.

这表明第 n 级衍射可以看成是与 $(h\ k\ l)$ 晶面族相平行而间距为 d/n 的晶面族 $(nh\ nk\ nl)$ 的一级衍射. 利用这种变换可把布拉格方程简化，我们称 $2d'\sin\theta=\lambda$ 为简化的布拉格方程，称 h'，k'，l' 为衍射面指数. 这样对于给定指数的晶面，就只有唯一的衍射线.

以上布拉格方程是在单晶胞的情况下推导出来的，在复晶胞情况下不在晶胞顶点的粒子对衍射也有贡献，所以复晶胞的衍射方向除了应满足布拉格方程外还有一些附加条件，比如立方晶系中的面心立方晶体和体心立方晶体，附加条件分别是面心立方衍射面指数 h'，k'，l' 为全奇或全偶，体心立方衍射面指数和 $h'+k'+l'$ 为偶数.

3. 德拜相法原理

用 X 射线的标志谱（单一波长）照射多晶体或粉末试样产生衍射，并用固定底片接收衍射线的方法，称为德拜-谢乐法. 这种方法是德拜（P. J. W. Debye）和谢乐（P. Scherrer）分别在 1916 年、1917 年独立设想的.

X 射线射入多晶体或粉末试样后，将在其衍射方向上形成衍射圆锥. 衍射圆锥的形成原因是多晶体中小晶粒的排列虽然是杂乱、随机的，因而有各种可能的晶面取向. 但是小晶粒的晶格结构都是一样的，对于一定方向入射多晶体的平行单色 X 射线束，总有一些晶面间距为 d'，晶面指数为 $(h'、k'、l')$ 的晶面族使掠射角 θ_i 满足布拉格方程而产生衍射. 这个晶面族的衍射线和原入射线的夹角为 $2\theta_i$，当小晶粒很多时，晶面族 $(h'、k'、l')$ 就以原入射线为轴在空间形成顶角为 $2\theta_i$ 的圆锥，而其衍射线则同样以原入射线为轴形成顶角为 4θ 的衍射圆锥，两个圆锥的顶点都在试样被衍射部分. 如图 32-16 所示.

不同指数 $(h'、k'、l')$ 的晶面族晶面间距 d' 不同，因而衍射圆锥的顶角也不同，所以多晶体的衍射圆锥形成图 32-17 所示的分布.

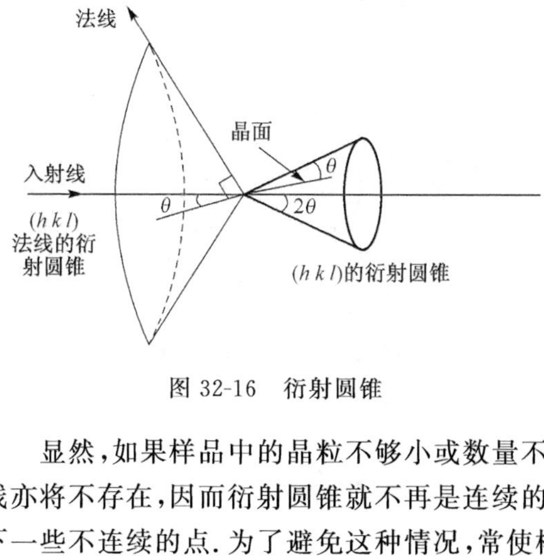

图 32-16　衍射圆锥

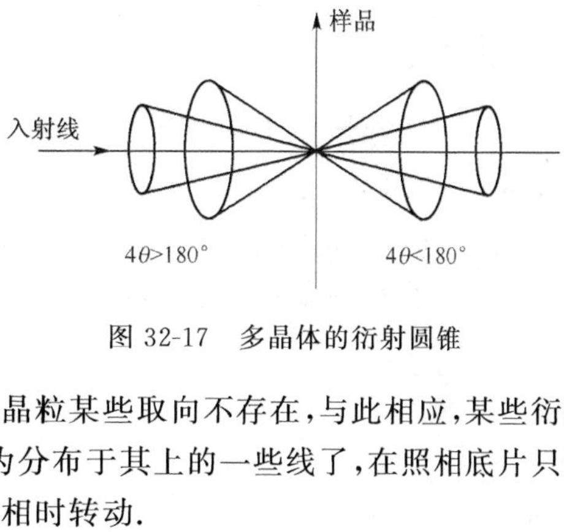

图 32-17　多晶体的衍射圆锥

显然，如果样品中的晶粒不够小或数量不够多，则晶粒某些取向不存在，与此相应，某些衍射线亦将不存在，因而衍射圆锥就不再是连续的面而成为分布于其上的一些线了，在照相底片只留下一些不连续的点. 为了避免这种情况，常使样品在照相时转动.

底片上的衍射图——德拜环的形成:记录多晶体衍射的底片,一般卷成圆筒状,样品位于其中心轴线上,因而底片上的图样就是衍射圆锥与它的交线,如图 32-18 所示,称为德拜环.将底片展平后,德拜环的分布如图 32-19 所示.

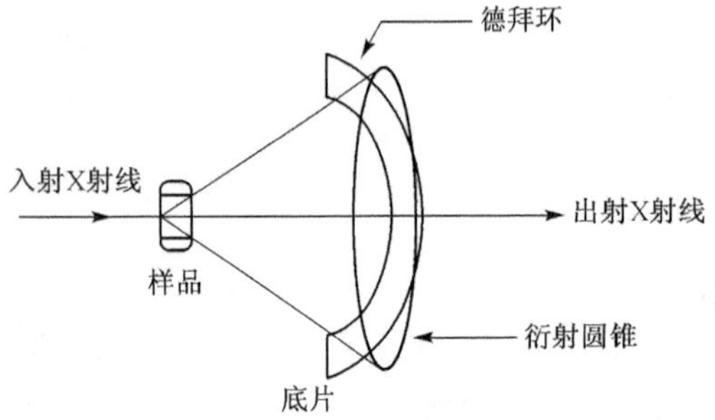

图 32-18 底片上德拜环的形成

一张德拜相底片上的线以它们的位置,强度等作为特征,而以位置的测量为最重要,它可以测定晶胞的大小,而强度的测量比较困难,解释也比较复杂.所以我们的实验就只限于研究线的位置,并测定晶胞大小(晶格常数).

(1)德拜环位置的测量及布拉格角的计算.

将透明尺放在底片赤道上(图 32-18 中过 AB 的虚线处)

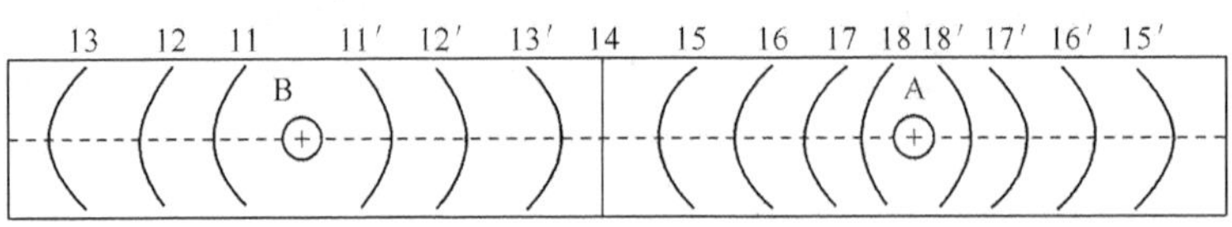

图 32-19 展开后底片(不对称法纪录)上德拜环的分布

出射孔的位置

$$B=\frac{1}{3}\left[\frac{1}{2}(l_1+l_1')+\frac{1}{2}(l_2+l_2')+\frac{1}{2}(l_3+l_3')\right]$$

入射孔的位置

$$A=\frac{1}{3}\left[\frac{1}{2}(l_6+l_6')+\frac{1}{2}(l_7+l_7')+\frac{1}{2}(l_8+l_8')\right]$$

相机半径

$$R=(A-B)/\pi \quad (A、B\text{ 间距为 }\pi\text{ 所对应的弧长})$$

德拜环半径

$$r_1=\frac{1}{2}(l_1-l_1');r_2,r_3\text{ 类似}$$

$$r_6=(A-B)-\frac{1}{2}(l_6-l_6');r_5,r_7,r_8\text{ 类似}$$

r_4 自己想办法求出.可见德拜环半径就是底片展平后,底片上衍射环的半径,即图 32-20 中对应 $2\theta_i$ 角的弧长.利用公式

$$\theta_i=\frac{r_i}{2R}\times 57.3^\circ=\frac{90^\circ}{A-B}r_i \qquad (32\text{-}9)$$

就可求得各环的 θ_i 来.

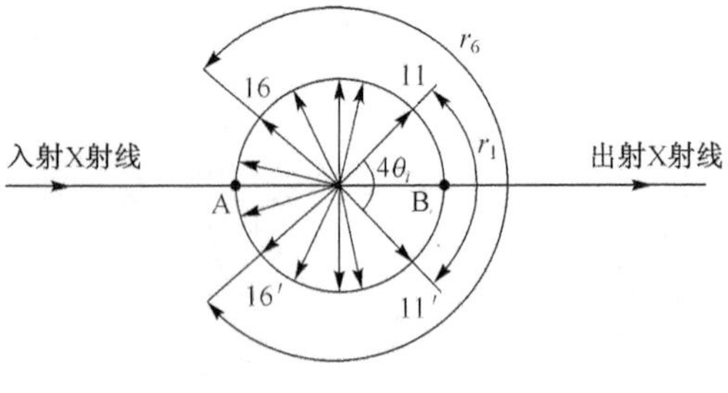

图 32-20 德拜环位置测量与布拉格角的关系

(2)平面间距的计算.

可用布拉格公式 $\lambda=2d'\sin\theta$

$$d'=\frac{a}{\sqrt{h'^2+k'^2+l'^2}}$$

因为波长是已知的,θ 角已测出,为了方便起见以下将符号“′”全部省略.只是必须记住它们的含义.

(3)指标化.

我们已经知道了每一德拜环与一干涉面(族)$(h\ k\ l)$对应.通过实验我们已经测量出每一德拜环所对应的衍射角θ,现在就来确定对应衍射角θ的干涉面指数——指标化.其步骤如下:由于

$$d=\frac{a}{\sqrt{h^2+k^2+l^2}} \tag{32-10}$$

$$\sin\theta=\frac{\lambda}{2a}\sqrt{h^2+k^2+l^2} \tag{32-11}$$

①根据方程(32-11)式在坐标纸上作一计算图,以$\sqrt{h^2+k^2+l^2}$为参量,$\frac{\lambda}{a}$为自变量,$\sin\theta$为因变量.如图 32-21 所示.图中 1,2,3,…,20 对应于方程(32-11)式中的$h^2+k^2+l^2=1,2,3,\cdots,20$.

②根据$\sin\theta$的实验测定值,通过所作的图来确定对应的$(h\ k\ l)$值及$\frac{\lambda}{a}$值.

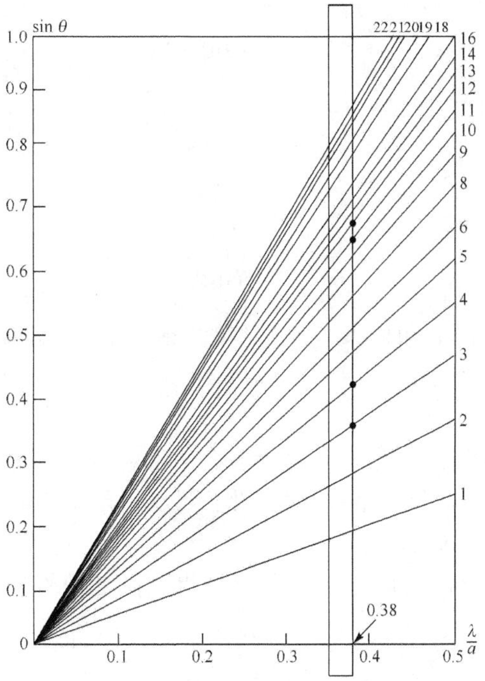

图 32-21 德拜环的指标化

将计算所得的各个$\sin\theta$标示在与图 32-21 的纵坐标同尺度的纸条上,然后将纸条平行于纵坐标移动,移动的纸条上零点要始终沿着横坐标轴移动.当纸条上所有$\sin\theta$的测量点同时分别落在各自的斜直线上时,纸条此时所在的横坐标值即是所求的$\frac{\lambda}{a}$值,而测量点$\sin\theta$所落在那条斜直线上的$\sqrt{h^2+k^2+l^2}$,即是$\sin\theta$所相应的$(h\ k\ l)$值.例如图 32-21 所示,纸条在$\frac{\lambda}{a}=0.38$时.$\sin\theta$各点同时分别落在$h^2+k^2+l^2=3,4,8,11,12$的斜线上,然后在表 32-3 中查出相应的晶面指数$(h\ k\ l)$.要注意$h^2+k^2+l^2$不能等于 7,15 这些整数.

(4)晶格常数的确定.

在指标化过程中,可以确定出λ/a,由于λ为已知(当 X 射线管的阳极材料为铜时,$\lambda=1.54056\text{Å}$),便可以很方便地确定出晶格常数a.但是这样确定的a值偏差较大,因为θ测量存在误差,同时还存在系统误差比如相机盒半径误差、底片均匀收缩误差、样品偏心误差、X 射线径向

表 32-3　衍射面指数($h\ k\ l$)与对应的衍射环

衍射面指数($h\ k\ l$)	100	110	111	200	210	211	220	221 300	310	311	222	320
简单立方	—	—	—	—	—	—	—	—	—	—	—	—
面心立方			—	—			—			—	—	
体心立方		—		—		—	—				—	
衍射面指数($h\ k\ l$)	321	400	322 410	330 411	331	420	421	332	422	430 500	431 510	333 511
简单立方	—	—	—	—	—	—	—	—	—	—	—	—
面心立方		—			—	—						—
体心立方	—	—		—		—		—	—		—	

注:表中有"—"为出现衍射环.

发散度误差等,所以在指标化时,各 $\sin\theta$ 值点不可能同时准确地落在相应的斜线上.对布拉格方程求微分可得

$$\frac{\Delta d}{d}=-\cot\theta\cdot\Delta\theta \tag{32-12}$$

对于立方晶体来说,由(32-10)式可得

$$\frac{\Delta a}{a}=\frac{\Delta d}{d} \tag{32-13}$$

把(32-13)式代入(32-12)式得

$$\frac{\Delta a}{a}=-\cot\theta\cdot\Delta\theta \tag{32-14}$$

可见 a 的测量误差决定于 θ 角的大小和 θ 的测量误差 $\Delta\theta$,所以提高 a 的测量准确度应减少 θ 的测量误差及采用大 θ 角的衍射线.计算时一般只取大 θ 角所对应的各 a 值取平均值作为测量结果.

在(32-14)式中当 $\theta\rightarrow 90°$ 时 $\Delta a/a\rightarrow 0$,此时影响 θ 测量准确度的各种系识统误差也趋于零.故可利用大 θ 角定出的 a 值,选择一个合适的外推函数,用作图法或最小二乘法将曲线(比如 a_i-$\cos\theta^2$ 曲线),外推到 $\theta=90°$ 时,求出 a 值.

研究表明 X 射线轴向发散度所引起的误差与相机前光栅直径 D 除以相机半径 R 的平方 $\left(\frac{D}{R}\right)^2$ 成正比.由于 D 一般只有 1mm 左右,所以当 $R\gg D$ 时,该项误差很小可忽略.常用德拜相机有两种半径:一种 $R=28.65$mm;另一种 $R=57.3$mm.所以使用后一种半径大的相机 a 的测量误差小.

样品对 X 射线的吸收,会使底片上记录的小 θ 角的德拜半径比实际值大,造成 a 测量值偏小,要克服吸收误差,可对样品进行吸收修正,修正的方法请参阅参考资料[2].

(5)晶格类型的确定.

在指标化过程中,一定会发现有些晶面没有对应的衍射环,如 Cu 的(1 0 0),(1 0 0),(2 1 0),(2 1 1)……衍射环消失的情况与晶体结构有关,所以我们可由哪些环出现,来确定样品是面心立方晶体,还是体心立方晶体.对于面心立方晶体,干涉面指数 h ,k, l 只有三个都是偶数或三个都是奇数时才有衍射环出现.体心立方晶体则只有干涉面指数之和 $h+k+l=$偶数时才有衍射出现,其他的衍射环都消失.

[实验内容]

(1)射线的选择(即 X 射线管阳极材料的选择).

选择的原则是:①辐射强度大;②尽可能少产生二次荧光辐射;③德拜环数目适中.我们用的

样品是多晶体铜或钨粉，选择铜作 X 射线管的阳极材料. 若用镍滤波片，可将铜的 k_β 线吸收掉保留 k_α 线.

(2)工作条件的选择.

一般希望标志谱的强度大，应根据 X 射线技术实验中图 32-3 选择工件电压，再根据 X 光管的功率选定管流.

(3)样品.

可用圆柱状样品：其半径以十分之几毫米较好，最好 0.2～0.3mm，本实验所用的铜就是天然多晶体. 粉末样品用透明胶粘在玻璃丝(直径小于 0.1mm)上.

(4)测量.

衍射线位置的测量可用透明尺，放大镜(应估计至 0.1mm). 必须注意：

①应在底片的“赤道”上测量每条线的位置 a_n 及 a'_n，即在各弧线的中心测量，否则距离不准确.

②要测量线的“重心”，即如果线的黑度不对称(在赤道方向上)，则应该测量较强的一方.

③在入射孔或出射孔两边对称线(同一德拜环的两部分)的位置 a_n 及 a'_n，之和 $a_n+a'_n$，对各环应相等. 若有较大偏差，必为测量错误引起的，应再作检查，所以在检查前不应把尺取走，以免全部重测.

(5)按图 32-21 的方法进行指标化，求出晶格常数，根据干涉面指数表，决定晶格类型.

[思考题]

(1)X 射线在晶体上发生衍射应满足是什么条件？

(2)用德拜相法可否测出晶面间距 d？

(3)用德拜相法测晶体格常数时对样品有什么的要求？

(4)若样品的晶粒较大能否在底片上产生连续的衍射环？为什么？应采用何种方法得到连续的衍射环？

[参考文献]

褚圣麟. 1997. 原子物理学. 北京：人民教育出版社

黄昆. 1990. 固体物理学. 韩汝琦改编. 北京：高等教育出版社

吴思诚，王祖铨. 1986. 近代物理实验. 基本实验. 北京：北京大学出版社

吴泳华. 1992. 大学近代物理实验. 合肥：中国科学技术大学出版社

张孔时，丁慎训. 1991. 物理实验教程—近代物理实验部分. 北京：清华大学出版社

实验 33　原子力显微镜观测样品的表面形貌

[实验目的]

(1)学习原子力显微镜的基本原理.

(2)掌握原子力显微镜的探针安装及其光路调节方法.

(3)学会正确使用原子力显微镜测量样品表面微观结构.

[实验原理]

1. 原子力显微镜的基本原理

扫描探针显微镜(SPM)的一种是原子力显微镜(AFM)，原子力显微镜与扫描隧道显微镜(STM)最大的差别在于并非利用电子隧道效应，而是利用探针尖端的原子与样品表面原子之间

的范德瓦耳斯力(van der Waals force)作用，通过控制并检测针尖、样品间的相互作用力，来高分辨率地成像材料表面形貌，同时还可以分析研究表面性质.

如图 33-1(a)所示，假设两个原子中，一个是在悬臂的探针尖端，另一个是在样品的表面，它们之间的作用力会随原子间距的改变而变化，其作用力与距离的关系如图 33-1(b)所示. 根据作用力随针尖与样品间距的变化情况可以将其概括为短程排斥力和长程吸引力，当原子与原子很接近时，彼此电子云斥力的作用大于原子核与电子云之间的吸引力作用，所以合力表现为斥力的作用；反之若两原子分开有一定距离时，其电子云斥力的作用小于彼此原子核与电子云之间的吸引力作用，故合力表现为引力的作用.

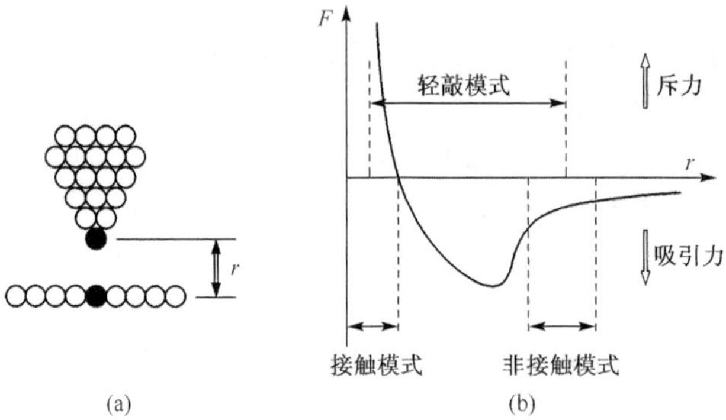

图 33-1　原子之间的相互作用力(F)与原子之间距离(r)的关系

原子力显微镜就是利用原子之间那奇妙的关系来把原子样子给呈现出来，让微观的世界不再神秘. 在原子力显微镜的系统中，原子力变化的梯度约为 10^{-13} N/nm. 原子力虽然很微弱，但是足以推动极为灵敏的微悬臂并使之发生弹性形变. 根据形变量得到原子力，这个力与针尖—样品间距，即与样品的表面起伏有一定对应关系. 因此，AFM 可以获得样品的表面形貌和表面结构.

根据原子间相互作用力性质的不同，AFM 成像通常分为三种模式：接触模式(contact mode)、非接触模式(non-contact mode)，以及近几年发展的一种轻敲模式(tapping mode)，各模式作用区域见图 33-1(b). 根据样品表面不同的结构特征和材料的特性以及不同的研究需要，可以选择合适的操作模式. 另外，根据工作中哪一种与力信号有关的量(如样品与针尖之间的距离、力梯度等)保持不变可分为：恒力模式、恒高模式、恒梯度模式和谱学模式，大部分的 AFM 采用恒力模式. 以下介绍三种常用模式.

(1)接触模式也叫斥力模式，在接触模式下，样品与针尖间距小于 0. 3nm，针尖与样品基本上是紧密接触的，相互作用力表现为斥力，其大小通常为 $10^{-11}\sim10^{-8}$ N. 微悬臂在斥力作用下，发生向上的偏转，在已知微悬臂的弹性系数的情况下，微悬臂的偏转量可以转换为针尖与样品表面之间的相互作用力的大小，进而分析样品表面的起伏程度.

由于该工作模式下，针尖在样品表面上滑动以及针尖与样品表面间的黏附力，可能使样品产生相当大的形变并对针尖产生较大的损害，而得到一些虚假的图像数据. 然而对于一些刚性较大、表面平整度高的样品，如石墨、碳 60、超导材料等，可以得到稳定的高分辨率的表面形貌图像.

(2)非接触模式也称吸引力模式，是在接触模式的基础上发展二来的. 其工作过程中，主要是针尖与样品间的长程吸引力在起作用. 一般控制探针在样品表面上方约 5～20nm 的距离处扫描，探针始终不与样品表面接触，因而针尖不会对样品造成污染或产生破坏，避免了接触模式中遇到的一些问题. 由于吸引力远小于排斥力，因此为了提高信噪比，必须在针尖上加一小的振荡信号，以便 AC 检测方式能够用来检测针尖与样品间较小的作用力.

该模式模式作用在相对较长的针尖与样品间距，样品与针尖之间的作用力是针尖原子与正对的样品表面一个小区域内原子的合力，使得其分辨率要比接触模式低. 非接触模式操作实际上比较困难，并且通常不适合在液体中成像，从而使其应用受到一定的限制.

(3)轻敲模式是新发展起来的成像技术，它是介于接触模式和非接触模式之间的一种成像模式. 其特点是扫描过程中微悬臂是高频振荡的，并具有比非接触模式更大的振幅(大于 20nm)，针尖在振荡时间断地与样品接触. 该模式利用压电晶体在微悬臂机械共振频率附近驱动微悬臂振荡，当针尖不与样品表面接触时，微悬臂是高振幅“自由”振荡的. 当振荡的针尖向表面移动直到轻轻接触样品表面时，由于微悬臂没有足够的空间去振荡，其振幅将减小之后，针尖反向向上振荡，微悬臂有了更多的空间，并且振荡的振幅增大(接近空气中自由振荡的幅度)，反馈系统据检测器检测到的这个振幅，不断调整针尖与样品之间的距离来控制微悬臂振幅，亦即作用在样品上的力恒定，从而得到样品的表面形貌.

轻敲模式中针尖与样品之间的作用力通常为 $10^{-12}\sim10^{-9}$N. 它可以对柔软、易碎和黏附性较强的样品成像，而对它们不产生破坏. 由于针尖同样品接触，分辨率几乎同接触模式一样好，同时由于接触非常短暂，由剪切力引起的对样品的破坏几乎完全消失，克服了常规扫描模式的局限.

2. AFM 的硬件框图

在 AFM 系统中，可分成三个部分：力检测部分、位置检测部分、反馈系统，其系统示意图为图 33-2.

(1)力检测部分.

无论 AFM 采用何种扫描成像模式，都要进行力的检测，并且这种力是非常微弱的，通常在 10^{-9}N 量级或更小. 在如此弱的相互作用力面前，如何检测到这个原子力，是 AFM 实验成败的一个关键. 通常 AFM 系统是通过测量对弱力非常敏感的微悬臂的偏转来检测的. 这微小悬臂有一定的规格，例如：长度、宽度、弹性系数以及针尖的形状，而这些规格的选择是依照样品的特性，以及操作模式的不同，而选择不同类型的探针.

目前检测悬臂偏转的方法主要有：隧道电流检测法、光束偏转检测法、电容检测法、压敏电阻检测法等. 光偏转法(如图 33-3)是目前应用最为广泛的；然而就检测精度而言，隧道电流检测法最为精确.

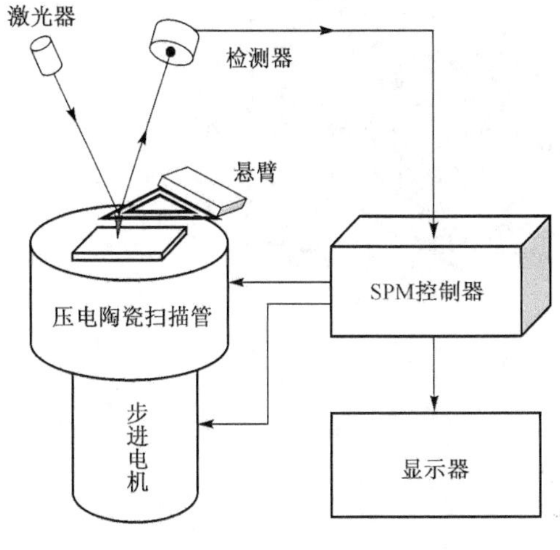

图 33-2 原子力显微镜(AFM)系统框图

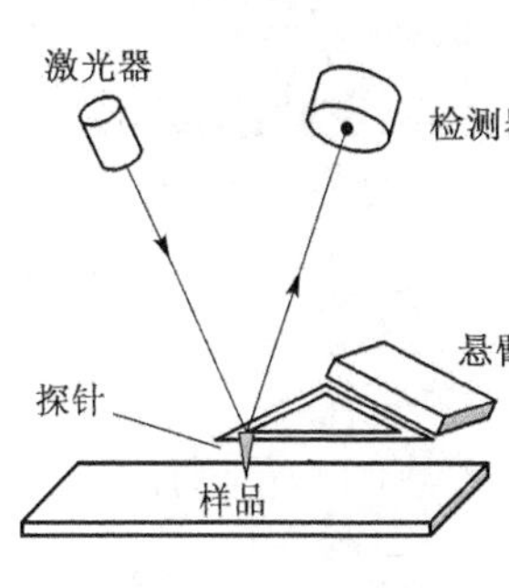

图 33-3 激光检测原子力显微镜探针工作示意图

(2)位置检测部分.

如图 33-3 所示，在 AFM 系统中，当针尖与样品之间有了相互作用之后，会使得悬臂摆动，所以当激光照射在悬臂的末端时，其反射光的位置也会因为悬臂摆动而有所改变，这就造成偏移量的产生. 在整个系统中是依靠激光光斑位置检测器将偏移量记录下并转换成电的信号，以供SPM控制器作信号处理.

(3)反馈系统.

在AFM系统中，将信号经由激光检测器读入之后，在反馈系统中会将此信号当作反馈信号，作为内部的调整信号，并驱使通常由压电陶瓷管制作的扫描器做适当的移动，以保持样品与针尖保持合适的作用力. 反馈控制是系统的核心工作机制.

3. AFM的测量方法

AFM是结合力检测、位置检测和反馈系统三个部分来将样品的表面特性呈现出来的. 在AFM系统中，使用微小悬臂来感测针尖与样品之间的相互作用，这作用力会使悬臂摆动，再利用激光将光照射在悬臂的末端，当摆动形成时，会使反射光的位置改变而造成偏移量，此时激光检测器会记录此偏移量，也会把此时的信号给反馈系统，测算探针-样品相互作用的强度，通过反馈电路来改变加在样品扫描器垂直方向的电压，从而使样品伸缩，调节探针和被测样品间的距离，反过来控制探针与样品相互作用的强度，最后再将样品的表面特性以图像的方式给呈现出来.

4. 原子力显微镜测试结果(实例)(图 33-4)

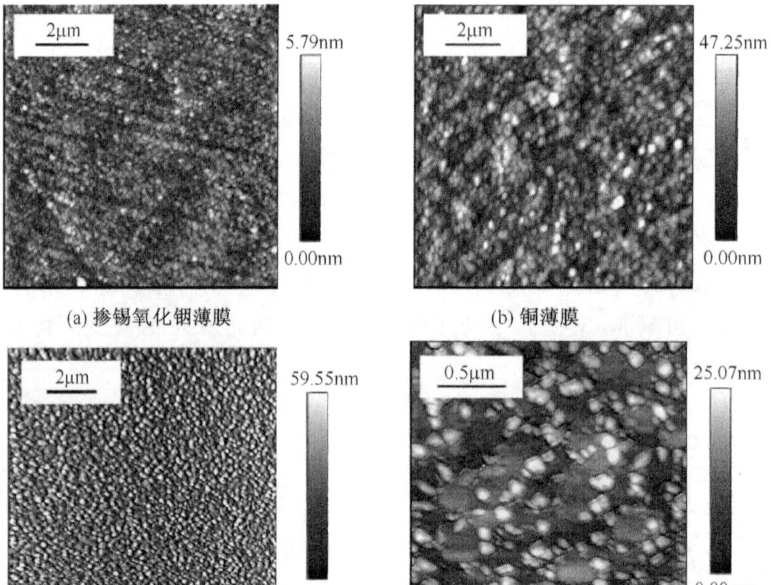

(a) 掺锡氧化铟薄膜　(b) 铜薄膜

(c) 银薄膜表面形貌　(d) 氧化钛薄膜

图 33-4　原子力显微镜测试结果(实例)

[实验装置]

原子力显微镜1台、待测样品若干.

[实验内容]

1. 简要参考步骤(以CSPM4000原子力显微镜为例)

(1)开机及硬件安装.

①打开电脑和控制机箱电源开关，确保网络连接正常.

②断电安装合适的扫描管到 SPM 底座,安装探针,安装探针架到 SPM 探头.

③将待测样品表面朝上放在扫描管上.

(2)调整激光检测光路.

按照说明书,正确快速的调整检测光路.

(3)控制软件参数设置.

①设定基本扫描参数,包括当前扫描器的畸变校正参数、扫描范围、扫描角度、扫描的频率、反馈系统控制参数(参考、积分、比例增益等).

②设定合适的参考点.

③探针逼近,设置灵敏度参数.

(4)扫描图像.

根据初步扫描图像调整参数,确定最佳的扫描参数(根据图像质量而定),扫描图像时为防止环境噪声干扰,应做好系统防震工作.

(5)扫描结束后整理.

①一次扫描结束后,扫描结果图像保存在图像缓冲区中,可另存至硬盘目录下.

②扫描结束后,开始退针,让探针远离样品.

③关闭控制软件和电脑,关控制机箱电源,取下探针架和探针,取下样品、扫描管.

2. 用原子力显微镜测量待测样品的表面形貌,如掺锡氧化铟薄膜、银薄膜等

3. 用图像处理软件计算出样品的均方根表面粗糙度,进行颗粒度分析等

[思考题]

(1)如何正确快速地调节原子力显微镜的检测光路?

(2)如何利用图像处理软件计算样品表面颗粒直径?

[参考文献]

白春礼,田芳,罗克.2000.扫描力显微术.北京:科学出版社

刘岁林,田云飞,陈红等.2006.原子力显微镜原理与应用技术.现代仪器,6:9

莫其逢,黄创高,田建民等.2007.原子力显微镜与表面形貌观察.广西物理,28:46

实验 34　扫描隧穿显微镜观测样品的表面形貌

扫描隧穿显微镜(scanning tunneling microscope,STM),亦称为扫描隧穿式显微镜,是一种利用量子理论中的隧穿效应探测表面结构的仪器.它于 1981 年由格尔德·宾宁及海因里希·罗雷尔在 IBM 的苏黎世实验室发明,两位发明者因此获得了 1986 年诺贝尔物理学奖.扫描隧穿显微镜作为一种扫描探针显微术工具,它具有比它的同类原子力显微镜更加高的分辨率,水平分辨率小于 0.1 纳米,垂直分辨率小于 0.001 纳米.一般来讲,物体在固态下原子之间的距离在零点一到零点几个纳米之间.在扫描隧穿显微镜下,导电物质表面结构的原子、分子状态清晰可见.此外,扫描隧穿显微镜可以让科学家在低温或真空条件下利用探针尖端精确操纵和定位单个原子,在微观尺度上对表面进行可控的加工并对所产生的结构进行研究.因此,STM 在纳米科技、表面科学等领域中既是重要的测量工具又是加工工具.

[实验目的]

(1)学习和掌握扫描隧穿显微镜工作原理和结构.

(2)熟悉扫描隧穿显微镜的操作和调试过程及表面成像的判断.

[实验原理]

1. 隧穿效应原理

STM是利用导体针尖与样品之间的隧穿电流，并用精密压电晶体控制导体针尖沿样品表面扫描，从而能以原子尺度记录样品表面形貌以及获得原子排列、电子结构等信息的分析仪器. 其主体由三维扫描控制器、样品逼近装置、减震系统、电子控制系统、计算机控制数据采集和图像分析系统等组成.

STM工作原理是利用量子隧道效应. 如图34-1所示为隧道电流原理图. 图34-1(a)是金属M1-绝缘层(I)-金属M2的情况，当绝缘层厚度S减小至0.1nm以下，并且M2相对于M1加上正偏压V时，它们之间就有电流通过. 图34-1(b)所示为此结的位能图，在界面和绝缘层中出现势垒，用经典理论不能解释这种电流，但用量子力学理论可以解释，亦即在量子理论中，在粒子势能$V(r)>E$的区域，薛定谔方程(Schrödinger equation)

$$\left[-\frac{h}{2m}\Delta+V(r)\right]\psi(r)=E\psi(r) \qquad (34\text{-}1)$$

的解并不一定为零(若V不是无穷大)，因此一个入射粒子要穿透一个$V(r)>E$的有限区域的概率为非零，并将这个过程称为量子隧道效应. 图34-1(c)所示为隧道电流集中在针尖附近，隧穿电流几乎都集中在间隔最小的区域.

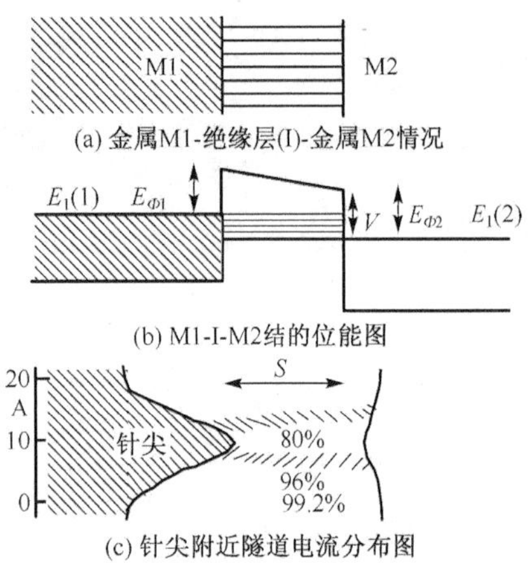

图34-1　隧道电流原理图

2. STM原理

扫描隧道显微镜的基本原理是利用量子理论中的隧穿效应，根据探针和样品之间由于隧穿效应产生的隧穿电流进行成像. 如图34-2所示，一个具有原子级尖锐针尖的金属探针在距离导电样品非常近的上方扫描，且在探针与样品之间加上一定的偏压. 由于隧穿效应，在样品与针尖之间产生隧穿电流. 同时，物体表面的高低会影响隧穿电流的大小，针尖随着物体表面的高低上下移动以维持恒定的电流. 通过纪录针尖与样品间的隧穿电流的变化，就可得到物体表面的形貌信息.

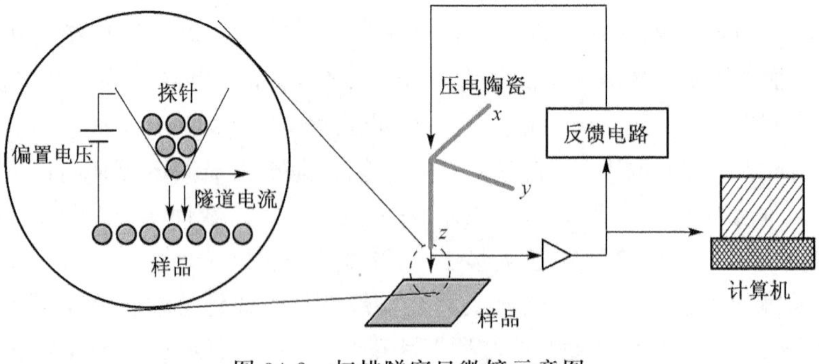

图34-2　扫描隧穿显微镜示意图

隧穿电流I与针尖和样品之间的距离S、平均功函数ϕ_1满足如下关系：

$$I\propto V_b\exp(-A\phi^{1/2}S) \qquad (34\text{-}2)$$

式中 V_b 是加在针尖和样品之间的偏置电压，平均功函数 $\phi=\frac{1}{2}(\phi_1+\phi_2)$，$\phi_1$ 和 ϕ_2 分别为针尖和样品的功函数，A 为常数(真空条件下取值为 1). 扫描探针一般采用直径小于 1mm 的细金属丝，如钨丝、铂-铱丝等；被观测样品应具有一定导电性才可以产生隧穿电流.

由上式可知，隧穿电流的大小受针尖与样品表面之间的距离的影响非常明显，若二者距离 S 减小 0.1nm，隧穿电流 I 则将增加一个数量级. 如图 34-3(a)所示，利用电子反馈线路控制隧穿电流的恒定，并控制压电陶瓷材料使针尖在样品表面进行扫描，则针尖在垂直于样品方向上高低的变化就反映出了样品表面的起伏. 将针尖在样品表面扫描时运动的轨迹信息反馈到计算机终端进行处理，就可得到样品表面态密度的分布或原子排列的图像. 这种扫描方式是一种常用的恒定电流的工作模式，可用于观察表面形貌起伏较大的样品，且可通过加在 z 向驱动器上的电压值推算表面起伏高度的数值. 对于起伏不大的样品表面，则可以控制针尖高度守恒扫描，通过记录隧穿电流的变化得到表面态密度的分布或原子排列的图像. 如图 34-3(b)所示，这种扫描方式称为恒高度工作模式，其特点是扫描速度快，能够减少噪音和热漂移对信号的影响，但一般只能适用于观察表面起伏小于 1nm 的样品.

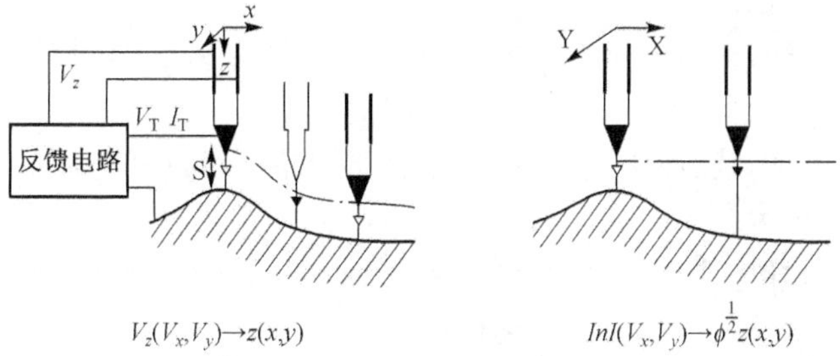

(a) 恒电流模式　　(b) 恒高度模式

图 34-3　扫描模式示意图

S 为针尖与样品间距，I、V_b 为隧穿电流和偏置电压，V_z 为控制针尖在 z 方向高度的反馈电压

从扫描隧穿显微镜(STM)的工作原理可知，在 STM 观测样品表面的过程中，扫描探针的结构所起的作用是很重要的. 如针尖的曲率半径是影响横向分辨率的关键因素；针尖的尺寸、形状及化学同一性不仅影响到 STM 图像的分辨率，而且还关系到电子结构的测量. 因此，精确地观测描述针尖的几何形状与电子特性对于实验质量的评估有重要的参考价值.

此外，STM 作为新型的显微工具与以往的各种显微镜和分析仪器相比有着其明显的优势：①STM 具有极高的分辨率；②STM 得到的是实时的、真实的样品表面的高分辨率图像；③STM 可以在真空、大气、低温、常温、高温，甚至在溶液中使用，其使用环境宽松；④STM 可应用于物理、化学、生物、医学等基础学科，乃至材料、微电子等应用学科的广泛领域；⑤相对于电子显微镜等大型仪器，STM 的价格较低，便于推广使用.

虽然 STM 有着明显的优势，但也有令人遗憾的地方. STM 适用的样品必须是导体或半导体，因为其工作原理是基于隧穿电流效应. 因此，面对其他存在的大量非导电材料来讲，STM 显得无能为力了.

以上介绍的只是 STM 的基本原理，实际的 STM 仪器结构要比前面介绍的复杂，功能也强大，并涉及现代科学技术中诸多的重要方法和技术.

[实验装置]

扫描隧穿显微镜 1 台、实物图如图 34-4 所示、待测样品 1～3 个.

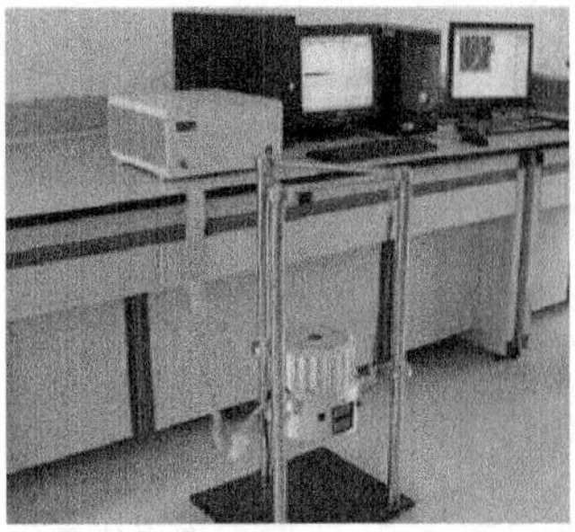

图 34-4 扫描隧穿显微镜实物图

[实验内容]

实验前需充分作好预习，包括扫描隧穿显微镜的基本原理、基本结构及各组成部分的作用，熟悉针尖的制备过程及其在实验中的重要性，熟悉扫描隧穿显微镜有哪几种工作模式及其适用范围.

在充分准备的基础上，自拟出实验的准备报告(包括原理、实验路线、仪器要求、注意事项等)，经指导老师同意后，进入实验室进行扫描隧穿显微镜的测试实验，并写出完整的实验汇报.

(1)利用扫描隧穿显微镜测量磁控溅射制备的导电 Co 膜的表面形貌.

(2)分析薄膜所呈现的表面特征，通过处理获取薄膜的颗粒大小及粗糙度等信息.

[实验步骤]

(1)进入 SPM Console 软件.

(2)放入适当扫描范围的扫描器.

(3)剪切适当长度 Pt-Ir 丝(通常 1～1.5cm)，针尖朝下插入 STM 探针架中，并将 STM 探针架插入探头内.

(4)放入样品(样品的待测面必须导电，待测面与样品台间必须连通).

(5)打开控制机箱电源.

(6)设置参考点，对导电性良好的样品，参考点通常为 1～2nA，对半导体可适当减小.

(7)设置偏压，对导电性良好的样品，偏压设为 0.1V 左右.

(8)自动进针，直至 Z 电压<165V，单步前进或后退到 Z 电压为 0V 左右(−20V～20V).

(9)开始扫描.

(10)打开扫描图像的 A 窗口，放大信号(样品的表面形貌——高度)，使示波器上的信号处于中间并不超过可测量的范围.

(11)调节积分增益、比例增益和参考增益，使示波器上的信号最灵敏而且不出现自激噪音.

(12)选择适当的扫描频率，并根据示波器上的信号选择低通滤波的水平.

(13)打开扫描图像 B 窗口(信号为隧穿电流 current)，参考扫描图像 A 窗口的方法，调节所得的扫描信号.

(14)扫描结束后，保存在缓冲区中的结果.

(15)退针，结束测试过程.

[思考题]

(1)如何调节和使用 STM，怎样解释 STM 的工作原理——量子隧穿效应?

(2)扫描时间对扫描范围、图像分辨率有何影响，如何设置参数获得高质量的扫描图像?

[参考文献]

本源纳米仪器公司，http://www.spm.com.cn/index.shtml

吴思诚，王祖铨. 2005. 近代物理实验. 北京：高等教育出版社

向东，王青玲，柳金凤等. 2007. 在扫描隧穿显微镜实验中开展研究性学习. 实验室研究与探索，26(3)，89～92

薛增泉，吴全德，李浩. 1991. 薄膜物理. 北京：电子工业出版社

6.2 材料电性测量

根据导电性能划分，自然界物质可以分为导体、绝缘体和半导体三大类，其中半导体的导电性能介于导体和绝缘体之间. 在导体中，当温度下降到某一温度时，某些导体的电阻会变为零，这类特殊的导体称之为超导体. 材料的导电性能与材料的微结构特别是电子结构密切相关，主要取决于材料的制备工艺、材料结构特征和组分比等因素. 因此，研究材料的电输运性质是材料研究中不可或缺的环节，而研究材料的电阻随温度、外磁场等因素的变化关系是材料研究的最基本方法之一. 电学性能的研究可以很好地揭示材料的特性，迄今大多数新材料的发现和应用都来自于人们对材料电性能的深入研究过程，如 1911 年超导电性的发现及 1988 年巨磁电阻现象的发现. 目前用于研究材料电学输运性能的常用方法主要是 van der Pauw 四点探针法和霍尔效应等. 在半导体材料研究中，Hall 效应测量具有广泛的应用，不仅可以研究半导体材料导电特性或输运现象，还可以确定材料的导电类型、载流子浓度、禁带宽度和杂质电离能等性能参数. 在材料能带结构研究、元激发及其相互作用研究中，磁场发挥着极其重要的作用，通过对磁场作用下材料的磁学、电学输运性能的研究，可以加深理解材料(巨磁电阻材料、稀释磁性半导体材料等)在输运过程中巡游电子的自旋极化、自旋相关散射、自旋弛豫等新颖现象及其作用机理，进而为多功能新型材料及其器件的研发和发展提供技术性支持.

实验 35 薄膜材料电阻的测量

自从 Smits 提出四针探法测量电阻以来，四探针法在材料电性能测量中得到了广泛的应用，并发展了双四探针法、方形探针法等. 四探针法或双四探针法测量电阻的核心问题是边界的校正和误差问题. 对于四探针法，针间距不等或探针游移都会引入较大的误差，双四探针法较好地克服了这个问题. 当样尺寸比较小、边界效应明显时，需要根据边界和样品的形状进行校正因子的修正，但校正因子的计算比较复杂. 宿昌厚的计算结果表明，对于小尺寸样品，用双四探针法就可测量矩形薄层电阻而不需要进行边界校正. 双电测四探针测试仪就是使用该方案. 但是，从文献中的计算中可以看到，其计算的条件是四探针必须位于矩形薄层的中心线上，否则上述结论是不成立的. 而在实验中准确找到矩形小样品的中心线是不容易的. 近年来，已有人把双四探针法应用于磁性合金薄片电阻的测量中，本实验利用扫描式的双四探针测量薄膜材料的电阻.

[实验原理]

当薄层上有正、负一对点状电流源时，某观察点 E 的电位 φ 服从以下规律：

$$\varphi = \frac{R_s I}{2\pi}\ln\frac{r_1}{r_2} \tag{35-1}$$

式中 R_s 是薄层电阻，I 是电流，r_1 和 r_2 分别是从观察点 E 到负、正两个点状电流源的距离.

如图 35-1，对于无限大的薄片，若四个探针 $ABCD$ 严格位于一条直线上，且探针间距分别为 S_1，S_2 和 S_3，则根据(35-1)式，若 A，B 为两个点状电流源，电流为 I_1，容易导出电压与电流的关系

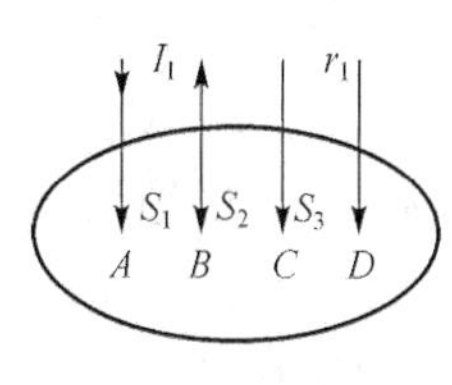

图 35-1 四探针的测量方式

$$V_{CD} = \frac{R_s I_1}{2\pi}\ln\left[\frac{(S_1+S_2)(S_2+S_3)}{S_2(S_1+S_2+S_3)}\right] \tag{35-2}$$

而若 A，D 为两个点状电流源，电流为 I_2 则

$$V_{BC} = \frac{R_s I_2}{2\pi}\ln\left[\frac{(S_1+S_2)(S_2+S_3)}{S_1 S_3}\right] \tag{35-3}$$

若 $S_1 = S_2 = S_3$，则由(35-2)式、(35-3)式可得

$$R_s = \frac{2\pi}{\ln\left(\frac{4}{3}\right)} R_1 = \frac{2\pi}{\ln 4} R_2 \tag{35-4}$$

式中 $R_1 = \dfrac{V_{CD}}{I_1}, R_2 = \dfrac{V_{BC}}{I_2}$.

对于无限大、半无限大、小矩形(探针处于小矩形样品的中心)、圆形等四种样品，根据镜像和保形理论可以导出

$$\exp\left(-\frac{2\pi R_1}{R_S}\right) + \exp\left(-\frac{2\pi R_2}{R_S}\right) = 1 \tag{35-5}$$

由此可以得到

$$R_S = \frac{\pi}{\ln 2}\left(\frac{V_{CD} + V_{BC}}{I}\right) f\left(\frac{V_{CD}}{V_{BC}}\right) \tag{35-6}$$

(35-6)式中 $f\left(\dfrac{V_{CD}}{V_{BC}}\right)$或 $f\left(\dfrac{R_1}{R_2}\right)$ 称为辅助函数，它与 $\dfrac{R_1}{R_2}$ 的关系为

$$\frac{R_1}{R_2} = \frac{\dfrac{\ln 2}{f} - \cos^{-1} h\left[2^{\left(\frac{1}{f}-1\right)}\right]}{\dfrac{\ln 2}{f} + \cos^{-1} h\left[2^{\left(\frac{1}{f}-1\right)}\right]} \tag{35-7}$$

通过 Math 计算程序，容易找到 R_1/R_2 或 V_{CD}/V_{BC} 与 f 的一一对应值. 所以对于上述四种形状样品，不管 S_1, S_2, S_3 是否相等，只要能测出 V_{CD} 和 V_{BC} (I 相同情况)，就可根据(35-6)式、(35-7)式求得 R_S.

从理论上说，对于小矩形薄片(窄长条形薄带)，可以把四探针定位在其中心位置，但是在实验上是不容易实现的. 为此先从理论上探讨偏离中心的距离对测量结果的影响，然后提出提高测量精度的新方案.

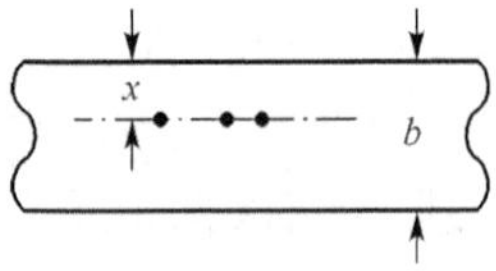

图 35-2　窄长条形薄带上四探针位置

如图 35-2 所示，设薄带的宽度为 b，探针离边界的距离为 x，且四探针的连线平行于边界线，四探针针距都为 s. 根据镜像原理，为满足边界条件，样品以外必须按一定规律设置无穷多个电流源镜像，而带上任意一点的电位是真源和无数个像源提供的电位的叠加.

根据这一原理可以导出，当电流从 A, B 输入时

$$V_{CD} = \frac{R_{S0} I}{2\pi}\left\{\frac{\prod_{n=0}^{x}[(2nb)^2 + 4s^2][(2nb+2x)^2 + 4s^2]\prod_{m=1}^{\infty}[(2mb-2x)^2 + 4s^2]}{\prod_{m=1}^{\infty}\sqrt{(2nb-2x)^2 + 9s^2}\sqrt{(2nb+2x)^2 + 9s^2}\sqrt{(2nb)^2 + s^2}\sqrt{(2nb+2x)^2 + s^2}}\right.$$

$$\left.\times\frac{\prod_{m=1}^{\infty}[(2mb)^2 + 4s^2]}{\prod_{m=1}^{\infty}\sqrt{(2mb-2x)^2 + 9s^2}\sqrt{(2mb)^2 + 9s^2}\sqrt{(2mb-2x)^2 + s^2}\sqrt{(2mb)^2 + s^2}}\right\} \tag{35-8}$$

当电流从 A, D 输入时

$$V_{BC} = \frac{R_{S0} I}{2\pi}\ln\left\{\frac{\prod_{n=0}^{\infty}[(2nb)^2 + s^2][(2nb+2x)^2 + s^2]\prod_{m=1}^{\infty}[(2mb-2x)^2 + s^2][(2mb)^2 + s^2]}{\prod_{n=0}^{\infty}[(2nb)^2 + 4s^2][(2nb+2x)^2 + 4s^2]\prod_{m=1}^{\infty}[(2mb-2x)^2 + 4s^2][(2mb)^2 + 4s^2]}\right\} \tag{35-9}$$

利用(35-8)式、(35-9)式可计算出不同 s、x 值下的 V_{CD}、V_{BC} 值.(35-8)式、(35-9)式中 R_{S0} 表示 b 为无穷大时所测得的薄层电阻(实际上为薄层的固有电阻). 若仍然使用(35-6)式来计算 R_S,则可以求出 $\frac{R_S}{R_{S0}}$.

图 35-3 中曲线 A,B,C 分别给出薄带宽度 b 为 2mm,5mm,10mm 时的 $\frac{R_S}{R_{S0}}$ 随 x 的变化曲线. 从图中看到,对于窄长条带,当 b 小的时候,R_S 的边缘效应非常明显,但在带的中心附近总存在一个极小范围,在这个范围内 $\frac{R_S}{R_{S0}}=1$. 当 b 很小时,这个范围很小,一般用肉眼很难保证四探针落在这个范围内,若偏离一点都将导致较大的误差.

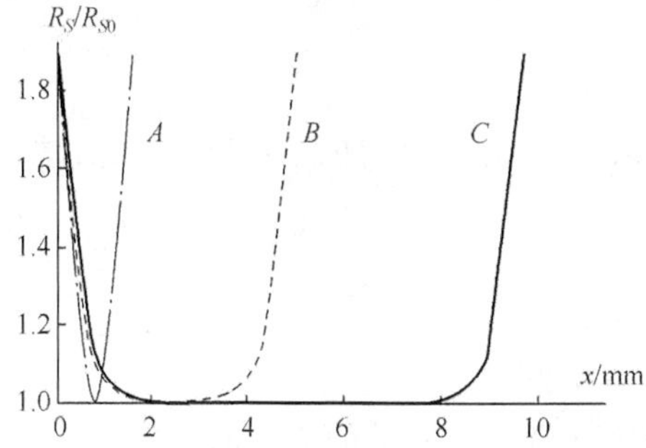

图 35-3 长条形薄带的相对电阻 R_S/R_{S0} 随 x 的变化关系

为了克服这一缺陷,在本研究工作中,提出了扫描的双四探针测量新方案. 具体做法是:配置一个可灵活绕固定轴转动又能高精度(0.002mm)前后移动的测量底盘,通过转动保证四探针连续平行于长条形的边界,然后沿垂直长条形的边界方向每隔 0.01mm 测一个点,获得 V_{CD},V_{BC} 并由(35-6)~(35-9)式算出 $\frac{R_S}{R_{S0}}$,作$\frac{R_S}{R_{S0}}$-x 曲线,该曲线的极小值即为 R_{S0},若采用计算机控制、采集数据并拟合计算,则可以得到很高精度的测量结果.

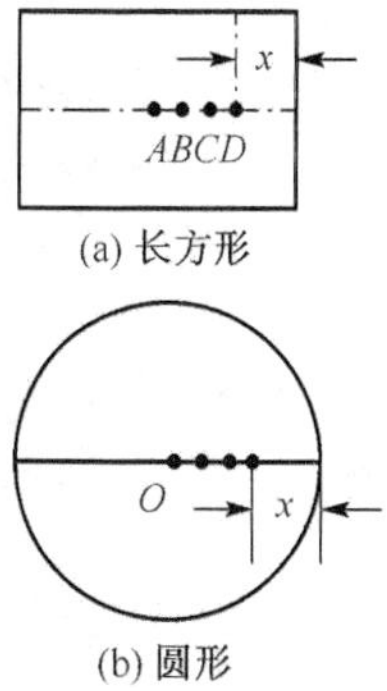

图 35-4 样品的测量方式

为了研究半无穷大及圆形样品的四探针和双四探针的电阻测量,选择了面积为 $33\times44\text{mm}^2$ 长方形及直径为 37mm 的圆形,并按图 35-4 的排列方式测量电阻. 根据镜像理论,可以导出探针间距相等且都为 1mm 时,对应图 35-4(a)和(b)测量方式 V_{BC} 的表示式分别为

$$V_{BC}=\frac{R_S I}{2\pi}\left[\ln4+\ln\left(\frac{4x^2+12x+8}{4x^2+12x+5}\right)\right] \tag{35-10}$$

及

$$V_{BC}=\frac{R_S I}{2\pi}\ln\frac{4\left[\frac{R^2}{R-x}-(R-x-2)\right]\left[\frac{R^2}{R-x-3}-(R-x-1)\right]}{\left[\frac{R^2}{R-x-3}-(R-x-2)\right]\left[\frac{R^2}{R-x}-(R-x-1)\right]} \tag{35-11}$$

以上两式中 R,x 均以 mm 为单位. 若以双四探针法测量,则应以(35-5)式、(35-6)式测量 R_S.

[实验装置]

KEITHLEY-6220 型精密电流源,测量精度:10^{-9}A;

KEITHLEY-2182A 纳伏表,测量精度:1nV;

探针头、金属支架和样品底盘自行设计，底盘可自由转动及前后移动，前后移动的精度为0.002mm.

[实验内容]

在充分掌握实验原理以及仪器使用的基础上，自拟出实验的开题报告(包括原理、实验线路、仪器要求、实验步骤、注意事项等)，经指导教师同意后，进行测试、分析并写出完整的实验报告.

样品：厚约为 $3\mu m$ 的ITO薄膜(由实验室提供).

尺寸：长方形($30\times40mm^2$)；圆形(直径 $D=36mm$)；窄长条形($3\times40mm^2$ 和 $7\times40mm^2$).

要求：

(1)对长方形样品按图35-4(a)测量方式测得的 $\frac{R_S}{R_{S0}}$ 随 x 的变化关系，求出电阻，并与理论计算结果相比较.

(2)对窄条形样品按图35-2测量方式测得的 $\frac{R_S}{R_{S0}}$ 随 x 变化，求出电阻，并与理论计算结果相比较.

[思考题]

(1)试比较四探针和双四探针法.

(2)采用计算机的有关程序画出电阻随 x 的变化曲线.

(3)试评价该实验所做的电阻测量，并与其他的电阻测量相比较.

[参考文献]

宿昌厚. 1979. 用四探针技术测量半导体薄层电阻的新方案. 物理学报，28：759

中科院半导体所理化分析中心. 1984. 半导体的检测与分析. 北京：科学出版社

Sievert J. 1994. Determination of the density of magnetic sheet using strip and sheet specimens. J. Magn. Magn. Mater., 133：390

Smits F. M. 1958. Measurement of sheet resistivities with the four-point probe. The Bell Technical Journal，37：711

实验36 高温超导材料及其转变温度的测量

[实验背景知识]

1. 超导电性及其发展

1911年，荷兰物理学家昂纳斯(H. K. Onnes，1853～1926)用液氦冷却水银线并通以几毫安的电流，在测量其端电压时发现，当温度稍低于液氦的正常沸点时，水银线的电阻突然跌落到零，这就是所谓的零电阻现象或超导电现象. 通常把具有这种超导电性的物体，称为超导体；而把超导体电阻突然变为零的温度，称为超导转变温度. 如果维持外磁场、电流和应力等在足够低的值，则样品在这一定外部条件下的超导转变温度，称为超导临界温度，用 T_c 表示. 在一般的实际测量中，地磁场并没有被屏蔽，样品中通过的电流也并不太小，而且超导转变往往发生在并不很窄的温度范围内，因此通常引进起始转变温度 $T_{c,onset}$ 、零电阻温度 T_{c0} 和超导转变(中点)温度 T_{cm} 等来描写高温超导体的特性，如图36-1所示. 通常所说的超导转变温度 T_c 是指 T_{cm}.

随着数字电压表的灵敏度的迅速提高，用伏安法直接判定零电阻现象已成为实验室中常用的方法. 然而，为了确定超导态的电阻是否确实为零，或者说，为了用实验确定超导态电阻的上限，这种方法的精度还不够高. 我们知道，当电感 L 一定时，如果 LR 串联回路中的电流衰减得越慢,即回路的时间常量 $\tau=L/R$ 越大,则表明该回路中的电阻 R 越小. 实验发现,一旦在超导回路中建立起了电流,则无需外电源就能持续几年仍观测不到衰减,这就是所谓的持续电流. 现代超导重力仪的观测表明,超导态即使有电阻,其电阻率也必定小于 $10^{-25}\,\Omega\cdot m$,这个值远远小于正常金属迄今所能达到的最低的电阻率 $10^{-20}\,\Omega\cdot m$,因此可以认为超导态的电阻率确实为零.

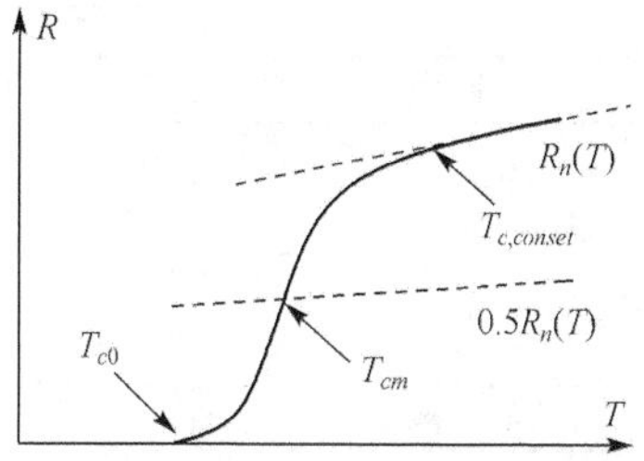

图 36-1 超导体的电阻转变曲线示意图

自从物理学家昂纳斯 1911 年首次在 4.2K 的水银中发现超导电性以来,先后有四次(1913 年、1972 年、1973 年、1987 年)8 位科学家因在超导电性的发现、超导理论(BCS)、超导应用及高温超导材料的发现等方面的创新研究工作而获得诺贝尔奖. 超导的研究与发展大概可分为以下四个阶段.

第一阶段,1911~1935 年,金属超导体及其基本特性的发现,表 36-1 给出了一些元素的超导转变温度和临界磁场.

表 36-1 一些元素超导体的 T_c 和 H_c 值

元素	T_c/K	H_c/Gs $T\approx 0$K	元素	T_c/K	H_c/Gs $T\approx 0$K
Al	1.196	99	Re	1.698	198
Cd	0.56	30	Ru	0.49	66
Ca	1.091	51	Sn	3.72	305
Hf	0.09	—	Ta	4.48	830
Hg(α 相)	4.15	411	Tc	7.77	1410
(β 相)	3.95	339	Th	1.368	162
In	3.40	293	Ti	0.39	100
Ir	0.14	19	Tl	2.39	171
La(α 相)	4.9	798	U(α 相)	0.68	—
(β 相)	6.06	1096	(γ 相)	1.80	—
Mo	0.92	98	V	5.30	1020
Nb	9.26	1980	W	0.012	1
Os	0.655	65	Zn	0.875	53
Pa	1.4	—	Zr	0.65	47
Pb	7.19	803			

第二阶段,1935~1960 年,重点是探讨超导机制,其中 London 方程,揭示了迈斯纳效应,即超导体的完全抗磁性,而由巴丁、库柏、施里佛三人建立的 BCS 理论(获诺贝尔奖),提出库柏电子对的思想,解释了零电阻、完全抗磁性、超导能隙等基本现象.

第三阶段,1960~1986 年,超导合金的发现及超导体应用. 贾埃佛和约瑟夫逊先后发现了超导体的量子隧道效应和约瑟夫逊效应,从而导致了超导量子干涉仪的发明,因而也实现了超导体在生物磁学、医疗诊断等弱磁场测量方面的应用. 在这一时期,还发现了许多可供使用的化合物超导体,如表 36-2 所示,特别是铌(Nb)类化合物,基本上成为了实用的低温超导材料,实现了很强的超导磁体.

第四阶段,1986 年至今,高温超导材料的研究. 美国 IBM 公司瑞士研究所的贝德诺兹和缪勒首先在 La-Ba-Cu-O 中发现了 $T_c>35$K 的超导电性(获诺贝尔奖),其后很快地掀起了全球的超导热,人们相继发现了 $T_c>77$K 的 Y 系、Bi 系和 Hg 系等高温超导体,表 36-3 给出了一些高温超导体的 T_c.

表 36-2　一些化合物超导体及其转变变温度 T_c

化合物	T_c/K	化合物	T_c/K
Nb_3Sn	18.05	V_3Si	17.2
Nb_3Ge	23.2	$Pb_1Mo_{5.1}S_6$	14.4
Nb_3Al	17.5	V_3Ga	16.5
NbN	16.0	La_3In	10.4
$(SN)_x$ 聚合物	0.26	$Ba_2YCu_3O_7$	94

表 36-3　一些高温超导材料的 T_c

材料	T_c	材料	T_c
$(Sr,Ba)CuO_2$	90K	$(Ba_{1-x},K_x)BiO_3$	30K
$(La_{2-x},Sr_x)CuO_4$	40K	$(La_{2-x},Sr_x)CaCu_2O_6$	60K
$(Nd,Ce,Sr)_2CuO_4$	28K	$(Nd_{2-x},Ce_x)CuO_4$	24K
$YBa_2Cu_3O_7$	90K	YBa_2,Cu_4O_6	80K
$Y_2Ba_4Cu_7O_{14}$	40K	$TlBa_2CuO_5$	50K
$TlBa_2CaCu_2O_7$	103K	$TlBa_2Ca_2Cu_3O_9$	120K
$Tl_2Ba_2CuO_6$	90K	$Bi_2Sr_2CuO_6$	10K
$Tl_2Ba_2CaCu_2O_8$	112K	$Bi_2Sr_2CaCu_2O_8$	80K
$Tl_2Ba_2Ca_2Cu_3O_{10}$	125K	$Bi_2Sr_2Ca_2Cu_3O_{10}$	110K
$Pb_2Sr_2(Ca,Y)Cu_3O_8$	70K	$Bi_2Sr_2Ca_2Cu_2O_9$	30K

从以上的过程可以看到，在超导现象发现以后，人们一直在为提高超导临界温度而努力，然而进展却十分缓慢，1973 年所创立的记录(Nb3Ge，$T_c=23.2$K)就保持了 12 年. 1986 年 4 月，缪勒(K. A. Müller)和贝德罗兹(J. G. Bednorz)宣布，一种钡镧铜氧化物的超导转变温度可能高于 30K，从此掀起了波及全世界的关于高温超导电性的研究热潮，在短短的两年时间里就把超导临界温度提高到了 110K，到 1993 年 3 月已达到了 134K.

温度的升高，磁场或电流的增大，都可以使超导体从超导态转变为正常态，因此常用临界温度 T_c、临界磁场 B_c 和临界电流密度 j_c 作为临界参量来表征超导材料的超导性能.

2. 材料电阻随温度的变化

电阻随温度变化的性质，对于各种类型的材料是很不相同的，它反映了物质的内在属性，是研究物质性质的基本方法之一.

在合金中，电阻主要是由杂质散射引起的，因此电子的平均自由程对温度的变化很不敏感，如锰铜的电阻随温度的变化就很小，其基本性质的揭示是和电阻-温度关系的研究分不开的. 另一方面，作为低温物理实验中基本工具的各种电阻温度计，完全是建立在对各种类型材料的电阻-温度关系研究的基础上的. 因此，掌握这方面实验研究的基本方法是十分必要的.

在绝对零度下的纯金属中，理想的完全规则排列的原子(晶格)周期场中的电子处于确定的状态，因此电阻为零. 温度升高时，晶格原子的热振动会引起电子运动状态的变化，即电子的运动受到晶格的散射而出现电阻 R_i，理论计算表明，当 $T>\theta_D/2$ 时，$R_i\propto T$，其中 θ_D 为德拜温度. 实际上，金属中总是含有杂质的，杂质原子对电子的散射会造成附加的电阻. 在温度很低时，例如在 4.2 K 以下，晶格散射对电阻的贡献趋于零，这时的电阻几乎完全由杂质散射所造成，称为剩余电阻 R_r，它近似与温度无关. 当金属纯度很高时，总电阻可以近似表达成

$$R=R_i(T)+R_r$$

在液氮温度以上 $R_i(T)\propto T$，因此有 $R\approx R_i(T)$. 例如，铂的德拜温度 θ_D 为 225K，在 63K 到室

温的温度范围内，它的电阻 $R \approx R_i(T)$ 近似地正比于温度 T. 然而，稍许精确的测量就会发现它们偏离线性关系，在较宽的温度范围内铂的电阻温度关系如图 36-2 所示.

在液氮正常沸点到室温温度范围内，铂电阻温度计具有良好的线性电阻温度关系，可表示为

$$R(T) = aT + b$$

其中 a，b 是不随温度变化的常量. 因此，根据给出的铂电阻温度计在液氮正常沸点和冰点的电阻值，可以确定所用的铂电阻温度计的 a，b 的值，并由此可得到用铂电阻温度计测温时任一电阻所相应的温度值.

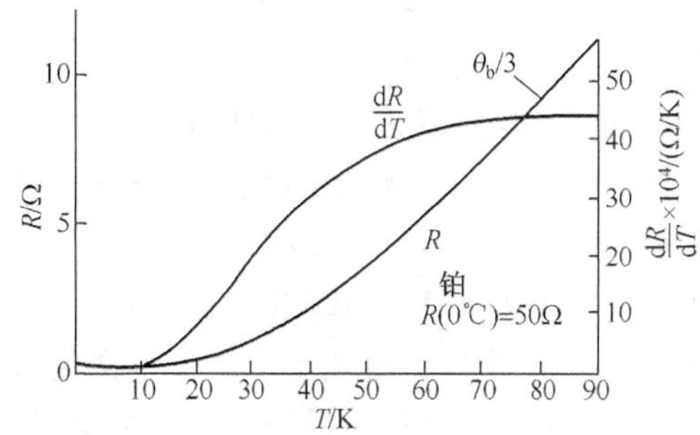

图 36-2　铂的电阻温度关系

3. 温差电偶温度计

当两种金属所做成的导线联成回路，并使其两个接触点维持在不同的温度时，该闭合回路中就会有温差电动势存在. 如果将回路的一个接触点固定在一个已知的温度，例如液氮的正常沸点 77.4K，则可以由所测量得到的温差电动势确定回路的另一接触点的温度.

4. 超导的基本特性及超导转变温度的测量

超导体的基本特性包括零电阻现象、完全的抗磁性和超导能隙的存在，这里仅介绍零电阻和完全的抗磁性.

(1)零电阻现象.

图 36-3 给出了水银在 4.0～4.5K 范围的电阻随温度的变化关系，它是一条典型的超导转变曲线. 其主要特点是：当温度从高到低变化时，电阻-温度曲线开始偏离直线，其对应的温度称为起始转变温度，从转变温度开始电阻降到零(无法测量)，其间经历了一个有限的温度间隔 ΔT_c，在这个温度区间内超导体实现了从正常态向超导态的转变. 而转变温度 T_c 定义为当电阻降到转变温度所对应的电阻的一半时对应的温度. 根据超导体的零电阻特性，人们一般采用四引线电阻测量法来测超导体的临界温度 T_c，测量装置示意如图 36-4 所示. 四引线电阻测量法示意如图 36-4(a)所示，从样品的外端引入恒电流(I_+ 和 I_-)，而从样品的内侧取出电压的信号. 按图 36-4(b)的连接方式，依照不同的温度计类型和样品材料，选定某些确定的流经样品和温度计的电流. 从样品和温度计上取得的电压信号可直接接入数字电压表，经数据采集卡接入计算机，利用计算机软件可实验自动控制和测量. 从而实时显示样品的电阻-温度变化曲线.

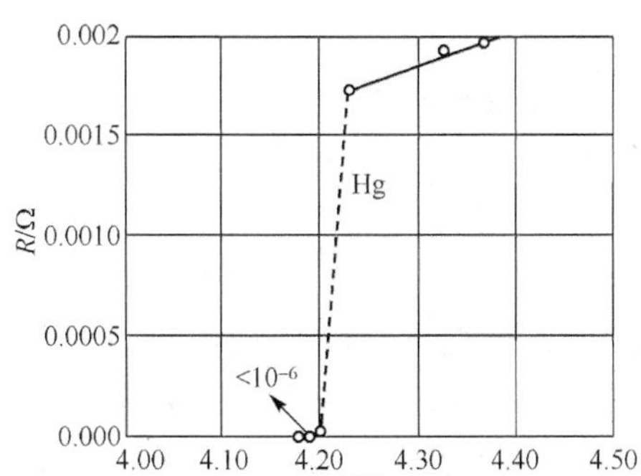

图 36-3　Hg 在低温下的超导电行为

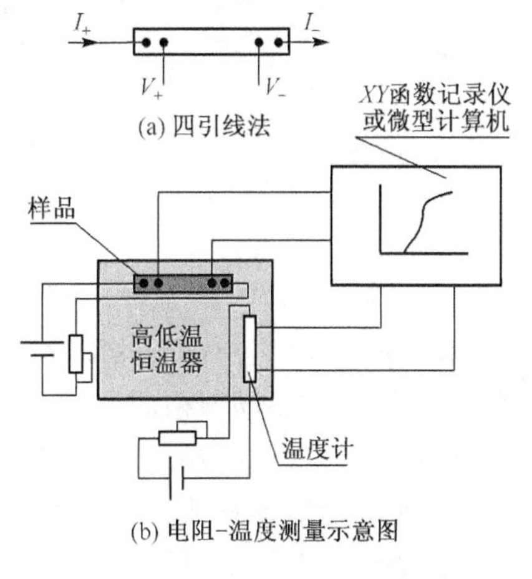

图 36-4　测量装置图

(2)迈斯纳效应(完全抗磁性).

1933 年迈斯纳发现,不论超导体是先加磁场后降温,还是先降温后加磁场,也不管外加磁场是增加或减少,只要温度低于超导转变温度,则磁场完全从体内排出,既超导体内的磁场或磁通量始终为零. 图 36-5(a)和(b)分别给出了理想导体和超导体内磁通量随温度、外加磁场的变化关系. 通过比较,超导体很明显不同于理想导体. 基于这一效应,人们使用磁测量法(电感法)来测量 T_c,按图 36-6 的测量电路,由低频讯号输出正弦振荡参考信号,其一部分输入到锁相放大器,另一部分输送给恒温器中的主线圈. 而测量线圈由两个反接串联线圈组成的次线圈,在未插入超导样品时,互感后次级线圈的输出为一固定值. 当插入待测的超导样品后. 若样品从正常态转变为超导态,则将导致磁化率的不连续变化,由此导致次级线圈的电感发生变化,变化的电感讯号经锁相放大器检测放大后输入数据采集卡,由计算机控制.

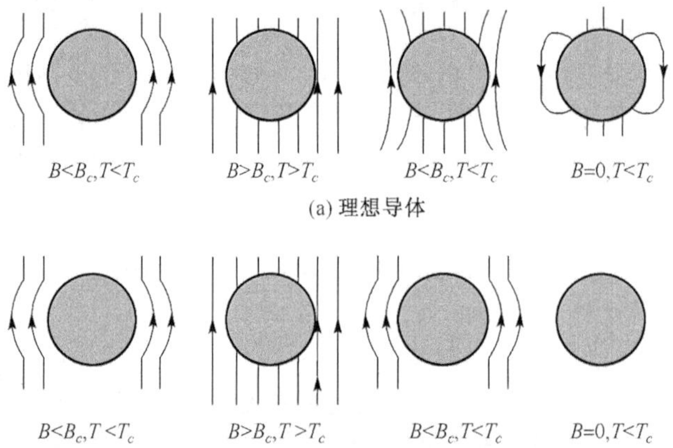

(a) 理想导体

(b) 超导体

图 36-5 理想导体和超导体的磁通随温度和磁场的变化

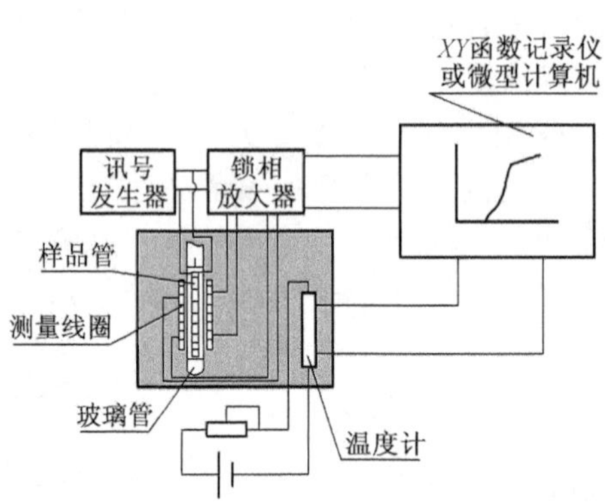

图 36-6 居里温度的磁测量法的测量电路

5. 低温物理实验的特点

(1)进行低温物理实验时,对温度的测量是很重要的工作. 对于各个温区和各种不同的实验条件,要求使用不同类型和不同规格的温度计来测量温度. 例如,在 13.8～630.7K 的温度范围内,常使用铂电阻温度计. 又如,与具有正的电阻温度系数的铂电阻温度计不同,锗和硅等半导体电阻温度计具有负的电阻温度系数,在 30 K 以下的低温具有很高的灵敏度;利用正向电压随温度变化的 pn 结制成的半导体二极管温度计,在很宽的温度范围内有很高的灵敏度,常用作控温仪的温度传感器;温差电偶温度计测温结点小,制作简单,常用来测量小样品的温度变化;掺碳玻璃电阻温度计的磁效应很弱，可用于测量在强磁场条件下工作的部件的温度，等等. 因此，必须了解各类温度传感器的特性和适用范围，学会标定温度计的基本方法.

(2)使用低温液体(如液氮、液氦等)作为冷源时，必须了解其基本性质，并注意安全.

(3)在液氮正常沸点到室温的温度范围，一般材料的热导较差，比热较大，使低温装置的各个部件具有明显的热惰性，温度计与样品之间的温度一致性较差. 实验中应注意考虑这个因素.

(4)样品的电测量引线又细又长，引线电阻的大小往往可与样品电阻相比. 对于超导样品，引线电阻可比样品电阻大得多，四引线测量法具有特殊的重要性.

(5)在直流低电势的测量中，克服乱真电动势的影响是十分重要的. 特别地，为了判定超导样品是否达到了零电阻的超导态，必须使用反向开关.

实际上，即使电路中没有来自外电源的电动势，只要存在材料的不均匀性和温差，就有温差电动势存在，通常称为乱真电动势或寄生电动势. 例如，有的实验用双刀双掷开关就有几个微伏的乱真电动势. 如果我们把一段漆包铜线两端接在数字电压表测量端上，然后用蘸有干冰或液氮的棉花在漆包铜线上捋过，则可测量出该段漆包铜线上的乱真电动势，这正是检验漆包铜线均匀性的一种简便方法. 在低温物理实验中，待测样品和传感器往往处在低温下，而测量仪器却处在室温，因此它们之间的连接导线处在温差很大的环境中. 而且，沿导线的温度分布还会随着低温液体液面的降低、低温恒温器的移动以及内部情况的其他变化而随时间改变. 所以，在涉及低电势测量的低温物理实验中，特别是在超导样品的测量中，判定和消除乱真电动势的影响是十分重要的.

[实验目的]

(1)了解超导材料研究进展以及实验研究的一般过程.

(2)初步学会文献资料的检索、收集与整理.

(3)初步了解低温物理实验方法.

(4)学会测量超导材料转变温度的方法.

[实验装置]

低温物理实验技术请参考有关资料以及实验室提供的参考资料，恒温器、杜瓦瓶、低温温度计的使用及定标、具体的测试电路详见实验室提供的说明书，并查阅相关资料.

[实验内容]

任选下列两个测试内容之一，在充分准备的基础上，自拟出实验的开题报告(包括原理、实验线路、仪器要求、实验步骤、注意事项等)，经指导教师同意后，进行测试、分析并写出完整的实验报告.

(1)利用电阻法测量某一类高温超导体的转变温度 T_c，样品由实验室提供.

(2)利用电感法测量某一类高温超导体的转变温度 T_c，样品由实验室提供.

[思考题]

(1)超导体有哪些主要特性?

(2)在低温物理实验中有几种常见的制冷技术? 请简要说明各自的原理及温度范围.

(3)在 T_c 的测量过程中，你认为要精确地测量 T_c，最困难的问题是什么? 在实验中你如何克服这些困难?

[参考文献]

冯端. 1998. 金属物理学. 第四卷. 超导电性和磁性. 北京：科学出版社

吕斯骅，朱印康．1991．近代物理实验技术(I)．北京：高等教育出版社
邬鸿彦，朱明刚．1998．近代物理实验．北京：科学出版社

实验 37　半导体变温霍尔测量

1879 年，霍尔在研究通有电流的导体在磁场中受力的情况时发现，如果电流方向与磁场垂直，则在垂直于电流和磁场的方向上就会产生电动势，这个电磁效应称为“霍尔效应”．半导体材料中的霍尔效应比在金属中大几个数量级，霍尔效应的研究极大推动了半导体理论的发展，是研究半导体性质的重要实验方法．利用霍尔效应可以确定材料的载流子类型、浓度和迁移率等信息，进而研究半导体的导电机制（本征导电和杂质导电）和散射机制（晶格散射和杂质散射）．变温霍尔效应是指温度从低温杂质弱电离区到高温本征激发范围内的研究，研究霍尔系数随温度的变化规律，可以进一步确定半导体材料的禁带宽度、复合中心的电离能和杂质补偿度等特征参量．现阶段，利用霍耳效应制成的器件已经广泛用于非电量的电测量、自动控制和信息处理等领域，在科学研究、工业生产上都有着应用价值．1985 年德国物理学家克利青（K. V. Klitzing）因发现量子霍尔效应获得诺贝尔物理学奖，1998 年普林斯顿大学的崔琦、斯坦福大学的劳克林（R. B. Laughlin）和哥伦比亚大学的施特莫（H. L. Stormer）因在发现分数霍尔效应方面所做的杰出贡献而获得诺贝尔物理学奖．

［实验目的］

（1）了解和学习低温实验中的低温温度控制和温度测量的基本原理与方法．

（2）了解半导体中霍尔效应的产生原理，霍尔系数表达式的推导及其副效应的产生和消除．

（3）掌握利用霍尔效应测量材料的电输运性质的原理和实验方法，确定半导体的相关参数．

（4）验证 p 型导电到 n 型导电的转变．

（5）利用动态法研究霍尔系数、电导率与温度之间的关系，探讨半导体内存在本征导电和杂质导电、晶格散射和杂质散射等物理过程．

［实验原理］

1. 半导体的能带结构和载流子浓度

没有人工掺杂的半导体称为本征半导体，本征半导体中的原子按照晶格有规则的排列，产生周期性势场．在这一周期势场的作用下，电子的能级展宽成准连续的能带．束缚在原子周围化学键上的电子能量较低，构成价带；脱离原子束缚后在晶体中自由运动的电子能量较高，构成导带．导带和价带之间存在的能带隙称为禁带．在热力学温度为零度时，价带中的能级全部被电子占据，而导带上的能级都是空的．随着温度升高，部分电子由于热运动脱离原子束缚，从价带激发到导带中，成为具有导带能量的电子，产生导电性能，即电子导电，同时价带中在原共价键上留下一个带正电荷的电子的缺位，通常成为空穴，这个空穴很容易受到邻键上的电子跳过来填补而转移到邻键上，产生空穴导电，这种单纯由半导体本身靠热激发产生电子-空穴的过程，称为半导体的本征激发，半导体的导电性质就是由导带中带负电荷的电子和价带中带正电荷的空穴的运动所形成的，电子和空穴统称为载流子．由于电子和空穴成对产生，因此在本征半导体中，导带中的电子浓度应与价带中空穴的浓度相同，取决于半导体材料的性质（如材料种类和禁带宽度）和外界温度．

实际的半导体材料中往往含有一定的杂质，杂质的掺入将会改变材料的半导体性质．当所掺杂质的价态大于基质的价态时，两者在键合时就会多余出电子，这种电子很容易在外界能量（热、

电、光能等)的作用下摆脱原子束缚成为自由运动的电子,其能级处在禁带中靠近导带底的位置,这种向半导体提供一个自由电子而本身成为正离子的杂质称为施主杂质,掺施主杂质的半导体的导带中的电子浓度远大于价带中空穴的浓度,呈现电子导电的性质,这种类型的半导体成为 n 型半导体. 反之,若杂质的价态小于基质的价态,该杂质就是受主杂质,其能级处在禁带中靠近价带顶的位置(受主能级),受主杂质很容易被离化,离化时为半导体提供空穴载流子,这种类型的半导体成为 p 型半导体. 以 ZnO 半导体材料为例,M^{3+}(M 为金属元素,如 Al)替代 Zn^{2+} 晶位就会获得 n 型 ZnO 半导体,而 p 型 ZnO 材料可以通过 N^{3-} 替代 O^{2-} 实现. 若掺杂元素 M 为过渡族金属元素,就可以获得集半导体性能和磁性能于一体的磁性半导体材料,磁性半导体材料是自旋电子学研究领域的热点.

当导带中游离的部分自由电子和价带中的空穴相遇后,电子重新填充原子中的空位,导致相应的电子空穴对消亡,这个过程就是电子和空穴的复合. 在这一电子从高能态跃迁回低能态的复合过程中,多余的能量以热辐射形式或光辐射形式释放出来,因此,载流子类型、浓度和运动状态对半导体的导电性能和发光性能等起到关键作用. 在一定温度下,半导体中的本征激发和电子—空穴对复合会达到动态平衡.

2. 霍尔效应和霍尔系数

霍尔效应的本质是运动的带电粒子在磁场中因受洛伦兹力作用而发生偏转,这种偏转导致在垂直电流和磁场的方向上产生正、负电荷的积累,产生横向电压. 对于一块长为 l、宽为 a、厚为 d 的半导体材料,建立如图 37-1 的笛卡儿坐标系,设沿着 x 方向有均匀电流 I_S 流过,则在 y 方向即样品两侧任意对称点为等电势点,它们的电势差为零,若在 z 方向施加外磁场 $\boldsymbol{B}$,则样品两侧(y 方向)就开始积累正、负电荷,产生附加横向电势差 U_H,也称为霍尔电压,对应的附加横向电场 E_H 称为霍尔电场.

霍尔电场强度 E_H 可表达为

$$E_H = R_H J_x B \tag{37-1}$$

式中 J_x 为电流密度,R_H 称为霍尔系数.

假设是均匀的,则电流密度可写为

$$J_x = I_S/ad \tag{37-2}$$

考虑霍尔电压

$$U_H = aE_H \tag{37-3}$$

联立(37-2)式和(37-3)式,得到霍尔系数

$$R_H = \frac{U_H d}{IsB} \times 10^8 \qquad (厘米^3/库仑) \tag{37-4}$$

式中各物理量单位为 U_H(伏特),d(厘米),I_S(安培),B(高斯).

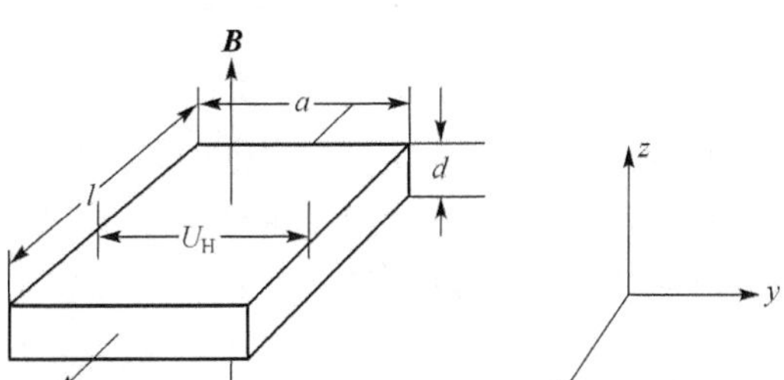

图 37-1 霍尔效应原理图

在横向电场 E_x 作用下，载流子以统计平均漂移速度 v_H 沿 x 方向运动，载流子迁移率 μ_H

$$\mu_H = v_H / E_x \tag{37-5}$$

式中 $v_H = (\mu_H/\mu)v$. 处于稳态时，y 方向上载流子受到的电场力与洛伦兹力为一对平衡力，有

$$qE_H = qv_H B \tag{37-6}$$

对于 p 型(空穴型)半导体，电流密度

$$J_x = pqv \tag{37-7}$$

霍尔系数

$$(R_H)_p = \frac{E_H}{J_x B} = \frac{v_H B}{pqvB} = \left(\frac{\mu_H}{\mu}\right)_p \frac{1}{pq} \tag{37-8}$$

同理，对于 n 型(电子型)半导体，霍尔系数

$$(R_H)_n = -\left(\frac{\mu_H}{\mu}\right)_n \frac{1}{nq} \tag{37-9}$$

上式中$\left(\frac{\mu_H}{\mu}\right)_p$，$\left(\frac{\mu_H}{\mu}\right)_n$分别为空穴、电子的霍尔迁移率与电导迁移率之比，它与散射机理及能带结构有关. 晶格散射起主要作用时，取值为 1.18；电离杂质散射起主要作用时，取值为 1.93；高载流子浓度的简并且强磁场情况下，取值为 1.

对于电子、空穴混合导电的情况，仍考虑简单能带结构、晶体散射和低场近似，可以证明半导体的霍尔系数为

$$R_H = \frac{3\pi}{8} \frac{1}{e} \frac{p\mu_p^2 - n\mu_n^2}{(p\mu_p + n\mu_n)^2} \tag{37-10}$$

半导体材料的导电类型可以由霍尔系数 R_H 的符号来判断，$R_H > 0$ 对应空穴导电类型，$R_H < 0$ 则对应电子导电类型，这里的正、负号是由霍尔电场 E_H 方向与 y 轴方向的相对取向决定，同向时取正号. 如果所有载流子具有相同的漂移速度，则载流子浓度 n 可计算为

$$n = \frac{1}{|R_H| e} \tag{37-11}$$

3. 霍尔效应中的副效应及其消除

在产生霍尔效应的同时，还伴生有四种副效应，这些副效应产生的电压叠加在霍尔电压上，造成系统误差，因此要根据其机理予以消除.

(1)不等位电势差.

由于制造工艺的限制，霍尔元件的电位极不可能绝对对称地焊接在霍耳元件的两侧，因此，当电流流经霍耳元件时，电阻率的不均匀性会导致两个霍尔电位极不在同一等电势面上，两电位极间会产生一电位差，即不等位电势差. 显然，不等位电势差与外磁场 B 无关，仅与工作电流 I_S 的方向有关.

(2)爱廷豪森效应.

从微观角度来看，当霍耳电压达到一个稳定值 U_H 时，载流子的运动达到动态平衡. 由于载流子的速度分布遵循统计规律，速度的大小并不完全相同，在洛伦兹力与霍尔电场的共同作用下，速度大的载流子会朝着元件一侧偏转，而速度小的载流子则偏转向另一侧，在偏转运动中，载流子的动能转化成热能，这样导致霍尔元件的一端较另一端具有较高的能量而形成一个横向温度梯度，导致温差电动势 U_E 的产生，这就是爱廷豪森效应. 温差电动势 U_E 的正负 B 和 I_S 的方向有关.

(3)能斯脱效应.

由于霍尔元件与其电流引线的焊接处接触电阻不可能完全相同，当电流通过焊接处时，焊接

处产生的焦耳热就不同，即有温度差存在. 此时载流子就会从温度高的一端扩散到温度低的一端，形成热扩散电流，在磁场作用下产生一附加横向电动势 U_P，这就是能斯脱效应. U_P 的极性与工作电流 I_S 无关，而随 B 的换向而改变.

(4)里纪-勒杜克效应.

由能斯脱效应产生的温差电流由于载流子速度不同也有爱廷豪森效应，由此而产生附加电压 U_{RL}，称为里记-勒杜克效应. U_{RL} 的极性与 I_S 无关，只与磁场 $\boldsymbol{B}$ 有关.

为减少上述诸效应带来的误差，可以采用对称(交换)测量法进行测量，即通过改变 I_S 和 $\boldsymbol{B}$ 的方向进行测量从而抵消副效应的影响.

4. 半导体中电导率与温度的关系

半导体中同时有两种载流子导电时，电导率 σ 可写为

$$\sigma = ne\mu_n + pe\mu_p \tag{37-12}$$

载流子的迁移率取决于半导体中的散射机制和散射概率. 本征半导体中，温度升高，晶格热振动加剧，使完整周期场的受到破坏，导致晶格对载流子的散射愈加明显，这种散射叫做晶格散射. 对载流子散射的增强往往伴随着载流子迁移率随着温度的升高而降低. 有经验公式

$$\begin{aligned} \mu_{Ln} &= 2.1 \times 10^9 T^{-2.5} \mathrm{cm^2/V \cdot S} \\ \mu_{Lp} &= 2.3 \times 10^9 T^{-2.7} \mathrm{cm^2/V \cdot S} \\ b = \mu_{Ln}/\mu_{Lp} &= 0.913 T^{0.2} \end{aligned} \tag{37-13}$$

式中 μ_{Ln}, μ_{Lp}, b 分别为由晶格散射决定的电子、空穴的迁移率及两种迁移率的比值.

在掺杂半导体中，周期场还由于电离杂质的存在而遭到破坏，由此引起的对载流子的散射称为杂质散射. 温度升高，载流子热运动速度高，由杂质散射决定的迁移率随着温度的升高而增大. 下面具体分析半导体的电导率 σ 随温度变化的关系曲线，如图 37-2 所示，分三个温度区域讨论.

(1)低温区(图 37-2a 段).

载流子由杂质电离产生，载流子浓度随温度升高而增加，且在低温下由杂质决定的迁移率也随着温度的升高而增加，因而电导率 σ 随温度升高而增加.

(2)在温度较高的杂质电离饱和区(图 37-2b 段).

杂质已全部电离，本征激发不明显，载流子浓度基本不变，此时晶格散射起主要作用，迁移率随温度升高而下降，导致 σ 随温度升高而降低.

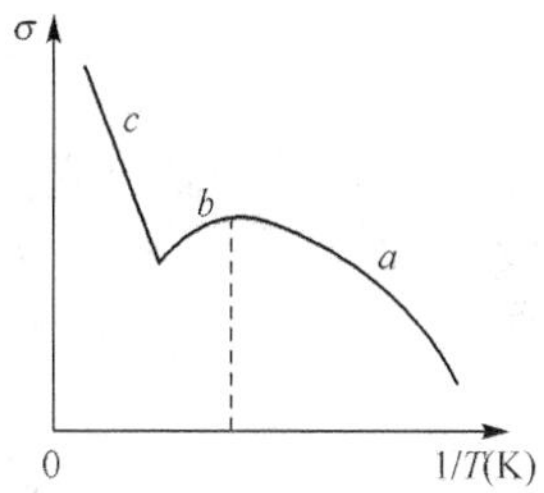

图 37-2　电导率随温度变化的关系曲线

(3)在高温区(图 37-2c 段).

本征激发产生的载流子浓度随温度升高而指数剧增，虽然由热振动决定的迁移率随着温度升高而降低，但前者对电导率的贡献远大于后者，致使 σ 随 T 的增加而迅速增加.

5. 霍尔系数与温度的关系及载流子浓度测量

以 p 型半导体为例，从杂质电离区到本征激发的高温区，有

$$\ln | R_H | \sim \frac{1}{T} \tag{37-14}$$

①当温度处在较低的杂质电离区时，R_H 由(37-4)式表示，由此时得到不同温度下的空穴浓度；②当温度升高到杂质全部电离，空穴浓度 $p = n_A \gg n$，与温度无关，R_H 达到饱和值 R_{HS}.

由(37-4)式可得

$$R_H = R_{HS} = \frac{3\pi}{8} \cdot \frac{1}{ep} = \frac{3\pi}{8} \frac{1}{en_A} \tag{37-15}$$

$$R_H = \frac{\mu_H}{\mu}\frac{1}{en_A} = \frac{\mu_H}{\sigma_p} \Rightarrow \mu_H = R_H\sigma_p \tag{37-16}$$

空穴的饱和浓度 p_S可由饱和区的 R_{HS}确定，并由 σ_p随温度的变化可以得到 μ_H-T 的关系.

温度升高，电子由价带激发到导带的过程加剧，出现两种载流子导电机制. 当满足 $p=nb^2$时，$R_{HS}=0$；温度进一步升高，更多的电子从价带激发到导带，使 $p \ll nb^2$，此时 $R_H<0$；随后 R_H会达到极值 R_{HM}.

用 $p=n_A+n$ 代入下式

$$R_H = \frac{3\pi}{8}\frac{1}{e}\frac{p\mu_p^2 - n\mu_n^2}{(p\mu_p + n\mu_n)^2} = \frac{3\pi}{8}\frac{1}{e}\frac{p - nb^2}{(p+nb)^2} \tag{37-17}$$

并对 n 求导，可知当 $n=\frac{n_A}{b-1}$ 时

$$R_{HM} = -\frac{3\pi}{8}\frac{1}{n_A e}\frac{(b-1)^2}{4b} \tag{37-18}$$

由(37-15)式、(37-18)式得

$$\frac{|R_{HM}|}{R_{HS}} = \frac{(b-1)^2}{4b} \tag{37-19}$$

在本征激发范围区域时，近似地有 $R_H \propto \frac{1}{n}$，此时随温度升高，$|R_H|$基本上呈指数下降. 高温本征区的 $\mu_{Lp} \sim T$ 的关系可以由饱和区的 $\mu_{Lp} \sim T$ 外推得到.

高温本征区的载流子浓度 n，p 可由以下公式求得.

$$p = \left[\frac{\sigma}{e\mu_{Lp}} - bn_S\right]/(b+1) \tag{37-20}$$

$$n = \left[\frac{\sigma}{e\mu_{Lp}} + n_S\right]/(b+1) \tag{37-21}$$

[实验装置]

实验仪器系统包括电磁铁、变温设备、测量线路、特斯拉计、可自动换向恒流电源、计算机数据采集系统及软件等. 图 37-3 是变温霍尔效应系统装置图.

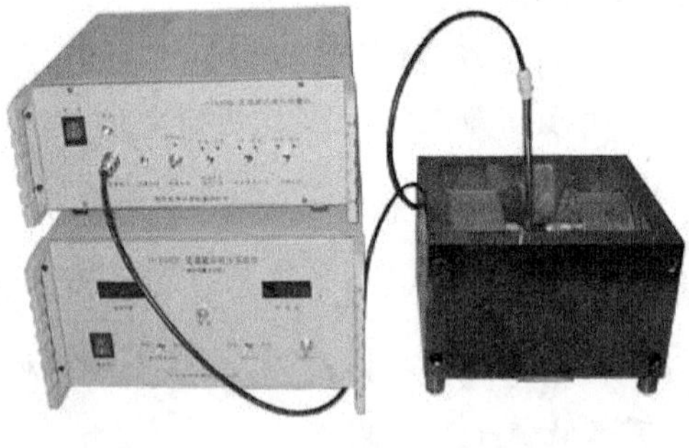

图 37-3　变温霍尔效应装置图

[实验内容]

(1)测量室温下锗样品的霍尔系数和电导率.

①样品置于电磁铁两磁极间的中心，样品与磁场方向垂直，B 固定为 0.2 特斯拉.

②样品电流定为 1 毫安培，测 1、2 电极间的电压 U_{12}，改变磁场和电场方向，共测四次.

③求 U_{34} 的平均值得到霍尔电压 U_H.

④测 U_{12}，不加磁场，电流换向后再测一次，取两次的平均值，得平均值得 $U\sigma$.

(2)变温霍尔系数及电导率的测量.

①把样品连同样品架放入装有液氮的杜瓦瓶内,冷到 77K 后将样品架放入磁场中固定.

②由计算机控制自动测量随样品自动升温的霍尔效应曲线,并测量高温霍尔系数.

③测完后再放入液氮中降温,动态测量电导率随温度的变化.

(3)数据处理.

①判断样品的载流子类型.

②求出室温下的霍尔系数及电导率,并计算样品的载流子浓度,霍尔迁移率.

③由变温测量的数据,作出以下几条随温度变化的曲线

$$\rho\propto\frac{1}{T},\quad \sigma\propto\frac{1}{T},\quad \mu_H\propto\frac{1}{T}$$

由曲线求出禁带宽度 E_g.

[预习要求]

(1)了解半导体内存在本征导电和杂质导电、晶格散射和杂质散射.

(2)掌握霍尔效应的概念及霍尔系数、载流子浓度的推导.

(3)实验前仔细阅读 HT-648 型变温霍尔效应实验仪使用说明书和变温霍尔效应讲义,与指导教师共同制定实验方案.

(4)实验前,自拟实验开题报告(包括项目研究背景、实验研究方案、进度安排表等),经指导老师同意后,方可进行测试分析.

[思考题]

(1)分别以 p 型、n 型半导体样品为例,讨论确定霍尔电场方向的方法.

(2)霍尔系数的定义及其数学表达式是什么?从霍尔系数中可以求出哪些重要参数?

(3)霍尔系数测量中有哪些副效应及其形成机制,通过什么方式可以消除?

[参考文献]

黄昆,谢希德. 1958. 半导体物理学. 北京:科学出版社

刘恩科,朱秉升,罗晋生. 1994. 半导体物理学. 北京:电子工业出版社

温才. 2005. 硒化镉(CdSe)单晶体的变温霍尔效应研究. 功能材料,10(36):1538

周淑菊. 2007. 过量镁掺杂的 p-GaN 的变温霍尔效应研究. 烟台大学学报,20(2):99

Hankiewicz E M and Vignale G. 2008. Phase diagram of the spin hall effect. Phys. Rev. Lett., 100:026602

HT-648 型变温霍尔效应实验仪使用说明书. 变温霍尔效应讲义. 南京大学仪器厂

Klitzing K von, Gorda G, and Pepper M. 1980. New method for high-accuracy determination of the fine-structure constant based on quantized Hall resistance. Phys. Rev. Lett., 45:494

Laughlin R B. 1981. Quantized hall conductivity in two dimensions. Phys. Rev, 23:5632

Putley E H. 1960. The Hall effect and related phenomena. London:Butterworths

Tsui D C, Stormer H L, and Gossard A C. 1982. Two-dimensional magnetotransport in the extreme quantum limit. Phys. Rev. Lett., 48:1559

6.3 材料磁学特性测量

从磁学理论角度,所有的物质都具有某种磁性,许多材料(单质、复合材料)在磁场作用下会产生不同的效应,利用这些效应可以获得材料的特性并应用于生产生活中. 材料磁特性的研究,很重要的一个方面就是磁学量测量,它是电磁测量的重要内容,用于研究物质的磁结构、磁现象以及探索这些现象所遵循的规律. 定量地掌握各类材料在磁场中的磁特性及其测量方法和手段,

对于科学研究中新材料的开发、机电领域中电工设备的设计、制造等都有着重要意义. 此外，在生物学、医学、化学、地质学等领域，测量物质的各种磁学参量也日益重要.

反应磁性材料磁特性主要是材料的磁化曲线、磁滞回线以及在磁场(直流、交流磁场)作用下材料中各种参量之间的关系(如合金、稀土掺杂锰氧化物材料中的磁电阻效应、多铁性材料中的磁电效应、磁性薄膜中的磁光效应以及材料中的磁弹、磁熵、磁致冷等). 磁性材料的磁特性测量常表现为曲线、回线，或规定条件下的一组数据.

本单元安排一组与材料磁学特性参量测量有关的实验. 通过本单元的实验，使同学们对于现代材料磁特性研究中的一些主要仪器、方法以及实验手段有一定的了解.

实验 38　用振动样品磁强计(VSM)测量材料的磁特性

[实验背景知识]

1. 物体磁性及磁性的检测

从磁学理论角度，所有的物质都具有某种磁性. 然而，并非任何物体都表现出磁性信号，磁性信号可以通过以下几种方式产生.

①含有剩磁的物体，如单畴磁性颗粒(单个)、已充磁的永磁体、经特殊加工工艺处理的物体等. ②处于磁场中的物体.

人们在实验中检测磁性信号的目的主要是确定材料中的磁性参数，如(基本)粒子的磁矩、单原子、单分子的磁矩、原子团、聚合物的磁性等；还有大块材料中的一些参量，如(比)(饱和)磁矩(磁化强度、磁感应强度)、(内禀)矫顽力、居里温度、(最大)磁能积、磁化率、磁导率、磁畴、磁各向异性、磁致伸缩等等. 因此，磁性的检测在磁学中具有重要的意义.

由电磁学知道，磁性信号的确认可以通过以下两种方式.

(1)带有磁性信号的物体穿过由导线构成的回路时，将有感生电动势产生. 在闭合回路中产生感生电流. 公式表示为

$$\varepsilon = -\frac{\mathrm{d}\Phi_B}{\mathrm{d}t} = \oint_L \boldsymbol{E}\cdot\mathrm{d}\boldsymbol{L} = -\frac{\mathrm{d}}{\mathrm{d}t}\int_S \boldsymbol{B}\cdot\mathrm{d}\boldsymbol{S}$$

(2)带有磁性信号的物体在非均匀磁场中将受到力的作用，即

$$F_\alpha = -\mu_0 M_S V \frac{\partial H}{\partial \alpha}$$

$$\alpha = x, y, z$$

因此，可以通过检测电动势或受力情况来判断是否有磁性信号.

到目前为止，磁性信号的检测可以根据不同的效应和作用通过多种仪器进行，具体如表 38-1.

表 38-1　几种磁性测量方法

效应/作用	方法/仪器
电磁感应 Faraday 效应	冲击法：振动样品磁强计 VSM；提拉样品磁强计 ESM；超导量子(SQUID)磁强计
磁-力效应	磁转矩仪、磁天平、交变梯度磁强计 AGFM
磁-光效应	Kerr 效应、Faraday 效应：磁圆(线)振二向色谱仪
共振效应	回旋共振、自旋共振：(铁磁共振仪、亚铁磁共振仪、反铁磁共振仪、电子自旋共振仪、核磁共振仪、Mössbauer 谱仪)
磁-磁作用	中子散射装置、磁力显微镜

2. 振动样品磁强计的发展及其原理

在本实验中，研究一种磁特性的测量方法——振动样品磁强计（vibrating sample magnetometer，简称 VSM）法.

（1）磁强计的发展.

1959 美国 S. Foner 制成实用的振动样品磁强计（VSM）（图 38-1），近三十年以来以感应法为基础的抛移法有很大发展，使样品和测量线圈做周期性的相对运动获取信号出现了各种类型的磁强计，如振动线圈磁强计，旋转样品磁强计等.

随着计算机技术的高速发展，国外先后研制出各种类型由微机控制的振动样品磁强计. 它对测量实现多功能、自动化、智能化方面有很大改进. 振动样品磁强计应用微机控制后已使仪器面貌焕然一新，它的硬件和软件还在不断完善中. 尽管如此，其所依据的基本原理并没有改变，只是进一步采用先进技术，提出新的设计方案，使得仪器的灵敏度、精度、自动化程度、可操作性以及性价比不断提高，更有利于实际操作和检测更微弱的磁性.

（2）振动样品磁强计基本原理.

振动样品磁强计是基于电磁感应原理制成的仪器，其原理图和实际结构如图 38-1. 振动样品磁强计可以测出在不同的环境下材料多种磁特性. 其探测线圈产生的感应电动势与样品的磁矩成正比，大小由样品及探测线圈的结构决定. 由于振动样品磁强计采用小样品，且易于发挥电子技术的作用及其采用灵活的设计，使之有极高的灵敏度，并兼备易于安装定位、更换样品的优点. 测量磁矩灵敏度在零磁场到磁铁可达到的最大磁场范围内，可小到$10^{-9}\,A \cdot m^2$ 以下. 目前 VSM 已成为检测物质内禀磁特性的标准通用设备. 在静磁测量中 VSM 法得到广泛的应用.

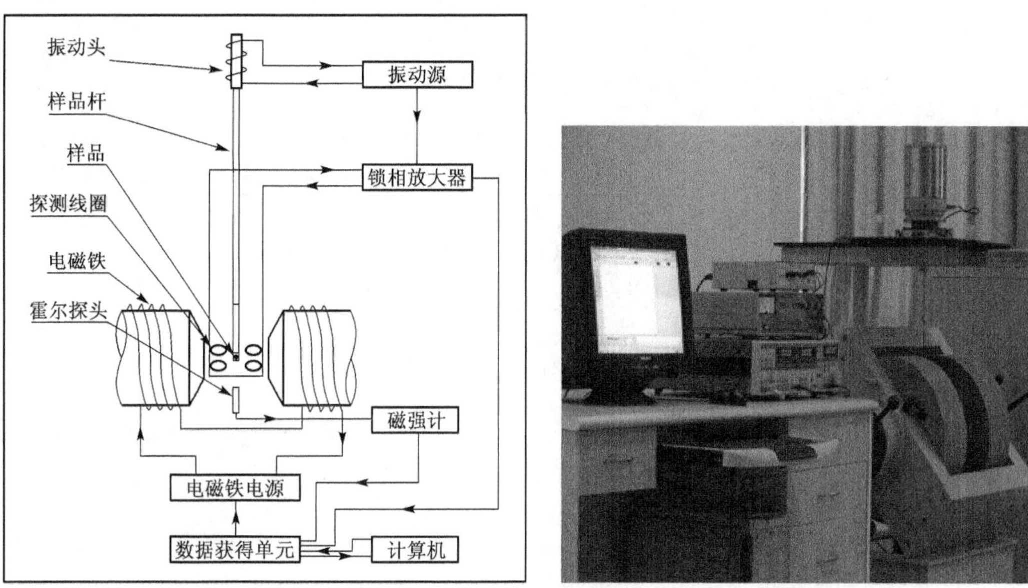

(a) 振动样品磁强计原理图　　(b) 振动样品磁强计实际结构图

图 38-1　振动样品磁强计

由于样品尺寸与探测线圈和样品之间的相对距离较之很小，因此，可以假设样品振动时是磁矩为 m 的磁偶极子. 如图 38-2(a)，图 38-2(b)给出了磁偶极子在空间距原点为 r 处产生的磁场示意图，具体可表示为

$$\boldsymbol{H}(\boldsymbol{r}) = -\frac{1}{4\pi}\left(\frac{\boldsymbol{m}}{r^3} - \frac{3(\boldsymbol{m} \cdot \boldsymbol{r})\boldsymbol{r}}{r^5}\right) \tag{38-1}$$

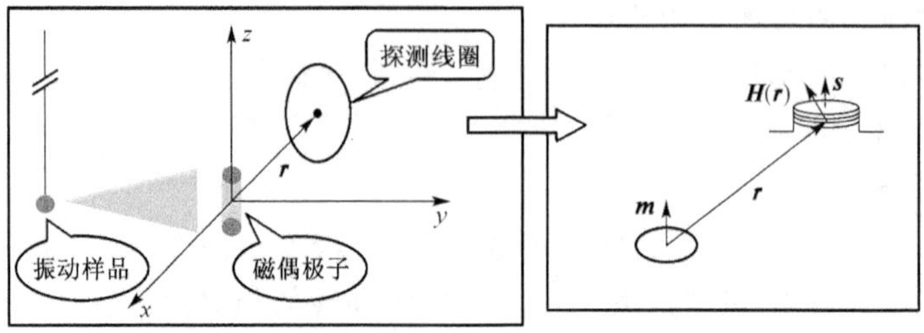

(a) 振动样品可看成磁偶极子　　(b) 磁偶极子在空间产生的磁场及其探测线圈

图 38-2　振动样品作为磁偶极子及其产生的磁场示意图

若在 r 处有一线圈，其匝数为 N，截面积为 S，则探测线圈的磁通量为

$$\phi = \sum_N \int_S \boldsymbol{B} \cdot \mathrm{d}\boldsymbol{S} = \mu_0 \sum_N \int_S \boldsymbol{H}(\boldsymbol{r}) \cdot \mathrm{d}\boldsymbol{S} \tag{38-2}$$

当样品沿 z 方向做振幅为 a、频率为 ω 的简谐振动 $a\mathrm{e}^{\mathrm{j}\omega t}$ 时，线圈中的感应电动势为

$$e = -\frac{\partial \phi}{\partial t} = -\mu_0 \sum_N \int_S \frac{\partial \boldsymbol{H}(\boldsymbol{r}')}{\partial t} \cdot \mathrm{d}\boldsymbol{S}$$

其中

$$\frac{\partial \boldsymbol{H}(\boldsymbol{r}')}{\partial t} = \nabla\{\boldsymbol{H}(\boldsymbol{r}')\} \cdot \frac{\partial \boldsymbol{r}'}{\partial t},\ \boldsymbol{r}' = x\boldsymbol{i} + y\boldsymbol{j} + (z + a\mathrm{e}^{\mathrm{j}\omega t})\boldsymbol{k}$$

因此有

$$\frac{\partial \boldsymbol{r}'}{\partial t} = ja\omega \mathrm{e}^{\mathrm{j}\omega t}\boldsymbol{k}$$

则

$$|e| = \mu_0 a\omega \mathrm{e}^{\mathrm{j}\omega t} \sum_N \int_S \mathrm{d}\boldsymbol{S} \cdot \nabla\{\boldsymbol{H}(\boldsymbol{r}')\} \cdot \boldsymbol{k} \tag{38-3}$$

又因 $\nabla\{\boldsymbol{H}(\boldsymbol{r}')\} \cdot \boldsymbol{k} = \nabla H_z(r')$，并在$(x,y,z)$点做泰勒展开，则

$$H_z(r') = H_z(r) + a\mathrm{e}^{\mathrm{j}\omega t} \frac{\partial(H_z(r))}{\partial z} + \frac{1}{2}a^2 \mathrm{e}^{2\mathrm{j}\omega t} \frac{\partial^2(H_z(r))}{\partial z^2} + \cdots \tag{38-4}$$

若被测样品在 x 方向磁化，则磁矩 $\boldsymbol{m} = m\boldsymbol{i}$，(38-1)式变为

$$H = \frac{3m}{4\pi} \cdot \frac{xy}{r^5} = \frac{3m}{4\pi} f_z(r) \tag{38-5}$$

将(38-4)式及(38-5)式代入(38-1)式，得到感应电动势的振幅为

$$e = \frac{3}{4\pi}\mu_0 m\omega \sum_N \int_S \mathrm{d}\boldsymbol{S} \cdot \left[\nabla f_z(r) a\mathrm{e}^{\mathrm{j}\omega t} + \frac{1}{2}a^2 \mathrm{e}^{2\mathrm{j}\omega t} \frac{\partial^2(\nabla f_z(r))}{\partial z^2} + \frac{1}{2}a^3 e^{3\mathrm{j}\omega t} \frac{\partial^3(\nabla f_z(r))}{\partial z^3} + \cdots\right] \tag{38-6}$$

式中 $f_Z(r) = \frac{xz}{r^5}$，为检测线圈位置函数.

为了更清楚看出感应电动势的变化规律，对(38-6)式作进一步化简，并考虑小球型样品(体积位 V，磁化强度为 M)，可以得到下式：

$$e(t) = kMV\cos\omega t \tag{38-7}$$

对比(38-6)式和(38-7)式，可以看出，参数 k 与样品振动幅度 a、振动频率 ω 以及线圈的结构和位置有关. 因此从以上两式，可以看到探测线圈中的感应电动势与样品的磁矩、振动振幅 a 的 n 次幂成正比，并与线圈的结构及位置有关. 如果将 k 保持不变，则感应信号仅和样品总磁矩成正比. 因此，预先采用已知磁矩的样品标定感应信号与磁矩的对应关系后，就可以根据测定的感应信号的大小而推知被测磁矩值.

3. 结构装置说明

(1)探测线圈.

探测线圈是振动样品磁强计的重要组成部分,它直接决定了仪器的灵敏度,稳定性及可靠性. 为了描述探测线圈的结构对测量的影响,这里引入了基波、二次谐波的几何因子,它们分别定义为

$$\boldsymbol{g}_1 = \nabla \boldsymbol{f}_z(\boldsymbol{r}) \,|_S = \nabla\left(\frac{xz}{r^5}\right) = \frac{x(r^2 - 5z^2)}{r^7} \tag{38-8}$$

和

$$\boldsymbol{g}_2 = \left.\frac{\partial \nabla \boldsymbol{f}_z(\boldsymbol{r})}{\partial z}\right|_S \tag{38-9}$$

探测线圈采用如图 38-3 所示双线圈或四线圈结构,并使它们相互串联反接,从而使有用信号相互叠加,从而抵消均匀磁化场的波动. 在图 38-2(a)图中,两个全同探测线圈的轴线平行 z 轴,分置于样品两侧. 由(38-8)式,基波几何因子用球坐标表示为

$$g_{1a} = \frac{\sin\theta(1 - 5\cos^2\theta)\cos\varphi}{r^4} \tag{38-10}$$

图 38-4 给出 x-z 平面上基波几何因子的分布. 设线圈直径为 D,样品与线圈的距离为 $r(x)$,从图中可以计算得到,当 $r^2 > 5D^2$ 时,在 x 正方向处,g_{1a} 为正,即 $63°26' < \theta_1 < 116°34'$;而在 x 负方向处,g_{1a} 为负即 $243°26' < \theta_1 < 296°34'$. 同时可以看到:当 θ 通过 $\theta_1 = \cos^{-1}\dfrac{1}{\sqrt{5}} = 63°26'$ 及 $\theta_2 = \cos^{-1}\dfrac{-1}{\sqrt{5}} = 116°34'$ 时,g_{1a} 改变符号,即感应电动势也同时改变符号,这就对线圈的高度和位置给出一定限制. 同时也得知,两线圈需串联反接.

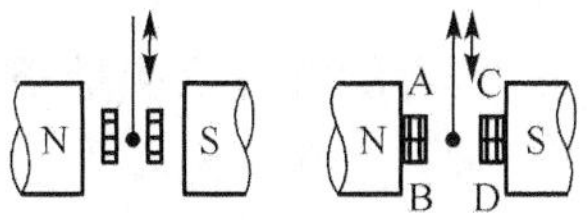

(a) 双线圈　　(b) 四线圈

图 38-3　VSM 的探测线圈结构

用同样方法可以分析二次谐波的几何因子. 由(38-9)式,二次谐波的几何因子用球坐标表示为

$$g_{2a} = \frac{\partial}{\partial z}(\nabla f_Z(\boldsymbol{r})) = \frac{5\sin\theta\cos\theta(7\cos\theta - 3)\cos\varphi}{r^5} \tag{38-11}$$

利用上式同样可以分析出 x-z 平面上二次谐波几何因子的分布. 而且,对于满足基波几何因子所确定的串联反接双线圈,二次谐波在该线圈对中的感应电动势等于零.

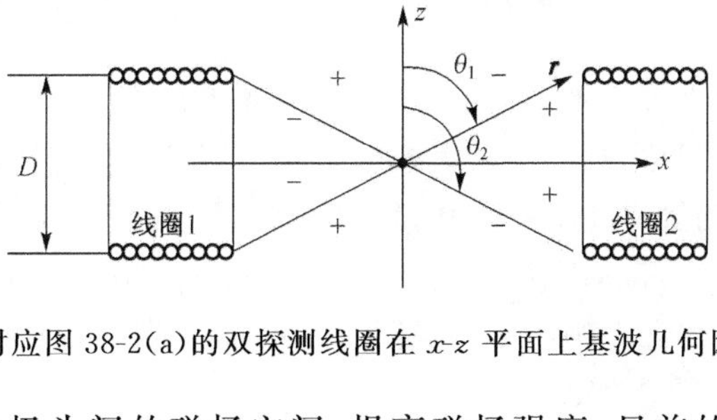

图 38-4　对应图 38-2(a)的双探测线圈在 x-z 平面上基波几何因子的分布

为了充分利用电磁铁极头间的磁场空间,提高磁场强度,目前的振动样品磁强计多采用

图 38-2(b)所示的四线圈系统. 根据对该线圈几何因子的计算可知,要求 A、C 线圈串联正接,B、D 线圈串联正接,而 A、C 与 B、D 之间串联反接.

对于在测量中要常常更换样品,因此希望线圈的几何因子对样品位置的微小差异不敏感. 换句话说,测量要求线圈的感应电动势对于样品的位置具有一个不敏感的区域,称为"鞍区",定义为:对串联反接线圈,在样品所处磁场区的中心位置附近,线圈中的感应电动势对样品位置不敏感的区域."鞍区"的大小是探测线圈质量的重要标志之一,它除与线圈的几何因子有关外,还与线圈的制作工艺有关. 图 38-5 给出图 38-2(b)中四线圈系统的感应电动势 V 与样品分别在 x、y、z 三个方向位移 Δs 的关系曲线.

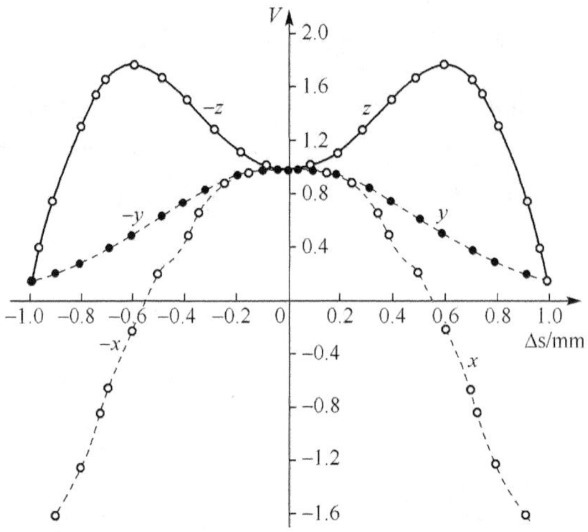

图 38-5 对应图 38-2(b)中四线圈的"鞍区"曲线

在测量过程中,希望探测线圈能有较大的信噪比,同时要求样品在重复测量中取放位置的偏差在一定空间内不影响输出信号大小. 前者能够提供测量必要的灵敏度,后者则是保证测量精度和重复性的重要条件. 因此探测线圈形状和尺寸的选择是震动样品磁强计的关键之一.

此外,由(38-6)式可以看出,信号的电动势与线圈到样品间距离 r 有关. 减小距离 r,增强样品与线圈的耦合,将会使灵敏度大为提高. 但是随着距离的减小,样品所在位置的偏差对信号影响就会越大,对样品取放位置的重复性要求就会更加苛刻. 可以使用成对的线圈对称的放置在样品两边是这种情况得到改善. 在(38-6)式中,将 x 用 $-x$ 代入,电动势将改变符号,这说明同样线圈在样品两边对称位置其输出信号相等,相位相反. 因此在实用中制成成对的线圈彼此串联反接,对称地放置在样品两边,这样不仅可以保证在每对线圈中由样品偶极子振动产生的信号彼此相加,而且它对位置尚有相互"补偿"的作用,使信号对位置的微小变化变得不敏感了. 探测线圈这样串联反接的结果还可使来自磁化场的波动和来自其他空间的干扰信号互相抵消,因而改善了抗干扰的能力.

(2)振动系统.

为使样品能在磁场中做等幅受迫振动,需要有振动系统推动. 系统应保证频率与振幅稳定. 按前面的分析,显然适当的提高频率和增大振幅对获取信号有利,但为防止在样品中出现涡流效应和样品的位移过大,振动频率和幅度多数设计在 200Hz 和 1mm 以下. 低频小幅振动一般采用两种方式产生:一种是用马达带动机械结构传动;另一种是采用扬声器结构用电信号推动. 前者带动负载能力强并且容易保证振幅和频率稳定,后者结构轻便,改变频率和幅值容易,外控方便,受控后也可以保证振幅和频率稳定.

因为仪器探测到的应只是由样品磁性产生的单一固定的频率信号,与这频率不同的信号可由选频放大器和锁相放大器消除.一切因素产生的相同频率的伪信号必须设法消除,这是提高仪器的灵敏度关键.因为振动头是一个强信号源,且频率与探测信号频率一致,故探头与探测线圈要保持较远距离用振动杆传递振动,又在振动头上加屏蔽罩,防止产生感应信号.为了确保测量精度避免振动杆的横向振动,在振动管外面加黄铜保护管,其间位于中部和下部用聚四氟乙烯垫圈支撑,既消除了横振动又不影响振动效果.

(3)系统工作原理.

由图 38-1(a),分析整个系统的工作原理:振动源(信号发生器)产生的交变信号加到振动头上,使振动子驱动振动杆做周期性运动,从而带动黏附在振杆下端的样品(处于检测线圈的鞍区)作同频同相位振动,电磁铁电源(扫描)供电磁铁产生直流或交变磁场 H 加到样品上而使样品磁化,从而在检测线圈中产生感应信号,此信号经锁相放大器检测后,馈给数据记录单元(如 X-Y 记录仪)的 Y 轴.而测量磁场用的毫特斯拉计(测材料的磁化曲线时)或温度传感器(测材料磁化强度的温度行为时)的输出则馈给 X 轴.这样,数据记录单元记录下完整的 M-H 回线或 M-T 曲线.

4.磁矩的定标

从振动样品磁强计的基本原理知道,仪器探测得到的信号是检测线圈上的感应电动势.因此必须将其转化为磁矩信号.这就是定标过程.

实际上,用振动样品磁强计测量样品磁矩有两种方式,一种是直接测量,探测线圈产生的感应信号经锁相放大器得到与基波或二次谐波成正比的信号,用已知磁矩的样品校准后,可以标度磁矩的大小,另一种方式是指零法.它的两侧也有一组探测线圈,称为参考线圈,在样品振动时,参考样品相对参考线圈振动,参考线圈的输出经移相器,衰减器与探测线圈信号相反送入前置放大器相加,然后输入至锁相放大器,测量时,可以调节衰减器及移相器使锁相放大器指零.这时,衰减器的刻度可以作为样品磁矩的量度,直接法对于样品振动的频率及振幅的稳定性要求较高,适用于自动连续测量,而指零法可以部分抵消振动频率及振幅不稳定的误差,但它是逐点测量,适用于手动操作.

由(38-7)式可以得到电动势有效值与磁矩的关系

$$V_x = kM_m \tag{38-12}$$

在线圈结构、位置以及样品中心位置、振动频率、幅度不变的情况下,可以使用已知磁矩的标准样品对仪器进行定标.设标准样品比磁化强度为 σ_S,质量为 m_S;待测样品比磁化强度为 σ_x,质量为 m_x.用标准样品和待测样品在系统中测得的电动势有效值分别为 V_S,V_x,则有

$$\frac{V_x}{m_x\sigma_x} = k = \frac{V_S}{M_S\sigma_S} \tag{38-13}$$

即有

$$\sigma_x = \frac{m_S\sigma_S}{m_x V_S}V_x \tag{38-14}$$

由(38-14)式即可定标出电动势与磁化强度之间的关系.

[实验装置]

振动样品磁强计及其辅助设备(请参考由实验室提供的有关资料,并查阅相关资料).

[实验内容]

任选下列二个实验内容之一,在充分准备的基础上,自拟出实验的开题报告(包括原理、实验线路、仪器要求、实验步骤、注意事项等),经指导教师同意后,进行测试、分析并写出完整的实验报告.

(1)测量室温下稀土掺杂锰氧化物的磁矩，分析稀土掺杂对材料磁性的影响，样品由实验室提供.

(2)利用变温磁化行为确定稀土掺杂锰氧化物的居里温度，研究热处理和稀土掺杂对居里温度的影响，样品由实验室提供.

[思考题]

(1)根据振动样品磁强计的工作原理，分析其能胜任哪些磁性质的测量？

(2)在什么情况下，原先定标过的振动样品磁强计需要重新定标，为什么？

(3)在测量过程中，为了精确地测量磁化强度，最困难的问题是什么？在实验中你如何克服这些困难？

[参考文献]

吕斯骅，朱印康主编，1991. 近代物理实验技术(I). 北京：高等教育出版社

Kaul S N and Mohan Babu T V S M, Spin wave stiffness and the range of exchange interactions in amorphous $(Fe_{1-x}Ni_x)_{75}B_{25}$ and $(Fe_{1-y}W_y)_{83}B_{17}$ alloys, J. Phys.: Condens. Matter, 1989, 1: 8509.

Coey J M D, Givord D, Lienard A and Rebouillat J P, Amorphous yttrium-iron alloys. I. Magnetic properties, J. Phys. F: Metal Physics, 1981, 11: 2707.

Kaul S N, Detailed magnetization study of an amorphous ferromagnet, Phys. Rev. B, 1981, 24: 6550.

Luborsky F E, Composition dependence of the Curie temperatures of amorphous alloys, J. Appl. Phys. 1980, 51: 2808.

Ryan R H, Coey J M, Batalla E, Altounian Z and Stromolsen J O, Magnetic properties of iron-rich Fe-Zr glasses, Phys. Rev. B, 1987, 35: 8630.

实验 39 磁电阻材料的制备与特性研究

磁电阻(magnetoresistivity, MR)是指由磁场引起的材料中电阻率的变化，其大小可定量地表示为

$$MR = \frac{\rho(0) - \rho(H)}{\rho(0)} \times 100\% \tag{39-1}$$

式中 $\rho(H)$，$\rho(0)$ 分别表示材料在磁场 H 和零时的电阻率. 非磁性导体的 MR 很小(10^{-5})，而磁性导体的 MR 最大在 3%～5%，并且当作用在样品上的磁场和通过样品的电流相互垂直和平行时，MR 分别为正和负. 这种一正一负的变化表现出各向异性的特点，具有这种电阻变化特征的称为各向异性磁电阻(anisotropy magnetoresistance, AMR).

1988 年，法国 Paris-Sud 大学的 Albert Fert 以及德国尤里希研究中心(Forschungszentrum Jülich)的 Peter Grünberg 分别在合金材料中发现了磁电阻效应，在 Grünberg 最初的工作中他和他领导的小组只是研究了由铁、铬、铁三层材料组成的样品，实验结果显示在磁场中材料的电阻下降了 1.5%. 而 Fert 及其同事则研究了由铁和铬组成的多层材料样品，使得电阻下降了 50%. 在这些多层复合材料中，如果相邻材料中的磁化方向平行的时候，电阻会变得很低；而当磁化方向相反的时候电阻则会变得很大. 电阻值的这种变化是由于不同自旋的电子在单层磁化材料中散射性质不同而造成的. 这一新发现被用于开发研制用于硬磁盘的体积小而灵敏的数据读出头(read head). 这使得存储单字节数据所需的磁性材料尺寸大为减少，从而使得磁盘的存储能力得到大幅度的提高. 第一个商业化生产的数据读取探头是由 IBM 公司于 1997 年投放市场的，到目前为止，巨磁阻技术已经成为全世界几乎所有电脑、数码相机、MP3 播放器的标准技术. 此后，人们在磁电阻效应的理论及应用研究上取得了重大成果，正由于材料中的磁电阻效应，使

得计算机存储介质的存储密度大大提高，极大地促进了计算机数据存储的发展. Fert 和 Grünberg 两位科学家也因此获得了 2007 年诺贝尔物理学奖.

这些巨磁电阻材料一开始看起来非常有意思，但是后来发现它们有非常重要的应用价值. 它们为后来生产商业化的大容量信息存储器铺平了道路，同时也为进一步探索新物理，比如隧穿磁阻效应(tunneling magnetoresistance，TMR)、自旋电子学(spintronics)以及新的传感器技术，奠定了重要的基础. 但是，目前在这些材料中的巨磁阻效应，由科学理论已经成功转化为一种非常成熟的技术，因此，目前人们感兴趣的是自旋电子学(spintronics)以及如何将隧穿磁阻效应开发为未来的新技术宠儿.

1988 年 Fert 等人在 Fe/Cr 多层膜中发现 MR 可达 50%，其值远大于通常的 AMR 值，而且在薄膜平面上是各向同性的，称之为巨磁电阻(giant magnetoresistance，GMR). 1990 年 Parkin 等人在金属多层膜中也观察到这种效应，最大可达 200%，但有些也只有百分之几. 1992 年，Chien 和 Berkowitz 等人在非互溶合金(如 Fe、Co 与 Cu、Ag、Au 等在平衡态不能形成合金)颗粒膜中也观测到 GMR，在低温下达 60%；1989 年 Kuster 等人对 $Nd_{0.5}Pb_{0.5}MnO_3$ 单晶，在磁场 11T、温度 184K 时观察到 MR 值达到10^4%；1993 年 Helmolt 等人发现 $Ld_{2/3}Ba_{1/3}MnO_3$ 薄膜的 MR 值在室温下可达 50%～60%；1994 年 Jin 等人发现经热处理后的 $Ld_{2/3}Ca_{1/3}MnO_3$ 薄膜在 77K 时，MR 值达 127000%；1995 年 Xiong 等人发现经热处理后的 $Nd_{0.7}Sr_{0.3}MnO_3$ 薄膜的 MR＞10^6%. 这些掺碱金属稀土锰氧化物中的结果都远大于金属多层膜的 MR 值，称为异常大磁电阻(colossal magnetoresistance，CMR). 这种巨大的磁电阻值总是出现在居里温度附近($T<T_c$)，随着温度的降低或升高，都会很快降低. 根据 Zener 的双交换(double exchange)理论，掺杂的镧锰氧化物 $La_{1-x}A_xMnO_3$(A 为 Ca、Ba、Sr 等两价掺杂元素)的磁电阻随温度的变化在其磁相变温度附近存在着的峰值效应，当然人们希望这个峰值温度位于室温附近. 对于一元掺杂的镧锰氧化物 $La_{2/3}Ba_{1/3}MnO_3$，其磁相变温度高于室温；而同为一元掺杂的镧锰氧化物 $La_{2/3}Ca_{1/3}MnO_3$，其磁相变温度低于室温. 理论研究得知，材料的磁特性与掺杂元素有关，因此如果在 $LaMnO_3$ 中同时掺入 Ba 和 Ca 两种元素，得到二元掺杂的 $La_{1-x}(Ca_{1-y}Ba_y)_xMnO_3$(LCBMO)，则当调节掺杂量时，可控制其磁相变温度在室温附近，从而得到室温下较大的磁电阻值. 而对于实际应用而言，人们最感兴趣的正是室温高磁场灵敏度的 CMR 材料的制备和特性.

近年来人们对磁电阻效应的研究转向多相复合材料，即异质材料复合，如 $La_{0.7}Pb_{0.3}MnO_3+xAg$，$La_{2/3}Ca_{1/3}MnO_3:xSiO_2$ and $La_{2/3}Ca_{1/3}MnO_3/CuO$，在异质复合材料中，存在本征磁电阻与增强的隧穿磁电阻. 表现出与单相材料不同的磁特性.

本实验拟通过制备异质复合磁性纳米材料，测量材料的磁电阻与温度、外加磁场的关系.

[实验目的]

(1)了解材料科学研究进展以及科学实验研究的一般过程.

(2)初步学会文献资料的检索、收集与整理.

(3)初步了解低温物理实验方法.

(4)了解磁电阻效应研究进展，磁电阻材料的制备及特性测量方法.

[实验内容]

1. 磁电阻材料的制备

本实验采用固相反应法或溶胶-凝胶法制备异质纳米复合磁性材料. 具体材料由实验者查阅相关文献确定.

固相反应法制备纳米复合磁性材料的一般过程是，将制备复合材料所需的原材料(如氧化物、各种盐类等)按预定的配分比混合，使用球磨机(或研钵)研磨若干小时，利用压力机在一定压力下预压后预烧若干小时，再次研磨，压片成形后在一定温度下长时间烧结. 即可获得样品. 其中具体的参数(如研磨时间、压力大小、烧结温度等)应视具体材料进行选择.

溶胶-凝胶法制备异质纳米复合磁性材料的过程可参阅本教材中实验 27.

2. 材料磁电特性测量

(1)不同外磁场下材料电阻率温度测量.

采用四引线法测量零磁场和外磁场下的电阻随温度的变化，实验装置结构示意图如图 39-1. 关于四引线法及温度的测量方法原理可参阅文献 15.

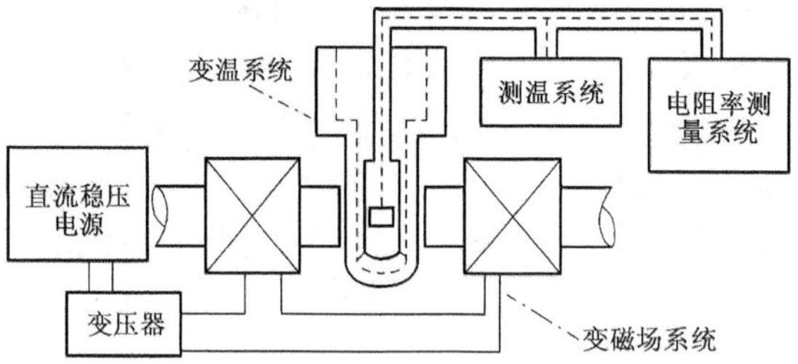

图 39-1 可变温度的电阻、磁电阻测量系统

作为例子，图 39-2 分别给出了一个 LCBMO+0.10NiO 样品在不同磁场下的电阻率和磁电阻随温度的变化行为，从图中发现，在 115 K，和 2 T 外磁场下，样品的磁电阻值达到了 68 %. 而图 39-3 则给出了 LCBMO+xNiO(x=0.0，0.05，0.10，0.20，0.50)系列样品在室温下磁电阻的大小与外加磁场的关系. 可以看出同一外场下，x=0.10 的样品有最大的磁电阻值. 室温及 0.3 T 的低磁场下样品的磁电阻值达到了 16.5 %.

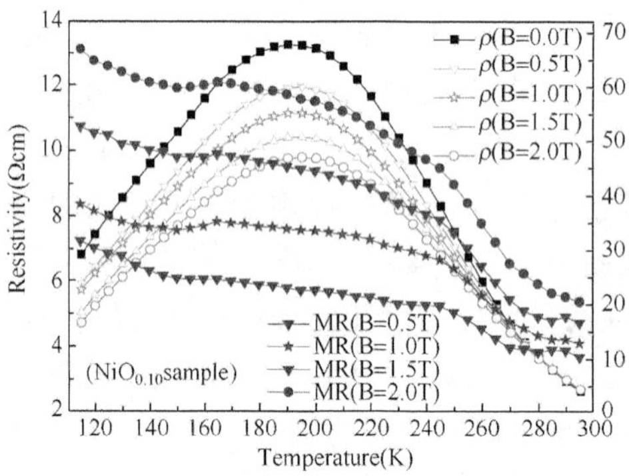

图 39-2 LCBMO+0.10NiO 样品在不同外磁场下的电阻率和磁电阻随温度的变化关系

[实验装置]

化学实验室常用仪器，高低温电阻、磁电阻测量系统、具体的仪器及原材料可通过查阅文献并确定制备何种复合材料后确定，测试电路详见实验室提供的说明书，并查阅相关资料.

[实验内容]

在查阅相关文献及实验前充准备的基础上，确定所要制备的具体材料，自拟出实验的开题报告(包括实验对象选取、实验方案、仪器要求、实验步骤、注意事项等)，经指导教师同意后，进行材料制备、测试、分析并写出完整的实验报告.

[思考题]

(1)何为 GMR 和 CMR 效应？目前发现具有 GMR 和 CMR 的材料有哪些种类？

(2)在制作 CMR 材料时，应注意哪些工艺技术问题？

(3)在磁电阻的测量过程中，为了精确地测量磁电阻所对应的电压信号，可以采用什么方法？

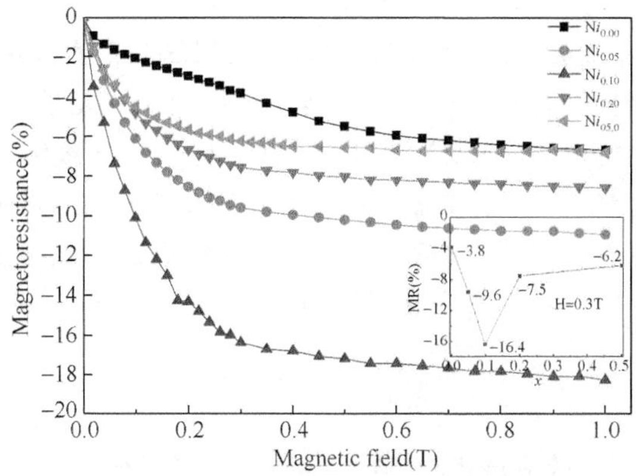

图 39-3 LCBMO+xNiO 样品在不同外磁场下的电阻率和磁电阻随温度的变化关系

[参考文献]

陈水源，陈志高，赖恒，黄志高，高低温电阻、磁电阻测量系统的研制，福建师范大学学报，2002，18：29.

A. E. Berkowitz, J. R. Mitchell, M. J. Carey, et al., Giant magnetoresistance in heterogeneous Cu-Co alloys, Phys. Rev. Lett., 1992, 68: 3745.

C. Zener, Interaction between the d-Shells in the Transition Metals. II. Ferromagnetic Compounds of Manganese with Perovskite Structure, Phys. Rev., 1951, 82: 403; P. W. Anderson, H. Hasegawa, Considerations on Double Exchange, Phys. Rev., 1955, 100: 675;

D Das, P Chowdhury, R. N Das, C. M Srivastava, A. K Nigam, D Bahadur, Solution sol-gel processing and investigation of percolation threshold in $La_{2/3}Ca_{1/3}MnO_3$: $xSiO_2$ nanocomposite, J. Magn. Magn. Mater., 2002, 238: 178.

G. Binasch, P. Grünberg, F. Saurenbach and W. Zinn, Enhanced magnetoresistance in layered magnetic structures with antiferromagnetic interlayer exchange, Phys. Rev. B, 1989, 39: 4828.

G. C. Xiong, Q. Li, H. L. Ju, R. L. Greene, and T. Venkatesan, Influence of preparation on resistivity behavior of epitaxial $Nd_{0.7}Sr_{0.3}MnO_{3-\delta}$ and $La_{0.67}Ba_{0.33}MnO_{3-\delta}$ thin films, Appl. Phys. Lett., 1995, 66: 1689.

G. C. Xiong, Q. Li, H. L. Ju, S. N. Mao, L. Senapati, X. X. Xi, R. L. Greene, and T. Venkatesan, Giant magnetoresistance in epitaxial $Nd_{0.7}Sr_{0.3}MnO_{3-\delta}$ thin films, Appl. Phys. Lett., 1995, 66: 1427.

J. H. Miao, L. Yuan, Y. Q. Wang, J. L. Shang, G. Q. Yu, G. M. Ren, X. Xiao, S. L. Yuan Electrical transport and magnetoresistance in $La_{2/3}Ca_{1/3}MnO_3$/CuO composites, Materials Letters, 2006, 60: 2214.

M. N. Baibich, J. M. Broto, A. Fert, et al., Giant Magnetoresistance of (001)Fe/(001)Cr Magnetic Superlattices, Phys. Rev. Lett., 1988, 61: 2472.

P. G. Gennes, Effects of Double Exchange in Magnetic Crystals, Phys. Rev., 1960, 118: 141.

Q. Xiao, J. S. Jiang, C. L. Chien, Giant magnetoresistance in nonmultilayer magnetic systems, Phys. Rev. Lett., 1992, 68: 3749.

R. M. Kuster, J. Singleton, D. A. Keen, R. McGreevy, W. Hayes, Physica B: Condensed Matter, Magnetoresistance measurements on the magnetic semiconductor $Nd_{0.5}Pb_{0.5}MnO_3$, 1989, 155: 362.

R. von Helmolt, J. Wecker, B. Holzapfel, L. Schultz, and K. Samwer, Giant negative magnetoresistance in perovskite-like $La_{2/3}Ba_{1/3}MnO_x$ ferromagnetic films, Phys. Rev. Lett., 1993, 71: 2331.

S. Jin, T. H. Tiefel, M. McCormack, R. A. Fastnacht, R. Ramesh and L. H. Chen, Thousandfold Change in Resistivity in Magnetoresistive La-Ca-Mn-O Films, Science, 1994, 264: 413.

S. Pal, A. Banerjee, S. Chatterjee, A. K. Nigam, B. K. Chaudhuri, and H. D. Yang, Transport and magnetic properties of $La_{0.7}Pb_{0.3}MnO_3+x$ Ag (x=0—20-wt-%) nanocomposites, J. Appl. Phys., 2003, 94: 3485.

S. S. P. Parkin, N. More, and K. P. Roche, Oscillations in exchange coupling and magnetoresistance in metallic superlattice structures: Co/Ru, Co/Cr, and Fe/Cr, Phys. Rev. Lett., 1990, 64: 2304.

实验 40　磁性薄膜磁光克尔效应的研究

1877 年，John Kerr 在探索电磁现象和光学现象之间的联系实验中，发现当线偏振光入射到已磁化的物质表面时，反射光的偏振面将发生旋转，这种现象就是著名的磁光克尔效应.利用磁光克尔效应可以观察铁磁材料的磁畴.不同磁畴具有不同的自发磁化方向，所引起的反射偏振光偏振面的旋转也不同，经检偏器后将出现与磁畴对应的明暗不同的区域.结合现代技术，磁光克尔效应可实现对磁畴进行静态和动态的观察，是关于磁畴观察和磁学参数有效测量的重要研究方法.迄今，各种以磁光效应为基础的磁光器件相继研制开发出来，如磁光调制器、磁光隔离器、磁光传感器及磁光盘等.

[实验目的]

(1)了解和掌握磁光克尔效应产生机理及测量磁光克尔效应的基本思想.

(2)利用磁光克尔效应测量磁性薄膜的磁信号和磁滞回线.

(3)研究磁性薄膜的磁各向异性与薄膜组分、厚度等之间的联系.

[实验原理]

当一束线偏振光入射到具有磁矩的薄膜表面时，反射光偏振面相对于入射光的偏振面旋转过一小角度，这个旋转角称为磁光克尔转角 θ_k，即椭圆长轴和参考轴间的夹角(如图 40-1)，这种效应叫做磁光克尔效应.通常情况下，样品对 p 偏振光和 s 偏振光的吸收率是不一样的，即使样品处于非磁状态，反射光的椭偏率也会发生改变.对于铁磁性材料，椭偏率还有一个附加的变化，这个变化称为克尔椭偏率 ε_k，即椭圆长短轴之比.一般而言，克尔旋转角 θ_k 和克尔椭偏率 ε_k 均为磁化强度 M 的函数，通过研究 θ_k 或 ε_k 的变化规律可以间接推测出样品磁化强度 M 的变化规律.

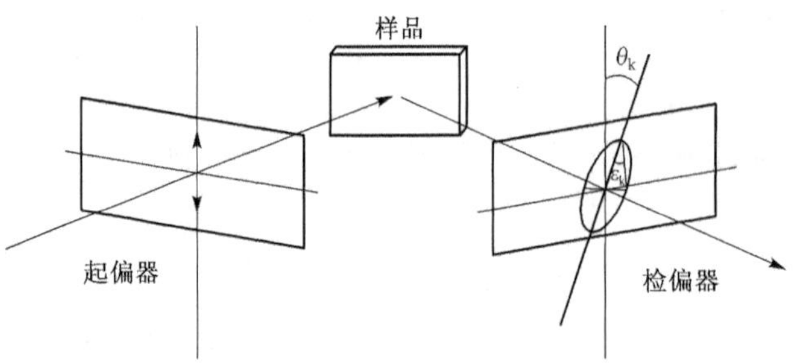

图 40-1　磁光克尔效应原理

根据材料磁化强度矢量 M 与入射光入射面和界面的相对取向，磁光克尔效应可以分为三种.

(a)极向克尔效应，磁化强度矢量 M 方向垂直于样品表面并且平行于入射面.

(b)纵向克尔效应，磁化强度矢量 M 方向在样品膜面内并且平行于入射面.

(c)横向克尔效应，磁化强度矢量 M 方向在样品膜面内并且垂直于入射面.

(1)极向克尔效应.

如图 40-2(a)所示，样品磁化强度方向垂直于样品表面并且平行于入射面.通常情况下，极向克尔信号的强度随光的入射角的减小而增大，在 0°入射角(垂直入射)达到最大.极向克尔效应是目前应用最广泛的一种克尔效应，磁光盘就是基于此原理研制而成的.为了实现高密度垂直记录，记录介质(磁光记录薄膜)应具有较高的矫顽力且尽可能接近于 1 的垂直矩形比.此外，磁光克尔效应还是研究超薄膜的垂直磁各向异性的重要方法.

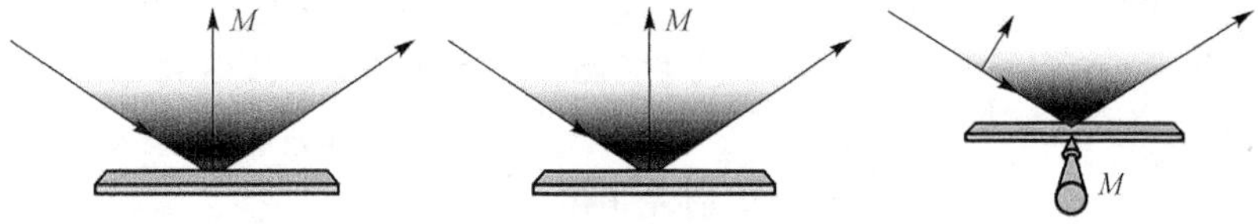

图 40-2　磁光克尔效应三种机制

(2)纵向克尔效应.

如图 40-2(b)所示,样品磁化强度方向在样品膜面内且平行于入射面.纵向克尔信号的强度一般随光的入射角的减小而减小,在 0°入射角时为零.通常情况下,纵向克尔信号中旋转角和椭偏率都要比极向克尔信号小一个数量级,因此纵向克尔效应的探测远比极向克尔效应来得困难.对于大多数薄膜样品,易磁轴平行于样品表面,只有当外磁场平行于膜面时,样品的磁化强度容易达到饱和.因此,纵向克尔效应是研究薄膜样品的表面磁性的重要研究技术.

(3)横向克尔效应.

如图 40-2(c)所示,磁化强度方向在样品膜面内且垂直于入射面.横向克尔磁光效应中反射光的偏振状态没有明显的变化,只是反射率有微小的变化,变化量正比于样品的磁化强度,这是因为这种情况下的光电场与磁化强度矢积在垂直于光传播方向上的分量为零.

图 40-3 为磁性薄膜样品磁光克尔效应测量光路图.氦氖激光器发射的激光束经过起偏棱镜变成线偏振光,经磁性薄膜样品表面反射后,通过检偏棱镜进入光电检测器.假设检偏棱镜偏振方向与起偏棱镜偏振方向的消光角度 δ(图 40-4).

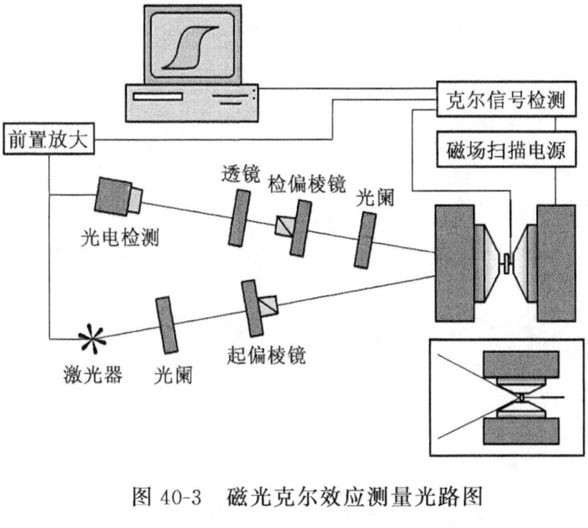

图 40-3　磁光克尔效应测量光路图

当外磁场方向垂直于样品表面时,反射光的偏振角度随着外磁场变化发生改变,通过检偏棱镜的光强也发生相应的变化.一阶近似下,透过检偏镜的光强与样品磁化强度呈线性关系,因此,研究探测器探测到的光强的变化规律就可以间接推测出样品的磁化行为.

假设 p 偏振光(电场矢量 E_p 平行于入射面)入射到磁性薄膜样品表面,反射光的偏振方向旋转了一定的角度,在垂直于 E_p 方向上产生了一很小的电场分量 E_s .

一阶近似下

$$\frac{E_s}{E_p} = \theta_k + i\varepsilon_k \tag{40-1}$$

通过检偏镜光线的强度

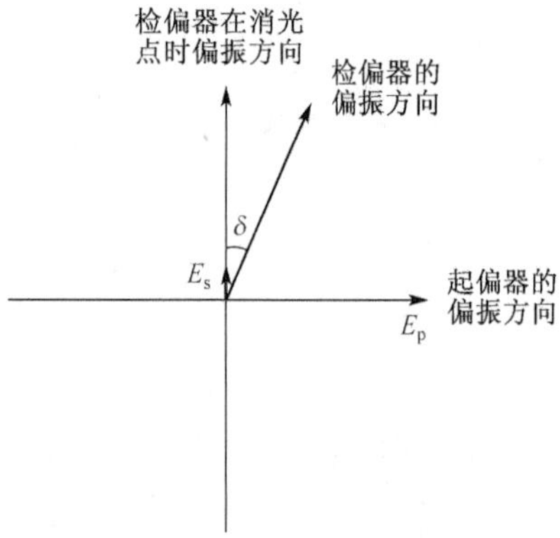

图 40-4　检偏镜偏振方向与起偏镜偏振方向之间的消光角度 δ

$$I = |E_p \sin\delta + E_s \cos\delta|^2 \tag{40-2}$$

联立方程(40-1)式和(40-2)式,得到

$$I = |E_p|^2 |\sin\delta + (\theta_k + i\varepsilon_k)\cos\delta|^2 \tag{40-3}$$

由于消光角度 δ 为小量,有

$$\sin\delta = \delta, \cos\delta = 1$$

联立(40-3)式,得

$$I = |E_p|^2 |\delta + (\theta_k + i\varepsilon_k)|^2 \tag{40-4}$$

整理得到

$$I = |E_p|^2 (\delta^2 + 2\delta\theta_k) \tag{40-5}$$

当外加磁场为零时 ($\theta_k = 0$),本底光强

$$I_0 = |E_p|^2 \delta^2 \tag{40-6}$$

加磁场不为零时,光强

$$I = I_0(1 + 2\theta_k/\delta) \tag{40-7}$$

饱和状态下,克尔旋转角 θ_k

$$\theta_k = \frac{\delta}{4} \frac{I(+M_s) - I(-M_s)}{I_0} = \frac{\delta}{4} \frac{\Delta I}{I_0} \tag{40-8}$$

式中 $I(+M_s)$,$I(-M_s)$ 分别是正负饱和状态下的光强.

因此,透射光强度的变化只与克尔旋转角 θ_k 有关,而与 ε_k 无关.

超高真空原位测量中,为消除视窗的双折射影响,须在检偏器之前加一个 1/4 波片.假设1/4 波片的主轴平行于入射面.

一阶近似下

$$E_s/E_p = -\varepsilon_k + i\theta_k \tag{40-9}$$

此时通过检偏器的光强

$$I = |E_p \sin\delta + E_s \cos\delta|^2 = |E_p|^2 |\sin\delta - \varepsilon_k \cos\delta + i\theta_k \cos\delta|^2 \tag{40-10}$$

由于消光角度 δ 很小,有

$$I = |E_p|^2 |\delta - \varepsilon_k + i\theta_k|^2 = |E_p|^2 (\delta^2 - 2\delta\varepsilon_k + \varepsilon_k^2 + \theta_k^2) \tag{40-11}$$

当外加磁场为零时

$$I_0 = |E_p|^2 \delta^2 \tag{40-12}$$

加磁场不为零时,光强

$$I \approx |E_p|^2 (\delta^2 - 2\delta\varepsilon_k) = I_0(1 - 2\varepsilon_k/\delta) \tag{40-13}$$

饱和情况下

$$\Delta\varepsilon_k = \frac{\delta}{4} \frac{I(-M_s) - I(+M_s)}{I_0} = -\frac{\delta}{4} \frac{\Delta I}{I_0} \tag{40-14}$$

总之,一阶近似下,磁光克尔效应测量的旋转角或者椭偏率均和磁性样品的磁化强度成正比.研究磁光克尔效应可以获得磁性样品的磁滞回线信息(图 40-5),从测量图谱上可以获得矫顽力、磁各向异性等方面的信息.

[实验装置]

FD-MOC-A 磁光效应综合实验仪(特斯拉计、调制信号发生器、光功率计、选频放大器)如图 40-6 所示,起偏棱镜,检偏棱镜,He-Ne 激光器,电磁铁,样品,调制线圈,会聚透镜,硅光电池探测器.

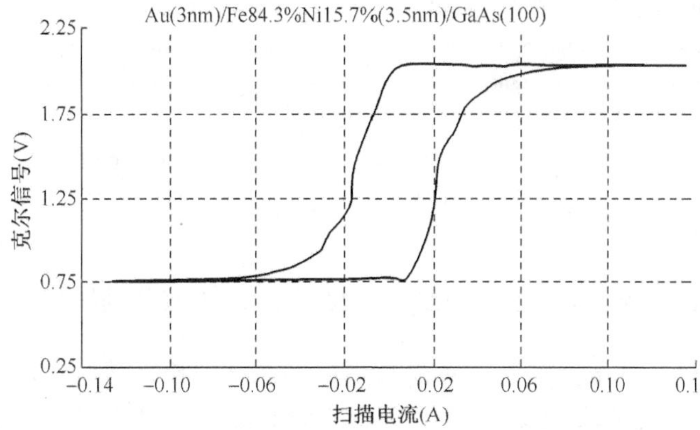

图 40-5　表面磁光克尔效应实验扫描图样

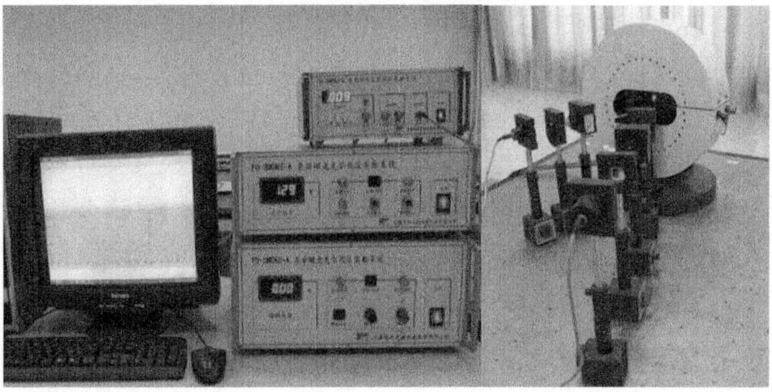

图 40-6　FD-MOC-A 磁光效应综合实验仪

[实验内容]

(1)掌握磁控溅射法、热蒸镀方法制备磁性薄膜材料.

(2)用 X 射线衍射仪、原子力显微镜和振动样品磁强计表征薄膜的微结构、表面形貌及其磁学性质.

(3)调节磁光克尔效应实验系统并测出标准薄膜样品的磁光克尔信号.

(4)不改变系统光路前提下,测量制备样品的磁光克尔信号.

[实验前准备]

(1)了解磁控溅射和热蒸镀磁性薄膜的基本工艺.

(2)调研磁性薄膜制备工艺,与指导教师共同制定实验方法.

(3)仔细阅读 FD-SMOKE-A 表面磁光克尔效应实验系统的实验参考书.

(4)根据实验具体要求,自行拟定实验计划(包括项目研究背景、实验研究方案、进度安排表等).

[思考题]

阐述利用光强变化判断样品磁化强度方向的原理.

[参考文献]

江影,邹玉. 2006. 用表面磁光克尔效应测量材料表面磁特性的研究. 辽宁师范大学学报,29(4):433

刘公强,乐志强,沈德芳. 2001. 磁光学. 上海:上海科学技术出版社

朱伟荣,董国胜. 1997. 一种测量薄膜磁性的表面磁光克尔效应装置. 真空科学与技术,4(17):243

Neal J R, Behan A J, Ibrahim R M, Blythe H J, Ziese M, Fox A M. 2006. Gehring G A , Room-temperature magneto-optics of ferromagnetic transition-metal-doped ZnO thin films. Phys. Rev. Lett., 96: 197208

Qiu Z Q, Bader S D. 1999. Surface magneto-optic kerr effect. J. Mag. Mag. Mater., 200: 664

Stern N P, Ghosh S, Xiang G, Zhu M, Samarth N, Awschalom D D. 2006. Current-induced polarization and the spin hall effect at room temperature. Phys. Rev. Lett., 97: 126603

Yamanouchi M, Chiba D, Matsukura F, Dietl T, Ohno H. 2006. Velocity of domain-wall motion induced by electrical current in the ferromagnetic semiconductor(Ga,Mn)As. Phys. Rev. Lett., 96: 096601

实验 41　磁性材料法拉第效应的研究

1845 年,法拉第(M. Faraday)在进行电磁现象和光学现象之间联系的研究中发现,将一片重玻璃置于一对磁极之间时,沿外磁场方向传播的入射光经过样品后偏振面转过一个角度,这就是著名的法拉第效应.法拉第效应首次揭示了光与电磁现象之间的联系,促进了人们对光本质的认识.之后费尔德(Verdet)对许多介质的磁致旋光进行了研究,发现了法拉第效应在固体、液体和气体中都存在.法拉第效应具有许多重要的应用,如用于光纤通讯中的磁光隔离器是应用法拉第效应中偏振面的旋转只取决于磁场的方向,而与光的传播方向无关,这样使光沿规定的方向通过同时阻挡反方向传播的光,从而减少光纤中器件表面反射光对光源的干扰.在磁场测量方面,利用法拉第效应弛豫时间短的特点制成的磁光效应磁强计可以测量脉冲强磁场、交变强磁场.在电流测量方面,利用电流的磁效应和光纤材料的法拉第效应,可以测量几千安培的大电流和几兆伏的高压电流.总之,法拉第效应已经广泛应用于生物、化学、生命科学及物理学领域.

[实验目的]

(1)了解法拉第效应,掌握用消光法检测磁光玻璃的费尔德常数.

(2)应用特斯拉计测量电磁铁磁头中心的磁感应强度,并能分析其线性范围.

(3)熟悉磁光调制的原理,理解倍频法精确测定消光位置.

(4)掌握磁光调制倍频法研究法拉第效应,精确测量不同样品的费尔德常数.

[实验原理]

当一束线偏振光通过一些原来不具有旋光性的介质,且给介质沿光的传播方向施加一磁场,就会发现经过该介质后光偏振面旋转了一个角度,即磁场使介质具有旋光特性,这种现象就是法拉第效应,如图 41-1 所示.

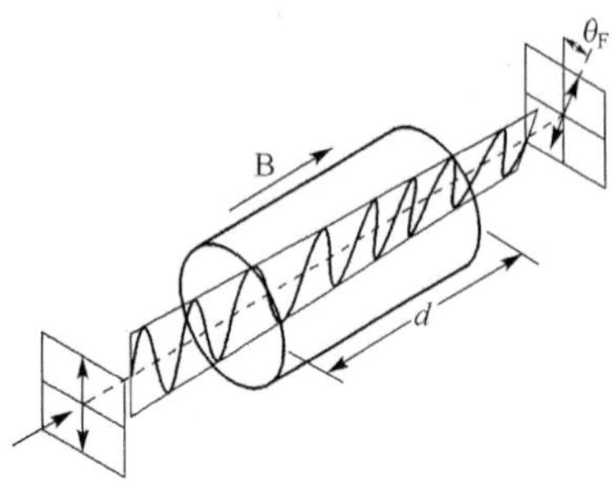

图 41-1　法拉第磁致旋光效应

实验表明,当磁场不是非常强时,光波偏振面转过的角度 θ(磁致旋光角)与光在介质中走过的路程 d 及介质中磁感应强度在光传播方向上的分量 B 成正比,即

$$\theta = VBd \tag{41-1}$$

式中比例系数 V 称为费尔德(Veraet)常数,取决于样品介质的材料特性和工作波长,它表征物质的磁光特性.费尔德常数 V 与磁光材料的性质有关,对于顺磁、弱磁和抗磁性材料, V 为常数,即 θ 与磁场强度 B 有线性关系;对铁磁性或亚铁磁性材料, θ 与 B 不是简单的线性关系.表 41-1 为几种材料的费尔德常数值.

表 41-1　几种材料的费尔德常数

材料	波长/nm	费尔德常数 V
水	589.3	1.31×10^2
二硫化碳	589.3	4.17×10^2
冕玻璃	632.8	$4.36\times10^2\sim7.27\times10^2$

续表

磷素	589.3	12.3×10^2
石英	632.8	4.83×10^2
轻火石玻璃	589.3	3.17×10^2
重火石玻璃	830.0	$8\times10^2\sim10\times10^2$
YIG	830.0	2.04×10^6

通常规定，以顺着磁场观察偏振面旋转绕向与磁场方向，满足右手螺旋关系的称为“右旋”介质，其费尔德常数 $V>0$；反向旋转的称为“左旋”介质，费尔德常数 $V<0$.

(1)法拉第效应的唯象解释.

一束平行于磁场方向传播的线偏振光可视为两束等幅度的左旋和右旋圆偏振光叠加，如图 41-2(a). 设介质中，左旋偏振光的折射率为 n_L，右旋偏振光为 n_R，通过厚度为 d 的透明介质后，便会产生相位差

$$\Delta\varphi=\varphi_R-\varphi_L=\frac{2\pi}{\lambda}d(n_R-n_L) \tag{41-2}$$

式中 λ 为真空中的波长.

在磁致旋光介质的入射截面上，圆偏振光通过介质后，它们的相位滞后不同，旋转方向也不同，在出射界面上，两个圆偏振光的旋转矢量如图 41-2(b)所示，射出透明介质后的两束圆偏振光的速度又恢复相同，两个圆偏振光的合矢量仍为线偏振光，但偏振方向相对于原来的偏振方向旋转了 θ 角度，其大小为

$$\theta=\frac{1}{2}(\varphi_R-\varphi_L)=\frac{\pi}{\lambda}d(n_R-n_L)=\theta_F d \tag{41-3}$$

当 $\theta>0$ 时，表示右旋；反之，表示左旋.

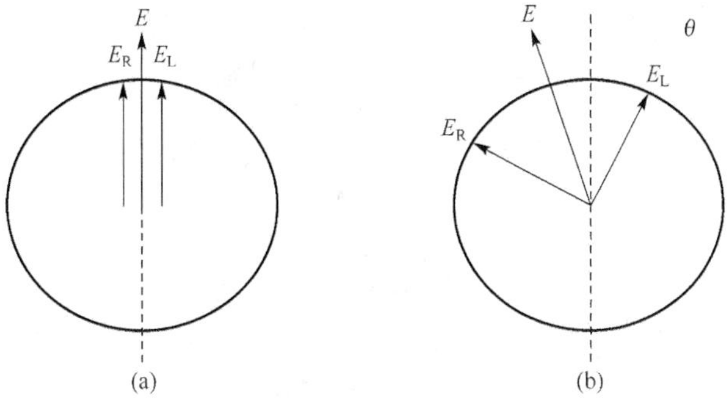

图 41-2　法拉第效应的唯象原理图

通常用法拉第旋转角表示法拉第效应的强弱. 在铁磁或亚铁磁等强磁介质中，法拉第旋转角与外加磁场不成线性变化关系，并且存在磁饱和，所以通常用比法拉第旋转 θ_F 的饱和值来表征法拉第效应的强弱. 定义比法拉第旋转 θ_F 为单位长度上的法拉第旋转角

$$\theta_F=\frac{\pi}{\lambda}(n_R-n_L) \tag{41-4}$$

(41-4)式也反映出法拉第旋转角与通过波长 λ 有关，即存在旋光色散.

(2)法拉第效应色散模型.

在色散模型中，把原子中被束缚的电子看做是一些偶极振子，把光波产生的极化和色散看作这些振子在外场作用下所作的受迫振动的结果. 考虑净磁场 $\boldsymbol{B}$ 作用时，电子的运动方程

$$m\frac{d^2\boldsymbol{r}}{dt^2}+k\boldsymbol{r}=-e\boldsymbol{E}-e\left(\frac{d\boldsymbol{r}}{dt}\right)\times\boldsymbol{B} \tag{41-5}$$

式中 m,e 分别为电子的质量和电荷，$\boldsymbol{r}$ 定义为电子偏离平衡位置的位移，k 为偶极子的弹性恢复系数.

忽略光波中磁场分量对电子的作用及电子振荡的阻尼，假定入射光波具有简谐波的时间变化形式 $e^{i\omega t}$，则(41-5)式可写为

$$(\omega_0^2-\omega^2)\boldsymbol{r}+\mathrm{i}\,\frac{e}{m}\omega\boldsymbol{r}\times\boldsymbol{B}=-\frac{e}{m}\boldsymbol{E} \tag{41-6}$$

式中 $\omega_0\ \sqrt{k/m}$ 为电子共振频率.

设磁场沿 $+z$ 方向，光波也沿此方向传播且是右旋圆偏振光

$$E=E_x e^{i\omega t}+\mathrm{i}E_y e^{i\omega t} \tag{41-7}$$

写成分量形式

$$(\omega_0^2-\omega^2)x+\mathrm{i}\,\frac{e\omega}{m}B_y=-\frac{e}{m}E_x \tag{41-8}$$

$$(\omega_0^2-\omega^2)y+\mathrm{i}\,\frac{e\omega}{m}B_x=-\frac{e}{m}E_y \tag{41-9}$$

联立(41-8)式和(41-9)式可得

$$(\omega_0^2-\omega^2)(x+\mathrm{i}y)+\frac{e\omega}{m}B(x+\mathrm{i}y)=-\frac{e}{m}(E_x+\mathrm{i}E_y) \tag{41-10}$$

设单位体积内有 N 个电子，则介质的电极化强度矢量 $\boldsymbol{P}=-Ne\boldsymbol{r}$，由宏观电动力学的物质关系式 $\boldsymbol{P}=e_0\chi\boldsymbol{E}$($\chi$ 为有效的极化率张量)可得有效极化率张量

$$\chi=\frac{\boldsymbol{P}}{\varepsilon_0\boldsymbol{E}}=-\frac{Ne\boldsymbol{r}}{\varepsilon_0\boldsymbol{E}}=-\frac{Ne(x+\mathrm{i}y)e^{i\omega t}}{\varepsilon_0(E_x+\mathrm{i}E_y)e^{i\omega t}}=\frac{Ne^2/m\varepsilon_0}{\omega_0^2-\omega^2+\omega\omega_c} \tag{41-11}$$

式中 $\omega_c=eB/m$ 成为回旋加速角频率.

由于 $n^2=\varepsilon/\varepsilon_0=1+\chi$，因此

$$n_{\mathrm{R}}^2=1+\frac{Ne^2/m\varepsilon_0}{\omega_0^2-\omega^2+\omega\omega_c} \tag{41-12}$$

对于可见光且当 $B=1\mathrm{T}$ 时，$\omega_c\approx1.7\times10^{11}\mathrm{s}^{-1}\ll\omega$，这种情况下式(41-12)可简化表示为

$$n_{\mathrm{R}}^2=1+\frac{Ne^2/m\varepsilon_0}{(\omega_0+\omega_{\mathrm{L}})^2-\omega^2} \tag{41-13}$$

式中 $\omega_{\mathrm{L}}=eB/2m$ 为电子轨道磁矩在外磁场中经典拉莫尔(Larmor)进动频率.

同理，当入射光为左旋圆偏振光时

$$n_{\mathrm{L}}^2=1+\frac{Ne^2/m\varepsilon_0}{(\omega_0-\omega_{\mathrm{L}})^2-\omega^2} \tag{41-14}$$

当磁场 $B=0$ 时

$$n^2=1+\frac{Ne^2/m\varepsilon_0}{\omega_0^2-\omega^2} \tag{41-15}$$

由此可见，①在外磁场的作用下，电子做受迫振动，振子的固有频率由 ω_0 变成 $\omega_0\pm\omega_{\mathrm{L}}$，对应于吸收光谱的塞曼效应；②由于 ω_0 的变化导致了折射率的变化，并且左旋和右旋圆偏振的变化是不相同的，尤其在 ω 接近 ω_0 时，差别更为突出，这便是法拉第效应. 因此，法拉第效应和塞曼效应是起源于同一物理过程.

由于 $n_{\mathrm{L}},n_{\mathrm{R}},n$ 彼此之间相差非常小，近似有

$$n_{\mathrm{L}}-n_{\mathrm{R}}\approx\frac{n_{\mathrm{R}}^2-n_{\mathrm{L}}^2}{2n} \tag{41-16}$$

所以比法拉第旋转角

$$\theta_F = \frac{\pi}{\lambda}(n_R - n_L) = \frac{\pi}{\lambda}\frac{n_R^2 - n_L^2}{2n} = -\frac{Ne^3\omega^2}{2cm^2\varepsilon_0 n}\frac{1}{(\omega_0^2 - \omega^2)^2}B \tag{41-17}$$

由于 $\omega_L^2 \ll \omega^2$，因此

$$\frac{dn}{d\omega} = \frac{Ne^2}{nm\varepsilon_0}\frac{\omega}{(\omega_0^2 - \omega^2)^2} \tag{41-18}$$

所以用经典电子理论处理介质色散的方法，可以推导出法拉第效应的旋转角公式为

$$\theta/d = -\frac{1}{2}\frac{e}{m}\lambda\frac{dn}{d\lambda}B \tag{41-19}$$

式中 λ 为光波波长，$\frac{dn}{d\lambda}$ 为无磁场时介质的色散，B 为磁场强度在光传播方向上的分量，d 为透明介质的长度.

[实验装置]

图 41-3 为本实验的装置结构图. FD-MOC-A 磁光效应综合实验仪主要有导轨滑块光学部件、两个控制主机、直流可调稳压电源以及手提零件箱组成. 其中一米长的光学导轨上有八个滑块，分别有激光器、起偏器、检偏器、测角器、调制线圈、会聚透镜、探测器、电磁铁. 直流可调稳压电源通过四根连接线与电磁铁相连，具体连接方式及磁场方向可以通过特斯拉计测量确定.

图 41-3　实验装置结构

[实验内容]

(1)用特斯拉计测量电磁铁磁头中心的磁感应强度，测量 I-B 曲线，I 为励磁线圈电流，分析线性范围，实验装置连接如图 41-4.

①将直流稳压电源的两输出端("红""黑"两端)用四根带红黑手枪插头的连接线与电磁铁相连.

②调节两个磁头上端的固定螺丝，使两个磁头中心对准，并使磁头间隙为一定数值.

③将特斯拉计探头置于两个磁头正中心，旋转探头方向，使磁力线垂直穿过探头前端的霍尔传感器，此时测量出的磁感应强度最大，对应特斯拉计此时测量最准确.

④调节直流稳压电源的电流调节电位器，使电流逐渐增大，并记录不同电流情况下的磁感应强度. 然后列表画图分析电流—中心磁感应强度的线性变化区域，并分析磁感应强度饱和的原因.

(2)正交消光法测量法拉第效应实验，实验装置连接如图 41-5.

①将半导体激光器、起偏器、透镜、电磁铁、检偏器、光电接收器依次放置在光学导轨上.

②将半导体激光器与主机上"3V 输出"相连，将光电接收器与光功率计的"输入"端相连.

③将恒流电源与电磁铁相连.

④在磁头中间放入实验样品.

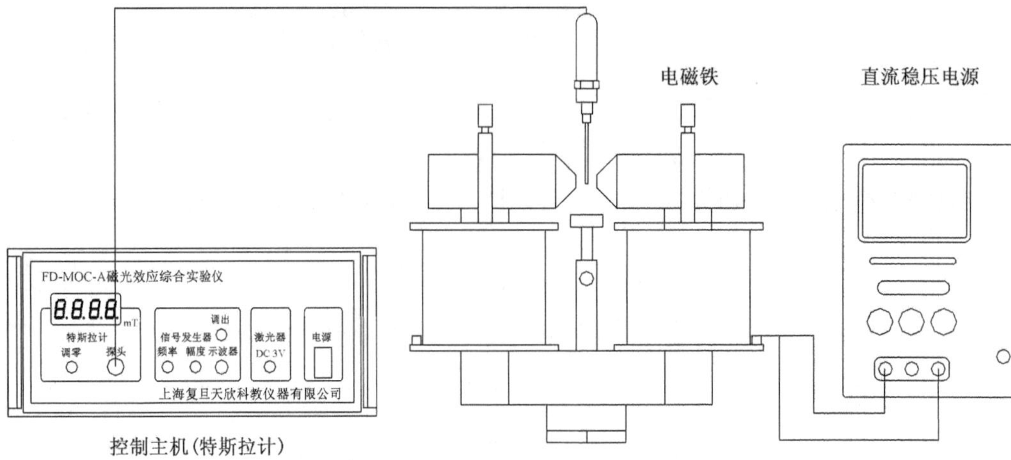

图 41-4　磁场测量实验装置连接图

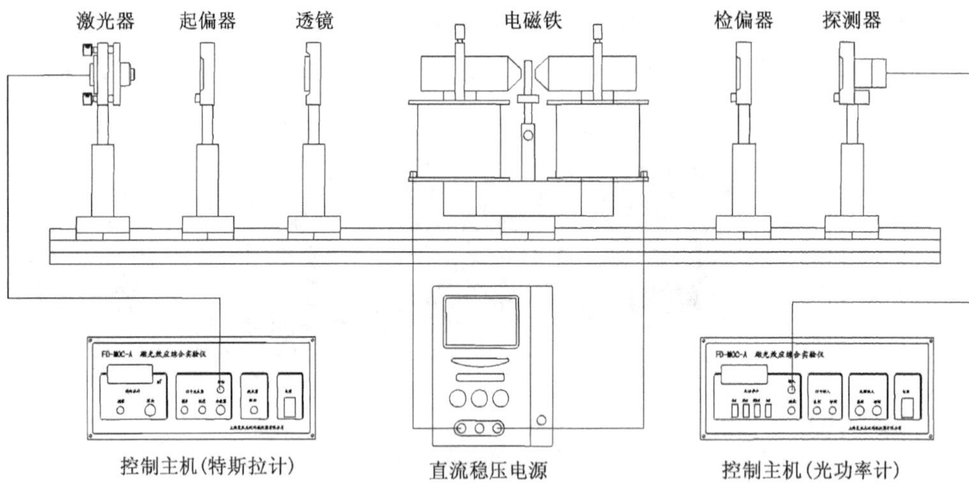

图 41-5　正交消光法测量法拉第效应装置连接示意

⑤调节激光器,使激光依次穿过起偏器、透镜、磁铁中心、样品、检偏器,并被光电接收器接收.

⑥调节检偏器,使其与起偏器偏振方向正交,这时检测到的光信号为最小,读取此时检偏器的角度 θ_1.

⑦打开恒流电源,加上恒定磁场,转动检偏器,使光功率计读数为最小,读取此时检偏器的角度 θ_2,得到样品在该磁场下的偏转角 $\theta=\theta_2-\theta_1$.

⑧关掉半导体激光器,取下样品,用高斯计测量磁隙中心的磁感应强度 B,用游标卡尺测量样品厚度,根据公式 $\theta = VBd$,求出该样品的费尔德常数.

⑨(选作)采用改变电流方向求平均值的方法来测量偏转角或通过改变励磁电流而改变中心磁场的场强,测量不同场强下的偏转角,以研究材料的磁光特性.

(3)磁光调制实验(拓展性实验).

在熟练掌握以上实验操作过程后,学生可以独立进行这项实验.

①仔细阅读 FD-SMOKE-A 表面磁光克尔效应实验系统的实验参考书.

②查阅相关资料,自拟实验过程和步骤,观测李萨如图形.

[注意事项]

(1)通电时间过长,螺线管温度会上升,若轻微热烫时,应断电冷却,待温度降下来后再工作.

(2)做完实验后,要将把实验样品取出,并妥善放好.

(3)调节光路系统或安装、搬卸实验装置时,切记将样品取出放在安全区域,以免打碎样品.

[实验准备工作]

(1)了解法拉第效应实验装置的结构、原理.

(2)掌握测量法拉第效应相关参数的方法.

(3)仔细阅读 FD-SMOKE-A 表面磁光克尔效应实验系统的实验参考书.

[参考文献]

李帮军. 2005. 磁旋光效应实验的旋光特性研究和数据分析. 光谱实验室. 22: 707

刘公强,乐志强,沈德芳. 2001. 磁光学. 上海:上海科学技术出版社

FD-MOC-A 磁光效应综合实验仪仪器使用说明. 上海复旦天欣科教仪器有限公司

Grishin A M, Khartsev S I, Kawasaki H. 2007. 980nm $Bi_3Fe_5O_{12}/Sm_3Ga_5O_{12}$ magneto-optical photonic crystal. Appl. Phys. Lett., 90:191113

Hagston W E, Stirner T, and Miao Jingqi. 1999. Faraday rotation and interface enhancement effects in diluted-magnetic-semiconductor superlattices. Phys. Rev. B, 59: 5784

Hirose Y, Hitosugi T, Furubayashi Y, Kinoda G, Inaba K, Shimada T, and Hasegawa T. 2006. Intrinsic Faraday spectra of ferromagnetic rutile $Ti_{1-x}Co_xO_2$. Appl. Phys. Lett., 88: 252508

第 7 章 先进材料计算机设计

近年来,随着利用计算机进行计算能力的不断提高以及计算方法的改进,材料设计或材料的计算机分析与模型化日益受到重视,基于计算机模拟的材料设计已成为材料科学研究的前沿热点.因此,材料设计实验也应运而生.材料设计即从理论模型出发,根据所需要的材料性质,通过计算机软件设计出符合要求的材料结构(组分、原子排列、自旋取向等),然后通过计算机模拟计算出材料的性质(如力学、光学、电学和磁学性质等).材料设计一般有两大方面的工作:一方面,对实验上已获得新材料及其新特性,特别是纳米材料的新特性,需要通过材料设计方法从理论和微观上阐明产生新特性的机制;另一方面,基于材料设计的原理及已有的实验事实,预测和设计新材料.通过材料设计,节省了人力、物力,极大地提高了新材料设计的准确性.材料设计涉及固体物理学、量子力学、统计物理学、计算物理学以及计算程序方法等相关学科.

材料性质的研究是在不同尺度层次上进行的,材料设计依据模拟对象的尺度范围而区分相应的层次.①亚原子(电子和原子核)尺度模拟,使用的方法主要是第一性原理计算,第一性原理法是将体系理解为由电子和原子核组成的多粒子系统,并根据量子力学的基本原理,求解多粒子系统的量子力学的薛定谔方程,从而获得本征值和本征能量,最后获得系统的态密度和带隙等微观参量.②原子尺度模拟,使用的方法主要是分子动力学法(MD)、蒙特卡罗法(MC)和最小能量法(EM).③显微尺度模拟,它是以连续介质为基础,常用的方法主要包括传统的有限差分法、有限元法和边界元法等.

目前,计算机模拟技术已用于材料设计的各个方面.在第一性原理计算方面,可以方便地计算出许多材料的电子结构,特别是预测的点阵常数与实验值仅差百分之几;在磁性材料计算中,已预测合金、氧化物、稀磁半导体等磁性,并与实验结果基本吻合;弹性常数计算方法也得到了与实验值非常吻合的结果;多体理论的发展,已能预测简单金属和半导体禁带宽度.原子模拟方面,在薄膜生长动力学和磁性材料宏观磁性的描述和计算等都取得了很大进展;对单个晶体缺陷性质的研究,例如位错、晶粒间界,以及位错动力学模拟都取得很大成功.

本章重点介绍第一性原理计算和蒙特卡罗模拟的材料设计实验.

实验 42　先进材料计算机设计 I(第一性原理计算)

第一性原理计算(first principles calculation)又称从头算计算(ab initio calculation),是指从所研究材料的原子组分开始,运用量子力学及其他基本物理规律通过自洽计算来确定材料的几何结构、电子结构、力热学性质和光学性质等材料物性的方法.利用现代高速计算机,基于第一性原理从原子尺度出发对材料建模并开展计算模拟,是沟通材料研究的理论与实验、微观与宏观之桥梁.第一性原理计算不仅可以揭示材料中各种现象的细节和本质,节约实验成本并指导实验来设计新型材料和器件(纳米材料、稀磁半导体、高介电常数材料等),而且还可以模拟一些实验所无法实现或难以进行观测的极端条件(如原子尺度调控、极端高压高场等)下的材料行为,因而成为物理学、化学、材料科学、生命科学等研究中不可或缺的手段.实际上第一性原理计算早就不是科学家的专利了,它现在已经被应用到半导体、高质量钢铁、催化材料等尖端工业生产中了.一个成功的例子就是 Nanostellar 公司在第一性原理计算和其他计算模拟技术的帮助下避免了"尝试——失败"这种徒劳无功的研发模式,从而比它的竞争对手更早地研发出新型汽车尾气排放控制材料,成为世界首屈一指的汽车业催化剂开发商.

[实验目的]

(1)了解第一性原理计算的基本理论并熟悉计算软件 CASTEP 的基本操作.

(2)利用第一性原理计算一些典型材料的基本性质并与实验得到的数值进行对比.

(3)掌握材料性质的基本计算和分析方法.

[实验原理]

第一性原理计算的理论基础是密度泛函理论(density functional theory, DFT),其简介如下.

要从微观上了解材料的性质,最根本的是从薛定谔方程出发

$$H\Psi(r,R) = E\Psi(r,R) \tag{42-1}$$

但是该 Hamilton 量描述的体系是如下包含电子和原子核相互作用的复杂多粒子体系,难以直接求解.

$$\begin{aligned} H = & -\sum_i \frac{\hbar}{2m} \nabla_{r_i}^2 + \frac{1}{2}\sum_{\substack{i,i' \\ i\neq i'}} \frac{e^2}{|r_i - r_{i'}|} \\ & -\sum_j \frac{\hbar^2}{2M_j} \nabla_{R_j}^2 + \frac{1}{2}\sum_{\substack{j,j' \\ j\neq j'}} V_N(R_j - R_{j'}) - \sum_{i,j} V_{e-N}(r_i - R_j) \end{aligned} \tag{42-2}$$

由于原子核质量约是电子的一千倍,运动缓慢,可以视为静止的(Born-Oppenheimer 绝热近似).此时 Hamilton 量可以简化为如下形式:

$$H = -\sum_i \frac{\hbar}{2m} \nabla_{r_i}^2 + \frac{1}{2}\sum_{\substack{i,i' \\ i\neq i'}} \frac{e^2}{|r_i - r_{i'}|} - \sum_{i,j} V_{e-N}(r_i - R_j) \tag{42-3}$$

1964 年 Hohenberg 和 Kohn 提出以下两条定理.

定理一:外势 $V_{\text{ext}}(r)$ 可以由基态电子密度 $\rho(r)$ 加上一个无关紧要的常数来确定.或者说,系统的基态能量是粒子数密度的唯一泛函.

定理二:对于任何一个多电子体系,在电子总数不变的情况下,其总能对于电荷密度 $\rho(r)$ 泛函的最小值为体系的基态能量,对应的电荷密度 $\rho(r)$ 则为该体系的基态电荷密度.

因此,利用基本变量

$$\rho(r) = \int |\Psi(r)|^2 \mathrm{d}r \tag{42-4}$$

可以把系统的基态能量重新表示为电子密度的泛函

$$E[\rho(r)] = \int V_{ext}(r)\rho(r)\mathrm{d}r + T[\rho(r)] + \frac{1}{2}\iint \frac{\rho(r)\rho(r')}{|r-r'|}\mathrm{d}r\mathrm{d}r' + E_{xc}[\rho(r)] \tag{42-5}$$

但是 $\rho(r)$,$T[\rho(r)]$,$E_{xc}[\rho(r)]$ 仍难以确定.

为此,Kohn 和 Sham 提出用无相互作用的多粒子体系的动能泛函代替上面的动能,把差别归入未知的交换关联项,并用 N 个单粒子波函数构造密度函数

$$\rho(r) = \sum_{i=1}^{N} |\phi_i(r)|^2 \tag{42-6}$$

则 Kohn-Sham 方程为单粒子方程,可表示为如下形式:

$$\{-\nabla^2+V_{KS}[\rho(r)]\}\phi_i(r)=E_i\phi_i(r) \tag{42-7}$$

其中

$$V_{KS}[\rho(r)]=V_{ext}(r)+\int \mathrm{d}r'\,\frac{\rho(r')}{|r-r'|}+\frac{\delta E_{xc}[\rho(r)]}{\delta\rho(r)} \tag{42-8}$$

至此 $\rho(r)$，$T[\rho(r)]$的形式已经确定，而交换关联项 $E_{xc}[\rho(r)]$则可假定电荷密度是缓变的，分成足够小的体积元后用均匀的无相互作用的电子气体代替(局域密度近似，LDA)

$$E_{xc}^{inhomo(\mathrm{LDA})}=\int \rho(r)\varepsilon_{xc}^{homo}(\rho(r))\mathrm{d}r \tag{42-9}$$

或者把电荷密度的梯度也考虑进来(广义梯度近似，GGA)，以提高计算精度

$$E_{xc}^{inhomo(\mathrm{GGA})}=\int \rho(r)\varepsilon_{xc}^{homo}(\rho(r),\nabla\rho(r))\mathrm{d}r \tag{42-10}$$

此时方程化为可求解的单粒子方程，可以采用适当的基组对其展开并用循环迭代的自洽场(SCF)方法通过计算机进行求解. 以上理论就是密度泛函理论，基于这个理论的第一性原理计算软件有很多种，常用的有 VASP、CASTEP、Wien2k 和 abinit 等. 在实际研究中往往根据功能的不同而采用相应的计算软件，并根据计算量的大小选择普通 PC、工作站甚至高性能计算机群来完成计算任务. 实验中采用的是比较易于操作的 CASTEP 程序，并因为计算量不大的关系可以在普通 PC 机上完成上机操作.

[实验内容]

(1)认真阅读帮助文件中的 CASTEP 和 CASTEP tutorial 部分，学习其基本理论和操作方法.

(2)建立金刚石结构的硅(Si)单胞，计算其平衡晶格常数，电子结构. 与实验数据进行对比，试分析为何它是半导体.

(3)建立 FCC 结构的氯化钠(NaCl)单胞，计算其平衡晶格常数，电子结构. 与实验数据进行对比，试分析为何它是绝缘体.

(4)建立 BCC 结构的铁(Fe)单胞，采用自旋极化计算，得到其平衡晶格常数，电子结构和磁矩. 与实验数据进行对比，试分析为何它是导体.

[实验步骤]

1. 半导体的电子结构

(1)通过 File-Import 进入 structure/semiconductor 找到 Si 来建立金刚石结构的硅单胞.

(2)用 Build-Symmetry-Primitive Cell 把硅单胞转化成硅原胞，利用对称性加快计算的速度.

(3)计算中 Functional 采用 GGA、PBE 近似，Task 选 Geometry Optimization，接着点旁边的 More，选中 Optimize cell. 以 fine 精度进行计算，得到其平衡晶格常数，与实验值对比.

(4)以得到的晶格构型为基础，选中 Task 中的 Energy，Properties 选 Band structure 和 Density of states. 以 fine 精度进行计算，计算结束后用 Analysis 分析能带结构、态密度和电荷密度分布，试解释它为什么是半导体并观察典型共价化合物的电荷分布.

2. 绝缘体的电子结构

(1)通过 File-Import 进入 structure/ceramics 找到 NaCl 来建立 FCC 结构的氯化钠单胞.

(2)用 Build-Symmetry-Primitive Cell 把氯化钠单胞转化成氯化钠原胞，利用对称性加快计算的速度.

(3)计算中 Functional 采用 GGA、PBE 近似，Task 选 Geometry Optimization，接着点旁边

的 More，选中 Optimize cell. 以 fine 精度进行计算，得到其平衡晶格常数，与实验值对比.

（4）以得到的晶格构型为基础，选中 Task 中的 Energy，Properties 选 Band structure 和 Density of states. 以 fine 精度进行计算，计算结束后用 Analysis 分析能带结构、态密度和电荷密度分布，试解释它为什么是绝缘体并观察典型离子化合物的电荷分布.

3. 磁性导体的电子结构

（1）通过 File-Import 进入 structure/metal/pure-metals 找到 Fe 来建立 BCC 结构的铁单胞.

（2）用 Build-Symmetry-Primitive Cell 把铁单胞转化成铁原胞，利用对称性加快计算的速度. 同时将 Fe 原子的 Spin state 改为 High.

（3）计算中 Functional 采用 GGA、PBE 近似，Task 选 Geometry Optimization，接着点旁边的 More，选中 Optimize cell. 选中 Spin polarized 和 use formal spin as initial 以便进行自旋极化计算. 以 fine 精度进行计算，得到其平衡晶格常数，与实验值对比.

（4）以得到的晶格构型为基础，选中 Task 中的 Energy，Properties 选 Band structure 和 Density of states. 以 fine 精度进行计算，计算结束后用 Analysis 分析能带结构、态密度和电荷密度分布，试解释它为什么是导体并观察典型金属的电荷分布. 观察它的磁矩并与实验值对比.

[思考题]

（1）影响计算精确度的主要因素有哪些？

（2）第一性原理计算有哪些优点，又有哪些不足？

[参考文献]

谢希德，陆栋. 1998. 固体能带理论. 上海：复旦大学出版社

AlfèD，Price G D，and Gillan M J. 1999. Melting curve of Iron at Earth's core pressures from ab-initio calculations. Nature，401：462

Born M and Oppenheimer J R. 1927. Zur quantentheorie der molekeln. Ann. Phys.，84：457

Dong Y F，Wang S J，Feng Y P，Huan A C H. 2006. Chemical tuning of band alignments for metal gate/high-k oxide interfaces. Phys. Rev. B，73：045302

Hohenberg P and Kohn W. 1964. Inhomogeneous electron gas. Phys. Rev. B，136：864

Kohn W and Sham L J. 1965. Self-consistent equations including exchange and correlation effects. Phys. Rev.，140：A1133

Peacock P W and Robertson J. 2004. Bonding，energies，and band offsets of Si-ZrO_2 and HfO_2 gate oxide interfaces. Phys. Rev. Lett.，92：057601

Peng S and Cho K. 2003. Ab initio itudy of doped carbon nanotube sensors. Nano Lett.，3：513

Perdew J P，Chevary J A，Vosko S H，Jackson K A，Pederson M R，Singh D J，and Fiolhais C. 1992. Atoms，molecules，solids，and surfaces：Applications of the generalized gradient approximation for exchange and correlation. Phys. Rev. B，46：6671

Sato K and Katayama-Yoshida H. 2002. First principles materials design for semiconductor spintronics. Semicond. Sci. Technol.，17：367

实验 43　先进材料计算机设计Ⅱ（蒙特卡罗模拟计算）

蒙特卡罗模拟是一种随机模拟方法，将所求解的问题同一定的概率模型相联系，用计算机实现统计模拟或抽样，从而精确地计算出系统的平均性质，真实地模拟出实际物理过程. 由于借助了计算机的高速运算能力，蒙特卡罗方法不但省却了繁复的数学演算过程，同时又不受系统多维、多因素等复杂性的限制，使得原本费时费力的实验过程变成轻而易举的事情，因而在薄膜生长动力学研究、纳米磁性材料新特性研究、粒子输运计算、量子热力学计算等领域得到了越来越广泛的应用.

[**实验目的**]

(1)了解蒙特卡罗模拟的基本原理.

(2)利用 Visual Fortran 语言对具体物理实验的蒙特卡罗模拟进行程序编写.

(3)对蒙特卡罗计算结果进行解释和分析.

[**实验原理**]

统计物理学的一个基本任务,是从模型哈密顿量出发计算系统的各种宏观性质.微观量 $B(\boldsymbol{x})$ 的热平均在正则系综中由下式定义

$$\langle B(x)\rangle_t = \frac{1}{Z}\int dx \cdot \exp(-H(x)/k_B t)B(x), \qquad Z = \int dx \cdot \exp[-H(x)/k_B t] \quad (43\text{-}1)$$

其中 $\boldsymbol{x}$ 是相空间中的矢量,$H(\boldsymbol{x})$ 为系统的哈密顿量能量值,t 为系统的温度,Z 为配分函数.位形 $\boldsymbol{x}$ 出现在热平衡中的权重可以表示为

$$P(x) = \frac{1}{Z}\exp[-H(x)/k_B t] \quad (43\text{-}2)$$

平衡态统计力学中的蒙特卡罗方法的出发点,就是要近似计算精确(43-1)式.如果考虑极限情况 $M \to \infty$,那么离散的和式

$$\langle B(x)\rangle_t = \frac{\sum_{l=1}^{M}\exp[-H(x_l)/k_B t]B(x_l)}{\sum_{l=1}^{M}\exp[-H(x_l)/k_B t]} \quad (43\text{-}3)$$

一定会趋近于(43-1)式.蒙特卡罗方法拟通过一个重要性抽样,按抽样概率 $P(x_l) \propto \exp[-H(x_l)/k_B t]$ 在相空间中进行大量的随机抽样,然后取这一组 $\{x_l\}$ 求热平均.则(43-3)式便变换成

$$\langle B(x)\rangle_t = \frac{1}{M}\sum_{l=1}^{M}B(x_l) \quad (43\text{-}4)$$

在蒙特卡罗模拟中,并不是彼此独立无关地选取相继状态 $\{x_l\}$,而是认为后一状态 x_{l+1} 是由前一个状态 x_l 通过一个适当的跃迁概率 ω 得到,使得在 $M \to \infty$ 的极限下,过程链上的各状态的分布函数 $P(x_l)$ 趋于所要的玻尔兹曼平衡分布

$$P_{eq}(\boldsymbol{x}) = \frac{1}{Z}\exp[-H(\boldsymbol{x})/k_B t] \quad (43\text{-}5)$$

(43-5)式的充要条件是系统状态满足细致平衡条件

$$P_{eq}(x_{l1})\omega(x_{l1} \to x_{l2}) = P_{eq}(x_{l2})\omega(x_{l2} \to x_{l1}) \quad (43\text{-}6)$$

上式意味着变迁 $x_{l1} \to x_{l2}$ 的跃迁概率和反方向的变迁 $x_{l2} \to x_{l1}$ 的跃迁概率之比,只依赖于能量变化 $\delta H = H(x_{l2}) - H(x_{l1})$.

假设跃迁时能量变化 δH 为负,根据能量极小原理,位形跃迁概率 $\omega(x_l \to x_{l+1}) = 1$.为了避免系统状态陷入局部能量极小中,也得接受使能量增加的变动.如果老位形同新位形的能量接近,允许这种变动以相当高的概率发生,这样系统状态就能挣脱局部能量极小.一种直观的、较合理、而且也可以精确证明的选取是

$$\omega(x_l \to x_{l+1}) = \min\left[1, \exp\left(-\frac{\delta H}{k_B t}\right)\right] \quad (43\text{-}7)$$

它叫做 Metropolis 函数.利用 Metropolis 准则,产生一条 Markov 过程链,使产生的位形分布 $P(x_l)$ 趋于 Bottzmann 平衡分布,从而可求出各种平均性质.

例如,考虑 $L \times L \times LN$ 的面心立方晶格结构的磁性多层膜,在各个格点上分布不同磁矩取向的原子.LN 为磁性多层膜的层数,为消除边界对计算结果的影响,在 XY 平面上采用周期性

边界条件. 利用 Heisenberg 模型可将体系的哈密顿量表示为

$$H = -J\sum_{<i,j>} S_i \cdot S_j - h\sum_i S_i^Z \tag{43-8}$$

式中第 1 项表示磁近邻交换相互作用，J 为交换相互作用常数，S_i 是第 i 个原子的磁矩；第 2 项是塞曼能量，h 为沿 Z 轴方向的外磁场，S_i^Z 为磁矩的 Z 轴分量.

在对有 N 个原子的 Heisenberg 模型磁性系统的蒙特卡罗模拟中，使用一个在[0,1]区间均匀分布的随机数来描写某个原子的磁矩的新方向，从而产生一个新的位形. 利用 Metropolis 准则，求出其跃迁概率，利用随机数实现其跃迁. 每次给一个磁性原子一个磁矩转向的机会，如果对整个点阵完成一次扫描，就称作一个蒙特卡罗步. 利用一个有序位形来启动重要性抽样，然后源源不断生成新状态. 由于两个状态只相差一个磁矩转向，因此它们的物理性质有很强的关联，为了节省计算时间，可以经过 n 个蒙特卡罗步计算一次模拟参数. 由于研究的是系统的静态平衡性质，所以可以把一次模拟开始时尚未很好地到达平衡分布的那些状态排除在最后分析之外. 在模拟中，通常抛弃前 20000 蒙特卡罗步，而对后面的 30000 蒙特卡罗步求统计平均值. 感兴趣的参量有磁化强度、比热、磁化率等

$$M(T) = \langle[(\sum_i S_i^x)^2 + (\sum_i S_i^y)^2 + (\sum_i S_i^z)^2]^{1/2}\rangle / N \tag{43-9}$$

$$C(T) = (\langle E^2\rangle - \langle E\rangle^2)/NT^2 \tag{43-10}$$

$$\chi(T) = (\langle m^2\rangle - \langle m\rangle^2)/NT \tag{43-11}$$

E 是系统的总能量，M 是系统的总磁化强度. 〈 〉是对利用 Markov 过程产生的遵循平衡分布的各组态的统计平均.

[实验内容]

(1)利用蒙特卡罗方法研究无外磁场下磁性多层膜的热相变. 研究在纳米磁性薄膜($L=100$，$LN=2$)在 J 取不同值时，系统的自旋组态、磁化强度、比热、磁化率随温度的变化关系. 由于磁化率和比热随温度的变化曲线在居里温度处都有一个明显的峰值，因此可确定出系统的相变温度. 讨论交换相互作用常数对系统的热相变的影响.

(2)利用蒙特卡罗方法研究无外磁场下磁性多层膜的技术磁化. 研究不同薄膜厚度的纳米磁性薄膜($L=100$)在 $J=1$ 时系统的磁滞行为，画出系统的磁滞回线，求出系统的剩余磁化强度 Mr 及矫顽力 Hs. 讨论薄膜厚度对系统的磁滞行为的影响.

(3)利用蒙特卡罗方法模拟自己感兴趣的物理实验.

[实验步骤]

(1)认真阅读帮助文件中的 program 部分，熟悉 Visual Fortran 语言的基本语法，并看懂用该语言编写的一些基本蒙特卡罗程序.

(2)在已有的基本蒙特卡罗程序基础上，利用 Visual Fortran 语言改编程序，模拟研究磁性多层膜的热相变行为和磁滞行为.

(3)对蒙特卡罗计算结果进行解释和分析，得到一些有用的磁学基本结论.

[思考题]

(1)蒙特卡罗模拟如何利用 Metropolis 函数产生一条 Markov 链？为什么说 Markov 链上的自旋组态分布 P(x_l)趋于 Bottzmann 平衡分布？

(2)为什么系统相变点可根据系统比热的峰值来确定？

(3)蒙特卡罗模拟有哪些优点，又有哪些不足？

[参考文献]

冯倩,黄志高,都有为. 2003. 磁性多层膜磁特性的表面效应. 物理学报, 52:2906

Feng Qiang, Huang Zhigao, Du Youwei. 2005. Monte Carlo simulation of spin-wave excitation for the magnetic films with structure and interaction fluctuations. Solid State Communication, 134:195

Huang Zhigao, Chen Zhigao, Peng Kun, et. al. 2004. Monte Carlo simulation of tunneling magnetoresistance in nanostructured materials. Phys. Rev. B, 69:094420

Huang Zhigao, Chen Zhigao, Zhang Fengming, et. al. 2004. Magnetization and configurational anisotropy in magnetic clusters: Monte Carlo simulation. Eur. Phys. J. B, 37:177

Jiang Liqin, Zhang Jianmin, Chen Zhigao, et. al. 2010. Monte Carlo study of magnetic properties for the mixed spin-3/2 and spin-1 ferrimagnetic nanoparticles. Physica B, 405: 420